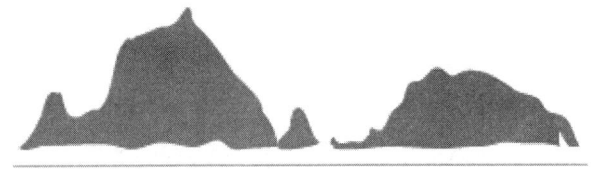

일본의
독도 영유권 조작의 계보

– 독도영토 부정과 '죽도' 신영토론 조작 –

최 장 근

제이앤씨
Publishing Company

프롤로그

　시마네현의 죽도문제연구회는 2005년 '죽도의 날'을 조례로 제정하고 독도에 대한 영유권 주장을 도전적으로 노골화했다. 일본정부는 1965년 한일협정에서 문제의 본질을 외면한 채 일괄타결방식으로 독도영토주권을 정치적으로 영토주권 확보하려고 했으나 한국정부의 영토주권의지에 좌절하여 독도영유권문제에 손을 놓고 있었는데, 죽도문제연구회의 선동으로 다시 과거 제국주의가 침략하려했던 독도에 대해 영유권을 주장하기 시작했다. 이러한 일본정부의 정체성은 신제국주의라 불러야 마땅하다. 독도의 영유권 논리를 조작한 계보는 평화선선언기에 외무성관료 가와카미겐조와 시마네현관리 다무라 세이자부로를 계승하여 신한일어업협정 이후 죽도영토론을 조작하여 타쿠쇼쿠대학 교수가 된 시모조 마사오가 그 뒤를 이으면서 가속화하고 있다.

　독도는 역사적으로나 국제법적으로나 한국영토임에 분명하다. 지금까지 발굴된 수십여 종 이상에 달하는 독도관련 사료들 중에서 독도가 일본영토로서 증거가 되는 사료는 단 한 점도 없음을 분명히 언급해둔다. 그럼에도 불구하고 내셔널리즘에 입각해 일본의 죽도영토론자들은 오히려 이들 모든 사료가 일본영토로서의 증거라고 왜곡한다. 본서에서는 이러한 일본의 주장과 그 논리가 얼마나 모순적인가에 대해 논증할 것이다.

　본서는 3부로 구성하여 독도관련사료를 조작하여 한국영토로서의

獨島영토를 부정하고 일본영토로서의 竹島신영토론을 조작한 일본의 신제국주의적 성향을 비판하는 의도에서 집필하였다.

제1부에서는 일본은 독도가 한국영토라는 본질을 부정하고 관련사료를 조작하여 죽도가 일본의 신영토라고 주장함으로써 발생하게 된 독도문제를 둘러싼 한일간의 갈등상황에 관해 아래 제1장, 제2장, 제3장과 같이 고찰했다.

제1장에서는 독도는 1946년 이후 연합국이 한국영토로 분류하였음에도 불구하고 일본이 영유권을 주장하고 있는데, 사실은 일본이 주장할 만한 근거는 거의 없다고 분석했다. 일본법령은 1946년 연합국이 SCAPIN 677호에 독도가 한국영토로 분류하였고, 게다가 대일평화조약에서 연합국이 이를 변경하지 않아서 지금도 SCAPIN 677호가 유효하다고 하는 내용이다.

제2장에서는 1952년 2월 평화선선언이후 일본국내에서는 이를 인정하지 않으려는 내셔널리즘에 입각한 '죽도'영토론자와 연합국이 조치한 한국영토를 인정해야한다는 입장이 서로 대립하고 있는 상황을 분석했다. 일본은 1952년 4월 이미 연합국이 해체되고 없고 독도는 1946년 연합국의 조치에 의거하여 한국이 실효적으로 관리하고 있고, 이러한 연합국의 조치는 아무런 변경없이 오늘날까지 지속되고 있다.

제3장에서는 내셔널리즘에 입각한 '죽도'영토론자들 중에서 일부는 시마네현을 선동하여 죽도문제연구회를 조직하고 또한 현의회를 움직여서 '죽도의 날'의 조례를 제정하여 영토분쟁화를 유도함으로써 한일관계를 악화시키고 있는 상황을 분석했다.

제2부에서는 제2차 세계대전 이전 일제가 조선침략기에 독도영토를 지리적으로 한일 양국의 어느 쪽의 영토로 인식하고 있었는가를 파악하기 위해 일제시대에 일본학자들의 독도연구현황을 분석했다. 그래서

아래 제4장과 제5장에서 한일합병 이전과 이후의 독도인식에 관해 고찰했다.

제4장에서는 한일합병 이후 일본학자들의 독도에 대한 지리적 인식에 관해 고찰했다. 이때는 이미 한반도가 일본영토의 일부가 되었기 때문에 내셔널리즘이 작용하여 일부러 독도영유권을 조작하는 일은 없었다. 따라서 독도의 지위를 객관적으로 알 수 있는 자료가 된다.

제5장에서는 한일합병 이전 일제가 1905년 신영토로서 '죽도'를 편입할 시점에 일본측 사료인 『은주시청합기(隱州視聽合紀)』에 등장하는 독도의 영유권에 대해 어떤 근거로 일본영토로 해석하였는지에 관해 고찰했다. 이 시기는 일제가 타국영토를 침략하는 상황이었기 때문에 자신들의 행위의 정당성을 주장하기 위해서는 함부로 사실을 왜곡하여 영토적 권원을 조작하기도 했다.

제3부에서는 전후 한국이 평화선을 선언하여 독도가 한국영토임을 명확히 했는데, 이때 일본정부는 한국이 제시한 독도가 한국영토인 근거에 대해 부정하고 오히려 '죽도'가 일본영토라는 논리계발에 관해 고찰했다. 일본영토로서의 논리조작을 담당한 자는 외무성 관리 가와카미 겐조, 시마네현관리 다무라 세이자부로였다. 아래 제6장-제10장과 같이 이들이 행한 역사적 권원조작, 국제법적 지위조작, 일본의 실효적 지배, 한국의 실효적 지배부정에 관해서 고찰했다.

이들이 독도의 본질을 왜곡하여 '죽도' 영토론을 조작한 배경은 다음과 같다. 즉 패전 직후 일본은 포츠담선언에 의해 일본제국주의가 침략한 영토가 전후 일본영토에서 박탈되게 되었다. 그러나 연합국의 중심 국가였던 미국은 일본을 자유진영에 편입하기 위해 포츠담선언의 내용을 전적으로 이행하지 않고 상대국의 상황에 따라 정치적 판단으로 영토주권을 제한하기도 했다. 미국은 독도문제에 대해서도 종전 직후(5

차초안까지)는 한국영토로 처리했음에도 불구하고 대일평화조약초안 작성과정에서 일본의 입장만을 두둔하여 신생독립국으로서 제3국에 해당되는 한국에 대해서 독도의 영토주권을 제한(제6차초안)하려는 태도를 취했다. 하지만 결국 영국 등의 연연방국가가 반대견해를 제시함으로써 대일평화조약 원안에서는 독도의 지위를 규정하지 않고 회피했다. 이러한 상황에서 한국정부는 종전직후 연합국의 우선적 조치에 의해 실효적으로 관리하고 있는 독도의 영유권을 명확히 하기 위해 1952년 2월 18일 평화선을 선언했다. 일본은 한국의 평화선 조치에 항의하여 독도의 영토주권을 순수히 인정할 수 없다는 입장을 취했다. 이로 인해 한일 간에 독도를 둘러싸고 공방이 시작됐다.

일본은 한국의 독도 지배 상황을 부정하기 위해 1905년 일본의 편입 조치가 정당했고, 한국은 그 이전에 한국영토로서 관리한 적이 없다고 하는 일본영토론을 조작했다. 이 일에 적극적으로 관여한 사람이 외무성 관리 가와카미 겐조, 시마네현관리 다무라 세이자부로였다. 이들의 조작된 논리는 오늘날까지 일본이 답습하여 죽도영유권 주장의 논리로 활용하고 있는 것이다.

제6장에서는 외무성관료로서 교토대학출신인 가와카미 겐조(川上健三)가 조작한 죽도영유권의 역사적 권원에 관해 고찰했다. 제7장에서는 가와카미 겐조가 조작한 국제법적 지위에 관해서 조사했다. 제8장에서는 지방정부의 시마네현 차원에서는 행해진 다무라 세이자부로(田村淸三郞)의 죽도 영유권 조작에 관해 조사했다. 즉 다시 말하면 가와카미와 다무라는 죽도가 일본영토였다는 것을 논증한 것이 아니라 죽도가 일본영토라는 등식을 만들어놓고 논리를 조작했던 것이다. 평화선 선언 이후 한일간의 독도공방은 계속되었지만, 가와카미와 다무라가 조작한 내용을 능가한 논리개발은 없었다. 이들의 논리는 오늘날

까지 지속되고 있다.

제9장에서는 한국이 일본보다 먼저 독도를 개척했다는 주장에 대해 일본이 이를 부정하는 논리를 고찰했다. 일본은 1905년의「시마네현고시 40호」를 근거로 무주지 선점론을 주장하고 있다. 반면 한국은 일본보다 5년 빠른 1900년「칙령41호」를 근거로 독도 개척론을 내세우고 있다.

제10장에서는 최근 일본정부가 새롭게 발굴된 독도관련 사료에 관해 해석왜곡을 통해 영유권조작을 고찰했다. 일본은 1998년 신한일어업협정이 체결되고 난 후에 다시 죽도영유권을 주장하는 발언의 수위가 높아져, 독도를 둘러싼 한일간의 영유권 대립이 확산되었다. 양국은 서로의 입장을 뒷받침해줄 새로운 사료 발굴이 아쉬운 형편이었다. 그러한 과정에서 몇몇 사료가 발굴되었다. 이들 사료들은 모두 과거 독도가 한국영토였다는 영토적 권원으로서 해석된다. 그럼에도 불구하고 내셔널리즘에 의한 일본영토론자들은 이들 사료조차도 오히려 일본영토로서의 증거라고 사료를 왜곡 해석하여 영토주권을 조작하고 있다.

이상과 같이 본서는 일본이 독도에 대해 영유권을 주장하는 배경에는 고의적으로 영유권을 조작하여 독도가 한국영토라는 사실을 부정하고 있다는 사실을 고증하기 위한 것이다.

마지막으로 독도연구에 있어서 기존의 사료의존적인 방법론에서 탈피하여 독도연구의 새로운 패러다임의 구축을 지향하고 있는, 대구대학교 영토학연구소의 지속적인 독도연구를 위해 총서4권에 이어 본서 총서 5권의 출판을 기꺼이 승락해주신 윤석현 사장님께 사의를 표한다.

2011년 11월 1일
독도영토학연구소에서 저자씀

〈독도 전경〉

〈울릉도에서 바라보이는 독도 1〉

〈울릉도에서 바라보이는 독도 2〉

동북아역사재단 독도연구소 제공

〈현재의 한일관계지도〉

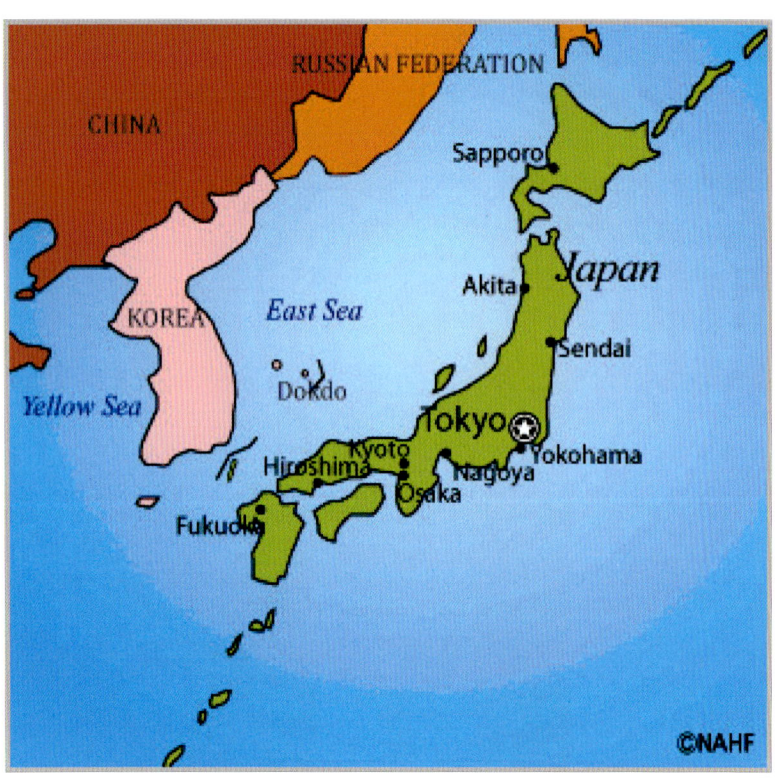

〈일본영역도 1*〉

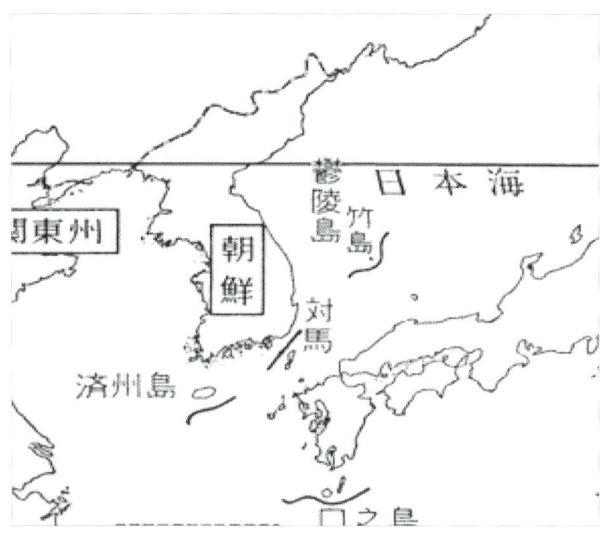

〈일본영역도 2**〉

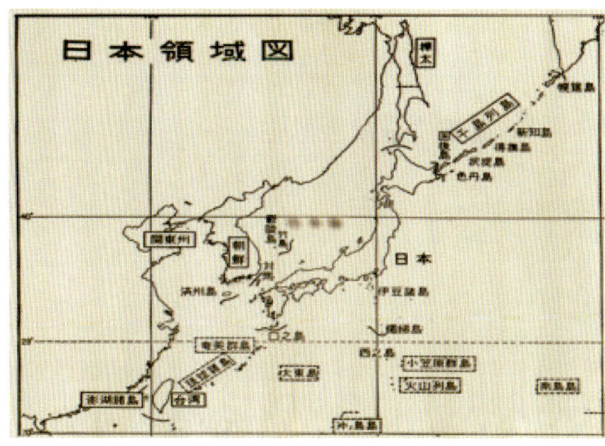

* 〈1951년 일본외무성이 일본의회에 제출한 일본영역도(정병준교수 제공)〉
** 〈1952년 대일평화조약의 일본영역도(마이니치신문사 발행)〉

오쿠하라의 영유권
조작(1905)

가와카미의 영유권
조작1(1953)

가와카미의 영유권
조작2(1966)

다무라의 영유권
조작1(1954)

다무라의 영유권
조작2(1965)

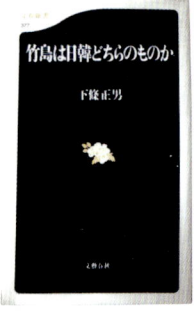

시모조의 영유권
조작1(2004)

시모조의 영유권
조작2(2005)

프롤로그_03

제1부
일본의 사료조작에 의한 한일갈등 조장

___

제1장 일본법령에서의 독도 한국영토 확인 _17
　- 「총리부령 제24호」와 「대장성령 제4호」 분석 -

제2장 일본국내에서의 탈내셔널리즘과 내셔널리즘의 대립 _51
　- 일본의 '죽도'/독도 역사 연구와 영토인식 -

제3장 내셔널리즘에 의한 '죽도의 날' 제정과 한일갈등 증폭 _89
　- 경상북도와 시마네현 교류 중단 2년간의 손익계산서 -

제2부
일제 침략기의 사료조작

___

제4장 대일본제국시기의 독도영토에 대한 역사인식 _121
　- 대일본제국의 독도/'죽도' 선행연구 분석 -

제5장 신영토 「죽도」 편입조치를 위한 사료조작 _159
　- 「죽도」 영토적 권원 확보를 위한 『은주시청합기』 해석 조작 -

제3부
전후 일본의 사료조작

제6장 「가와카미 겐조」의 독도에 관한 역사적 권원 조작에
관한 연구 _ 193
　- 평화선선언 시기 일본정부의 '죽도=일본영토' 논리조작을
　중심으로 -

제7장 「가와카미 겐조」의 국제법적 지위 조작에 관한 연구 _225
　- 평화선선언 시기 일본정부의 '죽도=일본영토' 논리조작 -

제8장 「다무라 세이자부로」의 죽도 영유권 조작에 관한 연구 _251
　- 평화선선언에 대응한 일본의 논리계발 -

제9장 한국의 울릉도·독도개척사에 대한 일본의 조작행위 _293
　- 가와카미 겐조와 다무라 세이자부로를 중심으로 -

제10장 일본의 사료 왜곡 해석과 독도 영유권의 부정 _337
　- 최신 발굴 사료를 중심으로 -

에필로그 _373
참고문헌 _379
부　　록 _393
찾아보기 _435

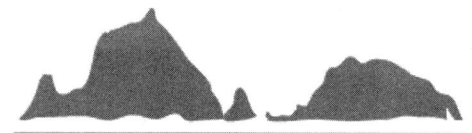

제1부
일본의
사료조작에 의한
한일갈등 조장

제1장 일본법령에서의 독도 한국영토
　　　확인
제2장 일본 국내에서의 탈내셔널리즘
　　　과 내셔널리즘의 대립
제3장 내셔널리즘에 의한 '죽도의 날'
　　　제정과 한일갈등 증폭

일본법령에서의
독도 한국영토 확인

제1장 - 「총리부령 제24호」와 「대장성령 제4호」분석[1]

1. 들어가면서

현재 일본정부는 독도, 쿠릴열도, 센카쿠제도에 대한 영유권을 주장하고 있다. 센카쿠제도는 일본이 실효적으로 점유를 하고 있지만, 한국과 러시아가 각각 실효적으로 점유하고 있는 독도와 쿠릴열도에 대해서는 일본이 영유권을 주장함으로써 외견상 분쟁지역처럼 보이게 되었다.[2]

일본은 제2차 세계대선에서 연합국에게 패했다. 연합국은 일본에 대해 「카이로선언」과 「포츠담선언」으로 침략한 영토를 전적으로 일본영

---

1) 본 연구는 영남대학교 독도연구소 발행 총서4 『독도 영유권 확립을 위한 연구②』(경인문화사, pp.227~252)에서 전재하였음.
2) 본 연구에서는 편의상 이러한 성격의 대립을 '분쟁지역'이라는 용어로 표현하기로 함.

토에서 분리하여 원래상태로 반환할 것을 요구했다.

연합국은 이러한 이념에 입각하여 「대일평화조약」에서 일본영토를 처리했다.[3] 여기서 연합국은 독도의 지위에 관해서, 독도에 대한 구체적인 기술 없이 「일본영토에서 제외되는 지역은 제주도, 거문도, 울릉도로 한다」라고 규정하고 있다. 한국과 일본 사이의 국경선을 이처럼 지명으로 결정하였다면 제주도-거문도-울릉도를 잇는 직선이 국경선이 될 것이다. 그런데 울릉도, 거문도, 제주도 사이에는 여러 작은 섬들이 이들 섬 외각에 위치하고 있기 때문에 직선이 국경선이 아니라는 것을 알 수 있다.[4] 그렇다면 한일국경선은 이 들 3섬을 잇는 직선이 아니라 이들 섬을 대표로 하면서 작은 섬에 대해서는 언급하지 않았다고 할 수 있다. 특히 독도는 초안을 작성하는 과정에 한일 양국이 영유권을 주장했던 섬이었으므로 지위를 명확히 해야 했다. 이처럼 조약상에 일본영토에서 제외되는 섬에 「독도」라는 구체적인 명칭이 없다고 하여 일본영토로서 처리되었다고 할 수 없다. 선행연구에서 이미 규명되었듯이 미국이 일본의 로비를 받고 독도를 일본영토로 처리하려는 움직임이 있었으나, 영국 연방국가들의 이의제기로 결국 연합국은 무인도의 분쟁지역에는 관여하지 않는다는 방침을 정하고,[5] 독도의 지위 결정을 회피했다는 것이다.[6]

---

3) 대일평화조약 초안을 논의하는 과정에 미소가 대립하는 냉전이 시작되어 소련은 미국의 조치에 반대했고, 미국은 소련의 견해를 무시하고 자유진영 중심으로 대일평화조약을 단독으로 추진하면서 일본을 자유진영에 편입하겠다는 의도로 일본의 입장을 지지했다. 그 과정에서 포츠담선언의 정신이 훼손된 부분도 적지 않았다.
4) 제주도에는 마라도, 울릉도에는 독도, 등등
5) 최장근(1998)『일본영토의 분쟁』백산자료원, p. 83.
6) 김병렬(1998)「대일강화조약에서 독도가 누락된 전말」, 독도보전협회,『독도영유권과 영해와 해양주권』독도연구보전협회, pp. 165-195.

사실 패전직후 일본은 카이로선언, 포츠담선언을 수용해야했기에 독도에 대한 영유권 주장을 고려하지 않고 있었다.[7] 그런데 전후 어느 시점부터 영유권을 주장하기 시작했다. 현재 일본외무성은 홈페이지를 통하여 이러한 역사적 과정을 무시하고 대일평화조약에서 독도가 일본 영토로서 처리되었고. 한국이 무력으로 불법 점령하고 있다고 일본국민을 선동하고 국제사회의 여론을 조장하고 있다.[8]

2009년 1월 3일 조선일보가 일본이 스스로 독도가 일본영토가 아님을 인정했다는 문건으로서 「총리부령 제24호」와 「대장성령 제4호」를 소개했다.[9] 본 연구는 위의 두 법령을 통하여 대일평화조약을 전후해서 일본이 독도 영유권에 대한 인식을 고찰하려고 한다. 본 법령의 영토관련 조항은 SCAPIN 677호의 내용을 담고 있고, 현재 일본이 영유권을 주장하고 있는 「독도」와 「쿠릴열도」의 영유권 인식을 알 수 있는 좋은 사료이다.

연구방법으로는 먼저 연합국이 맨 처음 일본영토를 처리한 「SCAPIN 677호」를 분석하여 독도, 쿠릴열도의 지위에 관해 고찰한다. 둘째로 연합국이 대일평화조약에서 일본영토를 처리했는데, SCAPIN 677호의 내용과의 차이점을 비교 분석한다. 셋째로 이들 연합국의 영토조치와 「총리부령 24호」, 「대장성령 4호」를 비교하는 형식으로 법령의 성격을 규명한다.

선행연구는 「총리부령 24호」와 「대장성령 4호」가 발굴되었을 때 단편적으로 그 성격을 언론 등에서 언급한 적이 있어도 본격적으로 분석한 적은 없었다.[10] 본 연구의 성과로서는 한일 양국에서 큰 차이를 보

---

7) 최장근(1998) 『일본영토의 분쟁』백산자료원, pp. 40-42.
8) 「竹島問題」(2009검색), 일본외무성, http://www.mofa.go.jp/mofaj/area/takeshima/
9) 「조선일보」(2009) 1월 3일.
10) 후술하지만, 「조선일보」, 「読売新聞」, 下條正男, 유미림, 김찬규 등이 있음.

이고 있는 본 법령의 성격을 이해하는 데 일조하리라고 생각한다.

2. 「법령」에 대한 한일 양국의 입장

「조선일보」는 2009년 1월 3일 "독도, 일본영토 아니다 라고 하는 일본법령 발견"이라는 기사를 게재했다.[11] 이에 화답하는 형식으로 1월 7일 「요미우리신문(読売新聞)」은 일본 외무성(북동아시아과)의 견해라는 단서를 달고, 「문제의 법령은 점령 당시 일본정부의 행정권이 미치는 범위를 나타낸 것에 불과하다. 일본영토의 범위를 표시한 것이 아니다」라고 보도했다.[12] 요미우리신문 견해 중에는 SCAPIN 677호는 「행정권」과 「통치권」을 제한하고 있는데, 「통치권」을 고의적으로 누락하고 있는 점이 문제이다.

그리고 한국측의 연구자[13]들 중에서는 다음과 같이 해석하기도 한다. 즉 「일본 측은 전후 재산관리와 관계되는 행정적 성격을 가지는 것일 뿐 영토의 귀속과 관련되는 것은 아니라고 주장할 수 있다. 1946년 1월 29일에 나온 '연합국 최고사령관 훈령 제677호'(SCAPIN 677호)라는 것이 있다. 이것은 점령정책의 수행을 위해 점령군이 일본의 일부 외곽지역을 통치적·행정적 목적으로 분리한다는 것을 각서 형식으로 일본정부에 통고한 것인데, 분리 대상에 울릉도·독도·제주도가 들어

---

11) 「조선일보」(2009년 1월 3일)는 해양수산개발원 독도센타 유미림 연구원의 견해를 소개하고 있다. 1951년 발령된 「総理府令24号」와 「大蔵省令4号」를 말함.
12) 「読売新聞」, 2009년, 1월 7일.
13) [시론] ""독도는 우리땅" 새문헌 발굴 쾌거」, 「세계일보」, 2009년, 1월 7일, 김찬규 경희대 명예교수.

있다. 이를 근거로 일부에서 연합국이 독도를 일본에서 떼어내 한국에 귀속시켰다고 주장한 일이 있는데, 일본은 이것이 '통치적 행정적 목적' 을 가지는 것일 뿐 영토 처분을 목적으로 한 것은 아니었다고 맞섰다. 동일한 논리로 일본이 상기 두 건의 법령에 대해 그것이 전후 재산처리 와 관계되는 행정적 성격을 지닌 것일 뿐 영토의 귀속과 관련되는 것은 아니라고 말할 수도 있는 것이다. 하지만 이 법령들이 그 후 개정을 거듭해 지금까지 유효하다는 사실에 주목하지 않을 수 없다. 일본은 1951년 9월 8일 체결돼 이듬해 4월 28일 발효한 샌프란시스코 평화조 약에 의해 주권을 회복했는데, 상기 법령이 최종적으로 개정된 것은 총리부령 제24호가 1961년 7월 8일이었고, 대장성령 제4호가 1968년 6월 26일이었다. 이것은 두 법령의 개정이 일본의 주권회복 훨씬 후에 이뤄졌음을 의미하는 것이며, 상기 SCAPIN 677호의 경우와는 달리 군 정의 영향을 받지 않고 일본정부가 독자적 선택에 따라 행한 것임을 의미하기도 한다. 나아가 상기 두 법령이 행정적 성격을 넘어 영토 귀 속에 관한 의미가 있는 것으로 해석될 여지를 남기기도 한다. 따라서 이들 법령의 발굴은 독도문제에 대한 우리 입장을 격상시키는 데 도움 이 되는 것이며, 또한 이번 쾌거에 대해 박수를 보내는 이유이기도 하 다」라고 했다.

상기 연구자의 견해 중에서 「SCAPIN 677호에 대한 일본의 주장에 동의한다」라고 한 부분은 문세가 있다. 후술하겠지만, 연합국은 「최종 적인 영토처리가 아니다」라는 단서를 달고 있지만, 독도에 대한 「행정 권」과 「통치권」을 제한한 것이다. 특히 「통치권」은 영토주권을 제한한 것을 의미하므로 1951년 4월 28일 대일평화조약이 비준될 때까지 「독 도」에 대한 영토주권이 한국에 있었다고 봐야한다.[14]

일본의 연구자[15] 중에서는 「이 두 법령은 일본정부가 '죽도'를 일본령에서 제외했다는 증거가 될 수 없다. 그 이유는 1951년 당시 연합군의 점령 하에 있었던 일본은 '죽도'를 행정상 '일본의 범위에서 제외된 지역'에 넣은 '연합국최고사령부지령 제677호'의 제3항을 준수한 것이기 때문」이라고 했다.[16]

----

14) 법령의 가치에 대해서도 후술하는 바와 같이 대일평화조약에서 영토주권이 확립되었다고 하는 일본의 주장이 사실이 아님이 확인된다. 하지만 일본이 분쟁지역으로 다루고 있기 때문에 독도의 영유권을 포기했다는 증거라고 하여 「쾌거」라는 표현은 맞지 않다고 본다.

15) 下條正男, 타쿠쇼쿠대학 국제학부 교수.

16) 下條正男의 주장은 이렇다. 즉, "거기에는 당초 제외되었던 도서로서 「一千島列島, 歯舞群島(水晶, 勇留, 秋勇留, 志発 및 多楽島를 포함)그리고 色丹島」, 「二小笠原諸島 및 硫黄列島」, 「三 欝陵島、竹島 및 済州島」등이었지만, 1968년 6월 26일에 개정되었던 대장성령에서는 「小笠原諸島 및 硫黄列島」 이외는 없어졌기 때문이다. 그것은 대장성령4호가 개정되었던 1968년 6월 26일은 미국이 시정권을 행사하고 있었던 小笠原諸島와 硫黄列島가 일본에 반환되었던 날이었기 때문이다. 이러한 사실은 「연합국최고사령부지령 제677」제3항에서 행정상「일본 범위에서 제외된 지역」이 된 섬들은 일본영토에서 제외되지 않았다는 증거이다. 현재 「연합국최고사령부지령 제677호」의 제3항에서 「일본 범위에서 제외된 지역」으로 된 「북위30도 이남의 琉球(南西)列島(口之島를 포함), 伊豆, 南方, 小笠原, 硫黄群島 및 大東群島, 오키노토리시마(沖ノ鳥島), 미나미도리시마(南鳥島), 나카노도리시마(中の鳥島)를 포함하는 외곽의 태평양 모든 제도」는 일부를 제외하고 일본시정 하에 복귀되었다. 그렇다면 남은 영토문제는 현재 러시아와 분쟁중인 북방영토문제와 千島列島, 竹島가 된다. 이번 한국측이 총리부령 24호와 대장성령 4호의 竹島를 문제로 삼은 것을 계기로 「연합국최고사령부지령 제677호」의 제3항의 竹島는 일본영토에서 제외되지 않았다는 사실이 확인되었다. 한국측이 竹島의 영유권을 주장하는 근거가 또 한 개 사라졌다고 하겠다."라고 한다. web竹島問題研究所, 「実事求是 17」. 여기서 시모조는 북방영토 이외에 쿠릴열도도 분쟁지역으로 보고 있고, 죽도와 더불어 거론되고 있는 「울릉도와 제주도」에 관한 언급은 하지 않고 「연합국최고사령부지령 제677호」에서 분쟁지역으로 분류된 모든 지역은 일본영토를 의미한다고 하여 「죽도」도 일본영토라고 주장한다. 이는 독도가 일본영토라는 것을 전제로 사실관계를 조작하는 행위이다. 본 연구에서 규명하지만, 「연합국최고사령부지령 제677호」에서 일본영토에서

그런데 이들 법령이 최종적으로 개정된 것이 총리부령 제24호는 1961 년 7월 8일이었고, 대장성령 제4호는 1968년 6월 26일이었다. 따라서 시모조의 말대로 한다면, 「연합국최고사령부지령 제677호」가 1961년 까지는 물론이고 1968년에도 유효했고, 이들은 또한 현재의 「법령자료」 이므로 오늘날까지 「연합국최고사령부지령 제677호」가 유효하다는 의 미이다. 「연합국최고사령부지령 677호」가 「연합국의 최종적인 영토처 리가 아니다」라고 한다면 이미 연합국은 1951년 9월 8일(1952년 4월 발효) 대일평화조약을 체결하여 영토처리를 종료하고 해체되었다.[17] 여기서 독도에 대한 법적 지위를 결정하지 않았다. 따라서 「연합국최 고사령부지령 제677호」는 1952년 시점에서 연합국이 새로운 명령으로 이를 개정 혹은 폐지하지 않았다면 제677호의 효력은 계속되고 있다고 봐야한다. 실제로 「연합국최고사령부지령 제677호」를 근거로 독도의 실효적 지배를 시작한 한국은 오늘날까지 실효적으로 지배하고 있다. 그런데 시모조는 이런 주장에 대해서는 동의하지 않는다는 것이 논리 적 모순이다.

조선일보는 「유미림 연구원[18]은 "이번에 발굴된 1951년의 법령은

제외한 지역 중이 대부분의 지역은 대일평화조약에서 잠정주권을 인정하 고 있어서 결국은 일본영토로서 반환되었지만, 쿠릴열도와 독도는 연합국 이 법적 지위 규정을 회피한 것으로 일본영토로서 인정한 것과는 무관하 다. 오히려 「연합국최고사령부지령 제677호」가 지속되어 한국영토로서 법적 지위를 갖게 된다고 봐야한다. 그리고 무엇보다 중요한 것은 「연합국 최고사령부지령 제677호」는 행정관할권과 통치권(주권)을 일본영토에서 분리한 것으로 행정권만을 분리한 것이 아니다.

17) 신용하(1996) 『독도의 민족영토사 연구』(지식산업사, p. 260)는 "최종적인 영토처리가 아니라"는 단서는 「복잡 미묘한 연합국의 이해관계 속에서 다 른 연합국이 이의를 제기할 경우를 생각해서 최종적인 결정이 아니라 필 요하면 앞으로 수정할 수 있다는 가능성을 열어둔 것에 불과하다」고 하여 이의가 없으면 최종적인 결정이 된다는 것으로 해석하고 있다.

당시 군정 하에 있었던 일본이 이와 같은 연합국의 방침을 추인한 것으로 볼 수 있다"고 말했다. 1952년 샌프란시스코 강화 조약의 최종 조약문에서는 일본의 로비에 의해 '독도는 한국 영토'라는 부분이 빠졌지만 '독도가 일본 영토'라는 명문 규정 또한 없었기 때문에 이보다 앞선 SCAPIN 제677호가 계속 유효하다는 것이 지금까지의 해석이었다. 그러나 '대장성령 4호'와 '총리 부령 24호'는 이미 샌프란시스코 조약보다 1년 앞서 일본 스스로가 국내법을 통해 '독도는 일본 땅이 아니다'는 사실을 공식 인정했다는 사실을 밝히고 있는 것이다. 한국해양수산개발원은 청와대에 제출한 '대통령 서면 보고서'에서 "이 법률은 식민지 당시 일본정부 재산으로 되어 있는 조선총독부 교통국 공제조합의 재산 정리에 관한 총리 부령으로… 울릉도・독도・제주도 등을 일본 부속도서에서 제외한 것은 일본이 독도를 한국의 영토로 인정한 조치로 간주할 수 있음"이라고 썼다. 또한 "독도가 일본의 고유 영토라는 주장이 허구라는 점을 입증할 수 있는 기초 자료로 활용 가능하다"고 분석했다.」라고 보도했다.[19]

이 법령의 최종 개정된 것이 1968년 시점이다. 유미림 연구원은 「독도를 한국영토로 인정한 조치」라고 결론을 내리고 있다. 그렇다면 이들 법령에 「울릉도, 독도, 제주도」라고 표기하고 있는데, 이미 대일평화조약에서 한국영토로 결정되었던 「제주도」와 「울릉도」가 왜 이 법령에 포함되어 있는가에 대한 해석이 필요하다. 이 부분은 후술에서 검토할 것이다.

---

18) 해양수산개발원 독도센타 연구원.
19) 「조선일보」, 2009년, 1월 2일, http://news.chosun.com/site/data/html_dir/
2009/01/02/2009010200936. html?srch Col=news&srchUrl=news5

3. 「법령」해석을 위한 연합국의 「영토처리」 분석

(1) 연합국 최고사령관 훈령 제677호

「연합국최고사령관 총사령부」가 내린 「연합국 최고사령관 훈령 제677호」(1946년 1월 29일)[20]는 「도쿄 중앙연락실」을 경유하여 「일본제국정부에 주는 각서」로서 「일본외곽지역에 대한 일본으로부터의 통치권적 행정적 분리」를 위한 것이었다. 또한 「연합국최고사령관을 대리하여」 「부관감 보좌관 부관부 대령」 「알렌(H. W. Allen)」이 「서명」한 것이다.[21]

「1. 일본 외부의 특정지역 또는 동 특정지역 내에 정부공무원 및 고용원 또는 기타 어떤 사람들에 대한 통치권적 또는 행정적 권위의 행사 또는 행사 시도의 종결을 일본정부에 지시한다.」[22]

제1항의 해석으로는 일본정부의 통치권, 행정권 행사, 행정권 행사의 시도를 종결했던 것이다. 일본은 「행사의 시도를 종결」했기 때문에 더 이상 권력을 행사할 수 없게 되었다. 여기서 중지된 것은 통치권과

---

20) 김병렬(1998, 『독도』다다미디어, pp. 414-417. 원문과 해석 참조.
21) SCAPIN NO. 677 /GENERAL HEADQUARTERS /SUPREME COMMANDER FOR THE ALLIED POWERS /(29 January 1946) /AG 091(29 Jan. 46) GS /(SCAPIN - 677) /MEMORANDUM FOR : IMPERIAL JAPANESE GOVERNMENT /THROUGH : Central Liaison office, Tokyo /SUBJECT : Governmental and Administrative Separation /of Certain Outlying Areas from Japan. /FOR THE SUPREME COMMANDER : /(sgd.) H. W. ALLEN /Colonel, AGD /Asst. Adjutant Genera.l
22) 1. The Imperial Japanese Government is directed to cease exercising, or attempting to exercise, governmental or administrative authority over any area outside of Japan, or over any government officials and employees or any other persons within such areas.

행정권이다. 행정권은 행정관할권을 의미하고, 통치권을 영토주권을 포함하고 있기 때문에 일본의 영토주권을 종료한 것이다. 여기서 한국 영토에 있어서는 대한민국정부 수립 이전까지의 통치권은 연합국총사령부에 있었다.[23]

「2. 본 총사령부의 승인을 받은 경우를 제외하고, 일본제국정부는 승인된 해상운송, 통신 및 기상서비스에 관한 통상적 운영 외에는 일본 외부에 있는 정부공무원 및 고용원과 기타 어떤 사람과도 통신을 해서는 안 된다.」[24]

제2항의 해석으로는 일본제국정부는 총사령부로부터 승인 받은 해상운송, 통신, 기상서비스를 제외하고는 연합국 총사령부의 승인 없이 통신을 해서는 안 된다. 이는 일본제국정부라고 표현하고 있지만, 1947년에 새로운 일본헌법이 개정되어 「일본국」으로 개칭되었지만, SCAPIN 677호가 중지되지 않았기 때문에 제국정부에서 일본정부로 이관되었다고 할 수 있다.

「3. 본 지령의 목적상 일본영토는 일본의 4개 도서(홋카이도, 혼슈, 큐슈 및 시코쿠)와 쓰시마를 포함한 약 1,000개의 인접한 보다 작은 도서들과 북위 30도 이북의 유구(난세이) 열도(구치노시마 도서 제외)로 한정되며, (a) 우츠료(울릉)도, 리앙코르 암석(죽도, 독도) 및 퀠파트(사이슈 또는 제주도), (b) 북위 30도 이남 유구(난세이) 열도(구치노시

---

23) 신용하(1996)『독도, 보배로운 한국영토 -일본의 영유권 주장에 대한 총비판』지식산업사, p.188.
24) 2. Except as authorized by this Headquarters, the Imperial Japanese Government will not communicate with government officials and employees or with any other persons outside of Japan for any purpose other than the routine operation of authorized shipping, communications and weather services.

마 섬 포함), 이즈, 난포, 보닌(오가사와라) 및 화산(오시가시 또는 오
아가리) 군도 및 파레스 벨라(오기노도리), 마아카스(미나미도리) 및
간지스(나카노도리) 도서들과 (c) 쿠릴(지시마) 열도, 하보마이(수우이
쇼, 유리, 아카유리, 시보츠 및 다라쿠 도서들 포함하는 하포마츠 군도)
와 시고탄도를 제외한다.」25)

　　제3항의 특징은 다음과 같다. 즉 일본영토에서 제외되는 지역으로서,
(a)「울릉도, 독도」와「제주도」, (b) 북위 30도 이남의 유구(난세이) 열도
(구치노시마 섬 포함), 오가사와라 및 화산군도 및 오기노도리, 미나미
도리 및 나카노도리 등으로 구분했다. 특히 유구제도는 북위30도를 경
계로 일본영토에서 제외되고 있다. (c)「쿠릴열도, 하보마이, 시코탄」으
로서 하보마이와 시코탄을 쿠릴열도에서 분리하여 기술하고 있는 점이
다. 제3항에서 도서의 명칭에 있어서 관련국가에서 사용하는 모든 도서
명을 사용하고 있다. 특히 리앙코르섬은 유럽식 명칭으로서「리앙코르」
라는 명칭 자체만으로 분쟁지역으로 해석되어서는 안 된다. 그리고 이
지역은 분쟁의 소지가 있는 지역을 그룹으로서 표기하고 있다.26)

----

25) 3. For the purpose of this directive, Japan is defined to include the four
　　main islands of Japan (Hokkaido, Honshu, Kyushu and Shinkoku) and
　　the approximately 1,000 smaller adjacent islands, including the Tsushima
　　Islands and the Ryukyu (Nansei) Islands north of 30°North Latitude
　　(excluding Kuchinoshima Island), and excluding (a) Utsryo (Ullung)
　　Island, Liancourt Rocks (Take Island) and Quelpart (Saishu or Cheju
　　Island, (b) the Ryukyu (Nansei) Islands south of 30°North Latitude
　　(including Kuchinoshima Island), the Izu, Nanpo, Bonin (Ogasawara)
　　and Volcano(Kazan or Iwo) Island Groups, and all the outlying Pacific
　　Islands (including the Daito (Ohigashi or Oagari) Island Group, and
　　Parece Vela (Okinotori), Marcus (Minami-tori) and Ganges Habomai
　　(Hapomaze Island Group (including Suisho, Yuri, Akiyuri, Shibotsu and
　　Taraku Islands) and Shikotan Island.
26) 송병기편(2004)『독도영유권자료선집』자료총서34, 한림대학교아시아문화

「4. 일본제국정부의 통치권적 및 행정적 관할로부터 특별히 제외된 지역은 다음과 같다. (a) 1914년 제1차 세계대전 개시 이래 신탁통치 또는 기타 일본이 점령했거나 탈취한 모든 태평양의 도서들. (b) 만주, 대만 및 패스카도어 섬, (c) 코리아(Korea) (d) 카라후토」.[27]

제4항의 특징으로는 (a) 모든 태평양의 도서 (b) 만주, 대만, 패스카 도어 섬 (c) 한국 (d) 사할린 등은 논란의 여지없이 일본영토에서 전적으로 분리되는 지역이다.[28]

「5. 일본은 지령 내에서 특별히 규정하지 않는 한 본 지령을 본 총사령부에서 발동하는 향후의 모든 지령, 각서 및 명령에도 적용한다.」[29]

제5항의 해석으로는 일본은 특별한 변경이 없는 한, 총사령부가 향후에 발동하는 모든 지령, 각서, 명령에 있어서도 본 지령에 의거해서 지켜야한다는 것이다.

「6. 본 지령내의 어떤 것도 '포츠담 선언'에 언급된 작은 도서들에 관한 최종적 결정에 관련된 연합국정책의 표시로서 고려되어서는 안 된다.」[30]

선집, 참조. 독도는 역사적으로 한국영토임에 의심의 여지가 없음.

27) 4. Further areas specifically excluded from the governmental and administrative jurisdiction of the Imperial Japanese Government are the following : (a) all Pacific Islands seized or occupied under mandate or otherwise by Japan since the beginning of the World War in 1914, (b) Manchura, Formosa and the Pescadores, (c) Korea, and (d) Karafuto.

28) 外務省編(1976)『日本外交年表並主要文書 上』明治百年史叢書1, 原書房, p. 536.

29) 5. The definition of Japan contained in this directive shall also apply to all future directives, memoranda and orders from this Headquarters unless otherwise specified therein.

30) 6. Nothing in this directive shall be construed as an indication of Allied policy relating to the ultimate determination of the minor islands referred to in Article 8 of the Postdam Declaration.

제6항의 해석으로는 이 지령이 포츠담선언에 의거한 영토조치로서, 연합국의 최종적인 영토조치는 아니라는 것이다. 향후 연합국이 정책적으로 본 지령으로 변경할 수 있다는 의미이다. 즉 연합국이 정치적 판단으로 사실을 변경할 수 있다는 것이다.

「7. 일본제국정부는 본 지령 내에 서술되어 있는 것 외의 지역을 관장하는 일본 내의 모든 정부기관에 관한 보고서를 작성하여 본 최고사령부에 제출한다.」[31]

제7항의 해석으로서는 본 지령에서 언급하지 않은 지역을 관장할 때는 최고사령부에 문서로 보고하도록 했다.

「8. 위 7항에 언급된 정부기관에 관한 모든 기록은 보존되어서 본 사령부의 감사를 받을 수 있도록 되어 있어야 한다.」[32]

제8항의 해석으로서는 본 지령에 언급하지 않은 사항은 문서로 보존하여 사령부의 감사를 받도록 했다.

이상의 지역은 일본의 영토주권에서 제외된 곳이므로 연합국의 승인 없이 통신조차도 해서는 안 되며, 일본은 SCAPIN 677호와 향후 연합국의 정책에 따라야하고, 연합국의 정책의 변동이 있어도 제4항의 내용은 변동가능성이 거의 없지만, 제3항은 변동가능성이 있다는 것을 의미한다. 그리고 본 지령에 없는 사항에 관해서는 최고사령부에 문서로서 보고하고 항상 감사를 받도록 했다. 특히 제3항과 제4항의 차이점

---

31) 7. The Imperial Japanese Government will prepare and submit to this Headquarters a report of all governmental agencies in Japan the functions of which pertain to areas outside a statement as defined in this directive. Such report will include a statement of the functions, organization and personnel of each of the agencies concerned.

32) 8. All records of the agencies referred to in paragraph 7above will be preserved and kept available for inspection by this Headquarters.

은 제3항은 향후 연합국의 정책변화에 따라야하는 지역이고, 제4항은 일본영토에서 전적으로 분리되는 지역으로 편성되어 있다.

(2) 대일평화조약과 SCAPIN 제677호와의 차이점

SCAPIN 제677호(1946년 1월)가 대일평화조약에서 어떻게 변화되었는가의 그 차이점을 분석함으로써 일본의 영토가 어떠한 방식으로 처리되었는가를 알 수 있다.[33] 특히 일본이 영유권을 주장하고 있는 독도나 쿠릴열도의 처리방식에 관해서 고찰해보기로 한다.

① 한일 국경에 관해서는 SCAPIN 제677호에서는 「제3조(a) 우츠료(울릉)도, 리앙코르 암석(죽도, 독도) 및 퀠파트(사이슈 또는 제주도)」 그리고 「제4조 (c) 코리아(Korea)」를 일본영토에서 제외시켰는데, 대일평화조약[34]에서는 제2장 제2조 「일본국은 조선의 독립을 선언하고 제주도, 거문도 및 울릉도를 포함한 조선에 대한 모든 권리(right), 권원(title), 및 청구권(laim)을 포기한다.」라는 식으로 변화되었다.[35]

한일 국경조항의 특징은 「울릉도, 독도, 제주도를 포함한 코리아에 대한 영토주권」이 「제주도, 거문도, 울릉도를 포함한 코리아에 대한 영토주권」으로 변화되어 전자의 독도가 빠지고 후자에 거문도가 삽입되었던 것이다. 즉 SCAPIN 제677호에서는 섬의 귀속을 다루어 「독도」의 소속을 명확히 하였지만, 대일평화조약에서는 제주도와 울릉도 사이에 위치하고 있는 「거문도」를 삽입하여 섬의 귀속보다는 섬군(群)을 중심으로 경계선을 표현하여 무인도의 분쟁지역에 대한 법적 지위를 애매

---

33) 최장근(2008) 『독도문제의 본질과 일본의 영토분쟁 정치학』제이앤씨, pp.123-128.
34) 每日新聞社編(1952) 『対日平和条約』每日新聞社, pp.3-21. 최장근(2005), 『일본의 영토분쟁-』백산자료원, pp. 72-75.
35) 高野雄一(1962) 『日本の領土』東京大学出版会、pp.347-349.

하게 한 것으로 해석된다. 특히 독도의 소속에 대해서는 명시하지 않았다는 점이 특징이다. 독도의 소속에 대해서는 SCAPIN 제677호에서 한국영토로 표기되었던 것을 대일평화조약에서는 독도의 지위를 따로 규정하지 않았다면 독도의 지위가 변경되지 않으므로 SCAPIN 제677호의 지위가 그대로 계승되어 한국이 실효적으로 지배하고 있는 상태가 된다.

그런데 여기서 간과할 수 없는 것은 일본이 대일평화조약에서 독도의 지위를 따로 규정하지 않았던 것에 대해 제주도-거문도-울릉도를 직선으로 한 경계이기 때문에 독도가 일본영토로서 법적 처리가 되었다고 주장하고 있다. 1946년부터 1951년 대일평화조약에 걸쳐서 연합국의 영토처리과정을 살펴보면 독도가 일본영토로서 인정한 것이 아니라 애매하게 처리하여 그 지위를 회피했다는 사실을 알 수 있다.[36] 따라서 대일평화조약을 근거로 일본이 독도영유권을 주장하는 것은 단지 정치적 주장에 불과하다. 이러한 사실에 입각하여 일본이 영유권을 주장하고 있기 때문에 독도가 분쟁지역이 되었고, 그것이 근간이 되어 오늘날 독도문제가 발생하게 된 것이다.

② 중일국경에 대해서는 SCAPIN 제677호에서 「제4조 (b) 만주, 대만 및 패스카도어 섬」으로 결정되었던 것이 대일평화조약 제2장 제2조에서 「(b)일본국은 대만(Formosa) 및 팽호제도(the Pescadores)에 대한 모든 권리, 권원 및 청구권을 포기한다.」로 변경되었다. 중일 국경문제에서는 중국과 일본 사이에 분쟁지역이 없는 것으로 결정되었다. 1970년에 분쟁지역으로 대두된 조어제도에 대해서는 중국이 일본의 패전과 더불어 대만의 부속도서로서 대만과 팽호제도의 반환과 더불어 중국영토에 반환되었다는 인식을 갖고 있었기 때문에 분쟁지역이라는

---

36) 최장근(2005) 『일본의 영토분쟁』백산자료원, pp.33-71.

인식이 없었다.

③ 러일국경에 대해서는 SCAPIN 제677호에서 「제3조 (c)쿠릴(지시마)열도, 하보마이(수우이쇼, 유리, 아카유리, 시보츠 및 다라쿠 도서들 포함하는 하포마츠 군도)와 시고탄도를 제외」하고, 또 「(d) 카라후도(화태).」를 일본영토에서 분리하기로 결정되었다. 그런데 대일평화조약 제2조에서는 「일본국은 쿠릴(치지마)열도 및 일본국이 1905년 9월 5일 포츠마스조약 결과로서 주권을 획득한 사할린(카라후토) 남부 및 거기에 근접한 제도에 대한 모든 권리, 권원 및 청구권을 포기한다.」로 변경되었다. SCAPIN 제677호에서 하보마이, 시코탄」이 일본영토에서 제외되었는데, 대일평화조약에서는 쿠릴열도에 대한 영토주권을 포기한다고 하여 「하보마이, 시코탄」에 대한 언급을 회피했다. 이는 자유진영의 미국이 공산주의 국가의 권익을 인정하지 않는다는 방침아래 소련의 권익을 보장하지 않겠다는 의미로서 「하보마이, 시코탄」의 소속을 명확히 하지 않았다.[37] 소련은 「하보마이, 시코탄」을 남부 쿠릴열도로 규정하여 쿠릴열도 전부를 22개 도서라고 규정하여 그중의 일부라는 인식을 갖고 있었다.[38] 반면 전후 일본은 「하보마이, 시코탄」이 홋카이도의 일부로서 쿠릴열도와 무관한 고유영토라고 주장했고, 게다가 1955년 러시아와의 화친조약에서 최초로 평화적으로 국경을 결정하여 「쿠나시리와 에토로프」도 일본영토로 인정되었기 때문에 이들 4개의 섬 모두 일본영토라고 주장했다. 하지만 제2차 대전에서 연합국의 결정으로 러시아가 점령하게 된 이들 섬에 대해 일본 영토라고 주장하는

---

37) 水津滿(1987)『北方領土の鍵』謙光社, p.179.

38) V.V.アラージン(2005)『ロシアと日本：平和条約への見失われた道標 ─ ロシア人から88の質問への回答─』、モスクワ：(Sotsium Publ. www. sotsium. ruinfo@sotsium.ru), pp.125-129.

것은 국제법상으로 문제의 소지를 갖고 있다.[39] 전후 이러한 일본의 지속적인 영유권 주장은 법의 정의보다는 정치적 요인에 의한 것이라고 보는 것이 타당할 것이다.[40]

④ SCAPIN 제677호에서는「제4조 (a) 1914년 제1차 세계대전 개시 이래 신탁통치 또는 기타로 일본이 점령했거나 탈취한 모든 태평양의 도서들」을 일본영토에서 분리한다고 결정되었는데, 대일평화조약에서는 이들 지역을 남양군도와 신남(남사)군도(Spratly Islands), 서사군도(the Paracel Islands)로 구분하여, 남양군도에 대해서는「일본국은 국제연합의 위임통치제도에 관한 모든 권리, 권원, 청구권을 포기하고, 또 이전에 일본국의 위임통치 하에 있었던 태평양제도에 위임통치제도를 결정한 1947년 4월 2일 국제연합안전보장이사회의 행동을 수락한다.」그리고 신남(남사)군도(Spratly Islands), 서사군도(the Paracel Islands)에 대해서는「일본국은 이에 대한 모든 권리, 권원, 청구권을 포기한다」라고 변경하였다. 내용상으로 서로 큰 차이가 없지만, 대일평화조약에서는 SCAPIN 제677호의 내용을 세분화하여 일본영토에서 제외하고 있다. 그리고 SCAPIN 제677호에서는 남극의 권리에 관해 언급하지 않았지만, 대일평화조약에서는 남극의 권리에 대해서「일본국은 일본국민의 활동에 의하든 말든 간에 남극의 모든 지역에 대한 권리, 권원 및 이익에 관한 모든 청구권을 포기한다.」라고 규정하고 있다.

⑤ 오키나와제도에 관해서는 SCAPIN 제677호에서「제3조 (b) 북위 30도 이남 유구(난세이)열도(구치노시마 섬 포함), 이즈, 난포, 보닌, (오가사와라) 및 화산(오시가시 또는 오아가리)군도 및 파레스 벨라(오

---

39) 러시아는 영토문제는 존재하지 않는다는 입장이다. 국제법상 4개 도서 모두 러시아영토라는 인식을 갖고 있다.
40) 이한기(1969)『한국의 영토』서울대학교출판부, p.299.

기노도리), 마아카스(미나미토리) 및 간지스(나카노토리) 도서들」을 일
본영토에서 분리하고 있는데, 대일평화조약 제3조에서는 「일본국은 북
위29도 이남의 남서제도, 상부암 남쪽의 남방제도(오가사와라제도, 니
시도리시마, 화산열도 포함) 및 오키노도리시마를 합중국을 유일한 시
정권자로 하는 신탁통치제도 하에 두는 것 등 유엔에 대한 합중국의
모든 제안에 동의한다. 이와 같은 제안이 행해지고 가결될 때까지 합중
국은 영수를 포함하는 이들 제도의 영역 및 주권에 대해서 행정, 입법,
사법상의 권력의 전부 및 일부를 행사할 권리를 가진다.」로 변경되었
다. 오키나와에 대해서는 SCAPIN 제677호 제3조에 구분되어 모두 분
쟁지역으로 간주되었고, 그 범위에 관해서 SCAPIN 제677호에서 북위
30도 이남으로 되었는데, 대일평화조약에서는 북위29도 이남으로 변
경되었다. 그리고 대일평화조약에서는 SCAPIN 제677호에 포함되어 있
던 「나카토리와 미나미토리」가 삭제되었다. 특히 SCAPIN 제677호에서
는 이들 지역이 단지 일본영토에서 분리되었는데, 대일평화조약에서는
미국이 신탁통치하는 지역이 되었다. 신탁통치지역은 미래 일본에 반
환될 가능성을 내포하고 있다는 의미를 포함한다.

 이상에서 살펴보았듯이 SCAPIN 제677호와 대일평화조약을 비교해
본 결과, 미국의 의중에 의해 대일평화조약에서는 SCAPIN 제677호를
변경하여 일본의 입장을 많이 반영하였다. 특히 일본이 영유권을 주장
하고 있는 독도, 하보마이, 시코탄에 대해 SCAPIN 제677호에서는 법적
지위를 명확히 하여 일본영토에서 제외시켰는데, 대일평화조약에서는
이들의 법적 지위를 규정하지 않았다. 남서제도에 대해서도 SCAPIN
제677호에서는 명확히 일본영토에서 제외하였는데, 대일평화조약에서
는 미국의 신탁통치지역으로 규정하여 미래 일본에 반환될 가능성이
있는 지역이 되었다. 남서제도의 신탁통치 범위에 대해서도 SCAPIN

제677호에서 북위30도 이하로 규정되었던 것이 대일평화조약에서는 북위 29도로 변경되어 신탁통치지역을 축소하여 일본에 유리하게 조치하였던 것이다. 일본은 이러한 정치적 요인에 의해 대일평화조약에서 법적 지위가 애매하게 처리된 분쟁지역에 대해 영유권을 주장하게 되었다. 이처럼 미국은 일본을 자유진영에 포함시키기 위해 공산진영과 제3국의 입장을 무시하고 일본의 입장을 두둔하여 SCAPIN 제677호에서 영토적 지위를 분명히 하였던 독도와 쿠릴열도에 대해 대일평화조약에서는 법적 지위를 애매하게 처리하여 분쟁의 소지를 만들었던 것이다.[41]

이처럼 미국을 중심으로 한 연합국은 비서명국과, 비체약국 간에 영토분쟁의 소지를 남겨두고, 비서명국과의 관계에 관해서는 "일본국은 동 조약의 서명국이 아닌 국가와도 (생략) 같은 조건으로 2국간의 평화조약을 준비하고 일본의 의무는 동 조약의 효력발생 후 3년으로 만료된다(제26조)」라고 하여 당사자 간에 영토문제를 해결할 것을 규정하고 있다.

일본은 대일평화조약이 체결되었지만, 여전히 신탁통치지역이 존재하고 있고 비서명국과 비체약국간의 영토문제가 해결되지 않은 채 남아있다는 인식을 갖고 있었다. 그래서 이들 영토문제를 일본에 유리하게 해결하기 위해 대일평화조약에서 애매하게 규정된 영토에 대해 영유권을 주장하였던 것이 오늘날 영토분쟁지역이 되고 있다. 그 대표적인 예가 「타케시마, 북방영토, 신탁통치지역이다」.

연합국은 대일평화조약의 초안을 만드는 과정에 영토분쟁지역에 해당되는 지역 중에서 유인도에 대해서는 신탁통치를 하고, 무인도에 대해서

---

41) 김병렬(1998) 「대일강화조약에서 독도가 누락된 전말」, 독도보전협회, 『독도영유권과 영해와 해양주권』독도연구보전협회, pp. 165-195.

는 관여하지 않는다는 원칙을 정하여 조약원안에서는 그 지위를 규정하지 않았다. 그래서 한국의 독도(일본은 '다케시마'라고 칭함)와 소련의 하보마이, 시코탄(일본은 홋카이도의 일부라고 주장함)에 관한 영토적 지위는 대일평화조약에 규정되어 있지 않다.[42] 대일평화조약에서 누락된 지역이 결코 일본영토로서 결정된 것이 아님을 알아야 할 것이다.[43]

(3) 전후 일본의 분쟁지역 처리과정

패전으로 포츠담선언에 의거하여 확장한 일본제국의 영토가 전적으로 분리될 위기에 놓이게 되었다. 일본은 종전 직후부터 외무성에 '연구간사회'라는 전담부서를 두어 최대한 영토주권을 확보하기 위해 노력했다.[44]

미군이 1945년 4월 유구제도, 아마미제도를 점령했고,[45] 1946년 1월 오가사와라(小笠原)제도를 미군정 아래에 편입했다. 또한 유엔의 승인(1946년 11월)으로 1947년 4월 2일부터 태평양제도[46]의 신탁통치를 시작하였다. 사실 유구제도를 비롯한 이들 지역은 이미 1946년 1월 SCAPIN 677호에 의해 일본영토에서 분리되어 있었고, 그 후 대일평화조약에 의해 정식으로 미국의 신탁통치지역이 되었다. 독도에 대해서는 SCAPIN 677호에서 한국영토로 분류되었음에도 불구하고 대일평화조약에서 한국이 실효적 지배 상황에서 법적 지위를 분명히 하지 않았

---

42) 每日新聞社編(1952)『対日平和条約』每日新聞社, pp.3-21.
43) 김병렬(1998)「대일강화조약에서 독도가 누락된 전말」, 독도보전협회,『독도영유권과 영해와 해양주권』독도연구보전협회, pp.165-195.
44) 최장근(2005)『일본의 영토분쟁』백산자료원, pp.40-42.
45) 일본이 근대에 들어와서 유구영토에 대해 일방적으로 무주지 선점론을 적용하여 일본영토에 강제로 편입한 지역임.
46) 제1차 세계대전에서 일본이 독일의 점령지역이었던 태평양제도(남양군도)를 위임통치를 하게 되었다.

다. 쿠릴열도에 대해서는 SCAPIN 677호에서는 하보마이, 시코탄까지 분명히 일본영토에서 분리하였음에도 불구하고, 대일평화조약에서는 러시아가 실효적으로 점유하고 있는 상황에서 쿠릴열도의 범위를 명확히 하지 않은 채 일본의 주권지역에서 제외시켰다.

일본은 이미 대일평화조약을 체결하는 과정에 미국이 오키나와의 잔존주권을 약속한 바 있었고,[47] 게다가 자유진영 중심으로 결정된 대일평화조약에 대한 소련 등의 공산진영의 신탁통치 반대여론을 이용하여 난세이제도(南西諸島 ; 유구제도, 아마미제도)의 일본반환운동을 전개했다. 일본은 미국의 신탁통치에 대해 연합국이 내세웠던 영토불가침 원칙을 준수할 것과, 유구가 역사적으로 고유영토라고 주장하여 일본에 반환할 것을 요구했다. 일본의 집요한 영토복귀운동은 결국 1953년 아마미제도, 1968년 오가사와라제도, 1972년 오키나와가 일본영토로 복귀되었던 것이다.[48] 동시에 일본은 대일평화조약에서 제3국과 공산진영이 권익을 보장할 수 없다는 입장으로 미국중심의 자유진영이 법적지위를 명확히 하지 않았던 독도와 쿠릴열도에 대해 지속적으로 영유권을 주장해왔다.

그렇다면 다음으로 대일평화조약에서 영토적 지위를 분명히 하지 않아서 생긴 영토문제에 대해서 살펴보면 다음과 같다.

대일평화조약 제26조에 「일본국은 동 조약의 서명국이 아닌 국가와도 (중략) 같은 조건으로 2국간의 평화조약을 준비하고 일본의 의무는 동 조약의 효력발생 후 3년으로 만료된다」라고 규정하고 있다.

대일평화조약에서 영토문제와 관련하여 서명국이 아닌 국가에 대해 애매하게 처리하여 독도문제를 둘러싼 한국, 쿠릴열도 남방4도(북방영

---

47) 최장근(2005) 『일본의 영토분쟁』백산자료원, p.85.
48) 최장근(2005) 『일본의 영토분쟁』백산자료원, pp.82-86.

토)문제를 둘러싼 소련(지금의 러시아), 다오위다오(釣魚島)를 둘러싼 중국 등의 입장을 대변하지 않았다.[49] 대일평화조약 제26조에 「같은 조건으로」 평화조약을 체결한다고 규정한 것은 미국을 중심으로 한 자유진영의 연합국이 제3국 입장을 무시하고 일본의 법적 지위를 보장해 주려고 했던 것이다.

일본은 대일평화조약이 「효력발생 후 3년이 경과」하면 대일평화조약에 규정된 지위와 상관없이 외교능력으로 상대국과의 협상으로 이권을 확보할 수 있게 되었다. 대일평화조약에 있어서 독도와 조어도에 관한 기술이 원래부터 없었고, 「일본은 쿠릴열도에 대한 영토적 권원을 포기한다」고 하는 쿠릴열도 남방4도와 관련되는 규정도 3년 이상이 경과된 시점에서는 대일평화조약의 규정과 상관없이 러시아와 동등한 지위에서 외교적 협상능력에 따라 유리한 지위를 확보할 수 있게 되었다.

따라서 일본은 센카쿠제도에 대해서는 실효적 점유를 하고 있어서 전후 줄곧 영토문제가 존재하지 않는다는 입장을 취해왔다. 하지만 독도와 쿠릴열도 남방4도에 대해서는 영유권을 주장하여 분쟁지역으로 부각시키고 있다. 실제로 대일평화조약의 규정에 의하면 일본이 영토주권을 확보할 수 있는 법적 지위를 갖고 있지 않다. 결과적으로 일본이 이들 지역에 대해 영유권을 주장하는 의도는 법적 지위확보를 위한 것이 아니라, 정치적 타협으로 영토주권을 포함하는 또 다른 권익을 확보하겠다는 것이다.

---

49) 대일평화조약 체결 이후 일본과 중화민국(지금의 대만) 사이에서 일화평화조약이 체결되어 대일평화조약에 규정된 「일본국은 대만 및 팽호제도에 대한 모든 권리, 권원 및 청구권을 포기한다」에 의거하여 일중간의 영토문제가 해결되었다. 여기서 대만은 팽호제도에 문제의 조어도가 포함되어있었다는 주장이고, 일본은 센카쿠제도(조어도 등)는 일본의 고규영토이므로 팽호제도와 무관하다는 주장이다.

독도와 쿠릴열도에 한해서 언급한다면, 독도에 대해 현재 한국이 실
효적으로 점유하고 있고, 영토문제가 존재하지 않는다는 입장인데, 일
본이 영유권을 주장하는 것은 독도 영토주권 자체에 대한 기대보다는
외교적 협상수단으로 다른 이권을 기대하고 있는 것이다. 한편 러시아
가 실효적으로 점유하고 있고 영토문제가 존재하지 않는다는 입장인
데, 쿠릴열도에 대해 일본이 영유권을 주장하는 것은 2도를 반환과 더
불어 또 다른 권익을 기대하고 있다고 봐야한다.

결국 전후 강화조약이 체결되어 3년 이상이 경과한 시점에서 오가사
와라, 난세이제도는 연합국이 처리해야할 영토문제가 되어 최종적으로
일본영토로서 처리되었고, '북방영토'와 독도는 당사자 간에 다루어져
야할 영토문제가 되었다. 즉 일본은 독도와 북방영토문제를 분쟁지역
으로 보고 있다고 해야 할 것이다.

4. 「법령」의 분석

(1) 「총리부령 제24호」

아래의 내용은 일본어로 되어 있는 원본의 「총리부령 제24호」 중에
서 영토문제와 관련 있는 부분을 발췌하여 번역한 내용이다.

① 「2008년 12월 5일 현새의 법령 데이터입니다.」 「조선총독부 교통
국 공제조합이 본방(일본국) 내에 있는 재산 정리에 관한 정령 시행에
관한 총리부령(1951년 6월 6일 총리부령 제24호)」

② 「최종개정: 1960년 7월 8일 대장성령 제34호」[50]

---

50) 「平成20年12月5日現在の法令データです。朝鮮総督府交通局共済組合の本
邦内にある財産の整理に関する政令の施行に関する総理府令(昭和二十六

③「조선총독부 교통국 공제조합이 본방(일본국) 내에 있는 재산 정리에 관한 정령(1951년 정령40호)을 실시하기 위해 조선총독부 교통국 공제조합이 본방(일본국) 내에 있는 재산 정리에 관한 정령 시행에 관한 총리부령을 다음과 같이 정한다.」[51]

④「제2조 령 제14조 규정에 의거하여 정령 제291호 제2조 제1항 제2호 규정[52]을 준용할 경우에서는 부속도서라는 것은 아래에 제시된 도서 이외의 도서를 말한다.[53]

　一. 쿠릴열도, 하보마이열도(水晶島, 勇留島, 秋勇留島, 志発島 및 多楽島를 포함함), 시코탄도,

　二. 오가사와라제도 및 이오지마열도,

　三. 울릉도, 죽도(독도) 및 제주도,

　四. 북위30도 이남의 남서제도(유구열도를 제외),

　五. 다이토제도, 오키노토리시마, 미나미토리시마 및 나카토리시마

年六月六日総理府令第二十四号)最終改正：昭和三五年七月八日大蔵省令第四三号」.

51)「朝鮮総督府交通局共済組合の本邦内にある財産の整理に関する政令(昭和二十六年政令第四十号)を実施するため、朝鮮総督府交通局共済組合の本邦内にある財産の整理に関する政令の施行に関する総理府令を次のように定める。」.

52) 本州, 北海道, 四国, 九州 및 주무 省令에서 정하는 부속 도서를 말한다 (1949년 8월 1일 정령 291호 제2조 2항).

53)「第二条 令第十四条の規定に基き、政令第二百九十一号第二条第一項第二号の規定を準用する場合においては、附属の島しよとは、左に掲げる島しよ以外の島しよをいう。
　一 千島列島、歯舞群島(水晶、勇留、秋勇留、志発及び多楽島を含む。) 及び色丹島.
　二 小笠原諸島及び硫黄列島
　三 鬱陵島、竹の島及び済州島.
　四 北緯三十度以南の南西諸島((琉球列島を除く。).
　五 大東諸島、沖の鳥島、南鳥島及び中の鳥島」.

④「부칙 (1952년 4월 28일 법률 제 116호) 초(抄)」[54]「1. 이 법률은 일본국과의 평화조약이 최초로 효력 발생하는 날부터 시행한다. 3. 이 법률 시행 전에 개정 전의 조선총독부 교통국 공제조합이 일본국 내에 있는 재산 정리에 관한 정령에 의거한 처분, 절차, 그 외의 행위는 개정 후의 동 법령에 의거한 것으로 간주한다.」[55]

이상의 내용은 다음과 같은 의미를 갖고 있다.

①의 경우, 첫째, 본 법령은 조선총독부 교통국 공제조합이 본방(일본국) 내에 있는 재산 정리에 관한 것으로 보상문제를 처리함에 있어서 일본영토로 확정되지 않은 지역에 대해서는 최대한 보상을 줄이겠다는 의지에서 영유권 분쟁지역이라도 일본의 부속도서에서 제외하고 있다. 따라서 일본외무성이 독도의 영유권을 주장하기 위해 '죽도'가 역사적으로나 국제법적으로 일본영토라고 주장하는 정치적인 논리와는 다소 차이가 있다. 따라서 본 법령은 일본 외무성이 영유권을 극대화하기 위한 주장보다는 일본영토의 본질적인 면을 다루고 있다고 볼 수 있다.

둘째, 「2008년 12월 5일 현재의 법령 데이터입니다」라는 것은 현재 일본법령으로서 효력을 갖고 있다고 하겠다.

셋째, 「1951년 6월 6일 총리부령 제24호」라는 것은 1951년 9월 4일 체결의 대일평화조약 이전의 연합국최고사령부명령 SCAPIN 677호에 의한 것이라는 점이다. 당시 일본은 SCAPIN 677호를 근거로 법령을

---

54) 1과 3 사이에 2(?)가 왜 없을까? 일부러 삭제하였을까? 현재로서는 확인할 바가 없음.

55) 「附則(昭和二七年四月二八日法律第一一六号)抄, 1 この法律は、日本国との平和条約の最初の効力発生の日から施行する。3 この法律施行前に改正前の朝鮮総督府交通局共済組合の本邦内にある財産の整理に関する政令に基いてした処分、手続その他の行為は、改正後の同令に基いてしたものとみなす。」.

제정하고 있었다는 것을 알 수 있다. 즉 일본정부는 1951년 6월 6일 시점에서 울릉도, 제주도와 더불어 독도가 일본영토에서 분명히 제외되었다고 인식하고 있었다는 것이다.

②의 경우, 「최종개정: 1960년 7월 8일 대장성령 제34호」라는 것은 「1951년 6월 6일 총리부령 제24호」가 최종적으로 「대장성령 제34호」로서 1960년 7월 8일에 개정되었다는 것이다. 그렇다면 1960년 7월 8일 시점은 대일평화조약이 체결된 이후의 시점이므로 당시 일본은 SCAPIN 677호가 지속되고 있다고 인식하고 있었다는 점이다. 일본은 「최종적인 영토처리가 아니다」라는 단서가 있는 SCAPIN 677호를 그대로 적용하여 「독도」와 더불어 이미 대일평화조약에서도 한국영토로서 기정사실화 된 「울릉도와 제주도」까지도 언급하고 있다는 것은 영토문제가 완전히 종결되었다는 인식이 없었다.

③의 경우, 조선총독부 교통국 공제조합이 일본국 내에 있는 재산을 정리하기 위해 1951년 6월 6일 총리부령을 제정했다는 의미이고 이는 또한 「1960년 7월 8일 대장성령 제34호로 최종적으로 개정했다」는 것이다. 즉 일본은 1951년 6월 6일에 법령을 제정하고 그 연장선상에서 1960년 7월 8일에 법령을 개정한 이후에도 「제주도, 울릉도」와 더불어 「독도」를 일본영토에서 제외시키고 있다. 왜 일본은 「독도」만 일본영토에서 제외하면 될 것인데, 「제주도, 울릉도」를 왜 거론하였을까? 그것은 실질적으로 한국이 독도를 실효적으로 지배하고 있는 상황에서 1951년 9월 8일 체결한 대일평화조약에서 「울릉도, 거문도, 제주도」라는 형식으로 영토문제가 종결되었고, 게다가 연합국이 독도가 일본영토라는 규정을 어디에도 만들지 않았기 때문이다. 그래서 일본은 독도가 일본영토라는 것을 주장하기 위해서라도 SCAPIN 677호의 「최종적인 영토조치가 아니다」라는 단서를 활용할 수밖에 없었던 것이다. 즉

다시 말하면 대일평화조약에서 한국과 일본 간의 경계선으로서 「제주도-거문도-울릉도」라는 국경선이 결정되었지만, 최종적으로 「제주도-거문도-울릉도-독도」라는 경계선은 만들어지지 않았다는 것이다. 따라서 일본은 「독도」에 대해 영유권을 주장할 수 있는 위치에 있다는 것을 의미한다.

④의 경우, 첫째, 일본이 상기의 법령의 섬(혹은 국경선[56])들은 향후 일본영토에 유리하게 처리될 가능성이 있는 지역으로 판단하고 있던 지역이라는 의미이다. 「제주도, 울릉도, 독도」가 일본영토(혹은 경계선)와 무관하다면 일부러 법령에 제시할 이유가 없을 것이다. 그리고 실제로 이들 지역은 영토 미해결지역(경계선)으로 간주하고 있는 곳이다. 독도의 경우는 일본 외무성이 일본영토에 편입될 대상으로 분류하고 있었다는 점을 간과할 수 없다.

둘째, 「일본국 내」에서 제외되는 부속도서로서, 「1의 북방의 쿠릴열도, 2의 동방의 오가사하라제도, 3의 서방의 울릉도를 비롯한 한일 국경선, 4의 남동쪽의 남서제도, 5의 남방의 다이토제도를 비롯한 여러 섬들」이다. 법령에 이들 섬을 명기하여 일본영토에서 제외한다고 한 것은 법적으로 일본영토로서 확정된 지역은 아니지만, 일본이 영유권을 주장하고 있는 지역으로 향후 일본영토가 될 수 있는 지역이라는 의미이다.

셋째, 법령의 최종 개정이 1960년 7월 8일로 되어 있다. 1960년 7월 8일 시점에서 일본은 이늘 섬이 일본의 부속도서가 아니라고 규정하고 있는데, 이는 SCAPIN 677호에 의한 것이다. 이들 지역은 모두 연합국

---

56) 「제주도, 울릉도, 독도」에서 제주도와 울릉도까지 분쟁지역이라는 의미는 아니다. 이는 「독도」의 소속에 관한 논쟁이지만, 한국과 일본 사이의 경계선을 설정할 때 독도와 더불어 「제주도와 울릉도」가 상징적으로 필요한 섬들이기 때문에 법령에 제시된 것에 불과하다.

이 대일평화조약에서 영토주권이 명확히 하지 않았던 곳이기 때문에 일본이 「최종적인 영토조치가 아니라」고 하는 SCAPIN 677호의 규정을 활용하여 영유권을 주장하고 있는 것이다.

넷째, 대일평화조약에 조인한 국가는 일본과 관련된 영토조치는 1952년 4월 조약 비준 일을 기점으로 효력이 발생하게 된다. 그러나 상기 「[一]의 북방경계인 쿠릴열도」에 대해서는 러시아가 대일평화조약에 가담하지 않았기 때문에 영토문제가 해결된 것이 아니었고, 「[二]의 동방경계인 오가사와라제도」에 대해서는 미국의 신탁통치지역으로 구분되었다가 1954년에 일본영토에 반환되어 영토문제가 종결되었다. 「[三]의 서방경계인 울릉도를 비롯한 한일국경선」에 관해서는 한국이 대일평화조약의 당사자가 아니었기 때문에 한일 간의 영토문제는 종결되지 않았다. 특히 독도문제는 일본이 영유권을 주장하고 있기 때문에 한일 당사자간에 해결되어야할 문제이다. 1965년 한일양국은 국교를 회복할 때 한국이 독도를 실효적으로 점유하고 있는 상황에서 독도문제를 직접적으로 다루지 않았다. 한일협정은 평화조약과 같은 성격을 갖고 있는 조약이므로 이로 인해 한일 간의 영토문제가 법적으로 종료되었다고 할 수 있다.

다섯째, 「[四]의 북위30도 이남의 남서제도(유구열도를 제외)」, 「북위30도 이남의 아마미제도(奄美諸島)」는 1946년 2월 2일 일본의 행정권에서 분리되어 미군 통치하에 들어가서 1952년 2월 4일 샌프란시스코평화조약에 의거하여 북위29도 이북의 토카라열도(十島村)가 일본에 복귀되었고, 1953년 12월 25일 아마미제도가 일본에 복귀되었다. 유구열도는 1872년 오키나와로서 일본에 반환되었다.

여섯째, 「[五]의 다이토제도, 오키노토리시마, 미나미토리시마 및 나카토리시마」는 1968년 일본에 영토주권이 반환되었다.

(2) 「대장성령 제4호」

1951년 2월 13일에 제정된 대장성령 제4호 중에서 영토관련 내용을 발췌하면 다음과 같다.

① 「법령 데이터 시스템」[57] 「구 법령에 따른 공제조합 등에서의 연금수급자를 위한 특별조치법 제4조 제3항 규정에 의거한 부속 섬을 정하는 성령(省令 ; 1951년 2월 13일 대장성령 제4호)」[58]

② 「최종개정 : 1968년 6월 26일 대장성령 제37호」[59]

③ 「구 법령에 따른 공제조합 등에서의 연금수급자를 위한 특별조치법 제4조 제3항 규정에 의한 부속 섬을 정하는 성령을 다음과 같이 정한다.」[60] 「구 법령에 따른 공제조합 등으로부터의 연금수급자를 위한 특별조치법(1951년 법률 제256호)제4조 제3항에 규정하는 부속 섬은 아래에 제시한 섬은 제외된다.」

一 치시마열도(千島列島), 하보마이열도(歯舞列島 ; 水晶島, 勇留島, 秋勇留島, 志発島 및 多楽島를 포함함), 시코탄섬(色丹島) / 二 울릉도(鬱陵島), 죽도(竹の島) 및 제주도(済州島)」.[61]

---

57) 総務省(2009검색)「法令データ提供システム」, http://law.e-gov.go.jp/htmldata/S26/S26F03401000004.html

58) 「旧令による共済組合等からの年金受給者のための特別措置法第四条第三項の規定に基く附属の島を定める省令(昭和二十六年二月十三日大蔵省令第四号)」.

59) 「旧令による共済組合等からの年金受給者のための特別措置法第四条第三項の規定に基く附属の島を定める省令(昭和二十六年二月十三日大蔵省令第四号)」.「最終改正 : 昭和四三年六月二六日大蔵省令第三七号」.

60) 「旧令による共済組合等からの年金受給者のための特別措置法第四条第三項の規定に基く附属の島を定める省令を次のように定める。」.

61) 「旧令による共済組合等からの年金受給者のための特別措置法 (昭和二十五年法律第二百五十六号)第四条第三項 に規定する附属の島は、左に掲げる島以外の島をいう。
一 千島列島、歯舞列島(水晶島、勇留島、秋勇留島、志発島及び多楽島

이상의 내용은 다음과 같은 의미를 내포하고 있다.

상기 ①의 경우, 이는 1951년 2월 13일 「대장성령 제4호」로서 연금수급자를 위한 특별조치를 내린 것으로 일본의 부속 섬에 대한 규정이다.

상기 ②의 경우, 1951년 2월 13일에 제정된 대장성령 제4호를 「1968년 6월 26일 대장성령 제37호」로 최종적으로 개정했다는 내용이다. 더 이상 개정이 없다는 내용인데, 영토분쟁지역으로 생각하고 있었던 지역이 해결되었다는 것이다. 영토문제가 최종적으로 해결되었다는 것을 의미한다.

상기 ③의 경우, 사실 1968년 6월 26일 미국이 시정권을 행사하고 있었던 오가사와라제도와 이오열도(硫黃列島)가 일본에 반환되었던 날이다.

이 섬이 일본 섬과 무관하다면 처음부터 거론하지 않았을 것인데, 여기에 제시하고 있다는 것은 일본영토와 관련이 있지만, 일본영토로 확정된 섬이 아니라는 의미이고, 영토분쟁지역으로 간주하고 있는 섬으로 해석하는 것이 타당할 것이다.

여기서 본방에 대해서는 1950년 12월 12일 구 법령에 따른 공제조합 등으로부터 연금수급자를 위한 특별조치법(법률 제256호) 「제4조 제3항」에 의하면, 「일본국은 혼슈(本州), 시코쿠(四国), 큐슈(九州), 홋카이도(北海道) 그리고 재정성령(財務省令)에서 정하는 그 부속 섬을 말하고, 이오토리시마(硫黃鳥島), 이헤야도(伊平屋島) 그리고 북위 27도 14초 이남의 난세이제도(다이토[大東]제도 포함)를 포함한다.」고 규정하고 있다.[62]

　　　を含む。)及び色丹島
　二　　鬱陵島、竹の島及び済州島」.
62)「本邦(本州、四国、九州及び北海道並びに財務省令で定めるその附属の島

여기서 중요한 것은 일본이 독도와 '북방영토'를 일본영토에서 제외하고 있다는 사실은 일본이 실효적 지배를 하고 있지 않는 지역에 대해서는 배상을 하지 않겠다는 차원에서 다루고 있어서 영토분쟁지역 자체를 포기한 것은 아니었다.

5. 맺으면서

이상에서 「총리부령24호」와 「대장성령4호」에 관련되는 영토조항을 분석하여 「일본의 영토문제와 독도의 지위」에 관해 고찰하였다. 본 연구의 성과를 정리하면 다음과 같다.

첫째로, 「대장성령4호」는 1951년 2월 13일에 제정되어 1968년 6월 26일 대장성령 제37호로서 최종적으로 개정되었다. 「총리부령24호」는 1951년 6월 6일에 제정되어 1960년 7월 8일 대장성령 제34호로서 최종적으로 개정되었다. 이들은 오늘날의 일본법령 자료가 되었다. 최종적으로 개정된 법령자료는 1968년 6월 26일 「대장성령4호」를 개정하여 「대장성령 제37호」가 되었다. 「대장성령 제37호」 중에서 영토와 관련되는 지역으로서, 「①치시마열도(千島列島), 하보마이열도(歯舞列島), 시코탄(色丹島). ②울릉도(鬱陵島), 독도(竹島) 및 제주도(済州島)」를 일본의 부속도서에서 제외한다는 내용이 있다. 어기서 중요한 것은 이미 대일평화조약에서 오키나와에 대한 잔존주권이 인정되어 있었고,

---

をいい、硫黄鳥島及び伊平屋島並びに北緯二十七度十四秒以南の南西諸島(大東諸島を含む。)を含む。以下同じ。)」(旧令による共済組合等からの年金受給者のための特別措置法(昭和二十五年十二月十二日法律第二百五十六号)「第四条第三項」).

1968년 6월 26일 오가사와라의 영토주권이 일본에 반환조치 되어 일본의 영토주권에 대한 변동이 있었기 때문에 「대장성령 제37호」가 제정된 것이다. 일본은 이로 인해 「SCAPIN 677호」의 분쟁지역 중에서 이제 대부분의 지역이 해결되었고, 독도와 쿠릴열도만이 일본영토로 확정되지 않고 분쟁지역으로 남게 되었다는 인식이었다.

둘째로, 「SCAPIN 677호(1946년 1월 18일)」의 효력에 대해서는 다음과 같다. 즉 연합국이 최종적으로 처리한 영토조치는 아니지만, 최종적으로 영토를 처리한 대일평화조약(1951년 9월 8일) 이전 단계에서 특정한 지역에 대한 일본의 행정권과 통치권을 박탈한 법령이다. 여기서 통치권은 영토를 포함하는 주권을 제한한 것이고, 행정권은 행정적 관할권을 제한한 것이다. 즉 이 법령은 특정지역에 대한 일본의 영토주권과 행정 관할권을 제한한 것이다. 따라서 「SCAPIN 677호」는 대일평화조약 이전 상태에서 과거 일본의 영토주권을 박탈한 조치라고 할 수 있다. 연합국은 대일평화조약으로 일본영토를 최종적으로 분리 조치하였다. 그런데 연합국이 부득이 논란을 피하기 위해 대일평화조약에서 영토문제를 본질적으로 처리하지 않고 정치적으로 회피한 부분도 있었다. 실제로 영토조치를 회피한 지역은 「SCAPIN 677호」에 의해 해당국이 실효적으로 지배하고 있었기 때문에 연합국이 이를 변경하지 않는 한, 「SCAPIN 677호」의 영토조치는 사라지지 않고 법적 효력이 유지되는 것이었다.

셋째, 대일평화조약에서 미국을 비롯한 연합국은 제주도, 울릉도, 거문도 등이 한국영토임을 최종적으로 인정했다. 그러나 「독도」에 대해서는 법적 지위를 내리지 않았다. 연합국최고사령부는 1952년 4월 28일 대일평화조약이 비준된 이후 해체되었다. 그러나 SCAPIN 677호에 의해 한국의 독도 실효적 지배 상태에서 행정적 관할권, 통치권(영토를 포함한 모든 주권)이 한국에 이관되었다. 연합국이 이러한 실효적 지배와 영토주권을 제한하는 조치가 내려지지 않았기 때문에 SCAPIN 677호가 유효하게 되었다. 그런데 일본은 연합국이 SCAPIN 677호에서 최종적인 영토조치가 아니라는 단서를 달고 있기 때문에 한일 간의 영토문제가 최종적으로 해결되지 않았다는 것이다. 대일평화조약 제26조에서는 평화조약을 체결하지 않은 나라와는 2국간의 조약으로 영토문제를 해결한다고 규정을 정하고 있기 때문이다.

넷째, 일본은 「SCAPIN 677호」가 「연합국의 최종적인 영토처리가 아니라」는 규정을 적용하여 「SCAPIN 677호」에서 일본영토에서 제외된 지역이 대일평화조약에서 애매하게 처리되자, 일본은 영유권을 주장했다. 일본은 문제의 지역이 최종적으로 처리될 때까지 분쟁지역이라는 인식을 갖고 있었다. 이를 단적으로 보여주는 좋은 사례가 「총리부령24호」와 「대장성령4호」를 비롯한 그 후속으로 개정된 1960년 7월 8일의 대장성령 제34호, 1968년 6월 26일의 「대장성령 제37호」이다.

다섯째, 「총리부령24호」와 「대장성령4호」는 각각 「1961년」과 「1968년」에 한 번씩 개정되었다. 특히 「1968년」 개정이유는 SCAPIN 677호와 대일평화조약에서 분쟁지역으로 처리되었던 오가사와라제도에 대한 일본 귀속과 남서제도에 대한 일본의 잔존주권이 인정 되었기 때문이었다. 1968년 이후 일본에서 분쟁지역으로 처리되었던 지역은 독도와 쿠릴열도가 남게 되었던 것이다. 특히 일본은 연합국이 이들 지역을 「SCAPIN 677호」로 일본영토에서 제외시켰지만, 대일평화조약에서 명확히 하지 않았기 때문에 양국 간에 영토주권을 명확히 해야 하는 영토문제가 남아 있다는 주장이다.

여섯째, 연합국이 이미 연합국 최고사령부의 명령을 바탕으로 대일평화조약에서 최종적인 영토처리를 단행하였다. 「울릉도, 제주도」는 이에 한국영토로 인정했던 것이다. 그럼에도 불구하고 1968년에 개정된 「대장성령 4호」에서 「울릉도, 제주도, 독도」가 일본영토에서 제외된다고 규정한 것은 「SCAPIN 677호」에서는 일본영토에서 제외되었지만, 최종적으로 영토처리가 되어야할 대일평화조약에서는 독도의 법적지위가 결정되지 않았다는 주장이다. 이는 일본의 논리로서 일본이 독도의 영토주권을 확보하려는 정치적 의도에 의한 것이다. 이는 쿠릴열도에 대해서도 마찬가지이다. 법적으로도 대일평화조약에서 쿠릴열도의 주권을 포기한다고 규정하고 있다. 그럼에도 불구하고 일본이 쿠릴열도의 영유권을 주장한 것은 정치적 논리에 의한 영유권 주장이다. 한국과 러시아가 이미 「SCAPIN 677호」에 의해 독도와 쿠릴열도가 일본영토에서 분리되어 각각 실효적으로 점유를 하고 있는데, 패전국이었던 일본이 연합국의 영토조치를 일방적으로 변경하려는 시도는 불법적인 무모한 시도였다고 하겠다.

일곱째, 현실적으로 일본이 독도와 쿠릴열도에 대해 영유권을 주장하고 있으면서도, 「재산권 청구」에 있어서는 영토주권이 확립되지 않은 분쟁지역으로 처리하고 그 대상지역에서 제외함으로써 배상을 최소화하려는 의도를 깔고 있다.

일본 국내에서의
탈내셔널리즘과
내셔널리즘의 대립

제2장 - 일본의 '죽도'/독도 역사 연구와 영토인식 -

1. 들어가면서

현재 일본의 선행연구 중에서 역사학적 측면에서 연구한 독도관련 논문 및 저서는 대략 160편정도 있다.[1] 이들 선행연구는 시기와 경향에 따라 대충 4가지로 분류된다. 첫째로 1905년 일제가 '죽도'를 일본영토에 편입한 이후부터 1945년 패전까지의 연구, 두 번째로 1952년 1월 한국정부가 평화선을 선언하였을 때의 연구, 세 번째로 1965년 한일협정 체결시의 연구, 네 번째로 1977년 국제해양법협약에서 200해리 배타적 경제수역 논의부터 1996년 한일 양국이 채택한 시기까지의 연구이다.

현재 일본정부는 일본외무성 홈페이지를 보면, 독도가 역사적으로나 국제법적으로 일본영토라고 논리를 펴고 있다. 이러한 일본외무성의 논리[2]가 선행연구에 의해 계발된 것임에는 의심의 여지가 없다. 그렇

---

1) 최장근(2007)「독도관련연구경향(1948-현재)분석: 역사학」, 동북아역사재단(과제번호: 제3연구실-2007-17), pp.128-148. 참고목록 참조.

다면, 이러한 논리가 어떻게 경위로 형성되었는가를 고찰하는 것은 독도의 본질을 이해하는데 유익하리라 판단된다.

이러한 문제제기에서 본 연구는 외무성의 논리가 어느 시기에 어떠한 국내외적 배경3)과 어떤 연구자에 의해 어떤 논리가 계발되었고, 그 이후 어떻게 수정, 변경, 보완되어 지금까지 계승되어왔는가를 분석하려는 것이 목적이다.4)

연구방법으로서는 ①시기별로 선행연구를 일본제국기, 평화선 선포시기, 한일협정시기, 국제해양법협약의 200해리 배타적 경제수역 논의시기부터 그 이후 시기로 나누어 사료의 발굴과 해석의 변천을 검토한다. ②내용별로는 고대에서 현대에 이르기까지 독도의 지위에 대한 선행연구의 영유권 인식의 변화에 대해 고찰한다. ③대표적인 선행연구를 위주로 검토하고 그 이외의 선행연구는 각주에서 보완한다.5)

일본의 독도 선행연구를 분석한 연구는 최근 몇 편 있으나,6) 선행연구를 내용별, 시대별, 저자별, 테마별로 총체적으로 시도하는 것은 본

---

2) 일본외무성의 논리는 현재 일본영토로서 영유권을 주장하는 선행연구의 논리와 동일한 것으로 봐도 무방하리라 생각된다.

3) 국내외적 환경에 관해서는 시기구분으로 대략적으로 이해할 수 있으므로 본고에서는 한정된 지면관계와 본론의 취지를 최대한 부각시킨다는 차원에서 구체적인 언급은 생략한다.

4) 일본적 논리의 수정, 변경, 보완에 대해서는 시기별 내용의 차이로 확인이 가능하므로 별도로 구체적인 언급은 생략한다.

5) 일본외무성의 논리가 본고에서 제시한 대표적인 선행연구에 대부분 의존하고 있고, 본고 이외의 선행연구의 논리가 적용되는 경우가 거의 없다고 판단하고 있기 때문이다.

6) 김병렬(2001) 『독도에 대한 일본사람들의 주장』다다미어. 한철호(2006) 『명치시기 일본의 독도정책과 인식에 대한 연구 쟁점과 향후 전망』, 한국해양수산개발원(과제번호: 독도연구 2006-06). 최장근(2007) 「일부 일본학자들의 독도사료조작으로 인한 영유권 본질 훼손」, 『일본문화학보』제32집. pp.401-428. 기타.

연구가 처음인 듯하다.

본 연구에서는 '죽도/독도의 명칭에 대해서는 근세시대 일본측의 울릉도 호칭, 영토편입 이후부터 지금까지 일본측의 독도 호칭에는 '죽도'라고 한다.

2. 일본제국 시기의 독도/ '죽도' 연구

'죽도'가 세간에 주목을 받게 된 것은 러일전쟁 때이고, 일본해전의 승리로 특히 지리학자들도 관심을 갖게 되었다.[7] 1905년 4월 『지학잡지(地学雜誌)』의 「잡보」에 「제국신영토 죽도」라는 제목으로 「이 섬(신영토 竹島)은 한국의 범위에 속하는 울릉도(松島; Dagelet Isiand)와 함께 일본 해상의 고도(孤島)로서 아직 소속이 미정이다」라고 했다.[8] 이 기사는 1899년의 『조선수로지』(p.263)에 의한 것이다.[9] 일본은 1899년에 『조선수로지』를 간행하여 독도를 한국영토로 인식했음을 알 수 있다. 그럼에도 불구하고, 일본정부는 각의결정으로 1905년 2월 22일 시마네현(島根県)이 공지하여 일본영토에 편입했다.

이러한 상황에 대해 다나카 아카마로(田中阿歌麻呂)는 1905년 5월 「이 섬은 에도시대에 일본인이 먼저 발견했으나, 메이지일본은 '리앙쿠르임'을 일본제국 영도의 외곽에 두고 있있고, 조선은 이를 '독도'라고 했다.」「메이지(明治) 초년에 정원(正院)지리과에서 이 섬을 일본 섬으로 인정하지 않음으로써 그 후 출판되는 많은 지도에서 소재를 기록하

---

7) 田中阿歌麻呂(1905.8) 「隠岐国竹島に関する旧記」, 『地学雜誌』제17년 제200호, pp.594-598.
8) 「잡보」, 「帝國新領土竹島」, 『地学雜誌』제17년 제196호, 1905.4, p.282.
9) 田中阿歌麻呂(1905) 「隠岐国竹島に関する旧記」, 『地学雜誌』第210号, p.415.

지 않았다. 1875년 문부성 출판 미야모토 산빼이(宮本三平)씨의 일본 제국전도에 이 섬을 기록하지만, 제국영토 외곽에 두고 일본영토와 같은 색으로 도색하지 않았다」고 했다. 다나카(田中)는 에도시대의 「竹島」와 지금의 「죽도」를 혼동하고 있는 부분은 있지만, 당시의 竹島인식이 「조선수로지」의 조선영토론을 답습하고 있었음을 알 수 있다.[10]

여기서 주목되는 것은 당시(1906년 5월) 울릉도 사람들이 이 섬을 「독도」라고 부르고 있었다는 사실을 지리학자들도 인식했다는 점이다.

오늘날 일본이 영유권의 근거로 삼고 있는 몇 안 되는 주요한 사료들 중 「죽도교(竹島考)」, 「죽도도설(竹島圖說)」가 田中에 의해 처음으로 활용되었다는 점, 처음으로 「죽도(울릉도)도해면허」를 언급했다는 점이 특기사항이다.[11]

오쿠하라 헤키운(奧原碧雲)는 처음으로 독도의 영유권연구를 총체적으로 시도했다. 그는 1906년 3월 시마네현조사단의 일원으로서 독도에 동행하고 그 결과 『죽도연혁고(竹島沿革考)』를 저술하여 영토편입의 정당성을 주장했다. 최근에 시마네현의 죽도문제연구회가 발굴한 「나카이 요사부로씨 입지전(中井養三郎氏立志伝)」도 대동소이한 내용이다.[12] 『은주시청합기(隠州視聴合記)』(1667년), 『변요분계도고(辺要分界図考)』의 「동습고정분계도(同習考定分界図)」(1804년), 『지지개요(地誌概要)』,[13] 오니시 쿄호(大西教保)의 『호키고기집(伯耆古記集)』(1823

---

10) 田中阿歌麻呂 자신이 『地学雑誌』第210号의 「부기」에 울릉도와 독도를 혼동했음을 시인했음.
11) 田中阿歌麻呂(1905.8) 「隠岐国竹島に関する旧記」, 『地学雑誌』제17년 제200호, pp.594-598.
12) 竹島문제연구회(2007) 「최종보고서」, p.153. 竹島문제연구회가 최근 발굴한 사료임.
13) 한국북방학회편(2004) 『한국북방학회논집』.제8권, pp.302-303. 奧原碧雲(1906.5) 『竹島及び欝陵島』松江県立図書館所蔵.

년),14) 『죽도도설(竹島圖說)』, 『죽도고(竹島考)』, 『호키민담(伯耆民談)』」
등을 일본영토의 근거로 삼았다. 오쿠하라는 독도편입의 정당성을 주장
하면서도 「프랑스선박이 발견하기 이전, 『변요분계도고』(1809), 『고기
집』(1823)에 상세히 기록되어 있음에도 불구하고 수로지가 이 암초를 외
국인이 발견한 것으로 기록하고 있다. 일조양국해안에서의 거리는 일본
측이 10리가 더 가깝다. 그런데 해도(海圖)에는 조선부에 편입되어져 있
다. 매우 유감스럽다」라고 했다.

　현재 일본이 영유권을 주장하는 역사적 권원으로 삼고 있는 주요한
문헌이 오쿠하라 헤키운(奧原)에 의해 처음으로 활용되었다. 또한 『은
주시청합기』에 대해서도 "울릉도 즉 무인도인 죽도를 가지고 일본의
건(乾;서북)영토, 이 주(州)를 경계로 한다"고 해석했다. 『은주시청합기』
의 「이 주(州)」의 해석을 처음으로 「죽도(竹島 ; 울릉도)」라고 하여 영
유권을 주장한 장본인이다. 또 「1903년 백주(伯州) 동백군(東伯郡) 소
압촌(小鴨村) 나카이 요사부로(中井養三郎)씨가 리앙코도(신영토)의
강치 포획업을 기도했는데, 동향 사람들이 찬성하여 리앙쿠르도에 상
륙하여 처음으로 일장기를 바위 위에 펄럭이게 되었던 것이 메이지36
년 5월이었다」고 했다.15) 또 「나카이 요사부로는 리앙코도를 조선영토
라고 믿고 조선정부에 대여 청원을 결심」했다는 내용에 대해서는 해명
하지 않았다.16) 「영토편입은 지위상, 경영상, 역사상으로 보다 공연히
편입되어야하는 것이다」고 하여 영토편입의 정당성을 주장했다. 하지
만, 당시 일본의 죽도인식에 대해 「다들 '신영토 죽도'에 대해 정확히
알고 있지 않았다」고 지적했다.17)

---

14) 상계서, 『한국북방학회논집』, pp.302-303.
15) 한국북방학회편(2004) 『한국북방학회논집』, p.311.
16) 전계서, 『한국북방학회논집』, p.312.

이처럼 오쿠하라는 근세와 근대에 걸쳐 일본이 죽도를 실효적 지배를 했다고 주장했다. 이 조사는 한국측의 사료를 전적으로 무시한 일본의 내셔널리즘적인 죽도연구의 선구라고 할 수 있겠다.

이렇게 해서 일본은 1905년 독도를 일방적으로 일본영토에 편입시켰고, 1910년 이후에는 독도를 포함해서 대한제국영토 전부를 일본영토로서 편입시켰다. 일제 시대의 독도연구는 그다지 활발하지 않았지만, 1910년 이후는 순수한 의미의 지리학적 차원에서 활발하게 연구되었다.

1919년, 카시와하라 쇼조(栢原昌三)는 울릉도에 관해서 언급하고 있지만, 독도에 대해서는 전혀 언급하지 않았다.[18] 1921년, 쓰보이 쿠메죠(坪井九馬三)는 독도에 대해 「이 섬을 란도(卵島)라고 하여 근년에 죽도라고 개명한 것을 신속히 원래대로 돌릴 것」, 「일본의 서남부인 일본해 해전전장에 예로부터 지금까지 여러 가지 설이 내려오는 세 섬이 있다. (중략) 이 두 섬(울릉도와 죽섬)보다 훨씬 떨어진 곳, 오키(隱岐)군도의 북서북 앞바다에 바위섬이 있다」라고 했다.[19] 이는 지리적으로 동해/일본해에 있는 섬들에 대해 오키도는 일본 영토 울릉도-죽섬-독도는 조선 영토라는 인식을 갖고 있었다. 특히 죽섬의 존재를 울릉도 속도에서 분리해서 생각하는 발상이 있었는데, 이것은 「칙령41호」와 동일한 인식이다.

1930년, 하바타 세츠코(樋畑雪湖)는 「죽도(竹島 ; 리앙쿠르트도)는 울릉도와 함께 지금은 조선의 강원도에 속해 있다」라고 지적하고 있다.

---

17) 奧原碧雲(1906.6) 「竹島沿革考」, 『歷史地理』제 8 권 제6호, pp.461-478.
18) 栢原昌三(1919)「太平洋問題としての竹島回顧(承前)」, 『歷史と地理』제4권 제1호, pp.36-44. 栢原昌三, 1919, 「日明鮮の国交通商と柳川一件の真相」당시는 미간으로 간행예정이었음.
19) 坪井九馬三(1921) 「欝陵島」, 『歷史地理』제38권 제3호, pp.4-5.

또한 「오키(隱岐)의 제3부속도 란도(卵島)」라고 하여 일본해/동해의 섬으로서,[20] 울릉도-독도-오키(隱岐)도를 이전 시대와 달리 같은 영역으로 취급하고 있다. 그리고 「우산(于山)-우릉(于陵)-무릉(武陵)-우릉(羽陵)-울릉(鬱陵)」을 같은 어원으로 보고,[21] 「우산도=울릉도」라는 논리를 가지고 있었다. 즉 동해 울릉도와 우산도 2도가 존재한다는 조선시대의 논리를 부정하는 논리의 기원이다.

1931년, 다보하시 키요시(田保橋潔)는 「고 기록에 의하면 2개의 섬이 존재하는 것은 명확한데, 두 섬을 각각 울릉도, 리앙쿠르라고 부르기도 했다. 지금 울릉도의 별명을 송도(松島), 리앙쿠르도의 별명을 죽도(竹島)라고 하는 것은 영국해군의 관용에 따른 것으로 판단된다」고 하여 근세시대의 울릉도 즉 죽도(竹島)가 송도(松島)가 된 경위에 대해 처음으로 언급했다.[22] 또 「제3도는 죽도(竹島) 즉 죽섬(댓섬)은 울릉도 주변의 10수개의 암초 중에 가장 큰 암초이고, 죽도(竹島)는 송도(松島)의 병칭으로 이 섬은 해도나 신증동국여지승람에는 보이지 않는다.[23] 울릉도의 속도에 불과하다」라고 하여,[24] 죽섬명칭의 유래를 설명하고 있다.

20) 樋畑雪湖(1930) 「日本海における竹島の日鮮関係に就いて」, 『歴史地理』제55권 제6호, pp.62-63.
21) 坪井九馬三(1930.7) 「竹島について」,『歴史地理』제56권 제1호, pp.33-34.
22) 田保橋潔(1931.2) 「欝陵島その発見と領有」,『青丘学叢』제3호, pp.1-26.
23) 田保橋潔(1931.5) 「欝陵島の名称について(補)ー坪井博士の示教に答ふ」, 青丘学会編. 『青丘学叢』제4호, p.106.
24) 田保橋潔(1931.5) 「欝陵島の名称について(補)ー坪井博士の示教に答ふ」, pp.107-108.

3. 평화선선언 시기의 독도/'죽도' 연구

(1) 가와카미 논리의 성립

가와카미의 연구는 한국이 1951년 1월 28일 평화선을 선언했을 때 일본외무성이 독도의 영유권을 인정할 수 없다고 이의를 제기하고 난 이후에 일본정부의 요청으로 영유권의 논리를 만들기 위해 1953년 8월 『죽도의 영유』가 집필되었다.[25] 본서는 당시 한국이 내세운 「①독도는 1946년 1월 29일 총 사령부 각서에 의해 명백히 일본영토에서 배제되었다. ②독도가 맥아더라인 외부에 설정되어 있는 것도 한국의 요구가 확인된 것이다. ③성종3(1483)년이래 당시 조정의 조사의 결과 이조실록에 영흥인 김자주(金自周)가 섬을 발견하여 삼봉도라고 명명되했다고 기록되어있다. ④독도(独島)는 예로부터 우산도라고 칭해졌는데, 일본은 숙종23(1697)년 울릉도와 우산도에 일본인의 출어를 금했다」고 하는 내용에 초점을 맞추어 비판했다.

● **"우산도와 울릉도는 동일 섬이다."**

① 지리적으로 울릉도와 독도는 서로 보이지 않는다. 공식으로 산출해 보면, 해발 200미터 이상 지점에 올라가야 독도가 보이는데, 당시 울릉도는 밀림으로 200미터 지점에 올라 갈 수 없을 뿐만 아니라, 올라가더라도 시계가 가려서 볼 수 없다.[26]

② 조선에서 제작된 지도를 보면, 『동국여지승람』에 삽입되어있는 팔도총도를 비롯해 울릉과 우산 2섬으로 제작된 지도가 많이 있다. 이

---

25) 외무성조약국편(川上健三)(1953) 『竹島の領有』, 外務省조약국, 참조.
26) 川上健三(1966) 『竹島の歷史地理学的研究』古今書院, pp.281-282.

들 지도의 우산도는 울릉도와 동일한 섬을 표기한 것이다. 대동여지도 (1861년)에도 지금의 죽도(竹島)가 없다. 요컨대 한인이 예로부터 지금 의 竹島를 분명히 인지했다는 증거는 문헌이나 지도 어디에도 없다.

③ 삼봉도의 소재는 김자주(金自周)라는 사람의 글 이외에는 아무데 도 없다. 정부가 수차례 조사를 했지만 확인하지 못했다. 그것이 독도 라는 증거는 하나도 없다"[27]

④ 『동국여지승람』의 "풍월청명하면 서로 역력가견"은 울릉도에서 조선 본토 간의 거리를 말하는 것이고, 『동국여지승람』에 수록된 「팔 도총도」나 「강원도부분도」의 「2도설」은 관념적인 것으로서 실제의 식 견이 아니다.[28]

⑤ 삼국사기와 삼국유사에 등장하는 「우산국」은 문헌상으로 독도가 등장하지 않으므로 우산국의 영역과 무관하다.[29]

● "근세일본은 울릉도를 지배했으며, 독도는 어로지(漁撈地)나 기 항지(寄港地)로 삼았다."

① 일본의 古文헌인 『은주시청합기(隱州視聴合紀)』(1667), 『죽도도 설(竹島図説)』(1751-63), 『장생죽도기(長生竹島記)』(1801), 『오키고기 집(隱岐古記集)』(1823), 『고기집(古記集)』, 『죽도도해유래기발서공(竹 島渡海由来記抜書控)』, 『기죽도각시(磯竹島覚書)』(내긱문고), 『도항 일람(通航一覧)』(권137) 등에 죽도(竹島)를 일본영토로 표기했다.

27) 川上健三(1966) 『竹島の歴史地理学的研究』 pp.113-117. 堀和生, 1986.12, 「1905年の竹嶋領土編入」, 『朝鮮史研究会論文集』No.24, pp.101.
28) 川上健三(1966) 『竹島の歴史地理的研究』, pp.104
29) 川上健三(1966) 『竹島の歴史地理学的研究』, pp.98-99.

② 조선측 문헌인『지봉유설』권2 지리부(1614)와, 나가쿠보 세키스이(長久保赤水)의「일본여지로청전도(日本與地路程全図)」(1775), 곤도 모리시게(近藤守重)의「금소고정분계지도(今所考定分界之図)」(「변요분계도고(辺要分界図考)」所收; 1804), 그리고 에도(江戸)시대 중기 이후의 일본지도에도 竹島를 일본영토로 표기했다.

③ 서양지도와 도명의 혼란경위는 시볼트 지도의 영향으로 유럽지도가 울릉도를 송도(松島)로 표기하면서 일본에서도 섬 명칭의 혼란을 겪게 되었다. 예부터 일본에서 송도(松島)라 불리었던 섬은 호넷트 록스인데, 각국 지도에 일본영토로 되어있다.

④ 1618년 호키국(伯耆國) 요나고(米子)인 오야 진키치(大谷甚吉), 무라카와 이치베(村川市兵衛)가 번주 마츠다히라 신타로(松平新太郎)를 통해 막부로부터 죽도(竹島 ; 울릉도)도해면허를 받고, 매년 도해하여 잡은 전복을 막부에 헌상했다.

⑤『태종실록』권34에,「왜구 우산, 무릉 침략하다」라는 것처럼 조선정부가 완전히 방기하여 일본인들의 왕래가 점차로 늘어났다.

⑥ 3대의 오야 구에몽 가츠노부(大谷九右衛門 勝信)이 연보(延寶)9년 막부 순검사에게 청원한 문서 속에「죽도(竹島)로 가는 길에 둘레가 20평되는 작은 섬(松島)을 24,5년 이전에 아베 시로고로(阿部四郎五郎)가 배령하여 도항했다」는 기록이 있다. 오야(大谷)가문은 만치(萬治)2년(1659) 아베 시로고로가 송도(松島) 도항에 관한 막부의 내의를 얻어 관문(寛文)원년(1661) 오야(大谷)가문이 송도(松島)도항을 시작했다.[30]

---

30) 박병섭(2006)『半月城通信』, http://www.han.org/a/haif-moon/.

● "「죽도일건(竹島一件)」으로 울릉도의 도항금지조치는 독도와 무
   관하다."

① 『숙종실록』의 안용복 기록은 허위진술이고, 『동국문헌비고』
(1770)등의 우산도=송도(松島 ; 독도)설은 편찬자가 무비판적으로 베
낀 것이다.
② 막부의 울릉도도해의 금지조치도 안용복의 활동에 의한 것이 아
니라 안용복 도해의 5개월 전에 이미 도해금지조치가 취해져 있었기
때문에 안용복도해와 무관하다

● "메이지(明治)정부는 울릉도 및 독도를 일본영토와 무관하다고
   했다."

이는 1877년의 태정관 문서를 비롯한 메이지정부의 독도 인식이었는
데, 가와카미는 이러한 문헌적 기록에 대해서는 전혀 언급하지 않았다.

● "1905년 죽도(竹島)의 영토편입은 국제법적으로 합당했다."

죽도(竹島)는 반드시 무주지라고 할 수 없다. 오히려 역사적으로 보
면, 일본이 먼저 인지하여 영토인식을 갖고 있었다. 법적으로 보면,
1905년 2월 22일 시마네현(島根県) 고시40호로 정식적으로 영토로서
편입했고, 그 후 제2차 대전 발생 직후까지 나카이(中井)의 강치조업으
로 유효적으로 경영을 했으며, 그 사이에 단한 번도 일본영유에 이의를
제기한 국가가 없었으므로 국제법상 의문의 여지가 없다.[31]

● "대일평화조약에서 독도는 일본영토로 처리되었다."

① 샌프란시스코조약 제2조(a)의 「일본국은 조선의 독립을 선언하고 제주도, 거문도, 울릉도를 포함한 조선에 대한 모든 권리, 권원 및 청구권을 포기한다」에 의거하여 독도가 한국영토에서 제외된 것이 1952년 4월 발효됨으로써 SCAPIN 677호의 독도 규정은 일본영토로 변경되었다.[32]

② 대일강화조약이 체결되기 전에 연합국이 한국영토로 결정한 SCAPIN 677호, SCAPIN 1033호, 맥아더라인의 각서는 4월 28일 대일평화조약이 발효됨에 따라 일본의 행정권 정지의 지령도 필연적으로 효력이 상실되어 죽도(竹島)는 종전처럼 시마네현(島根県) 오키(隠岐)지청 관할하에 돌아갔다.

③ 죽도(竹島)가 행정협정에 의거하여 공군연습장으로서 일미합동위원회의 토의대상이 되었다는 것은 죽도(竹島)가 일본영토의 일부라는 사실이다.

(2) 다무라 논리의 성립

다무라는 시마네현(島根県)의 입장에서 1954년 『시마네현 죽도의 연구』를 집필했고,[33] 이를 보완, 수정하여 1965년 『시마네현 죽도의 신연구』를 출간했다.[34] 그 내용은 죽도(竹島)의 역사적 지위에 관해서는 가와카미의 그것과 대동소이하다. 특히 다무라(田村)는 시마네현이 메이지시대에 죽도(竹島)를 실효적으로 지배했다는 점을 강조하고 있는

---

31) 横川新, 横田喜三郎, 田岡良一, 芹田健太郎, 太寿堂鼎가 논리를 보강함. 최장근 〈참고목록〉 참조.
32) 太寿堂鼎(1966) 「竹島紛争」, 『国際法外交雑誌』第64巻 4-5合併号, p.130.
33) 田村清三郎(1954) 『島根県竹島の研究』島根県総務部総務課,
34) 田村清三郎91965) 『島根県竹島の新研究』島根県総務部総務課,

점, 또한 한국의 영유권주장을 일일이 반박하여 부정하고 있다는 점이 특색이다. 기본적으로는 죽도(竹島)는 일본영토이고, 한국영토가 될 수 없다는데 초점을 맞추고 있다. 따라서 역사적 지위에 관해서는 전술한 가와카미의 논리로 대신하고 여기서는 한국의 영유권 주장에 반박한 내용으로 다무라의 논리를 살펴보기로 한다.35)

● "우산도와 울릉도는 동일 섬이다."

① 죽도(竹島)영유에 관한 한국측 주장의 역사적 사실은 모두 의심스러운 것뿐이다. 죽도(竹島)가 우산도 또는 삼봉도라고 하는데, 우산도를 울릉도 이외의 섬이라고 하는 것은 곤란하다. 우산도는 울릉도의 별칭에 지나지 않고, 삼국사기, 동국여지승람, 지봉유설 그 외 모든 문헌이 신라 지증왕 때에 우산국을 정복하고 우산국은 울릉도라고 명기하고 있다.

② 우산도와 울릉도를 별개의 2개 섬이라고 되어있는 것은 동국여지승람뿐이고, 그 동국여지승람 자체에 일단 우산과 울릉은 원래 1개의 섬이라고 기록하고 있다.

③ 동국여지승람의 부도에 팔도총도와 강원도도(江原道図)에 조선 동해안에 2개의 거의 같은 크기의 섬이 그려져 있다. 조선해안에 가까운 것을 우산이라고 하고, 먼 것을 울릉이라고 한다. 만약 우산을 일본의 죽도(竹島)라고 한다면, 울릉도는 죽도(竹島)의 동쪽에 존재하는 것이 되어야하므로 현실과 모순된다.

④ 동국여지승람은 조선이 오랫동안 울릉도를 포기하여 동해에 있

---

35) 이하의 (1)-(4)의 내용은 『島根県竹島の新研究』(田村清三郎)(1965) 島根県 総務部総務課), pp.1-30의 「죽도와 송도의 역사적 연혁」 참고 바람.

어서 가장 지식이 결여되었을 때 그려진 작품이고 1개의 울릉도를 우
산, 울릉 2개의 섬으로 그릴 정도로 엉터리이다.

　⑤ 우산(于山), 울릉(鬱陵), 무릉(武陵), 우릉(羽陵), 내지 울릉(蔚
陵), 모두 「울(鬱)」, 「산(山)」를 다른 한자로 쓴 것에 불과하다.

　⑥ 한국은 삼봉도를 죽도(竹島)라고 주장하고 있지만, 삼봉도는 울
릉도의 별칭에 지나지 않는다. 가령 그것이 죽도(竹島)라고 해도 풍랑
때문에 도달할 수 없었던 섬을 조사단이 삼봉도를 유효하게 점거하여
경영했다고 말할 수 없을 것이다.

● "근세일본은 울릉도를 지배했고, 독도를 어로지 및 기항지로 삼았다."

　오야(大谷), 무라카와(村川) 양 가문이 막부로부터 죽도(竹島)를 배
령 받아서 울릉도를 왕복하던 도중 죽도(竹島)에 들러서 강치와 전복
등을 채취했다. 오야, 무라카와는 죽도(竹島)에 임시 천막을 쳤다.[36]
1724년 1월 28일 죽도(竹島)에 가는 길에 송도(松島)에 들러 어업을
했다. 연보(延寶)9년(1681)에 「소도(小島 ; 竹島)에서 강치 기름을 채취
했다」, 1695년 「울릉도 기항을 조선인이 방해하여 귀도(歸途)에 전복
을 채취했다」라는 기록이 있다.

---

36) 田村는 「享保9(1724)년 鳥取 池田藩에서 막부에 제출한 지도에 건물이 그
　　려져 있다」고 함.

● "「죽도일건(竹島一件)」으로 울릉도의 도항금지조치는 독도와 무
   관하다."

안용복이 울릉도와 독도에 도항하여 이들 2섬이 한국영토라고 성명
하고 일본선박이 접근하지 못하도록 엄중히 경고했다고 하지만, 안용
복의 사건은 울릉도에 관한 분쟁이고 쓰시마(対馬島)를 통한 일한 교
섭에서 일본측이 포기했던 것은 울릉도인 기죽도(磯竹島)로서 시마네
현 죽도(竹島)인 당시의 송도(松島)는 문제시되지 않았다. 그래서 훗날
「오키국 송도(隠岐国松島)」라고 했고, 하치에몽(八右衛門)은 송도(松
島) 도항을 명목으로 울릉도에 배를 보냈다고 했다.

● "메이지정부는 울릉도 및 독도를 일본영토와 무관하다고 했다."

① 시마네 현지의 나카이 요사부로(中井養三郎)가 이 섬을 조선영토
라고 말했다고 하는데, 근거 없는 후세 사람들의 기록이다. 그 부속설
명 중에도 이 섬을 예로부터 일본인이 인지하고 경영해 왔다는 사실을
언급하고 있다.
② 군함 쓰미시마(対馬)의 건은 『조선연안수로지(朝鮮沿岸水路誌)』
(1933)에 의한 것으로 생각되는데, 「조선연안 부분(部分)」에 죽도(竹
島)가 있는 것은 행정적으로 조선총독의 소속을 의미하는 것이 아니라,
조선동해안으로 항해하는데 관계되기 때문에 거기에 있는 것이다. 『혼
슈연안수로지(本州沿岸水路誌)』에서는 「오키열도(隠岐列島) 및 죽도
(竹島)」라고 기록되어 있다. 그러므로 한국측의 주장은 근거가 없다.
③ 「울릉도의 주민은 여름마다 이 섬(독도)에 상륙하여 천막을 치고
부근에서 어업에 종사했다」라는 것은 쓰시마(対馬)의 보고가 아니고,

수로지 편찬자의 기술이어서 울릉도의 조선인이라고 기록되지는 않았다. 사실상 죽도(竹島)에서 어업을 한 것은 시마네현(島根県)지사로부터 허가를 받은 강치 어업자들뿐이었다.

④ 1904-5년 당시 울릉도를 근거로 죽도(竹島)에 도항하여 강치를 포획한 사람은 일본인이고, 그들은 오키(隱岐)섬에서 돈을 벌기 위해 온 어부들이었다. 당시 울릉도 한인들은 미역밖에 다른 것은 채취할 줄 몰랐던 것이다.

⑤ 히하타 세츠코(樋畑雪湖)가 『역사와 지리』에서 메이지이전의 죽도(竹島)가 울릉도인 것을 전혀 알지 못하고 기록하고 있다. 죽도(竹島)는 결코 강원도에 소속된 것이 아니고, 울릉도 자체도 경상북도에 소속되어 있었다. 이 같이 잘못 투성이인 형편없는 논저는 아무런 증거도 될 수 없다.

● **"1905년 일본의 영토편입은 정당했다."**

① 한국은 독도가 조선인에 의해 발견되어 점유되었고, 한국영토로서 영유의 의도를 가지고 역대 한국정부가 행정조치를 해왔다고 하는 것은 전적으로 사실무근이다.[37]

② 한인은 지리적으로 울릉도-죽도(竹島) 간의 49해리가 죽도(竹島)-오키(隱岐)섬 86해리에 대해 한국영토의 근거인 것처럼 주장하는데, 이것은 아무런 의미가 없다. 울릉도 자체를 공도화 하려고 했는데, 조선본토와 죽도(竹島)간의 거리가 무슨 문제가 되겠는가?

③ 1905년 2월 시마네현(島根県)고시에 대해 항의할 수 없는 상황이

---

37) 이하, ①-⑥의 내용은 『島根県竹島の新研究』(田村清三郎, 1965, 島根県総務部総務課), pp.40-115의 「竹島 영토 편입과 관리」 참고 바람.

었다는 한국의 주장에 대해, 「일본정부가 추천하는 외국인 1명을 외교 고문으로서 외부에 고용할 것」을 규정한 것에 지나지 않는다. 현실적 으로 일본정부가 추천한 외국인은 미국인이고, 일본이 한국외교권에 간섭했다고 하는 것은 사실이 아니다. 죽도(竹島) 편입 때에 만일 정말 로 한국이 죽도(竹島)에 대해 역사적 행정적으로 정당한 권리를 가지 고 있었더라면, 일본정부에 충분히 항의할 수 있었다.

④ 시마네현(島根県)고시에 의한 죽도(竹島) 편입절차에 대해, 영토 편입은 외국에 통고해야하는 것은 국제법적 통칙이 아니다. 현고지에 의한 영토편입은 미나미도리시마(南鳥島), 오키도리시마(沖鳥島)의 편 입도 도쿄부(東京府)고시에 의해 행해졌으므로 절차상의 하자는 없다.

⑥ 선점성립을 위한 요건으로서 국가의 실력 지배가 계속되어야한 다. 일본은 편입직후인 1905년 8월 시마네현지사(島根県知事), 1906년 3월 시마네현 내무부장 등의 현지시찰, 나무심기, 1905년 어기(漁期) 에는 시마네현 경관이 파견되어 단속을 했고, 해군망루건설 및 매각, 토지측량과 국유대장에의 등재, 국유지의 매각, 어업단속규칙에 의한 강치어업허가, 금어구역 설치 등 종전을 맞이하기까지 국가의 지배는 배타적으로 계속되었다. 국제법이 요구하는 선점의 제조건은 완전하게 충족되어져 있고, 죽도(竹島)의 주권에 관해서는 논의의 여지가 전혀 없다.[38]

● **"대일평화조약에서 독도를 일본영토로 처리했다."**

① 대일평화조약의 독도 지위에 관해서는 전전에 시마네현이 죽도

[38) 田村清三郎(1965) 『島根県竹島の新研究』, pp.143-160.

(竹島)를 시마네현 영역으로 한 것은 부정할 수 없는 사실이고, 죽도 (竹島)가 울릉도의 부속도로 간주한 사실이 없었으므로 죽도는 일본영 토로서 남게 되었다.

② 1953년 2월 27일 미군 현지부대가 한국에 통고한 것은 그것이 사실이라고 하더라도, 죽도(竹島)의 폭격연습 중지를 미극동공군사령부가 결정한 것은 죽도(竹島)의 영유와 아무런 관계가 없다. 죽도(竹島)가 일본영토이기 때문에 일미합동위원회에서 의제가 된 것이다.

③ 1905년 죽도(竹島)어업권을 허가했다가, 주일미국폭격연습장으로 지정되어 허가가 중지되었지만, 죽도(竹島)가 폭격연습장에서 해제됨으로써 시마네현은 1953년 6월 10일 강치어업을 하시오카 타다시게 (橋岡忠重)를 포함해서 3인에게 허가하여 1941년 패전까지 지속되었다. 「죽도(竹島)의 광업권」도 1953년에 허가하여 현재에도 광업채굴권이 유효하다고 법원이 판결을 내렸다.[39]

4. 한일협정 시기의 독도/'죽도' 연구
– 야마베 겐타로(山辺健太郎)의 가와카미·다무라 논리의 비판 –

1965년 국교정상화 이후 가와카미 겐조는 외무성 조사관으로서 일본정부의 입장에서 『죽도연구(竹島の研究)』(1953년 8월)를 수정 보완하여 1966년 『죽도의 역사지리학적 연구(竹島の歴史地理學的研究)』(고금서원 ; 古今書院)를 집필했다. 가와카미의 내셔널리즘적인 독도의 역사해석은 당대의 역사학을 대표하던 야마베 겐타로에 의해 비판을 받았다. 야마베는 일본의 독도 편입은 일본제국주의의 영토침략이라는

---

39) 田村清三郎(1965) 『島根県竹島の新研究』, pp.110-115.

관점을 갖고 있었다.

● "우산도와 울릉도는 동일 섬이다"에 대한 비판

야마베는 「죽도(竹島)문제는 지리나 지리지의 문제가 아니고 제국주의의 영토확장욕의 역사문제이다.」「죽도(竹島)영토문제는 1904년 이후의 문제이기에 그 이전의 문제가 아니므로 고문헌의 인용은 무의미하다」고 하여,[40] 고문헌에 등장하는 역사적 지위에 대해서는 그다지 중시하지 않았다.

● "근세일본은 울릉도를 지배했고, 독도를 어로지 및 기항지로 삼았다"에 대한 비판

지금 막부(德川)시대에 이 섬이 일본인들이 알고 있어서 일본영토라고 한다면, 새로 1905년 2월 영토편입을 하는 것은 도리에 맞지 않다.[41]

● "「죽도일건(竹島一件)」으로 울릉도의 도항금지조치는 독도와 무관하다"에 대한 비판

외무성이 『은주시청합기(隱州視聽合記)』(1667), 「오야 구에몽가츠노부(大谷九右衛門勝信)의 청원」를 적용하여 죽도(竹島)와 송도(松

---

40) 山辺健太郎(1964) 「竹島問題の歴史的考察」, 民族問題研究所, 『コリア評論』, pp.4-14.
41) 伊東巳代治문서에 의하면, 제국의 고유영토는 신화에 의한 것으로 本州, 九州, 四国, 淡路島라고 기록됨, 山辺健太郎(1964) 「竹島問題の歴史的考察」, p.4.

島)가 일본영토라고 주장했고, 1696년 막부가 죽도(竹島)도항금지조치를 결정한 후에는 「죽도」(당시의 울릉도)는 일본령임을 포기했지만, 『죽도도설(竹島圖説)』(1751-63)의 「오키국 송도(隠岐国松島)」라는 것을 이용하여 지금의 죽도(竹島)가 일본영토라고 주장하는데, 메이지시대 일본인의 죽도(竹島)인식을 증명하는 논거는 될 수 없다.

● **"메이지정부는 울릉도 및 독도를 일본영토와 무관하다고 했다"에 대한 비판**

메이지시대 일본인은 『오키지(隠岐誌)』, 『시마네현지(島根県誌)』에 나타나는 나카이(中井)의 인식처럼, 「조선령」혹은 「소속미정」이라고 생각했다. 그리고 에도시대에 울릉도 도항 도중에 죽도(竹島)를 일본인들이 알게 되었지만, 막부가 죽도(竹島 ; 울릉도)를 포기했다. 1882년 메이지정부도 또한 울릉도를 한국영유이라고 인정했다. 이때 일본이 죽도(竹島) 영유에 대해 아무런 언급을 하지 않았으므로 죽도(竹島)를 포기했다고 말할 수 있다. 게다가 1904년경 일본은 죽도(竹島)가 일본영토라는 인식을 갖고 있었다는 증거가 없다.

● **"1905년 일본의 죽도(竹島) 영토편입은 정당했다"에 대한 비판**

① 「근대국제법이론은 영토편입의 정당성으로 부적절하다.」[42] 「영토경영」은 제국주의국가는 다른 나라영토를 침략하여 경영하기도 하기 때문에 귀속결정과 무관하다. 「국가의 영유권 의식」에 대해서는 적어도

---

42) 山辺健太郎(1964) 「竹島問題の歴史的考察」, p.8.

1904년경에는 「조선령」혹은 「소속불명」이라는 인식을 갖고 있었다.

② 죽도(竹島)문제의 본질은 1905년 영토편입의 정당성 여부에 달려 있다. 일본의 한국침략의 의도가 명확한 시점에 죽도(竹島)를 편입하였다는 것은 탐욕에 해당되는 것이다. 러일전쟁 중 「한일의정서」의 「임기수용(臨機收用)」항목에 의해 실제로 일본해군이 죽도(竹島)를 강점한 상황에서 영토편입을 단행했는데, 일본의 외무고문이 있었기서 한국은 항의할 수 없었다.

5. 200해리 국제해양법채택 시기의 독도 /'죽도' 연구(1977-)

(1) 카지무라 히데키(梶村秀樹)의 가와카미·다무라논리의 비판

1965년 한일협정에서 일본은 독도문제를 해결하려고 했다. 독도문제가 일본 역사학계에 이슈가 되어 논쟁거리가 되었다가, 그 이후 소강상태에 접어들었으나, 1977년 해양국제법협약에서 200해리 배타적경제수역이 채택됨으로써, 동해/일본해의 해양경계를 의식한 후쿠다(福田)수상이 죽도(竹島)는 일본의 고유영토라고 발언하여 다시 독도 영유권문제가 논쟁거리가 되었다.[43] 이때에 일본국내에서는 내셔널리즘적인 외무성의 영유권 논리를 비판하는 연구가 등장했다. 바로 조선사학자였던 카지무라 히테기의 연구이다.

---

43) 梶村秀樹(1978) 「独島問題=日本国家」, 『朝鮮研究』第182号, 32-35.

● "우산도와 울릉도는 동일 섬이다"에 대한 비판

울릉도와 독도를 형제의 섬이라고 규정하는 것이 결코 부자연스럽지는 않다.[44) 형제 섬은 역사적 경위에 영향을 미쳤을 것이다. 가와카미가 수식을 동원해서 해수면에 떠있는 선상에서 관측해서 죽도(竹島)의 정상부가 보이는 한계는 30해리라고 산출하여 49해리 떨어진 울릉도에서 보이지 않는다고 주장했다. 이에 대해 이한기의 반론을 인용하여 산에 오르면 같은 공식을 사용해도 시달거리는 완전히 달라진다. 죽도(竹島)의 최상봉이 174미터, 49해리 떨어진 울릉도에서도 120미터 이상의 곳에서 보인다. 울릉도가 밀림으로 되어 있어서 고지에 올라가는 것이 부자연스러웠고, 올라가더라도 시계가 가리어서 볼 수 없었다고 한 것에 대해, 그렇게 추론하는 것은 울릉도에 몇 백 년이나 살아온 조선인민을 멍청이로 취급하는 편견이다.

● "근세일본은 울릉도를 지배했고, 독도를 어로지 및 기항지로 삼았다"에 대한 비판

① 울릉도 이외의 또 다른 섬 우산도가 조선기록에 등장하는 것은 일본보다 약200년 빠르다.

② 가와카미는 울릉도와 우산도가 같은 어원이므로 동일 섬이라고 주장하는데, 시대가 흐르면서 인식이 확대됨과 동시에 양섬이 상이한 2섬으로 분류되어 사용되었을 가능성을 부정할 수 있는 근거는 되지 못한다.[45)

---

44) 梶村秀樹(1978) 「独島問題=日本国家」, p.11.
45) 梶村秀樹(1978) 「独島問題=日本国家」, p.15-16.

③『죽도도설(竹島圖說)』(17세기중엽)의「오키국 송도(隱岐国松島)」에 대해, 1667년『은주시청합기(隱州視聴合記)』에서 오키(隱岐)를 서북경계로 하고 있으므로 송도(松島)를 오키국이라고 할 수 없다. 또「장생죽도기」(1801)의「송도(松島 ; 지금의 竹島, 독도) 앞바다를 일본의 서해의 끝」이라고 한 것은 독도가 일본령이 아니라는 증거이다. 일본령이 되려면 울릉도 앞바다를 일본서해의 끝이라고 해야 한다. 막부의 배령은 울릉도의 배령이 아니고 울릉도, 독도의 국외도해면허증을 배령했다는 의미이다.[46] 여기서 특기사항은「은주시청합기(隱州視聴合記)」의 해석에 대해 카지무라는 오키(隱岐)를 일본의 서북경계로 해석했다.

● "「죽도일건(竹島一件)」으로 울릉도의 도항금지조치는 독도와 무관하다"에 대한 비판

가와카미가 1618년 울릉도 도항시 죽도(竹島)를 항해의 목표로 사용했고, 1661년에는 죽도(竹島)도항면허를 받아서 죽도를 실효적 지배했다고 하는 주장에 대해, 에도막부가 죽도(竹島)와 송도(松島)를 의도적이고 적극적으로 구분했다는 증거사료는 단 한 점도 없다. 따라서 울릉도 도항금지는 곧 죽도(竹島) 도항금지로 연결된다고 할 수 있다.[47] 즉 울릉도와 독도는「불가분의 관계」(속도관계)에 있다.

---

46) 梶村秀樹(1978)「独島問題＝日本国家」, p.20-21.
47) 梶村秀樹(1978)「独島問題＝日本国家」, p.18-19.

● "메이지정부는 울릉도 및 독도를 일본영토와 무관하다고 했다"
에 대한 비판

1876-78년 사이에 울릉도개척원이 제출되었을 때 「송도(松島)는 조
선의 우산도」(공신국장 다베 타이치 ; 田辺太一), 「호르넷 록스(독도)는
일본에 속하며, 각국의 지도에 있다」(기록국장 와타나베 교키 ; 渡辺洪
基)고 하는 것처럼, 메이지시대에도 일본은 독도를 일본의 고유영토라
고 생각하지 않았다.[48] 그러나 1881년 조선측이 급속히 울릉도를 개척
하면서 육안으로 보이는 섬에 대해 독도(独島), 석도(石島)라는 명칭이
생겨났을 가능성이 높다.[49]

● "1905년 일본의 죽도(竹島) 영토편입은 정당했다"에 대한 비판

① 1900년 칙령41호의 석도가 관음도를 가리킨다는 것은 지형이나 연
혁으로 봐서 생각하기 어렵고, 독도로 해석하는 것이 가장 자연스럽다.
② 독도가 일본영토였다면 편입조치를 취하지 않았을 것이고, 일본
의 독도영토편입은 일본인의 입장에서 봐도 제국주의의 영토확장 야욕
의 역사문제라고 볼 수밖에 없다.[50]

● "대일평화조약에서 독도를 일본영토로 처리했다"에 대한 비판

① 평화선은 제국주의로부터 어업을 보호하기 위해 부득이한 부분

---

48) 梶村秀樹(1978) 「独島問題=日本国家」, p.21-22.
49) 梶村秀樹(1978) 「独島問題=日本国家」, p.22-23.
50) 梶村秀樹(1978) 「独島問題=日本国家」, p.24-27.

이 있었고, 전후 한국은 해방과 더불어 자연스럽게 독도근해에서 조업을 하게 되었고, 샌프란시스코조약에서는 일본과는 달리 한국은 자신의 입장을 설명할 기회가 없었다. 미국은 대일강화조약에서 독도를 애매하게 표현하여 영토문제 해결을 회피했다.

② 1952년 7월 26일 미일안보조약을 실행하기 위해 일미합동위원회가 미일협정 제2조에 의거하여 죽도(竹島)를 미군연습기지로 지정했다. 일본은 이것을 미국이 일본영토로 인정했다고 선전하고 있지만, 사실은 한국측의 항의로 53년 2월 27일 일미공군이 죽도(竹島)를 연습구획에서 제외했다고 공표함으로서 일본측의 주장은 의미가 없어졌다.[51]

● **"한일협정에서 독도를 분쟁지역으로 처리했다"에 대한 비판**

한일협정에서 한국이 독도영유권문제가 없다는 것에 대해, 일본은 독도를 회복할 가능성이 없다고 판단하여 현상유지정책을 택했다. 독도가 전관수역과 공동규제수역에서 제외됨으로써 한국은 한국영토가 되었다고 간주하고 국내법에 의거하여 3해리 영해와 12해리 전관수역을 설정했다.[52]

(2) 호리 카즈오(堀和生)의 가와카미·다무라 논리의 비판

1977년 유엔해양법협약에서 200해리 배타적 경제수역이 채택되면서 한일양국에는 독도를 둘러싼 영유권 분쟁이 계속되었다. 가와카미·다무라 논리는 내셔널리즘적인 측면에서 일본에 유리한 자료만 활용했고, 한국측의 사료를 비롯한 일본측에 불리한 사료를 전적으로

---

51) 梶村秀樹(1978) 「独島問題=日本国家」, p.27-30.
52) 梶村秀樹(1978) 「独島問題=日本国家」, p.31-32.

배제했던 것이다. 독도문제가 한일양국의 심각한 외교분쟁이 되는 것
을 우려하는 역사학자들 중에는 독도연구에 가담했다. 호리 카즈오도
그 중의 한사람으로서 1987년 가와카미·다무라 논리의 모순성을 비
판했다.[53]

● "우산도와 울릉도는 동일 섬이다"에 대한 비판

① 가와카미는 『세종실록지리지』(실질적으로는 1432년, 형식적으로
는 1454)의 2도설과 「고려사」(1451)의 1도(2도 주석)설, 『신증동국여
지승람』(1531)의 2도(1도 주석)설을 비교하여 1도설만 채택하고, 다른
문헌은 「고려사」의 주석설을 잘못 인용한 것이라고 단정하여 울릉도와
우산도는 원래 1개의 섬이라고 했다. 가와카미는 자신의 1도설을 주장
하기 위해 16세기 이후의 많은 문헌과 지도에 등장하는 우산도를 모두
부정했다.

② 「송도(松島)는 우산도이다. 우산도는 우리나라의 경계이다」라고
기록한 『증보문헌비고』(1908)는 실록을 보완하는 관찬문헌으로서 200
년간의 편찬사업의 소산으로 조선정부의 영유의식이 지속되었다.

③ 조선지도에 우산도가 등장하는 것은 『동국여지승람』(1499)이 최
초이고, 그 이후 오늘날까지 발견된 지도 중에 우산도가 실려 있는 지
도는 수백 장이나 된다.

④ 조선정부는 15세기부터 죽도(竹島)=독도를 우산도로서 자국영토
라고 인식하고 있었고, 혼란스러웠던 시기도 있었지만, 19세기말 재차
영유의식을 명확히 했다.

---

53) 堀和生(1987.3) 「1905年日本の竹島領土編入」, 朝鮮史硏究會編, 『朝鮮史硏
    究會論文集』제24호, 綠蔭書房. pp.97-125.

● "근세일본은 울릉도를 지배했고, 독도를 어로지 및 기항지로 삼았다"에 대한 비판

① 경위도를 사용한 일본의 관찬지도인 나가쿠보 세키스이(長久保赤水)의 「일본노정여지도(日本路程輿地図)」(1778)는 일본본토와 그 부속섬에 모두 채색을 하고 있는데, 죽도(竹島)와 송도(松島)는 조선영토와 같이 채색을 하고 있다.

② 막부는 1667년 『은주시청합기(隱州視聽合紀)』에 송도(松島)와 죽도(竹島)가 표기되어 있다. 울릉도와 죽도(竹島)가 한국영토인지도 모르고 울릉도와 죽도(竹島)의 도항면허를 주었다.

● "「죽도일건(竹島一件)」(1693-1699)으로 울릉도의 도항금지조치는 독도의 도항금지와 무관하다"에 대한 비판

① 죽도일건 이후 막부는 죽도(竹島)와 송도(松島)를 일본령으로 취급하지 않았다. 그래서 일본의 고지도에는 죽도(竹島)와 송도(松島)가 없다.

② 산음(山陰)지방의 민간인에게는 죽도도해지원(竹島渡海之願), 도다 타카요시(戶田敬義)의 「죽도지도(竹島之図)」처럼 죽도(竹島)가 조선영인지도 모르는 사람도 있었고,『죽도두설』처럼 「오키국 송도(隱岐国 松島)」처럼 몰래 송도(松島)에 도항하여 송도(松島)가 일본영토로 생각하는 사람도 있었다. 그러나 책임이 없는 민간인들의 인식은 영토주권의 귀속에 관계가 없다.

③ 안용복과 무라카와(村川), 오야(大谷)가 충돌했을 때 안용복은 2번에 걸쳐 도일하여 울릉도와 우산도의 영유권을 주장했고, 결국 막부

는 1696년 울릉도의 도항을 금지했다. 이는 자연적으로 독도도항도 금지되었다.

● **"메이지정부는 울릉도 및 독도를 일본영토와 무관하다고 했다"에 대한 비판**

① 메이지정부는 1877년 태정관지령으로 「죽도(竹島)외 1도」, 즉 그 부속도에 분명히 「송도(松島)」라고 표기되어 있어서 지금의 죽도(竹島)를 조선령으로 인정했다.

② 1870년 조선시찰 보고서에서 「조선국교제시말내탐서」의 「죽도(竹島), 송도(松島), 조선부속」이라고 보고했다.

③ 공신(公信)국장 타베 타이치(田辺太一)는 개척원의 송도(松島)가 우산도라면 개척을 허가할 수 없고, 송도(松島)가 소속불명이라면 조선과 교섭할 수 있다고 했다.

④ 1886년 일본해군이 제작한 『수로지』의 한러편 제2권 제2판에 울릉도와 리앙코르열암(독도)을 표기했고, 1892년 『일본수로지』는 리앙코르열암은 없고, 조선수로지 1894년, 1899년판에 리앙코르열암이 게재되어 있다.

● **"1905년 일본의 죽도(竹島) 영토편입은 정당했다"에 대한 비판**

① 가와카미는 조선인의 죽도(竹島)와의 관계를 부정하기 위해 울릉도에서 죽도(竹島)가 보이지 않고, 죽도(竹島)의 이용가능성을 부정했다. 이에 대해 독도어업의 근거로서 1899년 9월 울릉도에 파견된 외무성 서기 타카오 겐조(高雄謙三)의 보고에 의하면 토민의 인구는 2천

명, 선박을 제조하는 대목 등이 있다」라는 항목을 제시하여 가와카미 논리를 비판했다.

② 영토편입을 신청한 나카이 요사부로(中井養三郎)는 「조선영토로 생각하고」(『시마네현지(島根県誌)』,1923), 「조선영토로 믿고」(『竹島及 欝陵島』,1906년 3월 25일), 「본도 울릉도 부속으로서 한국영토」(「中井 履歷書」)라고 인식하고 있었다.

③ 1906년 3월 28일 죽도(竹島) 시찰조사단 시마네현 사무관 진자이 유타로(神西由太郎)가 귀도에 울릉도를 방문하여 죽도(竹島) 편입 사실을 듣고, 다음날 신속히 울도군수 심흥택은 1906년 3월 29일 「본군 소속 독도가...일본영지가 되었다」고 중앙에 보고했고, 참정대신 박제순은 「독도가 일본영토가 될 근거가 없다. 상세히 조사하여 보고할 것」을 지시했고, 보고는 전국지인 『대한매일신보』(5월 1일), 『황성신문』(5월 9일)에도 게재되었으며, 황헌(전라도 구례)도 수기 『매천야록』에서 조선영토 독도를 일본인이 함부로 자국영토라고 한다고 했다.

(3) 가와카미 · 다무라 논리를 둘러싼 나이토-이케우치와 츠카모 토-시모조의 공방

최근 일본국내에서는 한일 간의 최대 갈등현안인 독도문제를 둘러싸고 열띤 논쟁을 벌이고 있다. 죽도(竹島)문제연구회의 좌장격인 시모조 마사오(下條正男)가 시마네현의 지원을 받아 독도관련사료에 대해 역사학적 해석을 부정하고 내셔널리즘 측면에서 일본영토로서의 논리를 만들어 내었다. 이에 대해, 역사학자 나이토 세이츄(内藤正中), 이케우치 히로시(池内宏)가 학술적 논증으로 맞서고 있다.[54]

---

54) 内藤正中(2007.10) 「日本の史料から見た独島の帰属問題」, 『근대 질서와

● "우산도와 울릉도는 동일 섬이다"에 대해

① 시모조는 가와카미의 논리를 보강하여, 과거의 문헌상 지리적 표기는 육지를 기점으로 했기 때문에 조선실록에 등장하는 '상거불원(相距不遠)', '즉가망견(則可望見)', '역력가견(歷歷可見)' 등은 육지와 울릉도 간의 거리를 의미하는 것이라고 했다.[55] 한국영토로서의 근거가 되는 『동국문헌비고(여지고)』의 「울릉 우산은 모두 우산국의 땅이다. 우산은 즉 왜가 말하는 송도(松島)」에 대해 '유성원은 동해에 1개의 섬밖에 없다고 했는데, 신경준이 2개의 섬'이라고 사료를 개찬하여,[56] 송도(松島)=우산도라는 조선측의 문헌적 해석을 부정했다. 『죽도기사』, 『변례집요』에서 안용복이 우산도(독도)를 발견했다는 주장도 부정했다.

② 츠카모토는 기록상으로 오늘날의 죽도(독도)에 처음으로 간 사람은 안용복이라고 하여,[57] 17세기 이전에 고지도 및 고문헌에 등장하는 우산도=독도를 부정했다.

● "근세일본은 울릉도를 지배했고, 독도를 어로지 및 기항지로 삼았다"에 대해

① 츠카모토는 국제법 전공으로서 가와카미의 송도(松島)도항면허 취득을 무비판적으로 답습하여 오야 쿠에몽(大谷九右衛門)의 『죽도도

영토, 그리고 현재의 독도문제」, 2007년도 독도관련 국제학술대회(영남대학교) 발표문, 2007년 10월 25일 참조.

55) 下條正男(2004) 『竹島は日韓どちらのものか』, 文芸春秋, p.61.
56) 下條正男(1999.5) 「竹島問題、金炳烈氏に 再反論する」, 『現代コリア』제391호, pp.50-63.
57) 塚本学(1996) 「竹島領有権問題の経緯」, 『調査と情報』第289号, p.3.

해유래기발서공(竹島渡海由来記抜書控)』를 근거로 1656년 또는 그 이전에 울릉도와 마찬가지로 막부로부터 도해면허(혹은 관의 허가)를 받았다고 했다.[58]

② 이케우치는 시모조와 츠카모토의 주장에 반박하여 송도(독도)도해 면허는 처음부터 없었다고 했다. 3대의 오야 큐에몽(『죽도도해유래기발서공』)이 공문서의 존재를 언급하지 않았고, 또 1666년 오야의 배가 조선에 표류했을 때, 죽도(竹島)면허는 있었지만, 송도(松島)면허는 없었다고 했다.[59] 단지 아베 시로고로(阿部四郎五郎)(막부 가신)가 무라카와(村川)가 송도(松島)도해를 독점하려고 했기 때문에 1658-1660년 사이에 오야・무라카와간의 송도(松島)도해의 조정역할을 하여 결국은 1660년 울릉도에 도해하는 가문이 독도에도 도해한다는 결론을 내리고, 1661년 오야가 처음으로 도해했는데, 도해면허는 없었다고 했다[60]

③ 이케우치는 1618년에 울릉도항면허를 받았다고 하는 가와카미의 논리에 대해서도, 도해면허에 열거되어 있는 4명의 로류(老中)은 그 때 로류가 아니었고, 4중 모두 로류가 된 것은 1622년이었다. 실제로 면허가 발급된 것은 1625년이라고 할 수 있다.[61] 도해면허도 「이번 도해」라는 용어가 있으므로 1회용에 불과했다. 사실 1696년에 도해금지로 막부에 반환했다. 도해면허는 전통적인 쓰시마(対馬)와의 관례를 깨고 진미인 전복을 막부에 헌상하여 변칙으로 취득했던 것이다라고 했다.[62]

④ 시모조는 가와카미의 논리를 답습하여 『은주시청합기』(사이토

---

58) 塚本学(2002.6)「竹島領有権をめぐる日韓両政府の見解」,『レフアレンス』 2002年 6 月号 p.53. 塚本学, 1996,「竹島領有権問題の経緯」, p.2.
59) 池内敏(1999)「竹島渡海と鳥取藩」,『鳥取地域史研究』第1号, p.38.
60) 池内敏(2006)『大君外交と「武威」』, 名古屋大学出版会, pp.258-261.
61) 池内敏(2006)『大君外交と「武威」』, pp.247-250.
62) 池内敏92006)『大君外交と「武威」』, pp.264-269.

호센 ; 斎藤豊仙, 1667)의 「주」가 「도」라는 의미를 논증하기 위해, 안 정복(이익의 제자)의 『성호사설』에 「일주(一州)의 토(土)를 찾았다」 (안용복의 공으로 울릉도를 조선영토로 찾아왔다)는 구절을 지적하여 「일주(一州)」는 「울릉도와 독도」(조울양도감세장 ; 朝鬱兩島監稅將)라 고 했다. 이에 대해 이케우치(池內)는 『은주시청합기』를 바탕으로 증 보한 『오키국고기』를 근거로 「일본의 서북경계는 이 국(國)을 경계로 한다」는 것을 지적하여 오키국(隱岐国)임에 분명하다고 했다.[63]

● "「죽도일건(竹島一件)」으로 울릉도의 도항금지조치는 독도와 무관하다"에 대해

시모조가 「죽도일건」에서 안용복의 진술이 허위라고 하여 독도 도 해는 금지되지 않았다고 주장했다. 시모조와 달리, 일본영토론자인 츠 카모토도 1695年 돗토리번(鳥取藩)은 막부에 대해 「죽도(울릉도) 송도 (독도), 기타는 양국(인반국 ; 因幡国, 호키국 ; 伯耆国)에 부속된 섬이 아니다」라는 사료를 인정하여 울릉도와 독도가 일본영토가 아니라고 해석했다.[64] 또한 나이토는 1695년 안용복은 2차로 오키(隱岐)에 와서 자신이 그린 「조선팔도지도」에 송도(松島), 죽도(竹島)를 기록하고 조 선영토라고 하여 일본 관리에게 제출했다. 한편 1695년 12월 24일 돗 토리번(鳥取藩)은 막부의 요청을 받고, 「죽도(竹島), 송도(松島) 그 외 양국 부속섬이 아니다」라고 했다고 지적했다. 또한 막부의 도해금지령

63) 池内敏(2005) 「『隠州視聴合記』の構成・内容・用語法」, 『青丘学術論集』第 25集, p.147.
64) 塚本学(1985) 「竹島関係 旧鳥取藩文書および絵図(上)」, 『レフアレンス』 411号, p.75.

은 돗토리번(鳥取藩), 쓰시마번(対馬藩)에만 전달되었기 때문에 다른 번에서는 이러한 사실을 알지 못하여 자신의 영토라고 생각하는 자도 있었다고 했다.[65]

● **"메이지정부는 울릉도 및 독도를 일본영토와 무관하다고 했다" 에 대해**

시모조는 「죽도(竹島) 외 1도(島)」의 '1도'가 독도를 가리킨다는 확실한 증거가 없다고 했다. 반면, 일본영토론자인 츠카모토는 1877년 태정관문서에 「죽도(竹島)외 1도 즉 송도(松島)는 메이지정부와 관계없다」는 부분에 대해 명치정부가 울릉도와 독도가 일본영토가 아님을 분명히 했다고 하여 사료를 인정하고 있다.[66] 시모조만 이를 부정하고 있다.

● **"1905년 일본의 죽도 영토편입은 정당했다"에 대해**

시모조는 칙령41호의 「석도」가 독도가 아니라고 단언했다. 그 증거로서, "석도의 위치가 명기되어 있지 않고, 석도가 독도였다는 실질적인 증거를 제시하지 못하고 있다. 또한 울릉도 검찰사 이규원의 조사 때 독도를 발견하지 못했고, 또 이규원은 「송죽, 우산도」를 울릉도에 가까이 있는 섬이라는 것을 확인했다고 했다. 1900년 4월 우용정도 울릉도를 조사했는데, 독도는 조사하지 않았다. 또한 1899년 간행한 현채의 『대한지지』에 동경124도에서 130도 35분 사이, 1907년 장지연의 『대

---

65) 内藤正中・박병섭(2006) 『竹島＝独島論争』新幹社, pp.18-19.
66) 塚本学(1996) 「竹島領有権問題の経緯」, 『調査と情報』第289号, p.2.

한신지지』에 울도의 위치는 130도 35분에서 45분까지로 되어 있어서 대한제국은 울릉도까지만 영토로 인식했다.[67]

이에 대해 이케우치와 나이토는 1904년 일본군함 나이타카호(新高號)의 항해일지에 리앙크르암을 한인은 독도라고 부른다」고 하여 신용하의 논리를 적용하여 석도는 전라도 사투리로서 독도라고 했다.[68] 일본영토론자인 츠카모토(塚本)는 「울릉도에 정주하는 사람이 증가하면서 죽도(竹島)의 존재를 알게 된 한국인이 이때부터 독섬이라고 부르게 되었을 가능성이 높다.」하지만, 「석도(石島)가 관음도가 아니라면 반드시 죽도(독도)라는 증명이 필요하다」라고 하여 '석도(石島)'가 독도임을 반드시 부정하지는 않았다.[69]

● "대일평화조약에서 독도를 일본영토로 처리했다"에 대해

① 시모조는 SCAPIN 677호를 비롯하여 독도가 한국영토로 조치한 일련의 연합국의 결정은 최종적인 것이 아니다. 그 이유로서 1946년 최남선이 저술한 『조선상식문답』(「조선지리상의 위치」)에서 「도서를 합하면 동경124도 11분 00초에서 130도 56분 23초」라고 하여 도서의 극동은 경상북도 울릉군 죽도(竹島 ; 죽섬)라고 했다.[70]

② 1954년 일본이 독도를 국제사법재판소에 기탁해야한다고 제안했는데, 최근 일본영토론자인 국제법 전공의 츠카모토는 국제사법재판의 기탁문제에 대해 「법리적인 문제뿐만 아니라, 다각적인 분석이 필요하

---

67) 內藤正中・박병섭(2006) 『竹島=독도논쟁』, pp.143-154.
68) 內藤正中・박병섭(2006) 『竹島＝独島論争』, p.21.
69) 塚本孝, 1996, 「竹島領有權問題の経緯(第2版)」, 『調査と情報』289号, 日本国立国会図書館, p.6.
70) 김병렬(2001) 『독도에 대한 일본사람들의 주장』, pp.173-173.

므로 가볍게 논할 문제는 아니다. 영토문제이므로 패소의 경우도 생각해야한다」라고 소극적인 자세를 취했다.[71]

6. 맺으면서

이상 일본의 독도 선행연구를 4시기로 나누어서 검토해보았다. 그 특징을 정리하면 다음과 같다.

첫째로, 일본제국주의 시대의 연구로서, 1905년 일본영토편입의 정당한 논리를 계발하기 위해 오쿠하라 헤키운(奧原碧雲)가 일본에서 처음으로 죽도(竹島)연구를 총체적으로 시도했다. 일본제국시대의 독도 연구의 특징으로서는 ①1905년 2월 영토편입 당시에는 무주지라는 논리를 전개하는 연구가 있었다. ②지리학, 역사학 등 학계에서 독도의 실체에 대해 그다지 잘 알지 못했다. ③독도는 산음(山陰) 어부들에게 다소 알려져 있는 지역이었는데, 일부 독도가 한국영토라는 인식을 갖고 있었다. ④학계에서도 지리적으로나 역사적으로 독도는 울릉도와 더불어 조선영토로서, 조선의 울릉도-독도, 일본의 오키도라는 인식구조를 갖고 있었다. 한일합병 후에는 동해/일본해의 오키도-죽도(竹島 ; 신영토)-울릉도라는 인식으로 동해의 모든 영역을 같은 공간으로 보고 있다는 점이다.

둘째로, 평화선 선언 때에 일본적 논리를 계발하기 위한 연구로서, 외무성의 입장에서 가와카미 겐조(川上健三)의 『죽도의 영유(竹島の領有)』(1953), 시마네현의 입장에서 다무라 세이자부로(田村清三郎)

---

71) 塚本孝(2006)「냉전종언의 북방영토문제」, 『国際法外交雑誌』제105권 제1호, p.98.

의 『시마네현 죽도의 연구(島根県竹島の研究)』(1954)가 있었다. 이 시기의 연구의 특징은 일본영토라는 논리를 계발하는데 주력하고 있었다는 것이 특징이다.

셋째로, 1965년 한일협정 때에는 다무라의 『시마네현 죽도의 신연구(島根県竹島の新研究)』(1965), 가와카미 자신의 『죽도의 영유』를 수정 보완하여 『죽도의 역사지리학적 연구(竹島の歴史地理學的研究)』(1966)를 집필했고, 이를 비판한 야마베 겐타로(山辺健太郎)의 연구가 있었다. 이 시기의 연구의 특징은 내셔널리즘적 측면에서 일본영토로서의 논리계발과 동시에 이에 대항하여 역사학적 논증으로 일본영토론을 비판하는 연구가 등장했다는 점이다.

넷째로, 200해리 배타적 경제수역체제를 본격적으로 논의한 1977년 유엔해양법협약이후부터 지금까지의 연구로서, 가와카미와 다무라를 비판한 1978년 카지무라 히데키(梶村秀樹)의 연구가 있었고, 1983년6월 이후 가와카미·다무라의 논리를 보강한 츠카모토 마나부(塚本学)의 연구가 있었다. 또 1987년 가와카미·다무라의 논리를 비판한 호리 카즈오(堀和生)의 연구가 있었고, 1988년 다가와 코조(田川孝三)가 가와카미·다무라의 논리를 보강했다.[72] 이들 양자 간에 논쟁이 있은 후, 소강상태를 거쳐서 1996년 한일양국이 200해리 배타적경제수역을 수용함으로써 독도문제가 다시 클로즈업 되었다. 일본에서는 외무성기록인 『죽도고증(竹島考証)』(상중하), 다무라의 『시마네현 죽도의 연구』, 가와카미의 『죽도의 역사지리학적 연구』가 복각되었다. 이들 연구는 초판발행이후 이미 30년이 경과한 저작들인데, 이 시기에 잇달아 복각된 것은 죽도(竹島)문제에 대한 일본의 영유권 주장을 뒷받침할 수 있

---

72) 田川孝三(1989) 「竹島 領有に関する歴史的考察」(『東洋文庫書報』제20호), pp.6-52.

는 새로운 논리가 더 이상 없다는 것을 반영한다.[73] 최근 가와카미・다무라의 논리를 대변하는 차원에서 국제법 입장의 츠카모토, 역사학 입장의 시모조가 진력하고 있다. 한편 가와카미・다무라의 논리를 반박하는 입장에서 나이토, 이케우치 등이 새로운 학술적인 논증을 내놓았다. 이 시기 연구의 특징은 일본영토론와 이를 비판하는 연구자간의 논쟁이 격렬하게 진행되고 있는데, 일본영토론자 주장의 모순성을 들어내고 있다는 점이다.

---

73) 内藤正中(2006) 「연구성과와 과제」, 『독도와 竹島』제이앤씨, pp.24-26.

'죽도의 날'제정,
내셔널리즘 강화에 의한
한일갈등 증폭

제3장 - 경상북도와 시마네현 교류 중단 2년간의 손익계산서 -

1. 들어가면서

경상북도는 1989년 6월 7일 시마네현의 자매결연 제의로 1989년 10월 6일 시마네현청에서 도-현 자매결연을 체결하여 15년 6개월간 우호적인 관계를 유지해왔다.[1]

그런데, 2005년 3월 16일 시마네현[2]이 '죽도의 날'을 제정하여 죽도

---

1) 민단의 시마네현 본부 박희택(朴熙澤) 상임고문은 양 지방자치체의 결연을 중개한 주인공이다. 그는 한국 경상북도와 시마네현(島根縣)의 자매결연에 진력하여 아이들의 교류사업 '소년의 날개'를 이끌어 왔으며, 한일의 가교 입장에서 조기타개를 원하고 있다. 「독도문제 해결을 위한 심포지엄 서둘러야」, http://www.mindan.org/kr/newspaper/read_artcl.php?newsid=3594, 「민단신문」, 2005년 4월 13일.
2) 시마네현의 현황으로는 일본 本洲의 서남부, 동해와 접합(현청소재지 松江市) 지점에 위치하고 있고, 면적은 6,628㎢(경북의 1/3 정도)이고, 지역적 특성은 긴 해안선과 신지 호수를 중심으로 한 호반도시로서, 주요산업은 농업(쌀,포도,멜론), 제조업(목제,요업), 수산업(미역,돔)이다.

영유권을 주장했고, 경상북도는 항의차원에서 '죽도의 날'의 취소를 요청했는데, 여기에 응하지 않아 일방적으로 교류를 중단했다.[3] 현재로서는 재개의 가능성을 추측할 수가 없는 상황이다.[4]

양 지방자치체는 자매결연으로 상호 발전을 위해 서로 협력하여 직간접적인 소정의 목적을 달성하고 있었다. 양 지방자치체는 교류중단으로 상호이익 확보라는 점에서 차질이 생기게 되었다.

본 연구의 목적은 이러한 문제제기에 의거하여 교류중단으로 인해 발생하는 양 지자체의 득과 실을 고찰하는 데 있다. 만약 양 지자체가 교류중단으로 실이 두드러지게 많을 경우에는 교류를 재개해야할 것이다. 일본이 죽도의 날의 조례제정을 파기하지 않는 상황에서 교류중단이 득이라고 생각한다면 한국은 지금의 상태를 유지하는 것이 바람직할 것이다. 본 연구는 이를 판단하기 위한 자료로도 사용될 수 있을 것이다.

연구방법은 우선 이론적인 지자체의 교류 목적에 관해서 살펴본다. 동시에 교류단절 이전과 이후, 시마네 현과 경상북도의 교류실적에 관해 고찰하여 양 지자체의 교류의 중요성을 검토해본다. 이로서 양 지자체의 교류재개가 시급하고 중요한 사안인가를 검증할 수 있다. 둘째는

---

3) 2005년 3월 16일 경상북도(경상북도지사 이의근)는 「경상북도의 독도(獨島, Dokdo)에 대한 침략행위 즉, 시마네현의 도발적 행위 지방정부간의 외교관계에서도 전례가 없는 만행이며, 주권국가에 대한 도전행위로 규탄받아 마땅하다」고 하는 성명서를 내고 교류를 중단했다. http://www.dokdo.go.kr/news/dokdo_korean(20050316).htm(2007년 6월 20일 검색), 시마네현/죽도·북방영토반환요구운동 시마네현민회의편(2006), 『죽도 -돌아오라! 죽도-』, pp.1-3.
4) 양국 간의 국교는 단절되지 않았지만, 심각한 정치외교관계를 초래하고 있으나, 경제적인 문제까지 문제가 확신되지는 않았다. 다만 자유무역협정의 논의는 중단된 상태로서 현상유지 상태로서 발전적인 논의는 이루어지지 않고 있는 상황이다.

교류중단으로 인한 양 지자체의 득과 실에 관해서 고찰해본다. 일본의 입장에서는 죽도의 날을 제정함으로써 발생하는 득과 실이 될 것이고, 한국의 입장에서는 교류를 중단함으로써 발생하는 득과 실이 될 것이다. 셋째는 일본이 죽도의 날을 제정하여 매년 정기적으로 계몽활동을 전개하고 있는 상황에서 양 지자체는 상호 발전을 위해 어떠한 관계를 유지하는 것이 바람직한가에 대해 전망할 것이다.

선행연구에 관해서는 그다지 오래된 사안이 아니라서 아직까지 이 영역을 검증한 연구는 없다고 사료된다.[5]

2. 경상북도의 국제교류

2.1 지자체의 교류 목적과 중요성

본연구의 목적이 교류중단으로 인한 양지자체의 득과 실을 분석하는 논문이므로, 분석기준으로서 「교류목적과 중요성」의 선행연구를 활용했다.[6] 국제교류협력은 상호간에 유익해야한다. 바람직한 교류와 협력을 위해서는 선린우호관계를 증진함과 동시에 사람, 정보, 우수사례, 아이디어 등을 교환하여 다양한 형태의 결과물이 생산될 수 있다.[7] 가치를 창출케 해주는 유용한 발전전략 중의 하나가 지방자치단체간의

---

5) 경상북도편(2007)『독도·동해 현안 대응능력 제고 방안 모색』, 동북아역사재단, 경상북도 주체, 학술심포지움 보고서(경주현대호텔), 2007년 6월 26일자. pp.1-15.

6) 주10) 참조.

7) 주10) 참조. 국제교류의 기본모형으로 다양한 형태를 구상해볼 수 있겠지만, 제일 기본적인 차원에서 볼 때 인력(P), 정보(I), 우수사례(B), 아이디어(I) 등이 국제교류의 근간이 된다고 볼 수 있기 때문에 이들의 영어 머리글자를 따서 PIBI모형이라고 명명한다.

국제교류이다. 지자체의 교류는 다음과 같은 가치를 창출할 수 있다.[8]

① 국제협력 인식 제고: 지방자치단체 직원과 주민의 국제화 마인드 함양 및 국제교류협력 공감대 형성, 국제흐름과 국제기준에 대한 이해와 세계시민으로서의 의식 개혁, 해외연수·견학·시찰 등을 통한 견문 확장 및 개방적 세계관을 도모할 수 있다.

② 행정선진화 및 역량 제고: 발전된 선진행정과 선진제도(법과 제도 등) 및 우수사례 벤치마킹, 외국의 지방자치단체와 쌍방향 상호협력 체제 구축, 지방과 도시의 국제화 기반 조성 및 내부수용능력과 국제적 역량을 향상시킬 수 있다.

③ 지역경제 활성화: 지방경제와 지역산업을 자극하여 지역경제 활성화 도모, 외국인, 외국기업, 외국기관의 국내 활동 지원, 우수기술, 해외자본, 우수인재를 유치할 수 있다.

④ 공동협력: 국제적 공동관심사(환경, 보건, 안전 등) 협의 및 상호지원 협력, 자치관련 국제기구 가입 및 국제적 연대 활동 증대, 국가 외교의 보완 및 지방차원의 지역외교를 증진시킬 수 있다.

⑤ 기타, 지방인재와 지방교육연구기관의 육성지원, 외국문화 이해와 자국문화 자긍심 고취, 지역정치행정과 사회문화의 발전에 필요한 국제정보를 수집할 수 있다.

이상과 같은 여러 가지 국제교류의 목적을 실현하기 위해서는 보다 전문적인 식견과 정교한 전략이 필요하다. 그러한 준비나 내부적 역량 구축 없이 국제교류를 추진하게 되면 일시적으로 혹은 부분적으로 성공할 수 있을지는 몰라도 중장기적으로 성공하기 어렵다.

다시 말해서 "지속가능한 국제교류"(sustainable international exchange)

---

8) 주10) 참조.

를 담보하기가 어렵다. 따라서 지속가능한 국제교류의 성공을 위해서는 각 지방자치단체가 전담조직과 전문 인력을 확보하여 실현가능하고 현실적으로 도움이 되는 정책방향을 설정하여 전략적으로 추진하는 것이 무엇보다 중요하다.[9]

본 연구는 경상북도와 시마네현 양 지자체간의 교류가 얼마만큼 성과를 달성하고 있는가를 분석하는 연구이므로, 상기에 제시된 선행연구의 결과물에 얼마나 근접성을 가지고 있는지, 모델로 삼으려고 한다.

2.2 국제교류의 현황

경상북도는 1989년 시마네현의 제안으로 자매결연을 체결할 때까지만 하더라도 공무원교환근무, 연수생 상호파견, 중소기업의 시장개척 활동도 추진해왔지만, 그다지 큰 성과를 얻지 못했다. 최근에 들어와서 국제교류의 중요성과 필요성을 절실히 인식하게 되어 특히 "2007년도에는 세계 각국에서 활동하고 있는 해외 자문관, 외국 자매결연 자치단체와의 교류확대 등 인적네트워크 확충, 강화를 통해 세계 속의 경북 실현과 지역제품의 해외진출 등 통상외교에 적극 활용"할 것을 목표로 삼고 있다.[10] 2007년도의 구체적인 계획(안)은 다음과 같다.

① 국제도시간 자매결연 확대 및 실질적 교류 강화

경상북도는 자매결연을 맺은 9개국 9개 자치단체(미국 오하이오주, 중국 하남성, 러시아 이르쿠츠크주, 남아공 노스웨스트주, 프랑스 알자

---

9) 국제교류의 〈목적과 중요성〉에 관한 내용은 한국지방자치단체 국제화재단의 자료를 활용(도표화된 것은 문장화함)했다. http://www2.klafir.or.kr/(2007년 6월 20일 검색), 필자의 연구내용이 아님.

10) 2007년 2월 9일 수정된 자료로서, 한국지방자치단체국제화재단의 자료를 활용했음, 필자의 연구내용이 아님. http://www2.klafir.or.kr/(2007년 6월 20일 검색).

스주, 터키 불사주, 베트남 타이응우엔성, 인도네시아 족자카르타주, 스페인 까스띠야 레온주)와의 인적·물적인 다양한 교류를 통해 유대를 강화하고, 그동안 중국·베트남 등 일부 국가와의 편향적인 교류를 지양하고 상호주의 원칙에 의거 호혜적 교류를 추진하기로 했다. 시마네현은 교류단절로 자매결연단체에서 제외되어 교류계획이 없다.

특히 자매단체 국가와 수교 기념행사로 한-중 수교 15주년 기념으로 금년 5월에 개최되는 하남성 주최「중국 중부박람회」에 참석할 계획이며, 한-터키 수교 50주년을 기념하여 터키 불사주와의 수교기념행사를 공동으로 개최할 예정이다.

또한 경제발전 가능성이 높은 해외지역과의 통상교류 확대를 위해 경제적 실익이 큰 인도와 호주, 멕시코 등과 새로운 전략 파트너(경제우호도시, 자매결연 등)를 구축해 나가기로 했다.

② 경상북도 해외자문관 운영 강화

경상북도는 세계 각국의 덕망 있는 교포인사를 대상으로 국제교류·통상외교에 대한 자문과 도정홍보를 위해 '95년부터 운영하고 있는 해외자문관 운영을 강화하여 변화하는 국제환경에 능동적으로 대응하기로 했다.

전 세계 35개국 90명으로 구성되어 있는 해외자문관제도의 효율적인 운영을 위해 젊고 유능한 CEO를 신규 위촉하고, 경주엑스포 개최기간 중 제6회 해외자문관총회를 경주에서 개최하여 도내 기업의 해외진출 등 경상북도의 국제통상업무 지원방안에 대한 자문을 구할 예정이다.

③ 우호단체 외국공무원 초청 연수

또한 우리 도와 자매우호 관계에 있는 해외자치단체 공무원들을 초청하여 한국어 연수와 한국문화 체험 프로그램을 통해 친 경북인을 양성한다.

중국, 캄보디아, 베트남, 남아공, 몽골, 터키 등 자매우호단체 공무원 6명 정도를 초청하여 6개월 과정으로 대학에 한국어연수 프로그램을 위탁 운영하며, '한국지방자치단체국제화재단'과 공동으로 멕시코, 필리핀 등 해외 자치단체 공무원 2명 정도를 초청하여 통상외교팀에 근무하는 K2H(Korea Heart to Heart) 프로그램도 운영할 계획이다.

④ 해외 한인 경제인단체와 경제교류협력 강화

도내 기업의 유럽진출을 적극 지원하기 위해 올 3월 EU 25개국 650여명의 경제인으로 구성된 '유럽한인경제인단체총연합회'와의 업무제휴 협약을 체결하는 등 재외 한인경제단체의 인적 네트워크 형성으로 투자통상 거점을 구축할 계획이다.

이와 더불어 경상북도 해외도민회(5개국 9개 도민회) 활성화를 위한 지원, 해외도민회 자녀 모국방문 및 고향체험 사업, 세계 127개국 1,000여개의 회원으로 구성된 지방정부 국제기구인 UCLG(세계지방자치단체연합)의 2007 제주세계총회 참가자 경북 초청 등을 통해 해외 인적 네트워크를 확충하고 세계 속의 경북의 위상 제고 및 경북을 세계에 알리는 장을 만들어 나갈 계획이다.

이상에서 보는 것처럼, 경상북도는 지방화시대를 향해서 본격적이고 적극적인 국제교류를 추진하려고 계획을 수립하고 있음을 알 수 있다. 역설적으로 말한다면, 특히 시마네현과는 15년간 국제교류를 맺어왔는데, 지금까지 본격적인 국제교류가 이루어지지 않았다는 것을 의미한다.

그렇다면, '죽도 날' 조례제정으로 교류가 단절된 경상북도와 시마네현 간의 교류역사 15년의 상황을 살펴보기로 한다.

3. 양 지방자치체의 교류현황
- '죽도의 날'제정이전 -

국제사회는 세계의 평화와 역내의 안정과 발전을 위해 서로 다투어 지역공동체를 형성하고 있다. 그러나 동아시아에서는 전문가들의 논의로 다 같이 필요성을 절감하면서도 실질적으로 동아시아 각국의 내셔널리즘이 여전히 팽배하여 아직 적극적인 협력을 이루어내지 못하고 있는 실정이다.

1989년 경상북도와 시마네현은 국가 간의 협력이 성숙될 때까지 우선적으로 지자체 간의 교류를 통하여 양국관계를 원활하게 함으로써 종국적으로는 지역공동체가 가능할 것이라는 취지로 공동의 이익을 위해 교류의 장을 마련했다. 그러나 시마네현의 '죽도의 날' 제정으로 양 지자체간의 교류가 단절되었다.[11] 일본의 진보지로 알려진 아사히(朝日)신문은 "정부가 매듭짓지 못하는 문제일수록 한국의 지자체와의 교류 확대로, 일반 대중들의 우호를 넓혀가는 것이 얼마나 중요한 일인가, 시마네 현의회는 알아야 할 것이다. 이것은 한국 측도 마찬가지이다."라고 지자체의 역할의 중요성을 강조했듯이,[12] 양 지자체의 교류단

---

11) 시마네현이 죽도의 날을 제정한 동기는 100주년(1905년 2월 22일 독도를 시마네현 소속 땅이라고 고지한 날)을 기회로, 계몽 활동을 통해, 한국이 실질적으로 지배하고 있는 이 섬의 '영유권 확립'을 노리고 있다. 이러한 움직임에는 1998년 11월 한일 간에 한국 측이 영해로 하는 독도 주변 12해리를 제외한 동해의 넓은 해역을 공동 관리하는 '잠정수역'으로 하여, 영유권 문제와는 별도로 양국 어민의 조업을 인정하는 어업협정을 체결했음에도 불구하고, 실제로는 한국 어선이 독도의 실효적 지배로 12해리를 장악하여 일본 어선들이 조업을 할 수 없다는 시마네현 등의 산인 연안(동해에 면한 지역)의 어민들은 불만을 갖고 있었던 것이다. 주)13 참조.
12) 『朝日新聞』, 2006년 3월 11일 사설.

절은 유감스러운 일이라 하지 않을 수 없다.

그럼, 15년간의 양 지자체의 교류현황에 관해서 살펴보기로 한다.

1980년대 일본정부가 국가 간의 상호 의존관계가 한층 깊어져 국제화를 선언함에 따라,13) 시마네현도 그 일환으로 세계 각국의 여러 지역과 적극적으로 교류를 시작했다. 일본정부의 각국과의 인적, 물적, 정보 교류의 확대와 더불어 시마네현도 지역과 시민차원에서 사람, 문화, 경제 등 다방면으로 국제교류를 시도했다. 시마네현은 아래 세계의 13개 지역과 국제교류를 해왔으나, 이번 사태로 한국의 경상북도와는 교류가 단절된 상태이다.14)

1989년 교류체결 이래, 일본 시마네현이 경상북도와의 교류에서 목표했던 활동은 문화교류, 학술교류, 경제교류 등이었다.

경상북도는 교류를 시작한 그해부터 2005년까지 시마네현의 초·중학생 130여 명을 초청하여 홈스테이를 경험하도록 하는 프로그램을 진행해왔다.15)

경상북도는 시마네현의 제안으로 1996년 9월 도청에 본부를 두는「동북아시아지역 자치단체연합회」를 설치했다. 참가회원은 동북아시아에 있어서 여러 지역 간의 교류·협력을 적극적, 원활히 추진하기 위해 '환일본해(환동해)'지역의 자치단체가 중심이 되었는데, 경상북도와 시

---

13) 일본은 1980년도를 국제화시대를 선언하여 그 일환으로 시마네현은 지리적 근접성과 역사적 연고성을 바탕으로 경상북도에 자매결연을 제안하여 교류가 실현된 것이다.

14) 세계와 시마네, http://www.pref.shimane.jp/section/kokusai/foreign/kokusai-k/f-01/sekai.html(2007년 6월 22일 검색), 아래 그림도「세계와 시네마」에서 인용했음.

15) 독도를 자기네 민간교류로 해법찾자(조규철 / 한국외대 교수·일본정치학), http://media.paran.com/snews/newsview.php?dirnews=354794&year=2006(2007년 6월 22일 검색)

마네현도 다같이 회원이다.16) 또한 1998년 10월 「동북아시아지역 자치
단체회의 98」에서 환경분과위원회 등을 설치하기로 결정하였다. 그 후
격년으로 총회 및 실무위원회가 번갈아 매년 1회 개최되었고, 2001년
5월부터는 한국 경상북도에 상설사무국을 설치했다.17)

　일본 시마네현과 경상북도는 매년 정기적으로 미술교류전을 개최해왔
다. 제1회 대회는 1998년 시마네현에서 개최되었고, 제6회 대회는 2004
년 7월 23일-7월 27일 5일간 안동시민회관에서 개최되었으나, 그 이후
에는 중단된 상태이다.18)

　또한 경상북도와 시마네현의 공동 주체로 해외공연을 개최하기도
했는데, 경상북도는 1999년 11월 2일, 11월 5일 2회에 걸쳐, 일본 시마
네현의 멧세나 전시장에서 개최되는 대회에 공연단을 파견했다.

　경상북도의회는 2003년 7월 22일부터 6일간의 일정으로 4명의 의원
(경상북도의회의장, 부의장, 국제친선의원연맹회장, 국제친선의원연맹
부회장)이 시마네 현의회의 초청으로 시마네현의회를 방문했다. 방문

---

16) 동북아시아지역 자치단체연합, http://www.npec.or.jp/northeast_asia/korea2/
   introduction/
17) 목적은 동북아시아지역 자치단체교류・협력에 대한 네트워크를 형성하여
   상호이해에 입각한 신뢰관계를 구축함으로서 동북아시아지역 전체 발전
   을 지향하고 있습니다. 사업은 ①동북아시아지역 자치단체회의를 정례적
   (2년에 1회) 개최, ②지역간의 경제・기술 및 개발에 관한 정보수집・제
   공, ③교류・협력에 관한 사업의 지원 및 추진 등이다. 2006년 10월 현재
   참가국은 6개국 65자치단체(중국 6, 일본 10, 몽골 22, 한국 11, 북조선
   2, 러시아 14)이다.
18) 일본 시마네현 경상북도 미술교류전, http://www.gyeongbukart.com/m1/
   m1_2.html (2007년 6월 22일 검색), 제1회 1998년 8월 13일-8월 19일 일본
   시마네현, 제2회 1999년 7월 12일-7월 17일 구미 문화예술관, 제3회 2000
   년 7월 25일-7월 31일 일본 시마네현 현립 미술관, 제4회 2002년 7월 25일
   -7월 30일 구미 문화예술관, 제5회 2003년 7월 23일-7월 27일 일본시마네
   현립 미술관, 제6회 2004년 7월 23일-7월 27일 안동 시민회관.

목적은 도,현간의 친선교류와 더불어 '2003경주세계문화엑스포'를 홍보하는 것이었다. 일행은 시마네현의회와 더불어 나라현 의회에도 방문하여 엑스포 입장권 등을 전달했다.[19]

한·중·일 3국의 지자체는 2002년도부터 '교류의 날개 사업'을 추진해왔다. 이는 한·중수교 10주년, 중·일수교 40주년을 기념하여 3개 단체가 지역별로 매년 개최하고 있다.[20]

교류의 목적은 동북아시아지역 자치단체 청·장년들의 폭넓은 교류와 친선 도모를 통한 민간교류를 활성화하기 위한 것이었다. 이 사업은 경상북도와 자매결연 도시인 일본 시마네현과 시마네현의 우호교류도시인 중국 영하회족 자치구의 3개 자치단체 50여 명의 청·장년들이 각국을 순회하면서 3개국의 청년이 함께 모여 주최국의 전통문화를 체험하고 현대사회 전반에 대한 의견을 교환하는 등, 상호간의 신뢰구축과 동북아지역의 네트워크 구축의 일환으로 진행되었다. 2003년도에 이어 2004년에는 경상북도가 2월 21일부터 25일까지 경주, 안동, 영주 등지에서 한중일의 고교생, 대학생, 일반인 등 70명을 초청하여 교류행사를 개최했다. 2월말에는 일본 시마네현에서, 8월에는 중국 영하회족 자치구에서 각각 5일간의 일정으로 전통문화를 체험하면서 우의를 다졌다.[21]

경상북도 도교육청과 시마네현 교육위원회는 1997년부터 매년 1명

---

19) 일본 시마네현의회 방문, http://gbcl.yuncom.com/b_council3/viewbody .php?code=board_news&page=8&number=141&keyfield=&key=(2007년 6월 22일 검색)

20) 「세방화시대에 대응하는 적극적 국제화 추진」, http://webzine.klafir.or.kr/read. htm?middle_title_no=40(2007년 6월 23일 검색)

21) 경상북도, 「한중일을 잇는 교류의 날개」행사 개최, http://www.klafir.or.kr/info/i02/view.jsp?pkey=963(2007년 6월 23일 검색)

씩 교원을 상호 파견해왔다.[22] 2005년 3월 교류가 중단 될 때까지 시마네 현 교육위원회에서 4명, 경상북도교육청에서 7명의 교사를 파견한 실적을 갖고 있었다.[23]

이와 같이 경상북도는 21세기가 지방화와 세계화가 동시에 진행되는 이른바, 세방(世方)화시대를 맞이하여 2004년에도 '한·중·일 교류의 날개' 사업,을 비롯해서 한·중·일 청년들의 만남의 장인 동북아지역 6개국의 40여 개 단체가 참여하는 '동북아 비즈니스 촉진회의', '경북명예자문관'제도를 확대 운영하는 등, 다양하고 적극적인 국제화 정책을 추진하고 있다.[24]

양지자체는 이상과 같은 직접적인 교류 이외에도 민간교류를 통한 간접적인 교류도 행하였다. 경북대학교와 시마네대학 간에 연구자를 교환했고, 경상북도 청도는 소싸움대회에 매년처럼 시마네현의 대표단을 초정했다. 또 1999년 보존회는 시마네현에서 개최되는 세계청소년 민속축제에 하외별신굿탈놀이를 참가시켰다.[25]

2003년 JET-AA 대한민국지부[26]는 각각 시마네현 3명, 현청 2명, 마

---

22) 경북-日 시마네현 교원 교류 재개, http://news.kbs.co.kr/article/local/200604/20060405/860202.html(2007년 6월 21일 검색)

23) 『山陰中央新報』2006년 4월 5일.

24) 「세방화시대에 대응하는 적극적 국제화 추진」, http://webzine.klafir.or.kr/read.htm?middle_title_no=40(2007년 6월 23일 검색)

25) 하외별신굿 탈놀이 보존회, http://www.hahoemask.co.kr/board/index.php?doc=korea/hahoemask1/index2.html(2007년 6월 22일 검색)

26) JET란, Japan Exchange and Teaching Programme의 약칭으로 외무성, 문부과학성, 총무성이 지방자치단체와 협력하여, 여러 외국의 젊은이들을 일본에 초대하여, 일본 전국의 중학교나 고등학교에서 외국어나 스포츠 등을 가르치고, 지방자치단체에서 국제교류를 위해 일하는 기회를 제공하는 사업이다. 2001년 1월 현재 JET-AA의 활동은 세계11개국에서 이루어지고 있고 44개 지부에서 약 11,400명의 회원이 가입하여 활동하고 있다. http://www.jetaakorea.org/newletter/no06/html/sub_13.html(2007년 6월

츠에시 1명의 회원을 파견했다.[27]

이처럼, 양 지자체간에는 15년 동안 우호관계를 유지하면서 교류해 왔는데, 실지로는 시마네현의 적극적인 제안에 대해 경상북도가 소극적으로 응하는 수준에 머물고, 경상북도가 그다지 교류의 필요성과 중요성을 느끼지 못하여 지자체의 교류목적에 부응하는 성과를 달성했다고는 말할 수 없을 것이다.

4. 양 지자체의 교류 단절

4.1 교류단절과 경상북도의 대응

① 양 지자체의 교류단절

경상북도는 시마네현의 '죽도의 날' 조례안 상정에 맞서 자매관계인 시마네현에 대해 교류의 전면 중단을 비롯해, 시마네현에 파견된 도직원의 즉각 소환과 도에 파견된 시마네현 직원의 출근정지 조치 등을 발표했다. 이에 대해 시마네현의 스미타 노부요시(澄田信義) 지사는 "죽도 문제는 양국의 외교협상을 통해 평화적으로 해결될 수 있는 일"

20일 검색)

27) ①제트는 매주 1회 2시간씩 현 직원을 대상으로 연15회~20회 한국어강좌를 실시했다. ②경상북도와의 교류관련 업무의 통번역을 담당했고, 교류지자체와의 관련공문서번역 및 시마네현이 간행하는 한국어 팜플렛 등의 번역과 감수도 담당했다. 한일 교류사업의 수행통역을 비롯해, 레셉션, 취재, 예방 통역 등 다양한 분야의 통역을 담당했다. ③한일 2개 국어에 의한 뉴스레터「시마네 이모저모」를 편집 발행했다. ④학기 중에는 주 1, 2회 학교를 방문하여「종합적인 학습」시간을 통해 국제교류를 활성화시켰다. http://www.jetaakorea.org/newletter/no06/html/sub_13.html(2007년 6월 20일 검색),

이라며 "현과 도의 국제교류와는 분리, 취급돼야 한다"는 입장을 표명했다.[28] 경상북도는 조례안이 의회에 통과되자. 15년 동안 맺어온 자매결연 관계를 전적으로 파기한다고 선언했다. 이에 따라 자매 결연을 맺고 있던 진주, 밀양, 대전시도 시마네현의 마쓰에(松江), 야스기(安來), 오다(大田)시에 대해 각각 제휴 중단을 통보했으며, 2005년 '우정의 해'를 기념하기 위해 예정되었던 사업도 4건 취소되었다.[29] 이외에도 그 여파로 24개 광역 지자체에서 52건 이상의 교류행사가 중단되었다. 그 내용은 자매도시 제휴 파기, 수학여행[30] 및 학술교류, 문화교류[31] 등에 대한 중단이 많았다.[32]

경상북도는 시마네현과의 자매결연 철회에 따른 향후 계획은 제반

---

28) 일본 시마네현 '죽도의 날' 조례안 상정, http://www.chosun.com/international/news/200502/200502230185.html(2007년 6월 20일 검색)

29) 민간교류 50여건 취소… 한 · 일 '독도 후폭풍', http://article.joins.com/article/article.asp?ctg=1000&Total_ID=9934(2007년 6월 22일 검색)

30) 1994년부터 매년 한국으로 수학여행을 갔던 돗토리(島取)현의 난부(南部) 중학교는 25일 밤 학부모회의를 열고 4월 말로 예정했던 올해 여행 계획을 취소했다. 교류. 협력 학교로 방문지 중 하나인 서울 D중 측이 "교류를 중단하고 싶다"고 통보해 왔기 때문이다.

31) 강릉시는 2005년 3월 26일 강릉시에서 열릴 예정이던 나가노(長野)현 이타(飯田)시와의 초등학생 축구 친선경기는 강릉시의 요청으로 무산됐다. 후쿠오카(福岡)현 무나카타(宗像)시에서 2005년 3월 27일 열린 무용 공연은 반쪽 행사가 됐다. 당초 한.일 양국의 전통무용을 한 무대에 올린다는 계획이었다. 그러나 한국 측 공연단이 1주일을 앞두고 "독도 문제가 조용해지면 가겠다"며 불참을 통보했다. 주최 측인 무나카타시 무용협회는 "6000만 엔의 예산을 들여 1년여 동안 공연을 준비했다"고 했다. 경상북도의 주관으로 1989년 이래 추진해온 시마네현의 초 · 중학생 130여명이 참가하는 한국 홈스테이 프로그램도 2006년부터 한국측 단체들이 받기를 거절하여 위기에 놓았다.

32) 민간교류 50여건 취소… 한 · 일 '독도 후폭풍', http://article.joins.com/article/article.asp?ctg=1000&Total_ID=9934(2007년 6월 22일 검색), 『朝日新聞』, 2005년 3월 28일.

연건을 고려하여 시마네현과 적절한 관계를 모색하기로 했다. 즉 시마네현의 '죽도의 날' 조례제정을 파기하면 교류를 재개할 수 있다는 입장이다.

② 경상북도의 대응

경상북도는 시마네현의 '죽도의 날' 조례제정으로 더 이상 시마네현과의 교류는 의미가 없다고 판단하여 교류를 중단했다. 지자체의 교류는 국가 간의 원만하지 못한 외교관계를 극복할 수 있는 방안이 될 수도 있었다. 그런데 경상북도의 입장에서 보면, 교류목적이 지방의 발전을 위한 문화교류, 학술교류, 경제교류를 하는 것인데, 국가주권의 침해라는 영유권주장은 결연도시에 대한 신의를 저버리는 행동으로서 더 이상 교류의 의미가 없어졌다는 것이다.

그럼에도 불구하고 시마네현은 「영토문제와 국제교류는 별개, 상호 냉정하게 이해하는 성숙된 관계 구축이 필요하다」고 하여 지자체간의 교류와 대한민국의 영토주권을 침해하는 것과는 별개라는 모순적인 논리를 펴고 있다.

〈경상북도의 대응조치〉

일 시	대 응 조 치
2005년 3월16일	시마네현과의 자매결연 파기 및 단교선언, 독도관련 전담조직 구성·운영(자치행정과 독도지킴이팀, 인원 4명)
3월16일	도의회 결의문 채택(시마네현 행위 규탄)
3월18일	도지사(→시마네현지사)항의서한 송부(시마네현과의 자매결연관계 철회를 유감스럽게 생각, 정확한 역사인식과 현명한 판단으로 조례안의 즉각적인 폐기를 바람)
3월22일	시마네현지사 서한문(영토문제와 국제교류는 별개, 상호 냉정하게 이해하는 성숙된 관계 구축이 필요)
3월28일	독도지키기 종합대책 수립·발표
4월18일	**울릉군 독도관리사무소 설치(직원, 12명)**
6월19일	독도환경보전 및 독도주권수호 웅변·글짓기대회개최 후원 (한국문화예술진흥회 주관)
6월20일	독도 홍보책자 제작 배포(영·불어판)
7월4일	**경상북도의회『독도의 달(10월)』 조례제정(매년 10월중 공무원 일본방문 제한)**
8월9일	독도 홍보리플릿 제작 배포(자체단체, 고속도휴게소 등)
8월15일	광복60주년 기념행사를 울릉군에서 개최, 동도에 멸실·훼손된 독도표석 복원(경계비석 등 3개)
12월14일	'독도가치의 재조명' 포럼개최
2006년 2월16일	'역사와 의식 독도진경 특별전' 개최
2월22일	'독도의 자원과 미래' 학술토론회 개최
3월30일	일본 고교 교과서 내용 왜곡'에 대한 성명서 발표(도지사)
4월17일	한국EEZ내 일본 수로탐사계획에 대한 성명서 발표(도지사)
4월21일	독도방문 경비대 위문 및 日탐사계획 철회 촉구(도지사)
5월4일	**독도(서도) 어업인 숙소에 일반전화 개통**
8월10일	**독도 이동전화 개통**
8월25일	**독도주민(김성도씨집) 문패 및 우편함달기, 태극기·경북도기 전달(도지사)**
9월14일	독도지킴이팀, 자치행정과에서 해양정책과로 이동
10월2일	제87회 전국체전(김천,10.17~23) 성화 독도에서 채화
10월10일	경북도의회 제210회 정례회, 독도에서 개최 - 독도 정주민 지원조례 제정('07년 1월부터 시행)
10월	**'독도 올바르게 알기' 책자 2만부 발간**
11월24일	'동아시아의 국제질서와 독도' 국제학술대회 개최
2007년 1월2일	도지사(김관용) 독도주민과 통화로 새해업무 시작
2월5일	한국해양수산개발원(KMI)과 독도 및 해양분야협력협약(MOU) 체결

2월8일	「평화의 섬, 독도」영상물 DVD (한국어, 영어, 불어, 스페인어, 일본어) 제작 발간
2월22일	① 도지사 독도 방문 주민 격려와 경비대 위문 ② 특별강연 및 학술대회 개최(도청강당) · 세종대 호사카유지 교수 「독도영유권과 한일관계」 · 「독도영유권강화와 울릉도 지역경제 활성화 방안」학술대회 ③ 독도입도인원 확대(1일 2회 400명 → 1일 1,880명)
2월23일 ~3월3일	「우리 땅! 독도 특별전」개최(대구시민회관)
2월	'독도 올바르게 알기' 외국어(영어,일어,중국어)판 점자책 발간
4월17일	한국해양개발원(KORDI)과 MOU 체결
5월29일 ~5월31일	제12회 바다의 날 기념 「우리 땅! 독도 특별전」순회 전시회 개최 (포항문화예술회관)
6월11일	대구·경북지역 독도전문가 토론회 개최(도청 제1회의실)

이상의 도표에서 보는 바와 같이, 경상북도는 시마네현의 '죽도의 날' 조례제정에 대응하여 실효적 지배를 강화했다.[33] 그런데, 주된 내용은 김성도씨의 독도 거주를 가능케 함과 동시에 생활비를 지원하는 조례를 제정했고, 해수를 담수하여 하루 27만 톤의 식수를 공급할 수 있도록 했다. 또한 독도의 전화개통 및 휴대전화를 가능하도록 했으며, 독도입도인원을 대폭 확대했다. 이 이외에도 경상북도는 많은 대응조치를 취했지만, 대부분 향후 계획이 주를 이루었고, 일과성의 행사도 적지 않았다. 장기적이고 포괄적으로 볼 때는 모든 조치가 유망하지만, 대응조치의 시급성과 우선순위로 볼 때, 실효적 지배를 강화하는 실질적인 조치가 절실하다.

4.2 교류재개의 움직임

일본정부의 묵인아래 추진된 시마네현의 '죽도의 날' 조례제정은 독립국가의 주권을 침해하는 중대한 사건이다. 사안의 중요성을 인식할

---

33) 경상북도 해양정책과 독도지킴이팀으로부터 제공받은 자료임.

필요가 있다. 시마네현과 자매결연을 맺고 있는 경상북도는 '죽도의 날'의 조례제정 파기를 요청했다. 그럼에도 불구하고, 시마네현은 독도의 영유권을 주장하면서 『포토 시네마』를 경상북도에 보내어 독도가 일본 영토임을 경상북도에 홍보했다. 이러한 시마네현의 행동은 경상북도와의 교류가 더 이상 필요하지 않은 듯 보였다.[34]

그런데, 경상북도 일각에서는 사안의 중요성을 망각하고 시마네현과의 교류를 재개하려는 움직임이 있었다. 교류의 재개는 시마네현의 독도영토침탈 의욕을 묵인하는 행위이다.

경상북도교육청은 '죽도의 날'조례 제정으로 교류가 중단된지 채 1년도 지나지 않은 시점에서 2006년 4월 시마네현 교육위원회의 요청을 받아들여 시마네현 교육위원회와 교원 상호 교류 합의서에 동의했다.[35] 매년 1명씩 상호간에 교원을 파견하기로 했던 것이다.[36] 교류재개의 이유로서는 시마네현 교육위의 요청이 있었고, 이전부터 이 학교는 영어 · 일어 · 중국어 원어민 교사를 초빙해 왔다는 것이다.[37]

이에 대해 '죽도의 날'행사를 주도한 시마네현의 스미타 노부요시 지

---

34) 島根県総務部総務課編(2006.2) 『ホオト しまね 一特集 竹島一』第161号, pp.2-22.
35) 경북日 시마네현 교원 교류 재개, http://news.kbs.co.kr/article/local/200604/20060405/860202.html(2007년 6월 21일 검색)
36) 후지와라 현교육장은 「즉시 현과 도의 교류재개에는 연결되지 않을 것이지만, 기쁘다」고, 교사를 환영했다. 시마네현에 파견된 교사는, 경상북도 구미여자중학교에서 일본어를 지도하는 교사로서, 2008년 2월까지 시마네현에 파견되어 마츠에시립여고를 중심으로 고등학교에서 한국어를 가르친다. 한편, 시마네현에서는 현내의 보통 고등학교에서 지리 · 역사를 담당하는 이즈모고등학교 교사인 야스다 히로아키 교사(36세)를 경상북도에 파견하여 8월 1일부터 2008년 3월말까지 경북외국어고등학교에서 일본어를 가르친다. 『中国新聞』7월 29일, 『山陰中央新報』2006년 4월 5일.
37) 시마네현 교육위, 경북 교육청과 교류 재개, http://kr.blog.yahoo.com/bookdongbook/199

사는 「영토문제와는 별개로 폭넓은 교류를 요청하고 있으므로 매우 기쁘다」고 하며 경상북도와 전면적인 교류재개의 가능성을 확인했던 것이다.[38]

시마네현(지사 스미다 노부요시 ; 澄田信義)은 2006년 9월 5일 "시마네현과 경상북도가 소속된 동북아지역의 발전과 평화를 위해서는 이후에도 경제·문화 등 다양한 분야의 교류가 더욱 필요하다"고 하여 동북아시아지역자치단체연합회(NEAR)[39] 제6회 총회(부산 롯데호텔, 2006년 9월 12일-15일)에 시마네현 대표로 참석하는 부지사 마츠오 히데타카(松尾秀孝)와 경상북도 대표자간의 면담을 요청했다.

여기서 시마네현 대표는 「①시마네현은 민간문화교류 확대를 위해 기금을 조성하고 있고, 다각도로 학술교류를 위해 노력하고 있다. 또한

---

38) 『山陰中央新報』, 2006년 4월 5일.
39) [경상북도청] 몽골국, 19개 자치단체 한꺼번에 NEAR 회원가입 신청, http://news.naver.com/news/read.php?mode=LSD&office_id=098&article_id=0000125492&section_id=117&menu_id=117(2007년 6월 25일 검색), 연합뉴스(보도자료) 2006년 4월 11일.
동북아시아자치단체연합(NEAR)은 지난 1996년 9월 경상북도의 주도로 21세기 세계의 새로운 중심지로 떠오르고 있는 동북아지역에서 지방정부가 주도적으로 참여하고 이끌어 나가기 위해 창설한 동북아시아 국제기구로서 지방정부가 지리적 접근성과 유대감을 충분히 활용하여 동북아지역의 협력과 발전방안을 공동으로 모색, 추진해 나가는데 그 의의가 있으며 그동안 경제통상, 문화교류, 방재, 환경, 일반교류, 변경협력 등 6개 분과위원회별로 지방정부 차원에서 실질적인 교류와 활동을 활발히 추진해 오고 있다. 특히, 2006년 4월 경북(포항)에 설치한 우리나라 최초의 국제기구인 NEAR 사무국은 2006년 올해의 주력사업으로 ①NEAR 회원의 확대와 ②동북아지역의 실질적인 경제통상·교류협력을 위한 『경제통상네트워크』구축사업 ③교류협력증진 포럼 개최 및 분과위원회 활성화 ④9월의 부산총회 개최 준비 등 다양하고 실질적인 교류사업들을 본격적으로 추진하고 있다. NEAR의 회원수는 2007년 9월(예정) 현재 6개국(한국 10, 중국 5, 일본 11, 러시아 10, 북한 2, 몽골 21) 59개 자치단체이다.

2006년 시마네현 초중학생 32명이 한국 방문, 도내 2개 학교와 자매결연을 체결하고 교육청을 통한 교원상호교환파견, 경도대, 울산대 등과 학생교류사업을 추진하고 있다. 경제교류를 위해서 시마네현 기업과 한국기업간의 합병실적도 있다. ②NEAR 사무국 사업과 관련하여 NEAR는 시마네현이 제창하여 경상북도가 주도적으로 결성했다. NEAR와 시마네현이 공동으로 청년 교류사업을 추진하자」고 요청했다.[40]

이에 대해 경상북도는 「원칙적으로는 모든 교류 사업을 빨리 재개하는 것이 상호 이득이 된다고 보지만, 국민정서를 고려해 볼 때 전면적인 교류재개는 어려움이 있다」고 전제하면서, 「①경도대, 현립대 간의 계속적인 학생교류사업 추진, NEAR 사무국에 시마네현 공무원 파견, 양 도 현 교육청간 실시중인 교원교류 및 홈스테이를 통한 학생 간 교류를 발전시키는 방안, ②민간단체의 초청은 민간이 자율적으로 추진하고, 관에서는 후원하는 것이 바람직하다」고 하여 쉬운 것부터 차근차근 접근하는 것이 좋겠다는 의견을 개진했다.[41]

즉 경상북도가 「①문화, 교육, 학술, 경제에 관련한 민간단체, 교육기관, 기업 간 교류 등 다양한 분야의 교류추진, ②NEAR 사업에 관한 상호 참가」를 전적으로 부정하지 않았다는 것이다.[42]

시마네현은 경상북도가 요구하는 '죽도의 날'의 조례제정 파기는 전혀 이행할 의사가 없으면서 다양한 방법으로 집요하게 실질적인 교류재개를 시도하고 있다. 경상북도는 무비판적으로 상당 부분 시마네현의 요구에 동의하고 있다.

---

40) 시마네현과 경상북도의 교환 문서.
41) 경상북도(2006) 「NEAR総会期間中の副知事会議について」, 「島根県環境生活部文化国際課가 경상북도 국제통상과에 보낸 문서」, 2006년 9월 6일자.
42) 상동.

시마네현(시마네현 환경생활부 문화국제과장 나이토 타카아키 외 2인)은 경상북도와의 합의사항을 실천하기 위해 NEAR 연합사무국(사무국장)과 「동북아시아지역자치단체연합과 시마네현과의 차후의 제휴, 파견 직원, 문과위원회의 활동 등」, 2007년도 사업을 논의하기 위해 2006년 11월 16일 경상북도를 방문했다. 그 결과 우선적으로 시마네현 직원이 경상북도에 상설되어있는 NEAR 사무국에 파견되어 상주하게 되었다.[43]

그리고 시마네현 환경생활부 문화국제과(과장 히노 테루오 ; 樋野輝男 외 3명)는 2007년 5월 14일 경주에서 개최되는 NEAR 실무자 워크숍 참가차로 방한하여 연합 사무국을 설치, 운영하고 있는 경상북도를 방문하여 동북아시아 지역 간의 교류에 관해서 의견을 교환했다.

또한 2006년 7월 12일 시마네현은 2007년 4월 입학을 위한 '시마네현립대학 교류현 유학생' 후보자 2명을 선정해줄 것을 경상북도에 요청했다.[44]

이처럼 시마네현은 경상북도와의 교류재개를 꾸준히 도모하여 소기의 목적을 달성하고 있다. 향후에도 꾸준히 완전한 교류재개를 위해 요구해올 것임에 분명하다.

직접적인 교류는 아니지만, 동북아시아지자체연합회가 동해황해연안해변의 표착물 조사를 실시했는데, 2005년에는 25지자체와 53해안이 참가했고, 2006년에는 26지자체와 52해안이 참가했다. 경상북도와

---

43) 경상북도(2006) 「차년도 협의에 대하여」, 「시마네현 환경생활부 문화국제과장이 동북아시아지역자치단체연합사무국 사무국장에게 보낸 문서」, 2006년 11월 8일자.
44) 경상북도(2006) 「2007年度島根県立大学交流県留学生候補者の選考について」, 島根県総務部総務課大学改革スタッフ主任金築豊和가 大韓民国慶尚北道에 보낸 문서」, 2006년 7월 12일자.

시마네현도 참가했다.[45)]

이처럼 시마네현은 '죽도의 날'을 파기하지 않은 상태에서 양 지자체 간의 교류를 재개하려고 꾸준히 노력하고 있는데, 경상북도가 시마네현의 요구에 소극적이긴 하지만, 교류재개에 응하는 것은 '죽도의 날'의 본질을 망각했거나 지나치게 축소 해석하여 생긴 분명한 정책 오류일 것이다. 위에서 지적했듯이 일본어교사의 교류가 필요하다면, 다른 지자체와 교류협정을 체결하여 교원을 상호 교환할 수도 있을 것이다. 따라서 경상북도는 시마네현에 대해 입장을 분명히 해둘 필요가 있다.

5. 중단이후의 2년간의 손익계산서

5.1 경상북도의 경우

① 플러스적 측면

첫째로, 시마네현을 전혀 의식하지 않고서 독도의 실효적 지배를 강화할 수 있게 되었다. 공교롭게도 경상북도와 시마네현 양 지자체는 독도를 관할구역으로 하고 영유권을 주장하는 지자체이다. 지자체 교류의 기본 취지가 상호 협력과 권익도모에 있다. 그래서 종래 경상북도 (혹은 한국정부)가 독도의 실효적 지배 강화의 필요성을 느낄 때 자매결연관계에 있던 시마네현의 항의를 전적으로 무시할 수 없는 입장에 놓여 있었다. 그런데 이번에 시마네현이 먼저 '죽도의 날'의 조례를 제정하여 문제를 야기했으므로 경상북도는 거기에 대응하는 조치로서 독도의 실효적 지배를 무제한으로 강화할 수 있는 절호의 기회를 맞이했

---

45) http://www.npec.or.jp/northeast_asia/korea2/introduction/pdf/016.pdf (2007년 6월 22일 검색)

다고 할 수 있겠다.

특히 '죽도의 날' 조례제정으로 촉발되어 양국정부 간의 외교가 원만하지 않다. 따라서 독도의 실효적 지배에 대해 일본정부가 항의하더라도 그다지 의식하지 않아도 될 것이다. 양국관계가 정상화되기 이전에 한국정부 및 경상북도는 모든 역량을 동원하여 실효적 지배의 강화에 전력을 다해야 할 것이다.

그런데 실질적으로 교류단절 2년여 간의 실효적 지배강화의 실적을 보면, 한국정부 및 경상북도는 독도방문객 수의 증원, 김성도씨의 거주, 전화개통, 해수담수화로 인한 식수해결이 전부이고, 그 이외 대부분은 향후계획일 뿐, 그다지 실질적인 실효적 지배를 실행하지 못했다는 점이 아쉽다.

2007년 12월 대통령선거로 새로운 정부가 출현하게 되면 일본정부는 외교적 관계개선을 요청해올 것이다. 양국관계가 정상화 되면 독도문제로 더 이상 양국관계의 악화를 조장하지 말자는 합의와 더불어 독도문제의 현상유지를 약속할 가능성이 높다. 그렇게 되면, 더 이상 실효적 지배 강화는 어려워 질것으로 전망된다.

둘째로, 일본이 한국측이 주장하는 독도의 역사적 근거를 부정하여 영유권을 주장하고 있기 때문에 이에 대응하기 위한 방안으로 독도지킴이팀의 조직과, 경상북도 소재의 각 대학에 생긴 독도관련연구소 개소, 동북아역사재단 등의 출현은 독도연구의 활성화에 기여했다는 점을 들 수 있다.

셋째로, 일본에 의해 발생한 독도영유권 문제는 국가주권의 문제이다. 한국은 36년간 일본의 불법통치를 당한 적이 있다. 이를 교훈삼아 보편적이 내셔널리즘에 입각한 국민들의 국가관을 재정립할 수 있는 좋은 기회가 되었다고 볼 수 있다.

② 마이너스적 측면

지자체간의 국제교류의 근본취지는 세계화 및 지방화시대를 맞이하여 상호 협력으로 문화교류, 학술교류, 경제교류를 통해 양 지자체의 권익을 도모하는데 있다. 양 지자체는 세계화 지방화시대에 뒤떨어지지 않기 위해 15여 년 간 문화교류, 학술교류, 경제교류를 위해 노력해 왔다. 지자체간의 교류는 중앙정부의 편협한 내셔널리즘 강화로 지역 간 교류가 원활하지 못할 때 이를 보완하는 역할을 담당할 수 있다. 이번 양 지자체간의 교류단절은 이러한 장점을 포기했다는 점이다.

그런데 실질적으로 15년여 간의 양 지자체의 교류실적을 보면 매우 활발한 교류가 있어서 교류의 단절로 양 지자체에 엄청난 지장을 초래했다고 말할 정도는 아니다. 그러나 15년여 간의 교류가 바탕이 되어 미래지향적인 양 지자체의 발전에 초석이 될 수 있었다는 점도 간과할 수 없다.

5.2 시마네현의 경우

① 플러스적 측면

첫째로, 일본정부의 묵인 아래 행해진 시마네현의회의 '죽도의 날' 조례제정은 시마네현민을 비롯하여 독도문제에 무관심했던 일본국민의 관심을 갖도록 하는 계기가 되었다는 점이다. 이는 일본정부(외무성)의 영토정책과도 상통된다. 따라서 편협한 내셔널리즘에 입각한 일본정부의 영토정책에 일조했다고 볼 수 있다.

둘째로, 독도가 일본영토라는 새로운 논리를 만드는데 일조했다고 볼 수 있다. 그 성과로서는 외무성홈페이지의 '죽도문제'를 새롭게 보완했다.

셋째로, '죽도문제연구회'가 중심이 되어 '죽도문제' 연구에 새로운 계기를 마련했으며, 또 시마네현청, 현의회, 박물관 및 자료관 등 공공기관이 독도에 관심을 갖게 되어 시마네현립대학의 독도자료센타, 현립독도자료관 등을 개관하여 독도자료를 새롭게 발굴하고 수집하는 계기가 마련되었다는 점이다.

넷째로, '죽도의 날' 조례 제정으로 매스컴의 집중을 받게 되어 국제사회에 '죽도'가 일본영토라는 여론을 조장하는데도 일조했다고 할 수 있을 것이다.

② 마이너스적 측면

첫째로, 일본정부의 묵인으로 추진된 시마네현의 '죽도의 날' 조례제정은 편협한 내셔널리즘을 조장하는 결과를 초래했다. 지금은 세계화, 지방화시대로서, 국제사회는 지역 간의 협력을 바탕으로 급속도로 국제협력을 이루어내고 있다. 동북아시아는 다른 역내지역처럼 지역공동체를 형성하여 상호 협력으로 지역 발전을 도모해야하는 과제를 안고 있다. 일본은 경제대국으로서 지역공동체 형성의 주도권을 장악할 수 있는 위치에 놓여있다.

그런데 동북아시아는 한, 중, 일 3국, 특히 일본은 여전히 편협한 내셔널리즘이 강하게 남아있어 지역 간의 국제협력이 제대로 이루어지지 못하고 있는 실정이다. 이러한 문제해결의 돌파구로서 시마네현과 경상북도의 교류를 비롯한 지자체간의 국제교류에 의지하는 바가 컸다고 할 수 있다. 그런데 시마네현의 이번 조례 제정으로 일본의 지자체 32곳이 한국의 자매 도시들과 교류를 중단하거나 교류보류 상태에 놓이게 되었다. 이는 또 독도 영유권의 본질을 더욱 왜곡시키는 계기가 되어 한일관계를 소원하게 하는 요인을 만들었다.

둘째로, 지자체 교류의 근본취지인 문화교류, 학술교류, 경제교류가 전면적으로 중지되어 시마네현의 국제화, 세계화가 늦추어지게 되었다.

예를 들면, 시마네대학은 경북대학교와의 교류단절에 대해, '다른 대학들과 격차가 벌어지고 있다'고 불만을 제기했고, 또한 시마네 현과 근교 도시는 한국 관광객이 감소해서 피해를 보고 있다고 토로했다. 상황이 이렇게 되자 시마네 현 지사는 '우리 지역에서 서울 발 국제선 노선을 하나 만들어야 겠다'고 제안했다고 한다.[46]

즉 시마네현은 '죽도의 날' 파기는 있을 수 없으므로 파기를 요구하는 경상북도와의 교류가 재개되지 않는다면, 다른 방법을 모색하겠다는 것으로 해석된다.

6. 맺으면서

위에서 살펴본 바처럼, 지자체의 교류목적은 국가 간의 교류가 원만하지 않을 때, 지자체간의 교류로 지역 간의 협력을 도모하고,[47] 또 지

---

46) 일본 '죽도의 날' 정부 관계자 불참, http://www.ohmydt.com/woman/viewwoman.html?num=1017&mc=70&tc=86(2006년 6월 22일 검색)

47) 1996년 9월 『동북아자치단체연합』을 주도적으로 창설, 초대의장을 지낸 경상북도 이의근지사는 "동북아시아는 역사적으로 갈등과 분쟁이 많은 지역으로 그동안 국가간의 협력에는 많은 어려움이 있었던 것이 사실" 이라면서 "이제는 국가간의 외교활동도 지방과 지방이 교류하는 지자체화(Glocalization)를 통해서 자치단체간의 협력을 이끌어내고, 합의를 이루어 나가다 보면 국제화(Globalization)와 지방화(Localization)가 동시에 이루어진다"고 역설 하면서 그 모델이 바로 '동북아자치단체연합'의 특징이라고 말했다. [경상북도청] 몽골국, 19개 자치단체 한꺼번에 NEAR 회원가입 신청, http://news.naver.com/news/read.php?mode=LSD&office_id=098&article_id=0000125492&section_id=117&menu_id=117(2007년 6월 25일 검색), 연합뉴스(보도자료) 2006년 4월 11일.

자체간의 교류를 통하여 문화교류, 학술교류, 경제교류 등을 활성화하여 지역발전을 도모하는 데 유익하다.

경상북도는 지리적 근접성과 역사적 관련성을 근간으로 시마네현이 요청하는 양 지자체간의 자매결연을 1989년 체결하게 되었다. 양 지자체는 2005년 3월 16일 결연이 중단될 때까지 15년간 우호관계를 유지하면서 교류를 해왔다.

실제로 보면, 양 지자체의 교류는 국제교류의 근본 취지인 문화교류, 학술교류, 경제적 교류를 철저히 이행하여 상호 협력과 공존을 이루어내었다고 할 만큼 활발한 교류가 있었다고는 할 수 없다.

실제로 양 지자체 간의 주된 교류는 역내 중, 고교와 대학 간의 교사 및 연구자 상호 파견, 공무원 상호파견, 유학생 및 학생교류 등이 대부분이었다. 규모면에서도 년 간 수십 명, 수백 명을 상호 교환하는 실적을 갖고 있는 것도 아니다. 게다가 경제교류는 거의 이루어지지 않았다.[48]

물론 미래지향적으로 볼 때 유럽사회를 비롯한 세계화의 흐름이 리저널리즘시대라고 할 만큼 국가 간의 교류 이외에도 지방간의 교류가 활발히 진행되어 편협한 내셔널리즘을 극복하고 지역공동체를 형성하여 국제협력으로 새롭게 평화와 안정을 도모하고 있다. 이러한 의미에서 시마네현과 경상북도라는 양 지자체간의 교류는 무엇보다 중요한 의미를 갖고 있다.

그런데 2005년 일본정부의 묵인아래 시마네현의 '죽도의 날' 조례제정으로 촉발된 양국의 교류중단은 매우 유감스러운 일이 아닐 수 없다. 그런데 상호협력에 의한 공동 발전이라는 교류의 근본취지를 저버리

---

48) 2004년 1월 30일 국제화재단 회의실에서 개최된 「일본과의 자매결연활성화를 위한 좌담회」의 요지. 한국지방자치단체 국제화재단의 자료, http://www.klafir.or.kr/(2007년 6월 20일 검색)

고, 오히려 이를 이용하여 일방 국가의 주권을 침해하려는 행위는 묵과할 수 없을 것이다.

양국의 교류가 재개되려면, 시마네현이 '죽도의 날'을 파기하든가. 아니면 한국측이 '죽도의 날'의 조례제정으로 초래된 실(失)을 극복할 만한 대안조치를 내려야할 것이다.

시마네이 '죽도의 날' 조례를 제정하여 영유권을 주장하는 것은 독립국가에 대한 주권침해 행위이다. 이런 상태에서 교류가 재개된다는 것은 주권침해 행위를 묵인해주는 결과가 된다. 따라서 경상북도의 '죽도의 날' 파기요청을 끝까지 수용하지 않는다면, 더 이상 교류재개는 있을 수 없으며, 거기에 상응하는 강력한 조치를 취할 수밖에 없다. 그것은 바로 독도에 대한 실효적 지배를 더욱 굳건히 강화하는 일일 것이다.

한국은 교류중단 이후, 거기에 대응하는 차원에서 독도의 실효적 지배를 강화하려고 노력해왔다. 그러나 여전히 '죽도의 날' 조례제정을 극복할 만한 상응조치로서는 백분의 일에도 미치지 못하는 상황이다.[49] 실효적 지배의 강화를 더욱 가시화 하여[50] '죽도의 날'을 무력화시켜야 할 것이다. '죽도의 날'을 무력화 시키는 상응조치가 없는 상황에서 양 지자체간의 교류는 독도영토주권에 독(毒)이 될 것이다. 강력한 상응조치 없이 교류가 재개된다면, 서로 자극적인 행동의 자제를 요구할 것이고, 시마네현은 조례로 법제화된 '죽도의 날' 행사를 매년 정기적으로 강행하게 될 것이다. 반면, 경상북도가 실효적 조치를 강화하면, 자매결연을 명분으로 사사건건 친목교류를 해친다 하여 이의를 제기해올 것이다.

---

49) 가시적인 실효적 지배는 일반인의 독도방문 허용, 김성도씨 부부의 거주, 독도정기운행 정도이다.
50) 경상북도 해양정책과 주관 「독도영유권 공고화방안」 참조 바람.

따라서 우선적으로 양 지자체간의 교류가 재개되기 전에 '죽도의 날'을 무력화 시킬 수 있는 실효적 지배의 가시적인 조치를 강화해야할 것이다.

둘째로는 향후 시마네현과의 교류는 독도 영유권의 본질을 알리는 학술대회, 독도사진전 등 독도영유권을 강화할 수 있는 이벤트를 중심으로 행해져야할 것이다.

셋째로는 일본이 독도에 대한 영유권 주장을 포기하지 않는 한, 양 지자체간에는 수시로 충돌의 소지를 안고 있다. 따라서 시마네현과의 자매결연을 전적으로 포기하고 독도영토와 관련이 없는 일본의 다른 지자체와의 교류도 고려해볼 것을 제안한다.

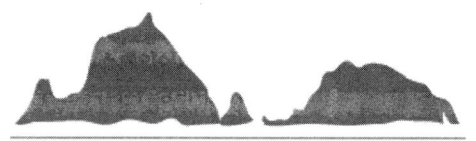

제2부
일제 강점기의
사료조작

제4장 대일본제국기의 독도영토에 대
　　　한 역사인식
제5장 신영토 〈죽도〉 편입조치를 위한
　　　사료조작

대일본제국 시기의
독도영토에 대한 역사인식

제4장 - 대일본제국의 독도/'죽도' 선행연구 분석 -

1. 들어가면서

본 연구는 1905년 일본정부의 '죽도' 편입을 전후해서 당시 일본이 '죽도'영유권을 어떻게 인식하고 있었는가를 검토하는 것이다. 또한 현재 일본정부의 논리가 어느 시기에 어떤 배경에서 어떤 연구자의 영향을 받아서 만들어진 논리인가를 검토하고, 그 논리의 정당성 여부를 고찰하는데 있다. 게다가 선행연구가 평이한 현대문이 아니어서 독자들이 간단히 쉽게 접할 수 없기에 가급적 내용을 축약하는 형식으로 당시 일본의 독도영유권 인식을 최대한 소개하려는 의도도 갖고 있다.

오늘날 독도문제가 발생한 직접적 계기가 된 것은 1952년 1월 18일 이승만대통령이 평화선을 선언한 것에 대해 일본이 이의를 제기하면서 부터이다. 평화선 선언의 배경은 일본의 패전으로 연합국이 역사적 권원을 바탕으로 독도를 한국영토로서 선조치하여 한국이 실효적 지배를 하고 있는 상황에서 대일평화조약이 체결되었음에도 불구하고, 독도의 지위 결정을 유보했기에 일본의 독도를 포함하는 한국근해침범을 우려했던 것이다. 평화조약이 체결되기 이전에는 내셔널리즘을 자극하는 영토분쟁이 없었으므로 순수한 학문적 차원과 지리학적 역사학적 측면에서 연구가 이루어졌다. 당시 일본인들의 독도인식을 알기 위해서는 당시의 선행연구를 분석하는 것이 매우 유익하다고 생각한다.[1]

이 시기의 선행연구는 바로 당시 일본의 독도인식과도 일치한다. '죽도' 연구는 1905년 이후에 집중되어 있다. 그 이유는 새롭게 일본영토가 된 신영토에 관심을 갖게 되었기 때문이다. 하지만, 선행연구의 특징이 신영토인 죽도에 대한 인식이 매우 부족했다는 점이다. 즉 일본영토에 편입하기 이전에는 일본영토로서 인식이 거의 없었다는 것을 의미한다.[2]

연구방법으로서는, 한일합병 이전과 이후의 선행연구를 분리해서 검

---

1) 田中阿歌麻呂,「隠岐国竹島に関する旧記」,『地学雑誌』200-202, 1905. 田中阿歌麻呂,「隠岐国竹島に関する地理学上の知識」,『地学雑誌』210, 1906. 奥原碧雲「竹島沿革考」『歴史地理』8-6, 1906. 栢原昌三「太平洋問題としての竹島回顧」『歴史と地理』3-6・4-1, 1919. 坪井九馬三,「欝陵島」,『歴史地理』38-3, 1921. 坪井九馬三,「竹島について」,『歴史地理』56-1, 1930. 樋畑雪湖,「日本海における竹島の日鮮関係について」,『歴史地理』55-6, 1930. 田保橋潔,「欝陵島その発見と領有」,『青丘学叢』3, 1931. 田保橋潔,「欝陵島の名称について(補)」,『青丘学叢』4, 1931. 中村栄孝,「欝陵島の名称について」,『青丘学叢』12, 1932. 秋岡武次郎,「日本西南海の松島と竹島」,『社会地理』27, 1950.

2) 현재 일본정부가 고유영토론을 주장하는 것은 영토편입이후 연구결과로 새롭게 만들은 논리이다. 따라서 당시 무주지 선점의 논리를 적용했다는 것은 일본영토도 아니었고 조선영토도 아니었다는 개념이다. 하지만 당시 조선에서 조선영토로서 인식하고 있었다는 논증이 나오면 일본의 무주지 선점론은 불법으로서 무효가 된다. 일본에 당시 영유권의식이 없었던 증거로 1877년 태정관문서, 島根県誌의 中井養三郎의 조선영토 인식 등이다.

토하려고 한다. 그 이유는 한일합병 이전과 이후 사이에 영토 인식의 차이가 있기 때문이다. 이전은 죽도가 한국영토일 가능성 아래 편입조치를 하였기 때문에 내셔널리즘적인 영유권 인식을 갖고 있었다. 이후에는 한일합병으로 조선자체가 일본의 일부가 되어 한국영토도 일본영토에 예속되었기에 영유권의식과 관계없이 순수한 역사지리학적 측면에서 섬의 본질을 파악하려고 연구되어졌던 것이다.

지금까지의 선행연구는 내셔널리즘적인 측면에서 연구된 경향이 강하고, 또한 최대한 학문적 차원에서 분석한 연구도 있다. 하지만, 영유권 문제는 어느 한쪽을 지지하는 식의 연구는 본질을 분석하는데 한계가 있다. 따라서 독도문제의 본질을 분석하는 한 방법으로서, 일제시대의 선행연구를 총체적으로 검토하여 당시 일본의 죽도(竹島) 인식을 고찰하는 연구는 처음이라고 할 수 있겠다.

2. 한일합병 이전의 독도/'죽도' 인식

> (1) 「帝國新領土竹島」, 『地学雑誌』제17년 제196호 1905년 4월, p.282,

1905년 4월에 발행된 『지학잡지(地學雜誌)』제17년 제196호「잡보」(p.282)에서 「제국 신영토 죽도(竹島)」라는 제목으로, 메이지32년 일본수로부가 간행한 조선수로지(朝鮮水路誌)를 인용하여 「이 섬(신영토 죽도 ; 竹島)은 한국의 범위에 속하는 울릉도(松島; Dagelet Isiand)와 함께 일본 해상의 고도(孤島)로서 아직 소속이 미정이다. 2섬 모두 암석으로 되어있고, 주위는 15정(町) 정도이고, 두 섬을 합한 둘레는 1리(里)이다. 섬 위에는 새들의 분뇨가 항상 퇴적되어 흰색을 띠며, 식수는 있지만, 수목은 없고, 생초가 조금 보일 정도이다. 강치가 매우 많이 서식하고 있어서 매년 어업으로 도항자가 많다. 열암(列岩) 부근은 해저가 깊지만, 위치는 하코다테(函館)를 향하는 일본해 선박의 항로에 해당된다. 이 열암은 1849년 프랑스 리앙쿠르(Liancourt)가 발견하여 선박명을 따서 리앙쿠르암이라 호칭했다. 그리고 1854년 프래가트형 함대 파라스(Pallas)호가 이 열암을 메나라이(Menalai), 오리바츠(Olivutsu)열암이라고 명명했고, 1855년 영국 호루넷(Hornet)호는 이것을 호르넷 열암이라고 이름 부쳤다」고 소개했다.[3]

위의 사실로 알 수 있는 것은 신영토 「죽도(竹島)」를 일본영토에 편입하기 이전, 1899년 일본수로부가 「조선수로지」를 간행했을 때 다음과 같이 독도에 대한 인식을 갖고 있었다.

① 유럽인들이 이미 이 섬을 발견하여 유럽식 이름을 명명하고 있었다는 사실을 일본이 알고 있었다.

② 일본 수로부를 간행한 일본해군은 독도를 조선수로지에 포함시켜서 울릉도와 더불어 조선영토로서 인식하고 있었다.

③ 울릉도와 더불어 조선에 속하는 이 섬은 일본어선의 항로로서 일본에 알려져 있었고, 강치를 포획하기 위해 매년 많은 사람들이 도항했다.

그런데 이 『지학잡지(地學雜誌)』는 1905년 2월 22일 시마네현 「고시43호」[4]로 죽도(竹島)를 일본 「신영토」로 편입했고, 일본이 신영토로서 편입하기 이전에는 유럽선박이 먼저 이 섬을 발견하여 호르넷이라고 명명했다. 하지만 유럽인들이 영유권을 주장하지 않았기에 무주지이다고 해석했다.

---

3) 「雜報」(帝國新領土竹島), 『地学雜誌』제17년 제196호 明治38년 4월, p.282.
4) 島根県 「告示40号」의 잘못임.

여기서 해석상의 문제를 발생한다. 조선수로부에 포함되어 있는 섬이라고 말했다면, 조선영토로서 해석해야 하는 것이 당연한데, 무주지로 해석하는 것은 당시 일본의 조선과의 관계를 엿볼수 있다. 일본은 「한일의정서」를 강요하여 러일전쟁 중에 한국의 영토로 임의로 사용할수 있도록 했다. 이러한 상황이었기에 조선의 국권을 완전히 무시하는 경향이 보였고, 또한 영토편입의 정당성을 위해 사료의 올바른 해석을 포기했다고 지적할 수 있다. 특히 이 시기는 일본이 영토편입을 행한 시기이었기에 내셔널리즘적인 사료해석이 두드러진다.

(2) 田中阿歌麻呂,「隠岐国竹島に関する旧記」,『地学雑誌』제17년 제200호, 明治38년 8월, pp.594-598.
(3) 田中阿歌麻呂,「隠岐国竹島に関する旧記(承前)」,『地学雑誌』明治38年9月, 제17년 제201호, pp.660-663.
(4) 田中阿歌麻呂,「隠岐国竹島に関する旧記(完結)」,『地学雑誌』明治38年10月, 제17년 제202호, pp.741-743.

상기의 연구는 「죽도고(竹島考)」, 「죽도도설(竹島圖說)」, 「다기심마잡지(多氣甚麽雜誌)」를 인용하여 작성한 것으로서, 1618년 산음(山陰)어부가 죽도(竹島)도항면허를 받았다고 하는 울릉도에 관한 내용이다. 그런데 결론으로는 다나카 아카마로(田中阿歌麻呂)는 1905년 2월 22일 죽도(竹島)를 시가네현(島根県)에 편입하여 행정상 오키도사(隠岐島司) 관할로 했고, 사실 프랑스의 리앙쿠르호가 이 섬을 발견했다고 하시만, 사실 일본이 먼저 이 섬을 알고 있었다고 주장했다. 다나카 아카마로(田中阿歌麻呂)는 과거 울릉도의 「죽도(竹島)」와 지금의 「죽도(竹島)」를 혼동하고 있다.[5]

5) 田中阿歌麻呂 자신도 『地学雑誌』第210号에서 「부기」를 마련하여 「본지(地学雑誌) 제200호, 201호 및 202호에 게재한 「隠岐国竹島に関する旧記」

그렇다면, 우선 「오키국 죽도에 관한 구기(隱岐国竹島に関する旧記)」에 관한 내용을 소개하기로 한다.

이 섬은 1905년 5월 26,7일 일본해 해전에 의해 리앙코르암이라는 명칭으로 세상에 알려졌다. 이 섬의 발견 연도는 알 수 없지만, 프랑스 선박의 발견보다 훨씬 이전에 일본인이 알고 있었던 곳이고, 도쿠가와 시대에 이 섬을 조선에 주었지만, 그 이전에 이 섬은 오키(隱岐), 호키(伯耆), 이와미(石見)에 속했다. 메이지 초년에 정원(正院)지리과가 이 섬을 일본 섬으로 인정하지 않았다. 그 때문에 그 후 출판되는 많은 지도에서 이 섬의 존재를 무시했다. 메이지8년 문부성이 출판한 미야모토 산페이(宮本三平)의 일본제국전도에도 이 섬을 기록하긴 했지만, 제국영토의 외곽에 두고 일본영토와 같은 색으로 채색하지 않았다. 또 일본 해군수로부는 조선수로지에 이 섬을 그려서 리앙코르암이라는 이름을 붙였다.[6] 리앙코르호의 발견과 또 다른 외국인이 이 섬을 측량했다는 기사가 기록되어 있었다. 이러한 이유로 일본의 신영토가 되었음에도 불구하고, 연합함대 사령부장관의 보고인 「대해보(大海報) 제119호」에도 이를 답습하여 리앙코르암으로 보도되었다. 대본영 해군막료는 그 후 이를 죽도(竹島)라고 정정(1905년 6월 15일 「관보 6586호」에 소개하여 일본해해전의 「상보(詳報)」에 죽도(竹島)가 있음)했다.

덧붙여서 「오키국 죽도에 관한 구기(승권)(隱岐国竹島に関する旧記(承前))」에서는 울릉도의 지리, 즉 주로 형상과 위치에 관해서 기술

의 기사는 전부 竹島에 관한 기사가 아니고 울릉도에 관한 기사이다....이들 두 섬(울릉도와 竹島)에 대한 기사는 혼동되어 사용될 때가 많다」라고 하여 지금의 竹島가 아니고 울릉도에 관한 내용이라고 잘못을 시인하고 있다.
6) 1905년 시점의 일본해군수로부에 외 조선수로지를 만들었을까? 이미 일본은 조선을 일본영토의 편입대상으로 삼고 있었다고 할수 있겠다.

했고, 「오키국 죽어에 관한 구기(완결)(隱岐国竹島に関する旧記(完結))」에서는 울릉도에서 서식과 채취가 가능한 생물과 생산이 가능한 광물에 관해서 기술했다. 또 다나카 아카마로(田中阿歌麻呂)는 이미 이를 발표하기 이전에 『지학잡지』(제17년 제196호)에서 신영토 죽도(竹島)가 외국인에 의해 발견된 사실과 지형에 관해 소개한 바 있었다.

상기의 내용으로 다음과 같은 특징을 알수 있다.

① 상기의 집필자는 「죽도고」, 「죽도도설」, 「다기심마잡지」를 인용하여, 유럽이 먼저 이 섬을 발견하였다고 조선수로지에 기록되어 있지만, 사실 일본이 먼저 발견했다고 하는 역사적 기록이 존재한다는 사실을 알고 수로지의 오류를 지적하고 있다. 그러나 이들 인용 자료들은 일본의 울릉도 발견에 관해서 논증한 자료로서 신영토 죽도와 무관하다. 여기서 최대한 일본영토로서 근거를 찾으려는 의도가 엿보인다. 신영토가 원래부터 일본영토였다는 논증을 의도한 것으로 보아 내셔널리즘적인 성격을 띤 연구라고 할 수 있겠다.

② 조선수로지에 포함되어 있음에도 불구하고, 조선영토라는 인식을 전혀 갖지 않았다는 것은 국권이 기울어져가는 조선의 국권을 무시하는 행위로서 아무리 조선영토로서의 근거가 있다하더라도 영토편입에는 장애가 되지 않는다는 생각을 갖고 있었다. 즉 당시 한일관계가 제국주의 일본에 의해 한국이 병합되려는 상황이었다는 것을 엿볼 수 있다.

③ 에도시대에 일본이 죽도를 지배한 사실이 있음에도 불구하고 메이지정부 초기에 오해하여 일본 섬으로 인정하지 않았기 때문에 일본의 지도에 이 섬이 기록되지 않았다는 것이다. 다시 말하면, 에도시대부터 일본이 지배한 고유영토라는 점을 강조하고 있다. 그러나 고문헌에 등장하는 죽도는 모두 지금의 울릉도이고, 울릉도는 막부가 이미 한국영토로서 인정한 섬이다. 신영토가 유럽이 먼저 발견한 섬이 아니

라는 것을 논증하고 싶어 했다. 따라서 저자의 논증은 내셔널리즘적인
성격을 띠고 있다.

　④ 역사 지리학적 측면에서 해석한다면, 메이지정부의 초기에 이 섬
은 해군수로부가 조선수로부에 포함시켜서 조선영토로 인식하고 있었
고, 당시의 일본제국전도에도 조선영토에 포함되어 있었다는 것을 알
수 있다. 즉 메이지시대에는 이 섬을 조선영토로 인식하고 있었다는
것을 알 수 있다.

　⑤ 다나카 아카마로가 처음으로 「죽도고」, 「죽도도설」을 증거로 인
용하여 막부가 울릉도도해면허를 인정했다는 사실을 언급했다. 이 논
리는 지금도 일본정부가 유력한 증거로서 활용하고 있다.

---

(5) 田中阿歌麻呂,「隠岐国竹島に関する地理学上の知識」,『地学雑誌』明治39年 6月,
　　제18년 제210호 pp.415-419.

　상기 저술의 저자가 밝히고 있듯이, 「이 글은 일본해군이 울릉도에
서 이 섬을 본 사람으로부터 듣고, 일본제국 군함이 이 섬을 조사했
고,[7] 1905년 8월 시마네 현지사가 이 섬을 시찰하여 적은 보고서를 중
심으로 죽도(竹島)에 관한 지리학상의 지식을 초록한다」고 했다.[8] 이
처럼, 당시는 독도를 알 수 있는 자료가 많지 않았다.

　본문의 내용을 요약하면 다음과 같다.

　일본인은 울릉도를 송도(松島), 이 섬을 죽도(竹島)라고 명명하지만,
외국인은 1849년 처음으로 발견한 프랑스선박 리앙쿠르호의 이름을

---

　7) 필자가 인용원문을 밝히지 않았기 때문에 인용한 정확한 원 자료는 알 수
　　없지만, 1904년 新高号의 울릉도, 竹島조사를 두고 말하는 것이 분명하다.
　　왜냐하면 신고호의 보고서에 한인이 일본의 松島를 독도라고 사용한다는
　　기사를 쓰고 있다.
　8)『地学雑誌』第210号, p.415.

따서 리앙쿠르도라고 부른다. 한국인은 이를 독도라고 사용한다. 일본의 어부들은 일반적으로 리앙코도라고 칭한다. 즉 영어이름의 리앙쿠르트에서 전화된 것이다. 암석에서 적출하는 물은 그 양은 다소 많지만, 빗물방울이 떨어지는 것처럼 모우기는 곤란하다. 섬 정상에서 산허리로 졸졸 흐르는 물이 4군(동도 2군데, 서도 2군데)가 발견되었다. 그런데 그 양이 적고, 또 강치의 배뇨 등으로 오염되어 있었다.[9]

당시 죽도(竹島) 출어상황에 관해서「오늘날 강치 이외에 생산물이 없다. 출렵자는 울릉도를 근거지로 6,70석을 적재할 수 있는 일본선박을 사용하고, 섬에 도착해서는 선박을 육상에 인양해두고 섬 위의 작은 막사에서 매회 10수일간 체재하고 많은 수확량을 올려서 풍파가 거셀 때는 순풍을 타고 바로 울릉도로 피난한다. 출렵자의 수는 1회 4,50명이 보통이다.」[10] 또 강치의 사용처와 판로에 관해서 약간 언급하고, 독도의 형상과 위치에 관해서도 약간 언급하고 있다.「이 섬은 일본해 항로에 해당되어 항해자를 위해 아주 좋은 목표가 되지만, 정박지가 없고 음료수도 없어서 아무런 용도에도 사용할 수 없다. 강치 포획업으로는 약간 유망한 점이 있을 뿐이다.」[11]

앞의 글에서 다음과 같은 사실을 암시하고 있다.

① 현재 식수원으로 1군데가 있다는 것으로 알려져 있는데, 1906년 당시는 4군데가 발견되었다는 사실은 특기할 만하다. 그리고 섬의 가치에 관해서 언급하고 있는데, 항해시의 목표, 군사 전략적 가치, 그리고 강치 포획 등에는 다소 유용할지 몰라도 아무런 용도가 없는 섬이라고 지적하고 있다.

---

9) 『地学雜誌』第210号, pp.416-417.
10) 『地学雜誌』第210号, p.418.
11) 『地学雜誌』第210号, pp.418-419.

②「죽도(竹島)는 작년(1905년)의 오늘(5월 28일, 탈고), 일본해 해전에 의해서 일거에 적 함대를 섬멸하여 그 이름이 알려졌지만, 지금까지 지리학적인 기사가 거의 없고, 『조선수로지』(p.263)에 리앙쿠르트 열암이라는 제목아래 지극히 간단한 기사가 있을 뿐」이라고 지적한 것으로 보아서,[12] 즉 당시 일본에서는 죽도(竹島)에 대한 지리적 인식이 거의 없었다고 볼 수 있다. 특히 당대를 대표하는 지리학자 다나카 아카마로도 죽도(竹島)와 울릉도의 기사를 혼동할 정도이다. 즉 지리적으로 잘 알지 못한다는 것은 고유영토가 아니라는 것을 의미하고, 섬의 가치를 논하는 것은 신영토로서 그다지 편입의 매력이 없다는 것을 의미한다.

③ 당시 죽도(竹島)에 대한 인식이 「일본인은 울릉도를 송도(松島), 이 섬을 죽도(竹島)라고 명명하지만, 외국인은 1849년 프랑스선박 리앙쿠르호가 처음으로 발견하여 선박의 이름을 따서 리앙쿠르도라고 불렀고, 한국인은 이를 독도라고 불렀다. 일본의 어부들은 일반적으로 리앙코도라고 칭했다」라고 지적하고 있다.[13] 여기서 알 수 있는 것은 당시(1906년 5월) 울릉도 사람들이 이 섬을 「독도」라고 부르고 있었다는 것을 알 수 있다.

④ 독도의 형상에 관한 지적인데, 「이 섬은 일본해 항로에 해당되어 항해자를 위해서는 아주 좋은 목표가 되지만, 정박지가 없고 식수도 없어서 아무런 용도에도 사용할 수 없다. 강치 포획업으로는 약간 유망한 점뿐이다」고 했는데, 이는 일본정부의 논리 중에 에도시대에 산음(山陰) 어부들이 울릉도를 도항하는 도중에 죽도(竹島)에 들러서 어로지로 삼았다고 하여 죽도(竹島)경영을 주장하고 있다. 그런데 이 기사

---

12) 『地学雑誌』第210号, p.415.
13) 『地学雑誌』第210号, p.415.

는 이러한 주장의 설득력을 잃게 한다.

---

(6) 奧原碧雲, 『竹島及び鬱陵島』松江県立図書館所蔵, 1906년 5월 28일.
(7) 奧原碧雲, 「竹島沿革考」, 『歴史地理』제 8 권 제6호, 1906년 6월, pp.461-478.

「죽도연혁고(竹島沿革考)」는 필자의 말에 의하면, 1906년 3월 하순 시마네현 제3부장 칸자이(神西)사무관이 시찰원 40여명과 함께 신영 토 죽도(竹島)를 시찰했다. 나(奧原碧雲)도 다행히도 그 일행이 되어 죽도(竹島) 및 울릉도에 상륙하여 직접 그 상황을 시찰했고, 아즈마 (東) 오키도사(隠岐島司)의 후의로 도청(島廳)의 구 기록 및 죽도(竹 島)에 관한 문서를 열람했고, 또 죽도(竹島)경영에 관해서는 죽도(竹 島)어렵회사원 나카이 요사부로(中井養三郎)의 죽도(竹島) 경영담을 들었다. 돌아오는 길에 마쓰에도서관(松江図書館)의 구 서적의 기록류 를 섭렵했다. 작년이후 신문잡지에 보이는 여러 사람들의 설을 참조하 여 죽도연혁고(竹島沿革考)를 집필했다」고 기록하고 있다.

여기서, 위의 저자는 1905년 2월 일본의 죽도영토편입에 직간접적으 로 관여한 사람이다. 영토편입 시, 무주지 선점으로 국제법적으로 영토 취득 요건을 갖추었다는 명목을 내세우고 있으므로 내셔널리즘적인 성 격을 띤 연구라고 할 수 있겠다.

연구내용을 검토하면서 글의 성격에 관해서 언급해보기로 한다.

우선, 「죽도(竹島)의 지리(위치, 지세, 면적, 지질), 기후(해온 및 우 량), 생물(동물, 식물), 어업(조류, 해심, 어종, 어항, 어획물의 종류, 강 치어렵의 기인, 강치보호법안, 포획, 번식, 강치의 성질, 그 외의 어렵), 어민생활 상황(주민, 음료수, 생활상태), 연혁('죽도'의 발견....일본해대 해전과 신'죽도')」에 관해서 기록하고 있다.

즉 독도지리에 관해서 이렇게 상세히 언급하고 있는 연구서는 이것이 처음이다.

독도의 「연혁」에 대해서는 「오키(隱岐)의 어부들이 일찍이 발견을 했는데, 기록으로서는 지금부터 240년 전인 1667년 사이토(斎藤)라는 사람이 번령(藩令)을 받고 오키의 사정을 편찬한 『은주시청합기』가 있다」고 지적하면서 일본이 서양보다 일찍이 송도(松島)를 발견했다는 증거로 삼고 있다.[14]

1804년 『변요분계도고(辺要分界図考)』의 「동습고정분계도(同習考定分界図)」에 죽도(竹島), 송도(松島) 2섬이 기재되어 있는데, 죽도(竹島)는 울릉도이고, 신영토 죽도(竹島)는 송도(松島)가 된다. 또 『지지개요(地誌概要)』에 의하면, 「전하는 바로 후쿠우라(福浦)에서 송도(松島)까지 해로 약 69리, 죽도(竹島)까지는 해로 100리, 조선까지는 해로 136리」라고 한다. 이들 모두 울릉도로서 죽도(竹島)이고, 신영토 죽도(竹島)는 송도(松島)이다. 그런데 수로지는 '울릉도 일명 송도(松島)'라고 하고, 신죽도(竹島)를 리앙쿠르열암이라고 하여 프랑스선박이 발견하였다고 한다.

수로지에 「리앙쿠르열암이라는 제목아래, 이 열암은 1849년 프랑스선박 리앙쿠르트가 처음 발견하여 .....(생략)」라는 식으로 내용을 소개하고 있다. 즉 신영토 죽도는 에도시대에 송도(松島)로서 일본영토였다는 기록이 고문서를 통해서 확인할 수 있는데, 해군 수로부가 잘못 표기하여 조선수로지에 독도를 포함시켰고, 게다가 에도시대의 죽도인

---

14) 고문헌에 기재되어 있다는 것과 영유권과는 일치하는 경우도 있지만, 반드시 일치한다고는 말할 수 없다. 이 경우는 일치하지 않는 경우이다. 해석상 隱岐 사람들이 울릉도, 죽도에 가기도 하지만, 일본영토는 隱岐까지이다는 말이다.

울릉도를 송도(松島)라고 오인하고 있다는 주장이다.[15]

또한, 오니시 쿄호(大西教保)가 『은주시청합기』를 모방하여 『호키 고기집(伯耆古記集)』(1823年)를 편찬했다. 즉 「해(亥 ; 서북) 방면 40 여리에 송도(松島)가 있고, 둘레는 1리 정도이고, 살아있는 풀은 없고 암초뿐이다. 그 방면 70여리 가면 죽도(竹島)가 있다. 옛날에는 기죽도 (磯竹島)라고 했다. 대나무가 많다. 여기(울릉도-필자 주)에서 조선을 보는 것은 은주(隱州)에서 운주(雲州)를 보는 것보다 조금 가깝다. 조 선인이 와서 거주한다.」라고 하여 「신영토의 죽도(竹島)는 송도(松島) 이고, ...리앙쿠르열암」이라고 기록하고 있다.[16]

즉 『은주시청합기』의 내용의 해석에 관해, 「여기(울릉도-필자 주)에 서 조선을 보는 것은 은주(隱州)에서 운주(雲州)를 보는 것보다 조금 가깝다」고하여, 조선과 울릉도, 오키와 운주(雲州)를 2등분으로 구분 하고 있다. 울릉도는 조선영토, 오키는 운주(雲州)라고 명확히 해석하 고 있다. 이 문헌에서는 오키를 서북한계로 삼고, 송도(松島 ; 지금의 죽도)는 울릉도의 부속도서로 취급하여 경계의 대상에서 제외되어있 다. 이것은 당시의 사람들의 『은주시청합기』에 대한 해석이다. 더 이상 이를 둘러싼 해석에 대한 논쟁은 끝이 났다고 볼 수 있다.[17]

섬의 발견 시기와 지리적인 거리에 관해서 언급하여, 「신영토가 프 랑스선 리앙코르에 의해 발견되기 182년 전의 1667년에 우리나라(일 본)의 기록에 보인다. 따라서 적어도 이 암초(독도-필자주)가 일본인이

15) 한국북방학회편(2004) 『한국북방학회논집』제8권, pp.302-303, 울릉도를 松島로 표기한 과정에 관해서는 그 뒤를 이은 후학자들이 시볼트의 오기 에 의한 것이라고 논증해내었다.
16) 한국북방학회편(2004) 『한국북방학회논집』제8권, pp.302-303
17) 일본은 『隱州視聽合記』의 내용을 해석하여 일본정부의 입장을 지지하는 일본의 독도연구가들은 울릉도를 隱岐의 서북한계라고 주장한다.

발견한 것은 그 이전일 것이다. 또 프랑스선박이 발견하기 41년 전인 文化6년(1809)의 『변요문계도고(辺要分界図考)』에 명기되어 있다. 또 프랑스선박이 발견하기 27년 전인 1823년의 『고기집(古記集)』에도 상세히 기록되어 있다. 그럼에도 불구하고 수로지는 이 암초의 발견을 외국인이 발견한 것으로 기록하고 있다. 일조 양국 해안에서의 거리는 일본측이 10리가 더 가깝다. 그런데 해도(海圖)에는 조선부에 편입되어져 있다. 매우 유감스럽다. 게다가 「죽도도설」, 「죽도고」의 죽도(竹島)에 관한 기사는 전부 울릉도 기사이고, 신영토가 아님을 증명할 수 있다.」[18]

즉 고문헌 『은주시청합기』, 『변요분계도고』, 『고기집』의 송도(松島)에 관한 기록과, 일조 양국 해안에서의 거리가 일본측이 10리 더 가깝다는 것을 증거로 삼아서 조선수로지의 오류를 지적하고 있다. 그런데 상기의 고문헌은 반드시 지금의 죽도가 일본영토로서의 증거가 될 수 없으며,[19] 해안선에서의 물리적인 거리로 영유권이 결정될 수가 없다. 말하자면, 거리상으로 일본인이 살았던 오키에서 보다 조선인이 거주했던 울릉도에서 훨씬 더 가깝고, 그 지역의 주민들의 인식이 더욱 중요하다.

또한 「죽도일건」에 관해서도 언급하고 있다. 그 내용을 살펴보면 다음과 같다.

메이지16년(1883)에 일한 양국정부간에 담판이 있었는데, 일본의 왕복 선박을 통해서 재차 항해하게 되어 분명히 조선의 소속으로 인정했다. 이상 각종의 인용서에서 보이는 것은 모두 울릉도의 기사이고 주변 1리에 불과한 리앙쿠르암이 아니다. 그런데, 옛 기록의 죽도(竹島)는

---

18) 한국북방학회편(2004) 『한국북방학회논집』 제8권, p.304.
19) 최근의 선행연구에서 논증된 바가 있다. 内藤正中・朴炳渉(2007), 『竹島 =独島論争, 歴史資料から考える』新幹社, pp.29-50.

울릉도인데, 이 섬을 송도(松島)라고 칭하는 기사도 발견할 수 있다. 단 절해고도인 이유로 학자 중에서 조사한 사람은 없고, 무학자인 어부의 말을 듣고 일본해 중에 송도(松島), 죽도(竹島) 2섬이 있다는 억설이 끊임없이 잘못 전해졌다. 『은주시청합기』에 울릉도 즉 무인도인 죽도(竹島)를 가지고 일본의 건(乾;서북)영토, 이 주(州)를 경계로 한다고 하는 것을 보면, 250년 이전에는 주민이 가장 적었거나 최소한 어기(漁期)만 두고 말한다면 정말 무인도인 적은 단 한 번도 없었다. 그리고 이 책의 논지는 이 섬(울릉도)을 일본해에서 일본의 서북경계로 삼았다는 것이다. 그 후 일한 양국민의 도항이 빈번해져서 한인은 본국에서 가까웠기 때문에 계속적으로 도항자가 증가하여 결국 동남해안에 나와 일본인이 점유한 어획구역에 침입하여 양국 국민이 충돌하는 분쟁이 발생했다. 일본인은 수적으로 열세하여 귀항할 수밖에 없었다. 우유연약(優柔軟弱)한 도쿠가와막부의 외교정책으로 죽도(竹島) 즉 울릉도를 전적으로 일본영토에서 분리하여 조선판도가 되었다. 호키(伯耆)지방의 어민들은 고심참담한 대외적 운명도 허무하게 수포로 돌아가서 되돌릴 수 없게 되었다. 그 후 세키슈(石州 ; 이와미) 연안사람들은 도항을 기도했지만, 막부의 도항금지제도에 의해 天保 이후 수십 년간은 죽도(竹島)는 일본인에게 잊혀졌다. 해군수로부의 조선수로지 및 해도(海圖)에 '울릉도 일명 송도(松島)'라고 하여 발표됨으로써 리앙쿠르암은 자연히 구 기록의 죽도(竹島)를 가리키는 것으로 오인하여 죽도(竹島)는 이미 겐로쿠(元禄 ; 1688-1703)시대에 조선판도로 결정되었기 때문에 리앙쿠르암도 조선판도가 되었다고 했다. 그런데 메이지36년(1903) 하쿠슈(伯州) 히카시 하쿠슈군(東伯郡) 코가모촌(小鴨村) 나카이 요사부로(中井養三郎)(현재 오키국(隱岐国) 사이고(西郷)거주)가 리앙코도(신영토)의 강치 포획업을 기도하자, 같은 지역 사람들이 서로 탐하여 .....리앙쿠르드도에 상륙했다. 이렇게 하여 처음으로 일장기가 바위 위에 펄럭이게 되었다. 메이지36년 5월의 일이다.[20]

이상의 내용에서 오쿠하라 헤키운(奧原碧雲)는 죽도에 대해 다음과 같이 인식하고 있었다.

① 『은주시청합기』에 일본의 서북한계를 죽도(울릉도)로 한다고 명확히 기록되어 있으므로 지금의 죽도는 1667년 이전부터 일본영토였다고 하여 죽도가 일본영토임을 주장했다. 오쿠하라 헤키운(奧原碧雲)는 본문의 「이 주(この州)」를 「울릉도」라고 최초로 해석한 장본인이다. 사실 이것은 「은주(隱州)」의 「주(州)」로서 왜곡된 해석이다.[21]

② 조선이 울릉도를 포기한 이후 산음(山陰)지방의 어부들이 최소한 어기(漁期)만이라고 한다면, 매년처럼 울릉도에 거주했다. 그런데 조선인이 거리상으로 가깝다는 이유로 오랫동안 경영한 일본의 영토를 침략하여 양국정부간에 영토협상을 하게 되었는데, 막부가 외교를 잘못하여 조선영토로 인정하는 실수를 범했다. 사실 막부가 조선영토로 인정한 것은 『은주시청합기』의 오키의 서북한계와, 울릉도가 일본영토가 아니라는 돗토리번의 보고에 의한 영토인식에 근거한 것이었다.[22]

③ 해군수로부가 죽도를 조선수지에 넣은 것은 에도시대의 죽도를 신영토 죽도로 오인하였기 때문이라고 주장한다. 이는 지금까지의 연구성과에 의하면 잘못된 시볼트의 지도에 의한 것으로 본서의 논증은 오류라고 할 수 있겠다.

---

20) 한국북방학회편(2004) 『한국북방학회논집』.제8권, p.311.
21) 「島」은 행정단위가 아니고, 지리적인 의미의 섬을 말하고, 「州」는 행정단위를 말한다. 이때 독도는 단지 섬에 불과했고, 隱岐는 행정단위의 「州」로서 「隱州」라고 했다.
22) 内藤正中・朴炳渉(2007) 『竹島＝独島論争, 歴史資料から考える』新幹社, pp.53-71.

④ 1903년 나카이 요사부로(中井養三郞)가 강치 포획업을 시작으로 무주지였던 죽도에 일본인이 상륙하여 일본이 실효적 지배를 하게 되었다. 신영토가 되기 직전에 일본이 실효적으로 지배했다는 것을 강조하고 있다.

다음으로는 신영토가 되기 직전의 독도에 대한 지위와 영토편입과정에 관해서 기술하고 있다. 그 내용을 살펴보면 다음과 같다.

나카이 요사부로를 비롯한 산음(山陰)지방의 어부들은 죽도가 강치 포획업에 도움이 된다는 것을 알고 1904년 어기(漁期)에 각 방면에서 서로 다투어 도항하여 경쟁적으로 포획한 결과, 여러 가지 폐해를 낳았다. 이를 우려한 나카이 요사부로는 리앙코도를 조선영토라고 믿고 조선정부에 대여 청원을 결심하고 1904년 어기(漁期)를 마치고 바로 상경하여 오키출신의 농상무성 수산국원 후지타 칸타로(藤田勘太郞)에게 부탁하여 「마키(牧)」수산국장을 면담했다. 「마키」수산국장은 찬동하여 해군수로부에 대해 리앙코도의 소속을 확인하도록 했다. 나카이는 「키모츠키(肝付)」수산부장을 면담했고, 이 섬의 소속이 한국영토라는 명확한 증거 없다. 특히 일한 양국에서의 거리를 측정하면 일본측이 10리가 더 가깝다. 게다가 일본인이 이 섬을 경영하고 있는 이상, 일본영토에 편입하는 편이 좋겠다고 설득했다. 나카이는 결국 결심하여 리앙코도 영토편입 및 「대하원(貸下願)」을 내무 외무 농상무 3대신에게 제출했다.[23] 나카이는 내무성 지방국에 출두하여 이노우에(井上) 서기관에게 사정을 진술하고 또 동향의 쿠와다(桑田) 법학박사(당시 귀족원의원)의 소개로 외무성에 출두하여 「야마좌(山座)」정무국장을 면담했다. 쿠와다박사의 많은 도움으로 시마네현청에 의견을 타진하게

---

23) 한국북방학회편(2004)『한국북방학회논집」, 제8권, p.312.

되었고, 시마네현청은 오키도청(隱岐島廳)의 의견을 타진한 후, 정부
에 상신하여 결국 각의에서 영토편입을 결정했고, 리앙코도를 죽도(竹
島)로 명명하게 되었다.[24)]

죽도(竹島)영토편입, 죽도(竹島)의 호칭에 관해서는 위와 같지만, 영
토편입은 지위상, 경영상, 역사상으로 당연히 일본영토에 편입되는 것
은 당연하다. 그러나 한 가지 납득가지 않은 것은 죽도(竹島)명칭에 관
해서 수로부 및 해도(海圖) 중에 이미 울릉도를 송도(松島)라고 불리어
졌기 때문에 리양코도가 죽도(竹島)가 될 수밖에 없는 이유인데, 수로
지가 어떠한 사료에 의해서 '울릉도 일명 송도(松島)'라고 명명되어졌
는지? 이것이 근본적인 의문이다.[25)]

죽도(竹島)의 명칭에 관해서는 울릉도와 혼동하는 사람들의 적지 않
다. 우리나라의 구 기록에 보이는 죽도(竹島)는 모두 지금의 울릉도이
다. 종래 이즈모(出雲) 이와미(石見) 호키(伯耆) 오키(隱岐)지방사람들
이 도항한 죽도(竹島)는 울릉도이다. 그리고 작년 2월에 시마네현의 영
토에 편입되고 일본해 대해전에서 전 세계에 알려진 신 영토는 구 기록
에 보이는 송도(松島)이다. 오키국(隱岐国)사람들이 리앙코도(리앙쿠
루암의 전화)라고 칭하며, 수목이 전혀 없는 무인도의 작은 암초이다.
그런데 조선수로지에서 한때는 명칭이 바뀌어서 '울릉도 일명 송도(松
島)'라고 칭했다. 이번에 리앙코르 열암을 죽도(竹島)라고 명명하여 신
영토로서 편입한 섬을 실지조사를 해보지 않은 사람들은 구 기록의 죽
도(竹島)라고 생각하고 있다. 이러한 큰 잘못이 전해져왔다. 일례로,『지
학잡지(地學雜誌)』200호-202호(1905)에 걸쳐 연재된 다나카 아카마로
씨의 「오키국 죽도에 관한 구기(隱岐国竹島に関する旧記)」에서처럼,

24) 한국북방학회편(2004) 『한국북방학회논집』, 제8권, p.315.
25) 한국북방학회편(2004) 『한국북방학회논집』, 제8권, pp.315-316.

울릉도 기사는 리앙쿠르암의 신영토와는 전혀 관계가 없다. 또 사학계의 엔도 반센(遠藤萬川)는 요시우리 신문에 수로지를 인용하고 거기에 부기를 달아서, 무라오카 료히츠(村岡良弼)의 『일본지리자료(日本地理資料)』, 요시다 토고(吉田東伍)의 『일본지명사전(大日本地名辞典)』에 기록되어있는 '울릉도의 별명 죽도(竹島)'라고 한 것은 의문이 간다고 했고, 송양신보(松陽新報)지면에서는 신영토 죽도(竹島)는 우리의 구 막부시대에는 이를 죽도(竹島)라고 칭했고, 이즈모번(出雲藩)에 속하도록 해서 유배지로 삼았는데, 그 후 내정의 혼란으로 이 섬은 무주지(무소속)가 되었다고 기록하고 있다. 또 같은 신문에 그 후 고문헌을 보면 울릉도의 별명 죽도(竹島)라고 기록하고 있다. 하지만, 울릉도는 송도(松島)라고도 하고 죽도(竹島)라고 하는 것은 들어본 적이 없다. 현의 지식인들의 해답을 기다린다는 등등의 기록이 보인다. 다들 죽도에 대해 정확히 알지 못하고 있다. 이들이 설령 신영토를 가지고 인민이 거주할 수 있는 큰 섬으로 오인하여 구 기록에 보이는 죽도(竹島)의 기사를 여기에 끼어 맞춘 것이다. 이는 실지조사를 해보면 의문이 완전히 풀릴 것이다. 또 요시다 토고(吉田東伍)의 『대일본지명사전(大日本地名辞典)』에는 신영토 죽도(竹島)에 관해서 직접적으로 언급한 것은 없지만, 옛 죽도(竹島)에 관해서 여러 서적을 인용하여 많은 지식을 싣고 있으니 반드시 참조하길 바란다.」[26]

위의 내용은 다음과 같은 것을 암시하고 있다.

① 나카이가 이 섬을 조선영토로 믿고 조선정부에 대여를 신청하려고 했다는 것은 당시 울릉도를 오가는 오키 어부들 간에는 조선영토인 「리앙코르도」로서 널리 알려져 있었다는 것을 의미하며, 조선침략기에

---

26) 「竹島沿革考」(1906.6) 『歷史地理』제8권 제6호, pp.461-462.

조선을 무시하고 일본어부들이 강치 포획업을 다투어 행했다는 것도 알 수 있다.

② 나카이가 한국영토라고 생각하면서 1903년부터 이 섬에서 강치 포획업을 시작했는데, 이는 불법어로였다. 그럼에도 불구하고 「일본인이 경영하고 있으므로 일본영토에 편입되어야 한다」는 논리이다. 이는 조선을 무시한 제국주의적인 침략행위이다.

③ 소속은 한국영토라는 근거가 없고, 일본이 10리나 더 가깝기 때문에 일본영토가 되어야한다는 것도 침략적인 발상이다. 일본인이 거주하는 오키보다 한국인이 거주하는 울릉도에서 훨씬 더 가깝고, 세종실록지리지를 비롯해 조선조정에서 기록한 많은 고문헌에 한국영토로서의 기록이 존재하고, 메이지정부도 1877년 태정관문서를 통하여 「울릉도의 1도」는 조선영토라고 인정했다.

④ 상기의 저자는 원래 에도시대 일본에서는 울릉도를 죽도, 이 섬을 송도(松島)라고 불렀다. 그런데 영토편입 시에 죽도라고 명명한 것에 대해 의문을 던지고 있다. 조선수로지에 울릉도 즉 송도(松島)라고 되어 있어서 죽도라는 명칭을 갖게 되었는데, 이들 섬이 조선수로지에 포함되어있는 것도 문제이고, 또한 문제의 조선수로지를 기준으로 신영토를 죽도라고 명명되는 것은 영토편입의 결점을 노출하는 행위라고 우려하였던 것이다.

⑤ 위의 저술이 당시 한국영토라는 많은 근거와 정황이 있음에도 불구하고 에도시대에 송도(松島)로 불리어진 기록이 있다는 것 하나만으로 일본영토라고 단정하는 것은 내셔널리즘적인 제국주의의 발상이라 하겠다.

⑥『죽도도설』,『죽도고』,「오키민담」,『은주시청합기』,『변요분계도고』,『고기집』,『호키고기집』 등의 내용을 인용하여 단지 죽도(竹

島), 송도(松島)가 일본의 서적에 삽입되어 있는 것 자체를 영유권의 증거로 해석하고 있다. 이런 오류는 오늘날까지 지속되고 있다. 예를 들면, 『은주시청합기』의 내용을 일본영토로서의 증거라고 단정하여, 해석상 송도(松島)와 죽도(竹島)가 조선영토가 된다는 생각조차 하려고 하지 않는다는 점이다.

⑦ 편입 당시 일본에서는 이 섬의 존재 자체를 잘 알지 못했다. 이는 영토편입의 권원이 될 수 없다는 증거이다. 당시의 유식자들조차도 이 섬에 대해 무지했다. 이처럼, 「죽도연혁고」는 1905년 2월 22일 죽도(竹島)를 편입하고 1년 정도 지난 시점에서 저술된 것이므로 신영토 죽도(竹島)라는 인식을 갖고 있었다. 신영토의 자격으로 영유권의 정당성을 논하려고 했던 것이다. 오쿠하라 헤키운(奧原碧雲)은 영토편입의 정당성을 주장하기 위해 최대한 가능한 논리를 만들고 있다. 신영토 죽도가 역사적으로 일본인들이 인지했고, 신영토가 되기 바로 직전에도 일본인이 실제로 경영한 것으로 영토편입에 적당하다는 것이다. 그래서 조선수로지의 내용은 잘못된 기록이라는 것이다. 본연구의 특징은 모든 역사적 기록을 일본영토의 근거로서 맞추어 해석하고, 조선영토로서의 근거를 애써 부정하려는 노력이 엿보인다. 따라서 내셔널리즘에 입각한 논증이라고 하겠다.

3. 한일합병 이후의 독도/'죽도' 연구

한일합병이후 일제시대의 독도에 대한 인식은 독도의 존재자체를 잘 알지 못하고 있었다는 것이 특징이다. 그리고 한반도가 일본영토가 된 이상, 동해의 섬, 즉 「오키-독도-울릉도(죽섬 포함)」를 같은 공간에서 설명하는 동일한 공간적 개념이 등장했다는 것이 특징이다. 한일합병 이전에는 「일본측의 오키」, 「조선측의 죽도(竹島)와 송도(松島)」라는 형식으로 구분되어 다루어졌던 경향이 있었다.

---

(8) 栢原昌三, 「太平洋問題としての竹島回顧」, 『歷史と地理』第3巻 第6号, 大正8.
(9) 栢原昌三, 「太平洋問題としての竹島回顧(承前)」, 『歷史と地理』第4巻 第1号, 大正8, pp.36-44.

본 연구는 참고자료에 대해 구체적으로 언급하고 있지 않아서 어떤 자료를 토대로 논리를 전개했는지 알 수 없다.[27] 내용상으로 보면, 「겐로쿠의 소속문제」를 상당히 깊이 다루고 있다. 본문의 내용을 살펴보면 다음과 같다.[28]

「竹島와 조선과의 관계」에 대해서는, 일본이 케이쵸(慶長) 분로쿠(文祿)(1592-98) 때 국방과 경제적 이익을 위해 울릉도를 점거했는데, 조선인 경세당(經世堂)가 편찬한 『해방제설(海防諸說)』에 의하면,[29] 쓰시마는 원래 조선 부속도였는데, 천순(天順)연간(1457-64)에 일본에 할양되었다. 명나라는 이 기사를 지적하여 조선을 의심하여 케이쵸·분로쿠 정벌 때에도 조선은 쓰시마를 통해 일본군을 유도하여 명나라를 침입하려고 기도했다. 이처럼, 조선이 오랫동안 포기한 울릉도를 일

---

27) 본 선행연구는 「栢原昌三(1919) 「太平洋問題としての竹島回顧」, 『歷史と地理』第3巻 第6号」에 관한 자료를 확인하지 못해서 참고문헌에 대해 정확히 말할 수 없다. 다른 선행연구의 활용인지, 아니면 저자의 독창적인 연구물인지는 향후 검토의 여지가 있다.
28) 栢原昌三(1919) 「日明鮮の国交通商と柳川一件の真相」, 당시는 未刊으로 간행예정이었다. 동일한 내용으로 인용한 부분을 첨부한 글, 栢原昌三, 「太平洋問題としての竹島回顧(承前)」(大正8) 『歷史と地理』第4巻第1号 p.44
29) 栢原昌三(大正8) 「太平洋問題としての竹島回顧(承前)」, 『歷史と地理』第4巻第1号, p.37.

본의 요구에 끝까지 고수할 수밖에 없었던 이유는 명나라가 그것을 원하지 않았기 때문이다.

「일본이 죽도(竹島)를 포기한 이유」에 대해서는, 케이쵸(慶長) 19년 (1614) 일본은 조선을 통해 명나라의 개항을 요구하고 있었는데, 일본이 조선에 대해 울릉도를 끝까지 요구함으로써 한일관계가 악화되면 명나라와 개항을 할 수 없기 때문에 울릉도를 포기하고 명나라와의 개항을 위해 죽도(竹島)를 포기했다.

「겐로쿠의 소속문제」에 대해서는, 겐로쿠6년(1693), 쇄국 후 50년이 지난 상태에서 막부는 의욕이 없었다. 소우(宗)씨가 혼자서 영유권을 주장했다. 요나고(米子) 어민들은 1618년 도항면허를 받은 후 울릉도 어업권이 자신들의 것이라 생각하기 시작했다. 조일 양국의 어부가 울릉도에서 분쟁이 일어나서 조선 어부를 포로로 데리고 왔다. 막부는 소우(宗)씨에게 명하여 일본의 죽도(竹島)에 도항하지 말 것을 조선조정에 알리도록 하고 포로를 송환하도록 했다. 그런데 막부는 죽도(竹島)가 어디에 있는 섬인지에 대해서는 알지 못했다. 사실 소우(宗)씨도 울릉도에 대해 이해관계가 그다지 없었기 때문에 울릉도의 사정에 대해 제대로 알지 못했다.

겐로쿠소속문제에 있어서의 「조선의 태도」에 대해서는, 소우씨로부터 죽도(竹島)가 일본영토라는 서간을 받고, 조선은 동국여지승람(東國輿地勝覽)에 울릉도가 명백히 조선영토로서 기록되어 있기 때문에 일본의 부속지로 인정하게 되면 울릉도가 여지승람에서 사라지는 것을 우려하여 「죽도(竹島)는 일본영토이고 울릉도는 조선영토」라는 논리를 만들었고, 조선은 해금정책으로 조선의 울릉도에 가는 일도 없을 것이고 일본의 죽도(竹島)에 가는 일도 없을 것이라고 회신하여 분쟁을 피하려고 했다. 소우씨는 조선으로부터 울릉도가 조선의 속도라는 회신을 받고 에도막부의 승인을 받을 수 없다고 판단하고 재차 사절을 파견하여 울릉도가 조선의 속도라는 것을 삭제해 줄 것을 요청했다. 이때 조선은 입장을 바꾸어 여지승람과 지봉유설을 증거로 오히려 죽도(竹島)는 조선의 울릉도임을 국서에 분명히 명기할 것을 소우씨에게 문서로 요구했다.

겐로쿠소속문제에 있어서의 「소우씨의 태도」에 대해서는, 소우씨의 사절은 가령 여지승람에 울릉도가 조선영토라고 하더라도 이미 200년 전의 일로서 그 후 80년간 사실상 일본의 속도가 되었다고 주장했다. 소우씨의 사절은 죽음을 무릅쓰고 국서 개작을 요구했으나 조선이 응하지 않아서 양국 간에 위기가 감돌았고, 조선도 죽음을 무릅쓰고 물러서지 않았다. 사실 죽도(竹島)의 소속관계로 이해관계가 있는 것은 산음(山陰)지방의 호키(伯耆) 어민뿐이다. 그런데 소우(宗)씨가 외교노력을 다한 것은 일본의 체면과 위신을 유지하기 위해서였다. 에도 막부는 이 문제에 그다지 관심을 갖지 않고 냉담했다. 소우씨는 이미 두절된 조선과의 부산무역이 더 이상 지체되면 소우씨와 조선, 양 쪽만이 피해를 본다는 것이었다.

「죽도(竹島)의 포기」이유에 대해서는, 소우씨의 군신(관리)도 지쳐서 에도막부가 승인하면 교섭을 그만둘 생각이었다. 막부가 냉담했기 때문에 소우씨의 교섭중단을 인정해주었다. 막부는 소우씨의 의사에 따라서 죽도(竹島)를 무용(無用)의 섬으로 간주하여 일본의 속도가 아님을 결심했다. 결국 겐로쿠9년 1월 죽도(竹島)도항을 금지하고 그 사실을 조선에 알리도록 했다. 소우씨는 마침 그해 10월 소우 요시나리(宗義成)의 궁문(弔問)과 소우 요시마사(宗義眞)의 취임을 위한 조선의 축하사절이 쓰시마에 왔을 때 죽도(竹島) 포기를 통고했다. 케이쵸 19년(1614)에서 겐로쿠9년(1696) 10월까지 80년간의 항쟁 끝에 조선의 승리로 끝났다.

일본인들의 조선침략에 대해서는 메이지이후 일본인들이 울릉도 잠입이 늘어나면서 메이지16년 조선정부의 항의를 받고 소속분쟁이 일어났다. 일본은 바로 이를 인정하고 일본인의 도항을 금지했다. 하지만, 일본인의 도항은 계속되어 벌목, 어업, 밀무역이 성행했다. 메이지30년 이 섬의 벌목권은 러시아인에게 넘어갔고, 메이지32년에는 경성(京城) 주차 러시아공사가 조선조정에 압력을 넣어 외국인의 벌목을 금지시켰다. 그 결과 일본정부는 조선 외부(外部)의 요구를 수용하여 일본인들의 퇴거를 명했다. 메이지43년 한국은 일본에 병합되어 이 섬도 일본영토가 되었다. 이 섬은 역사적으로 보면 여진족, 몽고족에게 점령당했고, 그후 '일선(日鮮)' 분쟁지역이 되었다가 러시아영토가 되려고 하는 민족적 항쟁의 역사가 오랫동안 남아있다.

상기의 내용 속에 다음과 같은 사실을 암시하고 있다.

① 조선과 울릉도와의 관계에 대해서는 울릉도가 조선의 소속이라는 사실을 전적으로 무시하고, 조선이 울릉도를 포기하였음에도 불구하고 영유권을 주장한 것은 조선과 일본이 담합하려고 한다는 청나라의 의구심을 풀어주기 위해서였다고 지적했다. 논증이 불가능한 주장이다.

② 「일본이 죽도(竹島)를 포기한 이유」로서 조선을 통해 중국과의 개항을 원했기 때문에 선의의 차원에서 양보했다는 주장이다. 문헌기록상 한일중 3국간의 관계를 알 수 있는 기록은 없다.

③ 역사적 권원으로 볼 때, 조선이 포기한 울릉도를 일본이 80년간 지배하였으므로 일본영토가 되어야한다고 강조했다. 그 이전의 울릉도가 조선영토였다는 관계를 전적으로 무시했다. 결국 막부의 외교적 실책으로 울릉도가 조선영토가 되었다는 주장이다.

④「겐로쿠의 소속문제」와 「일본의 태도」와 「조선의 태도」에 관한 연구는 지금의 인식과 그다지 차이가 없다. 특히 숙종실록에서 안용복이 비편사 심문에서 관백이 울릉도와 독도를 조선영토로 인정했는데, 쓰시마주에게 서계를 뺏겼다는 주장을 했다. 그런데 이는 그런 사실을 부정하는 내용이다. 즉 막부가 조선인이 죽도(竹島)에 도항하지 못하도록 조선에 요구하게 했다는 것이다. 이는 안용복의 주장과 상반되는 내용이고, 이런 논리는 현재 일본정부가 영유권을 주장하는 역사인식과 맥을 같이 한다.

⑤ 상기의 저술의 특징 중에 조선이 죽도(竹島)를 끝까지 고수했고, 일본이 죽도(竹島)를 포기한 것은 중국과의 교역을 위해 조선을 활용하여 중국의 문호개방을 위한 것이라는 지적이 있다. 현재까지 선행연구에 중국과 관련된 이런 연구는 전무하다. 향후과제로서 검토해볼 여지가 남아있다.

---

(10) 坪井九馬三,「欝陵島」,『歷史地理』제38권 제3호, 大正10년 9월, pp.165-169.

상기의 저술은 오키사람 카타오카 키츠베(片岡吉兵衛)의 증언, 츠카모토 아키타케(塚本明毅)의 「일본지지제요(日本地誌提要)」, 촉탁원 이학박사 나카이 토라노신(中井猛之進)의 울릉도 식물조사, 총독부 고적조사위원회 문학사 타니이 세이이치(谷井済一)의 고적연구, 지봉유설 등을 참고했다고 한다. 그 내용을 살펴보면 다음과 같다.

일본의 서남부인 일본해 해전장이었던 곳에 3개의 섬이 있는데, 예로부터 지금까지 여러 가지 설이 있다. 가장 큰 섬은 강원도 죽변 앞바다에 있고, 두 번째는 이 섬 동쪽에 새가 건널 수 있는 거리에 철책이 없으면 벼랑을 오를 수 없는 바위섬이 있고, 이 두 섬보다 훨씬 멀리 떨어진 곳에 오키군도의 북서북 앞바다에 바위섬이 있다. 일본인이 가장 큰 섬을 알게 된 것은 900년 전의 일로 오래되었지만, 다이쇼의 지금까지도 학자들 중에서는 도항하여 조사한 사람이 없다. 에도시대에 조사의 필요성을 느꼈지만, 쓰시마 사람들이 전하는 말에 의거하여 판단하는데 머물렀다. 그래서 오보에 오보를 겹쳐서 소문은 소문을 만들어서 소문이 사실로 받아들여져서 지지(地誌)류에는 소문이 실려 있다.

그래서 다이쇼6년 여름에 조선총독부는 촉탁원 이학박사 나카이 토라노신(中井猛之進)을 파견하여 식물을 조사했는데, 이 섬의 특산 39종을 발견했다.[30] 총독부조사로 울릉도의 주민은 신라시대에 강릉방면에서 이주해온 사람이라는 것을 증명했다.

울릉도의 지명에 대해 도민의 심문에 의하면 리앙쿠르도는 「란도(卵島)」로서 러일전쟁 당시 저탄장이었고 지금은 강치 어장이 되었던 것이다. 울릉도 본도를 송도(松島)라고 말하고, 동측의 부속도 중에서 가장 큰 섬을 죽도(竹島)라고 부른다. 송도(松竹)이라는 말은 경축을 의미하는 말로 사용되었다고 개척자들은 전한다.[31] 「타케시마」는 일본말의 훈으로 「무도(武島)」임에 분명하다. 울도가 울릉도가 된 것처럼, 무도가 무릉도가 되었다. 「무」는 「울」의 가차(假借) 음이다. 「울」은 일본어의 「우라(浦)」와 동일어원이 아닐까?

오키군도의 이도(離島)인 란도(卵島)는 츠카모토 아키타케(塚本明毅)의 「일본지지제요(日本地誌提要)」에는 게재되어있지 않다. 따라서 이 암초는 무명의 섬이라고 생각하는 사람이 있을지 몰라도 이 섬을 란도(卵島)라고 부르는 것은 이 섬의 개척자인 오키사람 카타오카 요시베(片岡吉兵衛)씨의 증언으로 명백하다. 근년에 이 섬을 죽도(竹島)

---

30) 坪井九馬三(1921.9) 「欝陵島」, 『歷史地理』제38권 제3호, pp.1-2.
31) 坪井九馬三(1921.9) 「欝陵島」, 『歷史地理』제38권 제3호, pp.2-3.

라고 개명했다. 근거리에 동명이도(同名異島)가 2개나 있다. 따라서 신속히 원래대로 란도(卵島)가 되어야한다.[32]

상기의 내용 속에는 다음과 같은 특징이 내포되어 있다.

① 지지(地誌)류에 실려 있는 내용은 소문에 의한 오류가 많다. 즉 해군수로부가 작성한 조선수로지의 「울릉도 즉 송도(松島)」가 잘못된 오류라고 지적하고 있다.

② 일본학자들 중에서 이 섬에 대해 무지함을 인정하고 있다. 이는 즉 일본영토로서의 고유성이 부족함을 인정하고 있다.

③ 섬의 명칭은 주민들이 부르는 「란도」라는 명칭으로 해야 한다. 죽도라는 명칭은 지지(地誌)류의 오류를 그대로 인용하여 붙인 정통성이 없는 명칭이다. 섬 명칭의 정당성을 차치하더라도 오키 어부들이 란도라고 부르기도 했다는 사실이다. 당시 섬의 가치 면에서 본다면 그 섬은 완전한 명칭이 정착할 수 없고, 다양하게 불리어질 수밖에 없는 섬이었다.

④ 동해에 3개의 섬이 존재한다고 하는 인식과, 또한 죽도(竹島 ; 지금의 죽섬)의 명칭의 유래에 대한 해석이 의미 있는 해석이 아닌가 싶다. 일본인들이 당시 울릉도를 송도(松島)라고 불렀기 때문에 경축의 의미로서 상징적으로 죽도(竹島)라고 불렀다는 것이다. 또한 동해 일본의 오키도, 조선의 울릉도-죽섬-독도라는 인식이다. 이는 현재 일본정부의 입장으로서 우산도가 죽섬이라는 주장과 직접적인 관계를 말하는 것은 아니지만, 죽섬의 존재를 울릉도에서 분리해서 생각하는 발상이 있었다는 점 등은 지리적 조사에 의하지 않은 탁상공론에 불과하다. 하지만 이는 오늘날 일본정부의 논리와도 상통한다. 사실 지리적으로

---

32) 坪井九馬三(1921.9) 「欝陵島」, 『歴史地理』제38권 제3호, pp.4-5.

보면, 죽섬은 울릉도 주변의 여러 개의 작은 암초 중의 1개로 보는 것
이 타당할 것이다.

---

(11) 樋畑雪湖,「日本海における竹島の日鮮関係に就いて」,『歴史地理』第55卷第6号, 昭
和5年, pp.590-591.

상기 저술은 참고문헌에 대한 언급이 없다. 지리상의 경위도를 지적
하면서 신영토 죽도의 지위에 관해서 언급하고 있다. 내용을 정리하면
다음과 같다.

죽도(竹島 ; 리앙쿠르트도)는 울릉도와 함께 지금은 조선의 강원도에
속하고 있다. 조선의 영역으로서 일본해 중에서 가장 동쪽에 속한다.
매우 협소한 도서이다. 지도에 의하면 북위37도 서경132도 권내의 서
남쪽 구석에 위치하여 3개의 작은 섬으로 이루어졌다. 석주(石州) 하마
다(浜田)에서 북방 2도 오키열도에서는 불과 1도 거리에 있어서 일본
뒷마당의 어선은 쓰시마 해류를 타고 북상해서 죽도(竹島)를 향한다.
다시 라이만 해류를 타고 조업하면서 귀항했다고 상상할 수 있지 않을
까? 그래서 울릉도에서 서방 약1도의 간격은 있지만, 오히려 일본영토
에 가까워서 어업 등의 관계에서 보면 일본영토에 속하는 것이 지당하
다고 본다. 조선이 이것을 알게 된 것은 영해에 관심을 갖게 된 분로쿠
이후의 일일 것이다.

이에야스(家康)시대에 일, 한, 명의 무역정책에서 생각해보면,「통항
일람(通航一覽)」이나 그 외의 서적을 봐도 죽도(竹島)교섭에 관한 기
록은 없다. 이들은 소속이 명확하지 않았기 때문일 것이다. 부산개항
등 무역을 희망하고 있던 과정에 결정된 일이므로 대주국부(対州国府)
의 관리나 승려와 조선동래부사 사이에서 무조작으로 정리하여 조선영

토로 결정한 것은 아닐까?[33)

① 상기의 내용은 선행연구에서 논한 적이 없는 내용들이 많다. 그것은 그만큼 정보의 오류도 클 수가 있다. 일단 리앙쿠르도가 울릉도와 더불어 조선에 속한다는 인식이다. 이는 당시 일본인들의 인식을 바탕으로 했을 가능성이 높다.

② 죽도(竹島)가 조선영토로 인정한 경위에 대해 추측으로 대마번(対馬藩)을 의심하고 있다. 추측에 의한 발상이지만, 독특하다.

③ 경위도와 해류를 따져서 죽도(竹島)가 지리적으로 한국보다 일본에 더욱 접근의 수월성을 갖고 있다고 지적하여 일본영토일 수밖에 없다는 주장을 펴고 있다. 울릉도는 한국인들이 살고 있는 섬이기에 해류와 경위도만으로는 영유권의 결정요인이 될 수 없다.

---

(12) 坪井九馬三, 「竹島について」, 『歷史地理』제56권제1호, 昭和5년 7월, pp.33-34.

상기의 저술은 저자 자신의 말을 인용하면, 히하타 세츠코(樋畑雪湖)의 「죽도의 일선관계에 대해(竹島の日鮮関係に就いて)」(『역사지리』 제55권 제6호), 『일본지지제요』(권50, 隱岐条 ; 島嶼), 지봉유설, 카타오카(片岡)씨의 증언, 나카이(中井)박사 연구를 참고로 했다고 한다. 본문의 내용을 정리하면 다음과 같다.

오키의 서북방향으로 송도(松島), 죽도(竹島) 2섬이 있다고 전해진다. 오치군(穩地郡) 후쿠우라항(福浦港)에서 송도(松島)까지 해로 약 69리 35정, 죽도(竹島)까지 해로 약 100리 4정, 조선까지는 해로 약 136리 30정이라고 하고, 외국지도에 보면, 다줄레(松島), 리앙쿠르트,

---

33) 樋畑雪湖(1930)「日本海における竹島の日鮮関係に就いて」, 『歷史地理』第55巻第6号, pp.62-63.

호노넷이 있다고 하는데, 오키의 전설과는 다르다. 오키의 제3부속도 란도(卵島)는 외국지도에서는 리앙쿠르트 또는 호노넷이라고 부른다. 울릉도는 송도(松島)의 현재 한국명이다. 신라시대에는 「우산(于山)-우릉(于陵)-무릉(武陵)-우릉(羽陵)-울릉(鬱陵)」이라고 했다. 케이쵸(慶長)연간에 조선인들은 울릉 또는 죽도(竹島)라고 불렀다. 죽도(竹島)는 쓰시마에서 사용한 말로 조선이 외교용으로 사용했다. 에도시대의 죽도(竹島)는 울릉도를 말한다. 울릉도의 동쪽 앞바다에 작은 바위섬이 있다. 이 섬은 울릉도의 부속도로서 '죽도(竹島 ; 지금의 죽섬)'라고 부른다. 카타오카씨의 명칭유래에 의하면, 이 '죽도(竹島)'는 조선의 명칭이 아니고, 오키에서 이민 온 사람들이 본도(本島)를 경사스럽게 송도(松島)라고 부르고 부속도를 경사스럽게 죽도(竹島)라고 불렀다. 나카이(中井)박사의 말을 빌린다면, 란도(卵島)를 함부로 죽도(竹島)라고 부르는 것이 해군당사자인지, 「일본지지제요」의 불명확한 기사에 의한 것인지 모르지만, 응용해서는 안 된다. 후년이 되어서 소관현청이 함부로 만든 명칭을 정식명칭으로 공인한 것은 잘못이다. 지명은 소속지방의 늙은이에게 물어야한다. 일개의 군인이나 무학의 지방관리 등이 함부로 명명하는 것은 옳지 않다고 생각한다.[34]

이상의 내용의 특징을 살펴보면 다음과 같다.

① 지지류의 기록에 대한 오류를 지적하여 '란코도'가 가장 적절한 호칭이라는 주장이고, 메이지정부의 죽도(竹島)라고 명명한 것에 대한 부적절성을 지적하고 있다.

② 「오키의 제3부속도 란도(卵島)」라고 하여 일본해의 도서로 취급하여 「울릉도-독도-오키도」를 일본영토로 취급하고 있다. 또 「우산(于

---

34) 坪井九馬三(1930.7) 「竹島について」, 『歷史地理』제56권 제1호, pp.33-34.

山)-우릉(于陵)-무릉(武陵)-우릉(羽陵)-울릉(鬱陵)」을 같은 어원으로 보고 있다. 「우산도=울릉도」라는 논리이다. 즉 이 저술은 동해 울릉도와 우산도 2도가 존재한다는 조선실록의 기록을 부정하는 현재 일본정부의 논리의 기원이라고 할 수 있다.

③ 독도는 이미 메이지시대에 편입된 것으로 다이쇼시대에는 섬의 존재자체를 제대로 알고 있는 유식자가 많지 않았다. 이것은 당시 이 분야 전문가들도 알지 못하는 미약한 존재였다는 사실이다.

④ 집필시기가 다이쇼시대이므로 이미 한국이 일본에 편입되어 20여년이 지난 시점이므로 신영토 죽도를 일본영토라는 것을 전제로 명칭에 관해서 논증하고 있다.

---

(13) 田保橋潔, 「欝陵島その発見と領有」, 『青丘学叢』제3호, 昭和6년 2월. pp.1-26.

본 집필은 참고자료에 대해 구체적으로 밝히고 있지 않지만, 당시는 일제시대로서 한국이 일본에 편입된 지 20수년이 지난 시점이었으므로 조선왕조실록을 비롯해서 쓰시마의 자료 등 가급적 입수가능한 모든 자료를 활용했을 가능성이 높다. 연구내용을 정리하면 다음과 같다.

울릉도명칭, 송도(松島), 죽도(竹島)에 대해서는, 근대 세계사상에 조선 동남쪽의 섬들 중에 제주도(컬펠트), 거문도(포트 하밀튼), 울릉도(다줄레)가 기록되어있다. 울릉도 즉 다줄레도는 무릉(武陵), 우릉(羽陵), 우릉(芋陵), 혹은 우산도(于山島)의 이름으로 알려져 있다. 국사(國史 ; 일본사)에서도 우릉도(芋陵島)라고 전해진다. 근대에 들어와서 일본 특히 산음(山陰)지방의 어민이 울릉도에 도항하게 되어 일본명이 생겨났다. 조선통교대기(朝鮮通交大記)에 의하면 기죽도(磯竹島)라고 불리다가 죽도(竹島)가 되었다고 한다. 나중에 울릉도 동남쪽에 섬(리앙쿠르섬)이 발견되면서 송도(松島), 죽도(竹島)의 명칭이 울릉도, 리앙쿠르트 사이에서 혼동이 생기는 경향이 있었다. 울릉도가 송도(松島)가 된 것은 막말인데 그 이유는 불명이다. 메이지 초 개척시대에 조사한 결과 죽도(竹島), 송도(松島) 모두 울릉도라는 결론이 났다. 구 기록에 의하면 2개의 섬이 존재하는 것은 명확한데, 두 섬을 각각 울릉도, 리앙쿠르라고 부르기도 했다. 지금 울릉도의 별명을 송도(松島), 리앙쿠르섬의 별명을 죽도(竹島)라고 하는 것은 영국해군의 관용에 따른 것으로 판단된다. 영국해군 수로지에 다쥬레도의 본명을 송도(松島)라고 했다. 리앙쿠르도에 관해서는 일본 명이 없다. 울릉도의 별명이 송도(松島)가 된 이상 그 본래의 별명 죽도(竹島)는 의외의 작은 섬 리앙쿠르로 옮겨진 것이다.

드·라·페루즈의 울릉도 발견에 대해서는 드·라·페루즈가 항해 중 승원이었던 해군대좌 부소루와 육군사관학교 교수 다쥬레가 5월 28일 울릉도를 발견하여 다쥬레라고 명명했다. 1854년 울릉도와 리앙쿠르도 모두 후레갓트가 이끄는 「파루라다」호가 재발견하여 드, 라, 페루즈의 실측을 수정했다.

울릉도 영유에 관한 「일선(日鮮)」교섭에 관해서는 막부 각료의 방침으로 평화적 해결을 결정한 이상, 소우씨는 섭섭하기보다는 불쾌했을 것이다. 겐로쿠9년 10월 막부의 명령으로 일본국인의 울릉도 출어를 금지했다는 내용을 조선에 통고했지만, 울릉도, 죽도(竹島)가 동일 섬이라는 것, 조선령이라는 것을 승인하는 건에 대해서는 언급하지 않았다. 조선정부는 당면문제의 어업금지에 만족하고 겐로쿠11년 3월 막부 각료의 결정에 대해 사의를 표하고 울릉도, 죽도(竹島) 1도2명인 이유를 설명했다. 이렇게 해서 울릉도문제가 해결되었다.[35)]

메이지 초기 울릉도 개척론에 대해서는 하치에몽(八右衛門)사건, 쵸슈번(長州藩)의 죽도개척론(竹島開拓論)을 지적했고, 쵸슈번청(長州藩庁)은 죽도(竹島)는 고래로부터 소속이 의문스러운 곳이며, 지금 막부에 개척출원을 한다고 해도 허가될 가능성은 없다고 했다. 결국 이렇게 해서 죽도(竹島)개척이 중지되었다. 울릉도개척 주장은 사할린(樺太)에 관한 일본/러시아교섭, 일중국교개시, 정한론, 대만정벌, 오가사와라제도(小笠原諸島) 회수, 유구번제개혁(琉球藩制改革) 등 이들처럼 국권회복론이 잠재되어 있었다.36) 메이지시대가 되어서 부토 헤이가쿠(武藤平学), 고다마 사다야스(児玉貞易), 사이토 시치로베(斎藤七郎兵衛) 등이 송도(松島), 죽도(竹島)의 편입을 신청했다. 메이지13년 군함 아마기(天城)호가 조사해본 결과 송도(松島), 죽도(竹島) 모두 조선의 울릉도임이 판명되었다.

이상의 내용은 다음과 같을 점을 암시하고 있다.

① 쓰시마는「도항금지에 대해 조선에 통고했지만, 울릉도, 죽도(竹島)가 동일 섬이라는 것, 조선령이라는 것을 승인하는 것에 대해서는 언급하지 않았다」고 하는 내용은 오늘날 일본정부의 영유권논리와 일맥상통한다. 에도시대에 일본이 울릉도를 실효적 지배했으며, 막부는 울릉도의 도항을 금지했을 뿐이지, 영유권을 인정한 것은 아니라는 주장이다. 위 글은 울릉도는 일본의 소유인데 막부의 외교적 실책으로 조선영토로 인정하고 말았다는 잘못된 논리를 수용하고 있다.

② 위 글은 오늘날 독도의 인식과 매우 근접해있어서 일찍이 독도문제를 학문적으로 논증한 내용이다.「울릉도가 송도(松島)가 된 것은 막말로서 그 이유는 불명이다」,「리앙쿠르도의 별명을 죽도(竹島)라고 하는 것은 영국해군의 관용에 따른 것으로 판단된다」라고 지적하고 있

---

35) 坪井九馬三(1930.7)「竹島について」,『歴史地理』제56권제1호, pp.33-34.
36) 田保橋潔(1931.2)「欝陵島その発見と領有」,『青丘学叢』제3호, pp.1-26.

는데, 본 연구에서 논증되지 않은 부분으로서 최근까지 많은 후학들에 의해 논증되어져, 유럽지도와 일본지도 사이에서 막부 말기부터 메이지 초기 사이에 무비판적으로 답습하여 생긴 오류라는 것이 정설이다.

③ 막부가 울릉도 도항을 금지한 사실을 조선에 알렸고, 조선은 사의를 표하면서 울릉도, 죽도(竹島)가 1도2명이라는 이유를 설명했고, 이에 대해 막부의 새로운 이의제기가 없었던 이상, 울릉도를 조선영토로 인정했다는 결론에 도달한다. 이런 논리를 언급하지 않고 '막부가 영유권을 조선에 인정한 것은 아니다'라고 한 부분은 이 연구의 결점이라고 하겠다.

④ 신영토 '죽도' 문제를 직접 언급하고 있지는 않지만, 일본의 영토편입은 국권확장기에 이루어졌다는 점을 지적하고 있다.

(14) 田保橋潔, 「欝陵島の名称について(補)―坪井博士の示教に答ふ」, 『青丘学叢』第四号, 青丘学会編, 昭和6년 5월, pp.103-109.

본 저술은 츠보이(坪井)박사의 학문적인 비판에 대해 반박한 논지이다. 그 내용을 정리하면 다음과 같다.

제1도는 서양명 리앙크르도이다. 「란도(卵島)」라는 명칭은 고 기록에는 없고, 단지 오키국의 노파에게 들은 이야기에 불과하다.

제2도인 울릉도에 관해서는 울릉도는 송도(松島)이다. 지봉유설, 조선통교대기(朝鮮通交大記 ; 대나무가 많아서라고 한다는 기록이 있음), 죽도기사(竹島紀事), 죽도문답(竹島文談) 등에서 보이는 기죽도(磯竹島), 죽도(竹島)는 울릉도이다. 따라서 울릉도는 송도(松島), 죽도(竹島) 2명으로 불리기도 했다.

제3도는 죽도(竹島), 죽섬(댓섬)은 울릉도 주변의 10수개의 암초 중에 가장 큰 암초이고, 서양명은 부소우르이다. 죽도(竹島)는 송도(松

竹)의 병칭으로서 무도(武島)에서 온 말은 아니다. 이 섬은 해도(海圖)
나 신증동국여지승람에는 보이지 않는다.[37] 울릉도의 속도에 불과하
다. 최근 조선국정부가 서북개척사를 두어 김옥균을 장관으로 해서 영
구적인 식민지개척을 계획할 때까지는 무명의 암초였다.[38] 그 전후해
서 이 섬에 식민의 일본인, 조선인이 죽도(竹島)라고 불러서 해도(海
圖)에 그대로 답습한 것으로 보인다.

여기서 제2도 서양명 다쥬레와 제1도 서양명 리앙쿠르도 사이의 혼
돈이 적지 않았다. 원래 제2도의 명칭이었던 죽도(竹島), 송도(松島)가
각각 다른 섬이 되었다. 그 예가 「은주시청합기」에 죽도(竹島)는 제2도
인 울릉도이고, 송도(松島)는 제1도인 리앙쿠르도이다. 에도시대에서
메이지 초기에 걸쳐 송도(松島)와 죽도(竹島)를 혼동하여 혼용되었다.
최근 제2도의 명칭이 송도(松島)로 확정된 이상, 그 나머지 죽도(竹島)
가 제1도가 되는 것은 결코 부자연스럽지 않다.[39]

위 본문의 내용에서 다음과 같은 특징을 지적할 수 있겠다.

① 이 시기는 식민지시대로서 울릉도와 독도가 일본영토가 되어 있
었던 시기였으므로 영유권문제를 다룬 연구가 아니다. 따라서 순수한
학문적인 동기에서 명칭에 관해 고찰한 연구이다. 오늘날 일본이 영유
권을 주장하는 논리로 악용된 부분은 그다지 보이지 않는다.

② 본 연구는 「원래 제2도의 명칭이었던 죽도(竹島), 송도(松島)가
각각 다른 섬이 되었다.」고 하는 지적으로 보아, 송도(松島)와 죽도(竹

---

37) 田保橋潔(1931.5) 「欝陵島の名称について(補)―坪井博士の示教に答ふ」, 青丘
   学会編,『青丘学叢』第四号, p.106. 즉 오늘날 동해의 2개 섬 중 우산도는 죽
   도라는 논리와 상반되는 주장이다.
38) 서북개척지역으로서 죽섬을 포함시키는 것으로 해석하고 있다.
39) 田保橋潔(1931.5) 「欝陵島の名称について(補)―坪井博士の示教に答ふ」, 青丘
   学会編,『青丘学叢』第四号, pp.107-108.

島)의 유래에 대한 연구가 없었던 것 같다. 후학자들에 의해 전통적으로 산음(山陰)지방의 어부들에 의해 독도를 송도(松島), 울릉도를 죽도(竹島)라고 불렀다는 것이 고증되어졌다.

4. 맺으면서

일본의 1905년 2월 22일 신영토 죽도(竹島)를 영토에 편입했다. 편입조치의 정당성에 대해서는 차치하고라도 여기서 분명히 말할 수 있는 것은 1905년 러일전쟁 중에 추진한 영토조치는 국권신장의 일환으로 행해진 것이라는 점은 부정할 수 없을 것이다. 여기서 문제가 되는 것은 일본이 무주지 선점론을 적용하고 있다는 점이다. 일본이 말하는 것처럼 죽도(竹島)가 무주지였다면, 당시의 문헌들을 검토하면 밝혀질 것이다. 무주지가 아니라는 논증이 된다면, 불법적인 조치로서 영토침략이 될 것이다.

본 연구는 영토분쟁이 발생하기 이전이었던 일본제국주의시대의 독도인식에 관해 검토한 것이다. 일본제국주의는 무주지 선점론으로 죽도(竹島)편입의 합법성을 내세우고 있다. 당시는 일본의 조선침략의 전성기로서 그러한 상황에서 편입 조치된 것이다. 한국이 적극적으로 여기에 항의할 수 있는 상황이 아니었다. 따라서 당시 일본은 아무런 저항 없이 평온한 상태에서 죽도(竹島)를 편입할 수 있었기에 죽도(竹島)와 관련된 기록들이 영유권과 무관하게 논증된 것도 많이 있어서 소속문제의 본질을 규명하는데 도움이 된다고 생각한다.

당시의 한일관계를 보면, 1905년 죽도(竹島)를 일본영토에 편입 조치했고, 1905년 11월 한국의 외교권을 강제했으며, 1906년 2월에는 경성에 통감부를 설치하여 실질적으로 한국 통치를 본격화했고, 드디어 1910년 한국은 일본에 합병되었다.

당시 한국은 일본이 편입조치하기 5년 전에 석도(石島)라는 이름으로 이미 영토주권을 선언한 상태였다. 일본의 편입조치에 대해 한국정부 내에서는 항의하는 분위기가 있었지만, 이미 외교권이 박탈되어 있어서 일본을 대적할 수 없었던 상황이었다.

본 연구는 이러한 한일관계 속에서 편입 조치된 신영토 죽도(竹島)의 소속에 대해 당시의 역사지리학자들은 어떠한 영토인식을 갖고 있었는가에 대해 검토했다. 그 성과로서 다음 몇 가지 특징을 지적할 수 있다.

첫째, 1905년 2월 영토편입 당시는 무주지라는 논리를 전개하는 연구가 있었다.

둘째, 지리학, 역사학 등 학계에서 독도의 실체에 대해 그다지 잘 알고 있지 않았다.

셋째, 독도는 산음(山陰) 어부들에게 다소 알려져 있는 지역으로서 독도가 한국영토라는 인식을 갖고 있었다.

넷째, 학계에서도 지리적으로나 역사적으로 독도는 울릉도와 더불어 조선영토라는 인식이 팽배했다. 즉 조선의 울릉도-독도, 일본의 오키도라는 인식의 구조를 갖고 있었다. 그런데 한일합병 후에는 일본해의 오키도-죽도-울릉도라는 인식이 생겨나서 「일본해」의 모든 영역을 같은 공간으로 보고 있었다는 점이다.

단적으로 말하면, 대일본제국시대에는 독도를 지리적으로 한국영역에 포함되어 있었다는 인식을 갖는 경향이 있었다고 말할 수 있겠다.

신영토 「죽도」 편입 조치를 위한 사료조작

- 「죽도」영토적 권원 확보를 위한
  『은주시청합기』해석 조작 -

1. 들어가면서

역사적으로 독도의 소속과 관련되는 전근대 시대의 고문헌과 고지도 속에는 일본영토로서 근거가 되는 사료는 없다. 그런데 일본은 전근대에 있어서 한국영토로서의 역사적 권원을 부정하기 위해 에도시대에 일본이 울릉도와 더불어 독도를 실효적으로 지배했다고 주장하고 있다. 그 근거로서 『은주시청합기(隱州視聽合紀)』를 제시하고 있다. 여기에는 양국간의 경계에 관해 언급히는 대목이 있다. 일본의 서북한계는 오키도(隱岐島)라는 해석이다. 그런데 지금 일본정부는 일본의 서북한계는 울릉도/독도라고 왜곡해석하고 있다. 은주시청합기는 돗토리(鳥取)번 번사가 번주(藩主)의 지시를 받고 기록한 것이다. 이는 관찬문헌으로서 당시 돗토리번의 영토인식을 알 수 있는 중요한 사료이다. 에도시대에 조선과 울릉도를 둘러싼 분쟁이 발생했을 때, 막부는 돗토리번의 울릉도/독도 인식과 조선이 제시한 동국여지승람 등의 고문헌에 의거하여 1699년 외교문서를 가지고 울릉도를 조선영토로서 인정했다. 당시 막부가 은주시청합기에서 일본의 서북한계를 울릉도/독도라고 했더라면 울릉도를 조선영토로 인정하지 않았을 것이다. 그런데 근대에 들어와서 일본이 은주시청합기를 왜곡하여 일본의 서북경계를 울릉도라고 해석하기 시작했다. 본 연구는 은주시청합기를 누가, 언제, 어떠한 배경에서 어떠한 이유로 왜곡해석을 하게 되었는지를 규명하는 것이 목적이다.

연구방법으로서는 우선 근대일본이 독도를 일본영토로서 인식하지 않고 한국영토로 인식하였다는 것을 논증하고, 일본정부가 독도에 대해 영토편입을 단행하는 과정에서 그 명분은 무엇이며, 그리고 영토편입 후 오쿠하라 헤키운(奧原碧雲)이 은주시청합기를 왜곡하게 되는 배경에 관해서 고찰한다.

선행연구에서는 은주시청합기 해석상의 오류를 둘러싼 것이 주류를 이루었다. 하지만 은주시청합기의 내용을 왜곡한 기원을 밝히는 연구는 지금까지 없었다. 이런 점이 본연구의 특징이다.

2. 막부 말기의 울릉도/독도 침략론의 대두

막부 말기 서양세력이 아시아로 진출하기 시작하자, 일본의 유식자들은 양이(洋夷)를 주장하면서 대륙 침략론을 유행처럼 주장했다. 그 중에서도 요시다 쇼인(吉田松陰)과 사토 노부히로(佐藤信淵)가 대표적인 사람이다. 이들은 대륙진출론을 주창한 사상가들인데, 그들의 저서들은 메이지 정부의 정책방향을 결정하는 결정적인 지침서가 되었다. 특히 쵸슈번(長州藩) 출신의 요시다 쇼인 제자들이 메이지정부에 대거 입각했다.[1] 요시다 쇼인은 쓰시마번(対馬藩)으로부터 정보를 입수하여 독도/울릉도와 관련되는 침략론을 주창한 바가 있었다.[2] 1858년 7월 고향 하기(萩)에서 정부요인으로 도쿄에서 활동하던 기도 다카요시(木戸孝允)에게 편지를 보내어 "죽도는 겐로쿠(元禄: 1688-1703) 시대에 일본이 조선에 넘긴 지역이다. 만주, 조선을 침략하려면 우선 조선을 장악해야하고, 조선 침략을 위해서는 서양열강과 러시아에 선점당하기 전에 필수적으로 죽도를 개척해야한다"고 주장했다. 또한 사토 노부히로는 막말이후 중국, 조선, 인도를 포함해서 아시아제국의 침략을 주창했던 인물이다. 그는 중국을 침략하기 위해 중국주변의 만주, 조선, 유구, 대만을 공격해야한다고 했다. 조선을 공략하기 위한 구체안으로서, "일본은 조선국의 동해를 건너 함경, 강원, 경상 3도를 공격해야한다. 또 오키를 건너 4,50리 서북 해중에 송도(松島 ; 독도), 죽도(竹島 ; 울릉도) 등이 있다. 죽도는 과거 조선인이 살았는데, 임진왜란 때 이를 점령하여 조선의 함경도를 공격한 적이 있다. 조선을 침략하려면 우선 이 섬을 공략해야한다. 죽도와 쓰시마에서 수군을 훈련시켜야한다."고 주창했다.[3] 여기서 내용상으로 보면, 사토 노부히로는 일본영토의 경계를 오끼도로 보고 있고, 독도와 울릉도를 분명히 조선의 영토로 인정하고 있었다. 이러한 인식은 막부 말기 일본 유식자들의 울릉도와 독도에 대한 인식이었음을 다시 한 번 확인할 수 있는 좋은 자료이

---

1) 高柳光寿・竹内理三編(1991)『日本史辞典』角川書店, p.980. 그는 1830년-59년 사이에 살았던 사람으로 흑선으로 해외밀항을 기도하다가 발각되어 安政大獄 때 29세의 나이로 막부로부터 사형에 처해졌다.
2) 対馬번과 長州번은 친밀한 관계에 있어서 정보를 입수할 수 있는 상황이었다. 편지문.
3) 琴秉洞(1933)『朝鮮時報』1993년 6월 7일.

다. 여기서 중요한 것은 당시 독도의 소속에 대해 어떻게 인식하고 있었는가의 문제이다. 울릉도는 영토로서 가치가 있었기 때문에 관심의 대상이 되었지만, 독도는 영토로서 효용가치가 전혀 없는 하잘것없는 무인도로서 관심의 대상이 되지못했다는 것이다.

결국 일본의 운명은 이들 막부 말기 사상가들이 주창했던 것처럼 되었다. 1868년 사쓰마번(薩摩藩)과 쵸슈번, 도사번(土佐藩)의 하급무사들은 이를 거절할 수 없는 것임을 깨닫고, 국내외적인 상황으로 미국, 러시아, 영국, 프랑스, 네덜란드 등의 유럽 열강들이 강압적으로 일본에 대해 문호개방을 요구해왔다. 오히려 서로 다투어 문호개방을 요구하는 서양 제국들을 잘 이용하여 적극적으로 문호를 개방하면서 위기를 극복하려고 했다. 일본은 개방과정에서 불평등하게 강요당한 조약을 계속적으로 협상하여 평등조약으로 개정해갔다. 한편, 아시아에 대해서는 부국강병을 목표로 하여 열강들에게 선점당하기 전에 선점하여 식민지통치를 한다는 목표 아래 대륙침략을 적극적으로 추진했던 것이다.

3. 근대일본의 독도 영유권에 대한 인식

(1) 메이지정부의 조선 국정 조사(1869년)

한국은 근대일본의 식민지정책에 있어서 대륙국가 중에서 가장 우선적으로 추진되어야할 대상이었다. 한국을 군함으로 위협하고 1876년 강화도조약을 강요하여 한국의 문호를 개방시켰다. 일본은 그 과정에서 조선침략의 목표를 달성하기 위해 1869년 12월 외무성 출사(出仕) 사다 하쿠보(佐田白芽)와 사이토 사카에(斎藤栄), 외무성 소록(小錄) 모리야마 시게루(森山茂)를 부산에 파견하여 조선국의 국정을 내

탐하도록 했다. 일본은 1870년 근대 국민국가의 성립과 더불어 국경을
확정해나갔다. 일본의 서북쪽 국경으로서 조선과의 경계를 명확히 하기
위해 「조선국 교제 시말 내탐서」라는 이름으로 동해 도서의 소속을 조
사 보고하도록 했다. 조사단이 임무를 완수하고 제출한 보고서는 「죽도
송도 조선부속이 된 시말」이라는 제목이었다. 그 내용은 다음과 같다.[4]

즉, "송도는 죽도에 인접한 섬으로서 송도에 관해서는 지금까지 게재
된 문서가 없다. 죽도에 관해서는 겐로쿠 이후 오랫동안 조선에서 거류
민을 파견했다. 당시는 두꺼운 갈대가 있고 인삼이 자연적으로 생산되
고, 한편 조업도 가능했다는 사실을 들었다. 이와 같이 조선사정을 실
지에서 탐정하였는데, 대략 서면의 내용과 같다. 조사내용의 서류와 그
림지도도 첨부한다."고 했다.

여기서 죽도는 지금의 울릉도를 말하고 송도는 독도를 말한다. 이때
울릉도는 조선의 문헌에 기록된 조선영토임에 분명하지만, "송도(지금
의 독도)는 죽도에 인접한 섬으로서 송도에 관해서는 지금까지 조선에
는 게재된 문서가 없다"라고 보고했다.[5] 사실 세종실록지리지 등의 조
선실록 및 칙령 41호의 관보를 비롯해서 수많은 관찬문헌에 울릉도와
더불어 우산도, 석도라는 이름으로 독도가 한국영토로 표기되어 있다.

---

4) 日本外交省調査部編(1870.4.15) 『日本外交文書』第3卷事項 6, 「外交省出仕佐
田白芽等ノ朝鮮国交際始末内探書」文書番号87, p.137.; 山辺健太郎(1966) 『日
韓併合小史』岩波新書, p.17.

5) 실제로 조선초기부터 조선동해에는 날씨가 청명한날 서로 볼 수 있는 거
리에 2개의 섬이 있다는 인식으로 울릉도와 더불어 우산도가 있다고 하여
조선영토의 일부로 간주하고 있었다. 그러나 조선후기의 일부 관료들은
독도의 존재를 확인하지 않고 섣불리 우산도라고 생각했던 적도 있었다.
따라서 조선조정에서는 우산도의 실제에 대해 논란이 있었는데, 최종적으
로 일본의 울릉도 침략이 감행되었을 시점에 우산도=독도의 존재를 명확
히 했던 것이다.

일본에서는 울릉도와 독도를 분리해서 그린 고지도와 고문헌은 존재하지 않는다. 그 이유로서, 일본막부가 조선과 영유권 논쟁에서 1699년 정식으로 울릉도를 조선영토로서 통고한 이후 일본정부는 울릉도와 독도를 주도와 부속도로서 표기하여 조선영토로 인정해왔기 때문이다. 그런데 이들 조사단은 조선의 고문헌을 제대로 파악하지 않고 잘못된 정보를 가지고 보고했던 것이다. 이때부터 일본의 독도인식이 왜곡되기 시작했다고 할 수 있다.

그럼에도 불구하고, 당시 일본의 메이지정부의 관심은 울릉도에 있었기 때문에 독도가 소속미정의 섬이라고 보고되었음에도 불구하고 메이지정부는 독도에 대해 아무런 영토편입조치를 단행하지 않았다. 그 이유는 그 섬이 암초로 이루어져서 전혀 쓸모없는 섬이라는 것을 알고 있었기 때문이었다.

메이지정부가 조선 국정 조사를 하게 된 동기가 일본의 고지도에 울릉도와 독도가 조선영토로 표기되어 있었기 때문이다. 여기서 「조선 국정 조사 시말」이라는 제목으로 울릉도와 독도의 소속을 조사했다는 것은 당시 메이지정부가 독도의 소속에 대해 울릉도와 더불어 조선영토로 인식하고 있었다는 것이다.

(2) 메이지정부의 전국 지적 조사와 독도인식(1877)

1875년 일본은 조선 해안을 측량한다는 구실로 강화도 앞바다에서 조선수군과 충돌하는 사건을 일으키고 그 잘못을 조선에 떠넘겨서 이를 빌미로 강화도조약을 강요하여 조선의 문호를 개방시켰다. 그 후 일본의 조선 진출이 본격화되는데, 일본은 강화도사건을 전후해서 조선지도가 필요했을 것이다. 일본 육군성 참모국이 1875년 「조선전도(朝鮮全圖)」를 발행했다. 이때에 죽도(울릉도)와 함께 독도를 조선영토로 표기

하고 있다.6)

메이지정부(내무성)는 1876년 국토의 지적을 조사하고 지도를 제작하는 사업을 실시했다. 그 일환으로 시마네현은 1876년 10월 16일「일본해(동해)의 죽도(울릉도)와 1도(독도)의 지적편찬에 관한 질의서」를 내무성에 제출하여 독도와 울릉도의 소속에 관해 문의했다. 이때 일본 내무성은 5개월간의 시간을 두고 소속을 조사하여 최종적으로 울릉도와 그 1도(독도)는 일본영토가 아니고 조선영토라는 결론을 내리고 시마네현의 지적에 포함시키지 말 것을 명령했다. 이 사실에 관해 1877년 3월 17일 내무성(내무경 대리 오쿠보 도시미치 ; 大久保利通)이 태정관(우대신 이와쿠라 도모미; 岩倉具視)에게 다음과 같이 보고했다.7)

즉, "죽도관할에 관한 건에 대해, 시마네현으로부터 별지의 질의서가 있어서 조사했다. 이 섬은 1692년(겐로쿠 5)조선인이 섬에 들어온 이후 별지문서처럼 1696년(겐로쿠 9) 정월 제1호 구 정부의 토의결과 제2호 역관에게 준 내달서, 제3호 그 나라(조선)에서 온 공문서, 제4호 본방(일본)의 회신 및 구상서 등과 같다. 즉 1699년(겐로쿠 12)에 논의가 종료되어 본방과 관계없다고 들었다. 하지만 판도의 취사는 중대한 사건이라고 생각되어 별지서류를 첨부하여 올립니다."라고 했다.

이때「죽도 외 1도」에 대해서는 첨부된 별지 서류를 보면 그 1도가 독도임을 분명히 알 수 있다. 별지의 내용은 다음과 같다.

즉, "기죽도(磯竹島)는 일명 죽도(울릉도)라고 칭한다. 오끼국 북쪽 120리에 있다. 둘레는 약 90리이다. 산이 험준하고 평지는 적다. 다음

---

6) 일본육군성은 일제시대인 1936년 일본육군참모본부 육지측량부가 발행한 『지도구획일람도』에도 '죽도' 라는 이름으로 독도를 조선부속으로 구획하여 그리고 있다. 신용하『독도의 민족영토사 연구』지식산업사, 1996, p.178.

7) 日本太政官編(1877)「1877年3月17日, 日本海内竹島外一島地籍編纂方伺」,『公文録』内務省之部1, 日本国立公文書館所蔵.

에 1도가 있는데, 송도(독도)라고 부른다. 둘레는 30정보 정도이고, 죽도(울릉도)와 동일선로에 있다. 오끼에서 80리 정도거리에 위치하고 있다. 나무나 대나무는 없다. 바다짐승이 서식하고 있다."라고 했다.

이를 보면 1877년 일본의 태정관, 내무성, 외무성, 시마네현 모두 울릉도와 더불어 오늘날의 독도를 일본영토와 무관한 조선영토로 인식하고 있었다. 당시 메이지정부가 울릉도와 독도를 조선영토로 생각하게 된 것은 우선적으로 울릉도와 독도가 일본영토라고 하는 인식이 존재하지 않았다는 것을 의미한다. 둘째로는 일본은 조선을 비롯한 대륙진출과정에 한국과의 국경 사이에 있는 울릉도와 독도의 존재가 등장하게 된 것이다. 여기서 메이지 정부는 울릉도와 독도의 소속에 대해 명확히 조사할 필요가 있었던 것이다.

메이지 정부가 울릉도와 독도를 조선영토로 인식하게 된 것은 이미 존재하는 서양지도, 그리고 1869년에 조선국정조사단의 조사보고에 의한 것이라고 할 수 있다. 이러한 인식을 근거로 1876년에 일본해군성 수로국은 군사용 지도로서 서양지도를 번안하여 『조선동해안도(朝鮮東海岸圖)』를 제작했다. 이때에도 울릉도와 독도를 조선영토로 표기했다. 한편, 「일본서북해안도(日本西北海岸圖)」에도 독도가 없었다. 이를 보더라도 당시 일본은 독도를 일본영토가 아닌 조선영토로 인식하고 있었음을 알 수 있다.[8]

이 당시 메이지정부가 참고로 한 서양지도는 「조선동해안도」에 부기되어 있듯이, 「1876년 일본해군 수로국이 조선해안을 제일 먼저 측량한 영국의 지도를 개정하고 1853년 러시아선박 팔라다호, 1854년 올

---

8) 『조선일보』, 1983년 2월 24일 보도, 신용하(2003) 『한국과 일본의 영유권 논쟁』한양대학교출판부, p.176.; 신용하(1996) 「5. 일본해군성과 육군성의 조선왕조의 독도영유 재확인」『독도의 민족영토사 연구』지식산업사, p.172.

리브차호가 측량한 것을 기초로 1857년 러시아군함이 다시 실측하여 작성한 지도를 번안 편집하여 발행한 것」이었다. 이처럼 주로 영국과 러시아지도를 기초로 작성된 것인데,[9] 조선동해안을 측량한 영국, 러시아에서도 울릉도와 독도를 조선영토로 인식하고 있었다는 것을 알 수 있다.

(3) 울릉도(松島 혹은 竹島) 개척원과 메이지정부의 울릉도/독도 조사(1881)

강화도조약으로 조선의 문호가 개방된 이후 동해안을 건너 러시아의 블라디보스톡으로 무역업자들의 항해가 빈번해졌다. 1876년 무쓰국(陸奥国) 출신 부토 헤이가쿠(武藤平学)라는 자가 블라디보스톡 주재 세와키(瀬脇)무역사무관을 통해 외무성에 「송도개척원」을 제출했다. 같은 해 7월 공동계획자로 보이는 고다마 사다야스(児玉貞易)라는 사람도 「송도개척원」을 제출하여 「가옥을 짓고, 벌목을 하고, 개항장을 만들어야 한다」고 주장했다. 그해 11월 시모사노쿠니(下総国) 인바군(印旛郡) 사쿠라(佐倉)시 다마치(田町)에 거주하는 사이토 시치로베이(斎藤七郎兵衛)도 블라디보스톡에서 세와키 무역 사무관에게 「송도개척원」을 제출했다. 동 사무관은 1877년 4월 「신속하게 개척을 허가해주기를 바란다」라고 외무성에 올렸다. 한편 1877년 시마네현 출신인 도다 케이기(戸田敬義)라는 자도 도쿄 노지사에게 「죽도도해원(竹島渡海願)」을 제출했다. 도쿄 도지사는 「서면 죽도도항원은 수용할 수 없다」라고 결론을 내리고 도해요청을 각하했다.[10] 또 나가사키현(長崎縣)의 다카키군 가미요에 거주하는 시모무라 린하치로(下村輪八郎)가

---

9) 러시아는 동도를 마날라이암, 서도를 올리브차암이라고 명명했음.
10) 川上健三(1966)『竹島の歴史地理学的研究』古今書院, p.37.

1877년 블라디보스톡에 도항하는 도중에 나무가 매우 울창한 섬을 발견하고 1878년 8월 15일 사이토 시치로 베이와 연명하여 「송도」라는 이름으로 개척원을 세와키 히사토(瀬脇寿人)를 통해 일본정부에 제출했다.[11] 이처럼, 일본에서 동해를 거쳐 블라디보스톡으로 항해하던 일본 무역상들이 일본정부에 「죽도」, 「송도」라는 이름으로 울릉도의 개척원을 건의하는 일이 빈번히 일어났다.

일본외무성은 개척원에 있는 섬의 소속을 재확인하기 위해 외무성 기록국장 와타나베 코키(渡辺浩基)에게 울릉도와 독도의 역사적 권원을 조사하도록 했다. 기록국장 와타나베는 울릉도의 소속에 대해 「와타나베 코키 입안(渡辺浩基立案)」이라는 이름으로 외무성에 제출했다.[12]

즉, "조선의 울릉도인 죽도개척을 주장하는 자는 있어서도 이번처럼 송도라는 이름으로 개척을 주장하는 것은 처음이다. 이 다른 두 호칭은 별개의 섬이라는 주장도 있고, 1도 이명(異名)이라는 주장도 있다. 일본에서는 이를 정확히 아는 자가 없다. 죽도는 조선의 울릉도이다. 막부가 논의 끝에 조선의 것으로 인정한 섬이다. 따라서 소위 개척원의 송도가 죽도라면 조선의 영토이다. 개척원의 송도가 울릉도가 아니라면 그 섬 또한 일본영토라는 확증은 없다. 개척안의 송도는 일본과 조선 사이에 위치하여 일본의 나가사키에서 오키섬 등을 거쳐 러시아에 이르는 매우 중요한 요지에 위치하여 영국과 러시아함대가 자주 여기에 출몰한다. 그 섬을 일본영토에 편입하려면 다소 주의를 요한다. 열강들이 선점하기 전에 일본이 이 섬을 보호(점령)해야 할 것이다. 열강이 일본을 비난하면 그 방도로서 무주지(無主地)라고 변명하면 된다. (중략)

---

11) 北澤正誠(1878.8) 「松島開拓請願書」, 『竹島考証』下, 別紙 第20号.
12) 川上健三(1966) 『竹島の歴史地理学的研究』, p.38.

적당한 시기에 형세를 봐서 책임을 지고 한국과 협상하여 일본영토로 확정해야할 것이다. 따라서 우선 시마네현에 문의하여 과거의 관습(도항)을 조사하고, 선박을 파견하여 지세를 파악하고 만약 조선이 먼저 개발을 했으면 개척의 정도를 조사하여 방도를 강구해야할 필요가 있다. 신속히 조사하여 논의할 것을 요청한다."고 했다.

외무성 기록국장 와타나베는 일본무역상들의 개척원에 대응하기 위해 조사하였으므로 조사의 목적이 울릉도 개척을 위한 것이었다는 점에 주목할 필요가 있다. 그는 울릉도가 일본과 러시아 사이의 요충지이고, 게다가 영국과 러시아가 잘 알고 있는 섬이므로 주의를 요하지만, 무주지라는 점을 강조하여 국제법상의 '무주지 선점론'으로 일본영토에 편입했다고 주장하면 된다고 울릉도의 개척을 적극적으로 권유했다. 또한 독도(일본명 송도)에 대해서는 「일본인 중에 죽도(울릉도) 이외의 별도의 섬인 송도(독도)가 일본에 속한다는 확증은 없다」라고 하여 일본영토가 아니라고 언급했다. 하지만 독도의 개척에 대한 언급은 하지 않았다.

그러나 공신국장 다나베 타이치(田辺太一)는 1877년 6월 송도에 대해 다음과 같이 언급하고 있다.[13]

즉, "듣기에 송도는 우리(일본)들이 붙인 이름이며, 사실은 조선의 울릉도에 속하는 우산이라고 하는 섬이다. 울릉도가 조선에 속한다는 것은 믹부 때 한차례 갈등이 일어나 문서가 오간 끝에 울릉도가 영구히 조선 땅으로 인정되었다. 일본의 것이 아니라는 기록이 한일 양국의 역사서에 실려 있다. 지금 아무 이유 없이 사람을 보내어 조사하게 하는 것은 다른 사람의 보물을 넘보는 것과 같다. 이제 겨우 우리(일본)와

---

13) 北澤正誠(1878.6) 『竹島考証』下, 別紙, 公信13号.

한국이 교류를 시작하였는데, 아직도 일본을 싫어하고 의심하고 있다. 이처럼 일거에 다시 틈을 만드는 것을 외교관들은 꺼릴 것이다. 지금 송도를 개척하자고 하지만 송도를 개척해서는 절대로 안 된다. 송도가 여전히 무인도인지도 분명하지 않고 그 소속이 애매하므로 우리가 조선에 사신을 파견할 때 해군성이 그곳에 배 한척을 보내어 측량하여 제도하는 사람과 함께 생산과 개발에 대해 잘 아는 사람을 보내어 무주지임을 밝혀내고 이익이 되는지 어떨지도 고려해본 후 점차 기회를 봐서 비록 하나의 작은 섬이라도 우리나라(일본) 북쪽 관문이 되는 곳을 그대로 방치해서는 안 됨을 보고한 후 그곳을 개척해도 되므로, 세와키(瀨脇)씨의 건안은 채택할 수 없다."라고 했다.

공신국장 다나베는 세와키가 제출한 개척안의 「송도」가 지금의 독도가 아니고 울릉도임을 명확히 하고 있다. 일본에서 부르는 송도라는 섬은 울릉도가 아닌 또 다른 동해상의 섬(지금의 독도)으로 울릉도의 부속도인 「조선의 우산도」임을 분명히 하고 있다. 여기서 중요한 것은 현재 일본이 주장한 우산도가 죽서도(죽도라고도 부름)가 아니고 독도임에 분명하다. 독도의 개발에 관해서는 우선적으로 소속과 개발상의 이익에 대해서 충분히 조사한 후, 전략적으로 대륙진출의 요충지로서 중요한 일본의 북쪽 관문에 속하므로 시기적으로 적당한 기회에 편입조치를 취해야할 것이다. 지금 당장은 개척의 적기가 아니라고 건의하고 있다.

여기서 독도는 울릉도처럼 유럽열강에 알려진 섬도 아니고, 그다지 화제가 된 섬도 아니므로 충분한 조사가 필요한 섬이라고 지적했지만, 개척의 가능성에 대해서는 긍정하지도 부정하지도 않았다.

일본해군성이 외무성의 요청을 받고 1878년 6월 아마기호(天城號)가 울릉도의 위치를 확인한 적이 있었고, 또다시 1880년 9월 울릉도에 미우라 시게사토(三浦重郷)을 파견하여 조사했다. 수로국장 해군소위 야나기 유에츠(柳猶悅)는 외무성에 대해 이번 조사에서 「한인들이 울릉도라고 하는 송도에 과거에 없었던 정박지를 발견했다」고 보고했다.[14] 여기서 수로국장이 울릉도를 송도라고 칭하고 있는 점도 특색이 있다. 근세시대의 일본은 울릉도를 죽도라고 했고, 독도를 송도라고 했기 때문이다. 이처럼 메이지 정부에서는 한국영토인 울릉도와 독도에 대해 해군성이나 농상무성의 담당관리 조차도 제대로 알지 못했다는 것을 알 수 있다.

일본정부는 개척원에 있는 섬의 실체를 파악하기 위해 동해안의 섬들을 조사했는데 개척원에서 주장하는 「송도」, 「죽도」가 한국영토로서 울릉도임을 알게 되었다. 이때에 해군성이 울릉도를 조사한 것은 외무성 기록국장 와타나베가 「와타나베 코키 입안」을 제출하여 울릉도 개척을 종용했기 때문이다.

1881년 조선조정이 파견한 울릉도 토벌관 이규원이 일본인들의 울릉도 침입 사실을 확인했고 외무경 이노우에 카오루(井上馨)에게 일본인 7명이 울릉도에서 벌목해서 원산과 부산항에 운송한다는 사실을 지적하며 일본인들의 도항 금지를 요청했다. 일본정부는 외무성 관리 기타자와 마사나리(北沢正誠)로 하여금 울릉도 소속을 조사하도록 했다. 1881년 7월 26일(양력 8월 20일) 기따자와는 울릉도가 조선의 영토가 된 것을 한탄하면서 다음과 같이 그 경위에 관해 「죽도판도소속고(竹島版図所属考)」[15]에 정리하여 제출했다.[16]

즉, "죽도는 겐와(元和; 1615-1623)이래 80년 동안 일본국민이 고기

---

14) 北澤正誠(1880.9) 「竹島版図所属考」, 日本外務省蔵版, 『日本外交文書』第16巻, p.390.
15) 『竹島考證』을 간단히 요약한 것.
16) 北澤正誠(1880.9) 「竹島版図所属考」p.390.

잡이를 하던 섬이었기 때문에 일본영역이라는 것을 믿고 있는데, 조선 사람들이 와서 일본인들의 어렵을 금하려고 했다. 저들이 당초는 다께시마(竹島)와 울릉도가 같은 섬이라는 것을 몰랐다고 회신해왔다. 그런데 후에 점점 그에 대한 논의가 열기를 띠게 되자 죽도와 울릉도가 같은 섬의 다른 이름이라고 하여 오히려 일본이 국경을 침범했다고 책망해왔다. 고사(古史)를 보면 울릉도가 조선의 섬이라는 것은 두말할 필요가 없다. 그러나 분로쿠(1592-1614)이래 버려두고 거두지 않았다. 일본 사람들이 그 빈 땅에 들어가서 살았다. 즉 일본 땅인 것이다. 그 옛날에 한일 양국의 경계가 항상 그대로였겠는가? 그 땅을 내가 취하면 내 땅이 되고, 버리면 다른 사람의 땅이 되는 것이다. 우리 동양제국의 3백 년 동안의 예를 들어 논해보자. 대만은 예로부터 명나라의 땅이었다. 그러나 명나라 사람들이 거두어들이지 않고 그 섬을 버리자 하루아침에 네덜란드가 갑자기 점거하여 네덜란드의 땅이 되었다. 그리고 정씨(鄭氏)가 무력으로 그것을 빼앗았으니 또 정씨의 땅이 된 것이다. ……실로 당시는 외국과 관계를 끊기 위해 항해를 금하는 정책을 폈다. 일본은 사면이 바다로 둘러싸여 천혜의 항구를 가지고 있었는데도 쇄국정책을 취하고 이용하지 않았다. 혹 큰 계획을 세우고 외국으로 나가고자 하는 지사(志士)가 있어도 자기 집 마당에서 허무하게 늙어 죽을 수밖에 없었다. 어찌 통탄하지 않겠는가? 무릇 죽도는 매우 협소한 땅으로 아직 우리에게 있어도 되고 없어도 되는 땅이라서 당시의 일을 생각하면 홀로 한숨이 나온다.”

외무성이 이번에도 기타자와에게 소속론을 조사하게 한 동기도 한국정부가 울릉도의 영유권을 주장하고 거주 일본인들의 쇄환을 요구해왔기 때문이다. 기타자와의 인식은 울릉도가 역사적으로 조선의 영토임에는 분명하다. 그러나 영토는 영원불변의 것이 아니다. 조선이 80년

동안 버린 땅을 일본인이 사용했으므로 일본 땅이다. 그런데 막부가
쇄국하여 영토의 소중함을 알지 못하고 영토를 개척하려는 의지가 없
어서 조선에 반환하고 말았다고 한탄하고 있다. 기타자와는 울릉도가
조선의 영토임을 인정하고 있으면서도 그러나 조선인이 개척하지 않
고, 일본인이 개척했다면 일본 땅이 된다는 논리를 전개하고 있다.

하지만, 1881년 9월 외무경 이노우에 가오루, 태정대신 산조 사네토
미(三条実美)는 「울릉도의 건은 별책처럼, 죽도(울릉도) 소속은 명료
하다. 작년 이후 일본 인민이 도항하여 조업과 벌목을 행한 것이 사실
이다. 책략상 조선의 의구심을 해소하는 것이 오늘날 대한 외교의 필요
한 조치이다」라고 하여 일본인들의 도항을 금지했다.[17] 도항을 금지한
이유도 책략상으로 도항을 금지했다고 하므로 기회가 되면 울릉도를
취할 수 있다는 의미이기도 하다.

일본정부 내에서는 이처럼 개척원에서 주장했던 「송도」, 「죽도」가
모두 조선영토인 울릉도이고, 일본인이 호칭하던 「송도」는 울릉도의
부속도서로서 조선의 우산도임을 알게 되었다. 울릉도 편입은 불가능
할 뿐만 아니라, 독도에 대해서는 편입을 하려면 무주지의 유무와 경제
적 가치를 면밀히 조사할 필요가 있다고 결론을 내렸다.

즉 당시 일본은 「송도」에 대해 울릉도의 부속도서로 알고 있었으므
로 조선의 영토라는 인식을 갖고 있었다. 그런데 만일 일본이 송도에
내해 영도 편입 조치를 취하려고 한다면 한국익 영유의식에 대해 면밀
한 조사가 필요하다는 견해였다. 결국 일본은 독도에 대한 영토 편입
조치는 단행하지 않았다. 그 이유는 이미 울릉도의 부속도서라는 인식
으로 조선영토임을 알고 있었고, 게다가 무리하게 영토편입을 단행할

---

17) 北澤正誠(1880.9) 「竹島版図所属考」, pp.390-394.

만큼 독도는 영토적 가치가 있는 섬이 아니었기 때문이다. 당시는 일본 정부에 있어서 독도의 영토편입에 대해 아무런 관심도 보이지 않았던 시기이다. 반면 당시 조선은 독도가 울릉도와 더불어 동해의 2섬으로 서 조선영토라는 인식을 갖고 있었다. 지금과 달리 당시의 독도는 개척 할 만한 가치가 없었고, 독도에서 얻을 수 있는 자원은 울릉도 근교에 서도 충분히 확보할 수 있었기 때문에 멀리 독도까지 일부러 항해할 이유가 없었다. 조선시대에는 줄곧 독도가 영토의 동쪽 끝이라는 국경 선의 상징적 의미를 갖는 조선영토로서 인식되어졌다. 조선의 영토가 아니라는 인식은 없었다.

(4) 해군수로부의 독도인식(1881–1905년)

일본은 근대에 들어와서 강화도조약 이후 동해안에서 자유로이 항해 하거나 측량을 했다. 일본의 해군 수로부 및 일본 어부들이 동해를 항해 하는 경향이 늘어났다. 공도정책으로 비워진 울릉도에 침입하여 자원을 수탈하는 경향도 많아졌다. 이때에 해군 수로부는 물론이고 일본 어부 들도 울릉도와 더불어 독도를 조선영토로 인식하고 있었던 것이다.

해군성이 1886년 세계수로지인 『환영수로지』제2권 제2판을 편찬했 는데, 그 제4편의 「조선동안」이라는 제목에는 「리앙쿠르트열암」이라 는 이름으로 독도를 표기하고 있다. 또한 1887년 일본 해군성 수로국 이 1876년의 초판에 이어 「조선동해안도」의 재판을 출간했다. 이 지도 는 1905년까지 판을 거듭하면서 독도를 조선영토로 표기하고 있었 다.[18] 1889년 일본 해군성은 『환영수로지』를 국가별로 구분하여 발행

---

18) 日本海軍省水路部(1886) 『寰瀛水路誌』제2권 제2판, pp.397-398. 1986년 9 월 14일 『조선일보』가 문화면에 보도. 신용하(1996) 『독도의 민족영토사 연구』p.172.

하였는데,「조선수로지」에 '리앙쿠르열암'을 표기했다. 이는 독도를 가리킨다.『환영수로지』의「일본수로지」에는 독도가 포함되지 않았다. 일본 해군성 수로국은 1894년『환영수로지』에서「조선수로지」를 분리하여 단행본으로『조선수로지』제1판을 편찬했다. 이때「제4편 조선동안」에 독도를 가리키는 '리앙쿠르열암'을 포함시켰다.『일본수로지』는 1892년 단행본으로서 제1판이 간행했는데, 독도는 포함되지 않았다.[19] 이때 해군성 수로부가 독도인 '리앙쿠르열암'을 조선영역에 포함시킨 경위에 대해 다음과 같이 기술하고 있다. [20]

즉, "이 열암은 서기 1849년 프랑스 선박 리앙코르트호가 처음으로 발견하여 배이름을 따서 리앙코르트열암이라고 명명했다. 그 후 1854년 러시아의 프레가트형 함선인 팔라스호가 이 열암을 발견하고 마닐라이와 오리우사열암이라고 명명했다. 1855년 영국함대 호르네트호가 이 열암을 탐험하여 호르네트열암이라고 이름을 붙였다. 함장 홀시스노의 말에 의하면 이 열암은 북위 37도 14분, 동경 131도 55분에 위치하는 두 개의 불모의 바위섬으로서 새의 분뇨가 항상 섬 위에 퇴적되어서 섬은 흰색을 띤다. 북서미서(北西微西)로부터 남동미동(南東微東)에 이르는 길이는 약 1리이고 두 섬 간의 거리는 0.25리로서 보이는 곳에 일초맥(一礁脈)이 있어 이를 연결한다. 서도는 해면으로부터 높이가 410척이고 그 형상은 당탑(糖塔)과 비슷하다. 동도는 이에 비교해서 낮고 정상은 평지로 되어있다. 이 열암 부근의 수심은 상당히 깊다. 그러나 위치적으로 하코다테(函館)를 목표로 일본해를 항해하는 선박의 지름길에 해당되므로 상당히 위험하다."라고 했다.

독도가 조선수로지에 포함된 경위에 관해서는 우선 프랑스 선박이

---

19) 신용하(1996)『독도의 민족영토사 연구』, p.177. 堀和生의 연구에 의한 것임.
20) 日本海軍省水路部(1899)『朝鮮水路誌』, pp.255-256.

1849년 이 섬을 제일 먼저 발견하여 리앙코르트 열암이라고 명명했다고 지적하고 있다. 이는 근세시대에 일본어부가 울릉도 도항과정에 인지하고 있었던 죽도(울릉도)와 송도(독도)라는 명칭에 대해서는 알지 못하고 있는 것으로 보아 프랑스, 영국, 러시아 3국의 서양 지도를 참고하여 편찬했던 것임을 알 수 있다. 일본이 독도를 조선영토에 편입시킨 경위에 관해서는 1876년에 제작된 「조선동해안도」의 주석에도 영국지도와 러시아지도를 토대로 독도가 조선영역으로 표기되었다고 설명하고 있다. 그 후 일본인들이 제출한 「송도개척원」의 「송도」를 확인하기 위해 실측을 했을 때 개척원의 송도는 종래의 죽도로서 조선의 울릉도였고, 원래의 「송도」는 조선의 우산도임을 재확인했던 것이다.

일본 해군성 수로국은 1899년 「조선수로지」제2판을 발행했을 때도 동일한 내용으로 편찬하여 이때에도 일본 해군성 수로국은 독도를 조선영토로 인정하고 있었다. 당시「일본수로지」가 별도로 존재했음에도 불구하고 독도를 포함하지 않았던 것은 당시 일본이 독도를 일본영토로 보지 않았기 때문이다.

이상으로 근대에 들어와서 메이지정부가 독도를 일본영토로 인식하지 않았다는 것을 고찰해보았다. 그렇다면 독도에서 가장 가까운 일본의 오키도민은 독도의 소속에 대해 어떻게 생각했을까? 근세시대에 막부가 해외도항을 금지했고, 특히 1699년 울릉도도항이 금지되어 오키도민의 울릉도/독도 방면의 도항은 없었다. 그러나 1876년 강화도 조약이후 일본인들의 조선동해안 도항이 허가되면서 독도/울릉도 방면을 거쳐 러시아령 블라디보스톡에 왕래하게 되었다. 특히 나카이 요사부로(中井養三郎)라는 어부는 1903년부터 독도를 조선영토에 속하는 리양코섬이라고 인식하면서 강치잡이를 시작했다. 그는 강치조업에 다른 외국인과 일본인들이 합류할 것을 우려하여 독점적인 사업을 위해 일본공사관[21]의 힘을 빌려 조선정부로부터 독도를 대여 받으려고 했다. 나카이는 대여의 절차를 밟기 위해 일본정부에 문의를 하였다. 그때 메이지정부의 각 부서 간에 독도편입을 둘러싸고 독도소속에 대한 인식차이가 있었다.

당시 내무성 당국자는「러일전쟁 중인 시국에 한국 영토로서 의심이 가는 작은 일개 불모의 암초를 취하여 사방에서 보고 있는 여러 외국으로부터 일본이 한국을 병탄한다고 많은 의심을 받는 것은 일본의 이익을 최악의 상태로 몰아넣는 것이 된다. 영토편입은 결코 쉽지 않다」라고 하여 영토편입 조치를 하지 말 것을 주장했다.[22]

하지만「수산국장 마키 보쿠신(牧朴真)은 반드시 한국영토가 아닐 수도 있다」고 영토편입을 선동했고,[23] 그리고 해군성 수로부장 기모츠키(肝付)는「이 섬의 소속에 대한 확고한 증거가 없고 특히 한일 양국에서 거리를 측정하면 일본 쪽이 10리가 더 가깝다(이즈모국 '다고비(多古鼻)'에서 108리, 조선국 '릿드네루갑'에서 118리). 더불어 조선인이 이 섬을 경영한 흔적이 없다. 이에 반해 일본인은 이미 이 섬의 경영에 종사하고 있기 때문에 당연히 일본영토에 편입해야한다」고 적극적으로 주장했다.[24] 이 수로부장의 주장은 각의결정에서「이 무인도는 타국이 이를 점령했다고 할 수 있는 형적이 없다. ...메이지 36년(1903) 이래 나카이라는 자가 이 섬에 이주하여 어업에 종사했다」라고 하는 내용과 비슷한 것으로 보이 일본의 영토편입에 영향을 미친 것으로 판단된다.

그리고 외무성 정무국장 야마좌 엔지로(山座円次郎)는「외교상의

---

21) 中井는 통감부라고 했지만, 당시는 경성(서울)에 통감부가 설치되기 이전이므로 주한 일본공사관으로 보는 것이 타당함.
22) 竹島問題研究會編(2007)「竹島問題に関する調査」最終報告書, p.66.
23) 奥原碧雲(1906)『竹島経営者 中井養三郎氏 立志伝』참조.
24) 奥原碧雲(1906)『竹島経営者 中井養三郎氏 立志伝』참조.

문제는 다른 성(부처 명)에서 관계할 바가 아니다. 작은 암초 편입 같은 것, 아주 작은 사건이지만, 지세상으로 보나, 역사상으로 보나, 아니면 시국상으로 보나 일본영토편입은 큰 이익이 된다.」25)「이런 시국(러일전쟁)이기 때문에 영토편입이 긴요하다. 망루를 세우고 무선 또는 해저 전신을 설치하면 적함을 감시하는데 매우 유익하다. 특히 외교상 내무성처럼 우려할 일이 아니다. 신속히 외무성으로 원서를 접수할 것」이라고 요구했다.26) 에도시대의 관백이 울릉도를 조선영토로 인정할 때에는「거리상 호키(伯耆)로부터 160리, 조선으로부터 40리이므로 조선영토라고 하여 죽도도항을 금지했다」라고 하여 영토 소속에 대해 합리적인 판단을 내리고 있었다.27) 그럼에도 불구하고 근대시대에 들어와서 측량기술이 발달하였음에도 불구하고 수로부장이 울릉도의 존재를 무시하고 거리상으로 일본이 10리 더 가깝기 때문에 일본영토라고 주장한다. 이는 독도가 한국영토라는 것을 부정하고 영토편입의 정당성을 포장한 침략적 의도가 내포되어 있었던 것이다. 또한 외무성에서 지세상, 역사상, 시국상의 이유를 들고 있지만, 사실 지세상, 역사상으로 일본영토가 된다는 주장은 합리성이 결여된다. 게다가 시국상의 이유로 죽도편입의 정당성을 주장하는 것은 바로 일본의 영토침략성을 노골적으로 드러낸 것이다.

25) 奧原碧雲(1906)『竹島経営者 中井養三郎氏 立志伝』참조.
26) 竹島問題硏究會편(2007)『독도경영개요』「竹島問題に関する調査」最終報告書, p.66.
27) 日本太政官編(1877)『公文錄』內務省之部1,「日本海內 竹島外 1島 地籍編纂方伺」의 元祿年間 附屬文書 第1號.

4. 러일전쟁과 독도편입 조치

원래부터 독도가 일본영토였다면 일본정부는 1905년 나카이가 조선정부에 강치조업의 독점적인 경영권을 신청하려고 했을 때 새롭게 영토 편입 조치를 취할 이유가 없었다. 앞에서 고찰해본 것처럼, 메이지정부가 독도를 울릉도와 더불어 조선영토라는 인식은 있었지만, 일본영토라는 생각은 전혀 없었다. 그런데 일본정부가 독도를 일본영토에 편입하려는 의도를 갖게 된 것은 외무성의 의도에 의한 것이고, 또한 당시가 러일전쟁 중이어서 시국상 영토편입의 최적기였고, 전략상으로는 레이더기지를 설치하여 러일전쟁에 유리하게 활용한다는 군사적 가치를 확인했고, 강치잡이라는 경제적 가치가 새삼스럽게 부각되어 영토편입의 필요성을 인식했던 것이다. 이로 인하여 비로소 독도의 가치가 처음으로 영토로서 인정되어 적극적으로 영토편입을 검토하였다. 이로 말미암아 독도가 분쟁대상의 섬으로 대두하게 되었다. 그 이전의 독도는 영토로서 아무런 가치를 인식하지 못하였으며, 또한 울릉도의 부속도서로서 이미 조선영토라는 사실을 알고 있었기 때문에 무리하게 영토편입의 필요성을 인식하지 못했던 것이다.

이 시기에 독도가 일본영토라고 생각을 했더라면 내무성이 "영토편입은 일본의 조선침략을 의심하게 한다"는 의견이 있을 수 없었을 것이고, 해군수로부장이 군이 "거리가 조선보다 10리가 더 가까우니까 일본영토에 편입하는 것이 당연하다"는 등의 논리도 만들 이유가 없었을 것이다. 또한 외무성의 정무장관 야마좌가 "시국상, 지리상, 전략상으로 일본영토에 편입하는 것이 국익에 도움이 된다"라고 하는 이유도 들지 않았을 것이다. 이를 보더라도 1905년 당시 일본정부는 독도를 조선영토로 인식하고 있었고, 일본영토로 인식하지 않았다는 것이다.

이는 일본제국주의의 조선영토에 대한 침략행위에 불과했다. 일본의 고유영토는 유구와 홋카이도의 아이누민족의 영역을 제외한 일본열도에 국한된다. 근대 국민국가가 된 일본정부는 소수민족과 약소국가를 강제로 무력으로 강압하고 일본영토에 편입하여 국경을 넓혀서 영토를 확장하는 조치를 단행했다. 이러한 조치로 청일전쟁 이전에 국민국가로서 일본의 영역은 이미 완결되었던 것이다. 그 이후 일본은 청일전쟁, 러일전쟁을 통하여 침략적인 방법으로 영토를 팽창해갔다. 일본정부가 1905년 러일전쟁 중에 독도에 대한 편입조치를 단행한 것은 이러한 과정 속에서 조선영토를 침략하려고 했던 것이다. 그렇다면 일본정부의 독도편입 시, 그 대의명분이 무엇이었는지에 대해서는 각의결정의 내용으로 확인할 수 있다.[28]

즉, "별지 내무성이 요청한 무인도 소속에 관한 건을 심사해보니, 북위 37도 9분 30초, 동경 131도 55분, 오키도에서 북서쪽으로 85리 거리에 있는 이 무인도는 타국이 이를 점령했다고 할 수 있는 형적이 없다. ...메이지36년(1903) 이래 나카이 요사부로란 자가 이 섬에 이주하여 어업에 종사한 것은 관계서류에 의하여 밝혀지며 국제법상 점령의 사실이 있는 것이라고 인정하여 이를 본방(일본) 소속으로 하고 시마네현(島根県) 소속 오키도사(隱岐島司)의 소관으로 하는 것이 무리 없는 건이라고 생각하여 청의(請議)대로 각의결정이 성립되었음을 인정한다."라고 했다.

영토편입은 내무성 소관이지만, 사실 내무성은 독도가 조선영토로 보인다고 하여 당초 나카이의 독도편입에 대해 반대하는 입장이었다. 그런데 각의결정에서는 「별지 내무성이 요청한」이라는 문구에서도 알

---

28) 본고의 일본어 원문 해석은 신용하(1996) 『독도의 민족영토사 연구』에 의거한 부분이 많음.

수 있듯이 내무성이 편입을 요청한 것처럼 되어있다. 따라서 각의결정
은 조선영토인 독도를 침략하기 위해 조작된 문서임을 알 수 있다. 또
한「나카이 요사부로가 독도에 이주하여 어업에 종사했다」고 하여 마
치 일본인이 독도에 거주하여 일본이 실효적으로 지배한 것처럼 표현
하고 있지만, 당시의 독도는 사람의 거주가 불가능한 섬이다.「이주」라
는 용어를 사용하는 것은 적절하지 않다. 그리고「타국이 이를 점령한
형적이 없다」고 하지만, 이 섬은 사람이 거주할 수 없는 곳이므로 실제
로 점령 자체가 불가능한 섬이다. 이처럼 사람이 거주할 수 없는 섬에
대해서는 국가의 소유의식 유무 그 자체가 실효적 지배에 해당된다.
한국에서는 역사적 권원에 의거하여 칙령41호를 발령하여 독도를 종
래의 강원도 소속의 우산도에서 울도군 소속의 울릉전도, 죽도와 더불
어 석도(독도)라는 이름으로 행정구역에 편성하여 관할했다. 일본은 이
처럼 독도가 고유영토로서 관리되어온 한국영토임을 부정하고 일방적
으로 탁상공론에 의해 자국영토에 편입하는 것은 영토 침략행위에 지
나지 않는다. 독도를 침략적인 방법으로 영토편입조치를 단행한 것은
외무성의 의지에 의한 것이다. 각의결정은 외무성의 주장이 관철되어
일본정부의 중론이 되었다는 것은 일본이 침략적인 전제주의국가임을
보여주는 대목이다.

　일본 해군사령부는 러일전쟁이 한창이던 1905년 5월 30일 해군대신
에게 독도에 망루 설치계획안을 제출하였다.[29] 1905년 7월 25일 기공
하고 8월 19일 준공하여 그날부터 업무를 개시했다.[30]

　즉, "…… 3. 제1차로 송도와 리앙쿠르 사이, 제2차로 리앙쿠르섬과
오끼 열도의 다카사키산(高崎山) 사이의 해저전선 부설, 4. 리앙쿠르섬

---

29) 日本海軍省編(1905.5)『極秘 明治三十七八年海戦史』第4部, 第4巻, pp.20-21.
30) 신용하(1996)『독도의 민족영토사 연구』 p.221.

에 망루를 설치한다. 단 이 망루는 그 건축물이 일체 노출되지 않게 충분히 은폐할 수 있도록 설치하고 필요한 경우에만 깃대를 세울 수 있는 장치를 할 것."라고 했다.

일본해군은 한국 동해안의 죽변만과 일본 본토의 사세보(佐世保)에 있는 일본 해군 진수부(鎭守府)와 직접 교신할 수 있는 전신선을 완성하기 위해 울릉도에 3개의 망루를 설치하고 나서 독도에도 망루를 설치하기 위해 조사했다. 이때 「니이타카호(新高號)」는 1904년 9월 24일 울릉도에서 독도를 관견한 일본인들로부터 청취조사를 실시하여 그 내용을 9월 25일자의 일지에 다음과 같이 기록했다.[31]

즉, "송도(울릉도-필자 주)에서 리앙코르드암 관견자로부터 청취한 정보. 리앙코르드암은 한인(韓人)은 이를 독도(獨島)라 기록(書)하고 일본어부는 리앙코도라고 호칭한다. 별첨한 약도와 같이 2개의 암석섬으로 되어 있고, 서도는 높이가 약 400척으로 험악하고 오르기가 곤란하지만, 동도는 비교적 낮고 잡초가 자라며 정상은 약간 평탄한 땅이어서 2,3개의 작은 막사를 건설하기에 족하다...."라고 했다.

해군군함 「니이다카호」가 조사한 내용은 울릉도에 거주하는 일본인의 청취에 의존한 것이지만, 상당히 정밀하게 묘사하고 있다. 울릉도 사람들은 이 섬을 「독도」라고 공문서에 기록했음을 알 수 있다. 실제로 암석으로 구성된 2개의 「돌섬」이 독도로 표기되었다고 하는 것은 독도라는 호칭이 상당히 오래전부터 불리어지고 있었다는 것을 알 수 있다. 1882년에 처음으로 개척민으로서 이주되었으므로 전라도에서 이주한 거주민들이 전라도방언의 호칭으로 독도라고 불렀다고 짐작할 수 있다. 즉 독도는 당시 니이다카호가 조사한 내용을 보더라도 무인도가

---

31) 『軍艦新高戰時日誌』, 1904년 9월 24일조, 9월 25일조. 신용하(1996)『독도의 민족영토사 연구』, pp.207-208 참조.

아니고, 이미 이전부터 독도라는 이름으로 조선인들에게 이용된 울릉 군 소속의 섬임을 알 수 있다. 이는 1906년 3월 28일 심흥택 군수가 시마네현 관리일행의 울릉도 방문을 맞이하여 독도가 일본에 편입된 사실을 듣고 다음날(3월 29일) 강원도 관찰사를 거쳐 조정에 보고할 때, 「본군 소속 독도」라고 표기했던 것으로도 알 수 있다.[32]

그리고 일본 해군은 한국의 울릉도를 「송도」라고 호칭했다. 사실 일 본에서 송도라는 섬은 근세시대에 독도를 두고 부르던 호칭이다. 그런 데 울릉도를 송도라고 칭하고 있다는 것은 당시 일본이 울릉도와 독도 에 대한 지리적인 식견이 부족했다는 것을 의미한다.

5. 『은주시청합기』의 왜곡 경위

일본은 1905년 2월 22일 독도를 편입하고 1년이 지나서야 1906년 3월 28일 시마네현 오키도사 아즈마 후미호(東文輔) 및 사무관 진자이 요시 타로(神西由太郎)의 일행이 독도를 시찰하고 울릉도에 들러 울릉군수 심흥택에게 독도를 일본영토에 편입했음을 간접적인 방법으로 전했다.

이때에 동행자 중의 한 사람으로 오쿠하라 헤키운이라는 자가 있었 다. 오쿠하라는 귀국 후 독도관련 자료를 수집하여 『죽도 및 울릉도(竹 島及鬱陵島)』, 『죽도연혁고』, 『죽도』, 『죽도경영자 나카이 요사부로씨 입지전』 등의 책자를 발간하여 영토편입의 정당성을 강조함과 더불어 독도가 일본의 신영토가 되었다고 주장했다. 특히 오쿠하라는 독도가 수로지 등에서 조선영토로 처리된 것을 매우 유감스러운 일이라고 한

---

32) 『各觀察道案』제1책, 「報告書號外」; 梁泰鎭編(1979) 『韓國國境領土關係文 獻集』.

탄하여 민족주의자로서의 성격을 드러내었다.[33] 그 자료를 인용하면
다음과 같다.

즉, "신영토는 프랑스선박 리앙코르에 의해 발견되기 이전에 1667년
의 일본기록에 보인다. 따라서 적어도 이 암초를 일본인이 발견한 것은
그 이전일 것이다. 또 프랑스 선박이 발견하기 이전에 1809년『변요분
계도고(辺要分界図考)』에도 명기되어 있다. 1823년『고기집(古今集)』
에도 상세히 기록되어 있다. 그럼에도 불구하고 수로지는 이 암초를
외국인이 발견한 것으로 기록하고 있다. 일본과 조선 사이의 양국해안
에서의 거리는 일본측이 10리가 더 가깝다. 그런데 해도에는 조선부에
편입되어져 있다. 매우 유감스럽다. 게다가『죽도도설』,『죽도고』의 죽
도에 관한 기사는 전부 울릉도의 기사이고, 신영토가 아님을 증명할
수 있다."라고 했다.

그는『은주시청합기』에서 리앙코르암이 등장한다고 언급하고 있다.
『은주시청합기』에는 울릉도를 죽도라고 표기하고 있고, 오늘날의 독도
를 송도라고 표기하고 있다. 사실 일본의 서적 중에서 독도를 가리키는
명칭이 처음으로 등장하는 문헌이다. 여기서는「일본의 서북경계를 이
주(州)로 한다」라는 문구가 있다. 여기서 올바르게 해석을 하면 일본의
서북경계를 오키도로 한다는 의미가 된다.『은주시청합기』는 1667년
가을 번주의 명을 받고 이즈모국(出雲國)의 관리(藩士) 사이토 호센
(斎藤豊仙)이 오키도를 관찰하고 들은 내용을 모아서 보고한 내용이
다. 일본문서의 공문서로서 독도가 등장하는 최초의 중요한 자료이다.
그 내용은 다음과 같다.

즉, "오키는 북해(北海) 가운데 있다. 그래서 오키도라고 한다. ......

---

33) 한국북방학회편(2004)『한국북방학회 논집』p.304.; 최장근(2007)『독도
관련연구경향(1948-현재: 역사학』동북아역사재단, p.30.

(隠岐와-필자 주) 북해 사이를 2일(낮) 가고 1야(밤)를 가면 송도(독도)가 있다. 또 1일(낮) 거리에 죽도(울릉도)가 있다. ....이 2섬은 무인도인데, (이 2섬에서-필자 주) 고려를 보는 것이 마치 운주(雲州)에서 오키(隠岐)를 보는 것과 같다. 그러한 즉 일본의 서북경계는 이 주(州; 隠岐-필자 주)로 삼는다."라고 했다.

『은기시청합기』는 제목에서도 알 수 있듯이 일본영토인「은기」에 관한 글이다.「은기」에서 들은 이야기로서 일본영토의「운주와 오키」처럼, 서북방향에 고려영토의「울릉도/독도」가 있다고 하는 형식으로「오키」의 위치를 명확히 한 문맥이다. 따라서 일본의 서북경계는 오키로 삼는다라고 해석하는 것이 타당하다. 앞에서도 언급했듯이 1693-1696년 사이에 조선과 막부 사이에 울릉도의 영유를 둘러싸고 외교담판이 있었을 때 이 공식문서를 막부가 일본영토로서의 증거로 삼지 않았다. 그것은 바로 이러한 사실을 입증하는 것이다.『은주시청합기』에 등장하는 송도와 죽도는 조선영토라는 것이다. 또한「주(州)」는 원래 행정단위로 사용하는 한자어이다. 송도와 죽도는 섬의 이름으로서 행정단위가 아니다. 오키는 행정단위에 해당한다.

그럼에도 불구하고, 오쿠하라는「이 주(州)」의 해석을 왜곡하여「울릉도/독도」가 일본의 서북경계라고 해석했다. 일본정부는「은주시청합기」를 근거로 당시의 울릉도·독도가 일본영토였다고 왜곡하고 있다. 오쿠하라는 고문헌을 연구하는 학자도 아니고 소학교장의 신분이었다. 학자로서 사료를 본질에 입각하여 정확히 해석하려는 모습은 어디에도 찾아볼 수 없었다. 단지 신영토 편입을 정당화하려는 내셔널리스트로서 국익을 위해 그 역할을 다하려고 했을 뿐이다.

또한, "『죽도도설』,『죽도고』에서의 죽도에 관한 기사는 모두 울릉도의 기사이고, 신영토가 아님을 증명할 수 있다"라고 부연한 것은 1905

년 당시의 지리학자들이 울릉도, 독도에 대한 지리적 인식이 부족하여 에도시대의 문헌에 울릉도를 지칭했던 「죽도」에 대해 신영토 「죽도」라고 잘못 해석하여 혼란을 초래했기 때문이다.

이처럼 메이지시대 당시의 일본에서는 정부는 물론이고 오키 사람들, 당시를 대표하는 지리연구서 『지학잡지(地學雜誌)』에 신영토 죽도를 게재한 다나카 아카마로(田中阿歌麻呂) 조차도 과거 울릉도를 일컫는 죽도와 신영토의 죽도를 분간하지 못했을 정도로 독도에 대한 지리인식이 부족했다.[34]

오쿠하라는 러일전쟁 중에 외무성이 전략적 가치를 중시하여 조치한 신영토 죽도편입의 정당성을 주장하기 위해 『은주시청합기』, 『죽도도설』, 『죽도고』 등의 일본 고문헌을 제대로 해석하지 않고 일본에 유리한 쪽으로만 해석하는 오류를 범했다. 실제로 『죽도도설』, 『죽도고』는 민간의 전승을 기록한 신뢰성이 떨어지는 사적인 문서이다. 위에서 언급했듯이 공문서인 『은주시청합기』에서는 일본의 서북경계가 오키라고 명확히 기록하고 있다.

그렇다면, 영토편입 이전의 오키 사람들의 독도인식은 어떠했을까? 1894년 1월 14일자의 『산음신문(山陰新聞)』에는 「조선 죽도탐험」이라는 제목의 글이 실렸다. 그 내용은 「죽도(울릉도-주)는 오키에서 서북 80여리의 바다 가운데 있는 섬이고, (오키에서) 배를 타고 50여리 지점에 한 개의 작은 섬이 있다. 그런데 일본사람들은 이 섬을 리앙코섬이라고 한다. 그 주위는 약 1리 정도로 3개의 도서로 되어 있고 이 섬에 바다짐승인 강치가 서식하고 있고 그 수는 수백 마리이다」라고 기술하고 있다.[35] 조선의 죽도탐험이라는 기사에 독도의 존재를 기록하고

---

34) 田中阿歌麻(1905) 「隠岐国竹島に関する舊記」『地學雜誌』, pp.200-202.
35) 「伯耆志し」의 기록을 토대로 에도시대의 米子의 大谷와 村川가 울릉도 도

있다. 즉 독도가 일본영토가 아니라는 인식이다. 조선영토인 울릉도의 부속 섬 정도로 표기하고 있다.

또 1903년부터 독도에서 강치잡이를 시작한 나카이는 1904년 이 섬은 일본에서 리앙코섬이라고 부르지만, 조선영토라고 생각된다고 기술하고 있다.[36] 나카이 본인이 저술한 『사업경영개요』(1910년)에서는 「죽도에 강치가 많이 군집하는 것은 종래 울릉도방면의 어부들이 잘 알고 있는 사실이다. .... 본도 울릉도에 부속하여 한국영토라는 생각을 갖고 장차 통감부에 가서....」라고 진술하고 있다. 이러한 나카이의 인식은 『산음신문』의 「조선 죽도탐험」에서 보이는 독도인식과 동일하다.

그런데 영토편입 후 1906년에 독도를 방문했을 때 동행한 오쿠하라는 나카이의 진술을 듣고 기록한 『죽도 및 울릉도(竹島及鬱陵島)』에는 「나카이 요사부로씨는 리양코도를 조선영토라고 믿고, 조선정부에 대여청원을 결심하고 1904년 고기잡이 시기가 종료되고 곧바로 도쿄에 상경하여 오키 출신인 농상무성 수산국원 후지타 칸타로(藤田勘太郎)씨에게 도모하여 마키(牧) 수산국장에게 진술했다」라고 하여 오꾸하라도 나까이가 독도를 조선영토로 인식하고 있었다고 기술하고 있다.[37]

일본정부는 1905년 2월 내각회의를 거쳐, 현 고시 40호로 시마네현 소속으로 독도를 일본영토에 편입했다고 주장한다. 일본 해군성 수로부는 이번 일본정부의 죽도편입조치를 기정사실화하여 죽도가 일본영도의 일부분이 되었다는 인식을 가졌다.[38] 그래서 해군성 수로부는

항과정에 독도에서 강치 기름을 채취했다는 田村연구를 인용하여, 강치는 근세시대에도 존재했다고 지적하고 있다.

36) 島根県誌, 立志伝, 経営概要 등 1906년 中井가 직접 작성한 「사업경영개요」의 내용.
37) 奥原福市(1907) 『竹島及鬱陵島』, pp.27-32. 이는 1906년 기술의 「竹島沿革考」(『歴史地理』 第8巻第6号)와 동일한 내용임.

1907년『일본수로지』제4권을 개정하면서 해도(海圖)에서 오키도 북방에 독도를 그려 넣었다.[39] 이처럼 일본정부의 관계부처가 독도를 일본영토로 인식하기 시작한 것은 바로 1905년 영토 편입 이후였다. 1905년 이전에는 독도를 전적으로 조선영토로 인식하고 있었던 것이다.

일본 해군 수로국은 1910년 조선을 일본에 병합하고 나서, 1911년『조선수로지』를 단행본으로 편찬하던 것을 중단하고,『일본수로지』제6권에 흡수하여 편찬했는데, 여기에 독도를 포함시켰다.『조선수로지』를『일본수로지』에 포함시킨 이유에 대해서 다음과 같이 주석을 달고 있다. "본서는 조선전안의 수로로서 1910년 조선을 우리(일본) 제국에 병합시켰기 때문에『일본수로지』제6권이라는 제목을 붙여서 간행한다." 이처럼 과거 한국이 일본에 병합되기 이전에 조선수로지에 독도가 포함되었다는 것은 독도를 조선영토로 간주했기 때문이라는 것을 의미한다.

요컨대 근대일본 정부는 쇄국정책으로 인해 막부시대가 일본 이외 지역으로 일본인의 도항을 금지하고 있어서 울릉도와 독도를 조선영토로 인식하고 있었던 것을 메이지시대에도 그대로 계승했던 것이다. 근대 국민국가가 된 메이지정부는 울릉도와 독도가 조선영토라는 막부의 전통적인 인식과 서양지도의 영토인식을 바탕으로 일본의 지리학자는 물론이고, 시마네현의 오키도 사람들조차도 독도에 대한 영유권 의식이 없었다. 근대일본의「지리지」나「해도」에서 독도를 조선영토로 표기하고 있었기 때문에 이들도 독도를 조선영토로 인식하고 있었던 것이다. 이처럼 근세는 물론이고 근대에도 독도를 조선영토로서 인식하고 있었는데, 일본정부(외무성)가 러일전쟁 중에 있었던 나카이의 '영

---

38) 조선에서는 일본이 독도를 편입했다는 사실을 공식적으로 통보를 받은 적이 없었으므로 일방적인 불법조치였다고 할 수 있음.

39) 堀和生(1987)「1905年日本の竹島領土編入」『朝鮮史研究会論文集』24.

토대여원' 신청을 계기로 내무성의 반대에도 불구하고 침략적인 책략으로 전신 망루를 설치하고 러일전쟁을 유리하게 전개하기 위해 독도를 일본영토에 편입하는 조치를 단행했던 것이다.

6. 맺으면서

이상과 같이 메이지정부의 독도인식과 『은주시청합기』의 해석상 오류에 관해 고찰했는데, 그 요지는 다음과 같다.

첫째, 막부말기 일본유식자들은 유럽열강들의 동아시아 진출을 대외적 위기로 간주하고 위기극복의 방법으로서 식민지개척을 역설했다. 이때 조선과 중국대륙으로 식민지를 개척하고, 조선침략을 위해서는 울릉도를 점령해야한다고 주장하기도 했다. 이때에 울릉도와 독도에 대한 영토인식은 조선영토로서 인식하고 있었다는 점이다.

둘째, 근대 국민국가 건설을 목표로 한 메이지정부는 독도를 줄곧 조선영토로 인식하고 있었다는 것을 1869년의 조선국교제시말서, 1877년의 태정관문서, 그 후 메이지정부가 발행한 지리지 등에서도 분명히 독도를 한국영토로 인식하여 일본영토라는 인식이 전혀 존재하지 않았다는 것이 분명했다.

셋째, 1905년 메이지 정부가 러일전쟁 중에 독도를 일본영토에 편입하는 조치를 취한다. 그 편입 동기가 만주와 조선, 그리고 조선반도 주변해역을 전쟁터로 하여 러일전쟁이 한참이던 시기에 조선반도와 일본열도간의 통신을 원만히 하기 위해 지리적으로 중간지점에 있는 울릉도와 더불어 독도를 연결하는 전신선을 설치하기 위해서였다는 것이다. 이는 당시 한국이 독도를 고유영토로 취급하고 있었다는 사실을 전적으로 무시한 침략적인 행위였다.

넷째, 일본은 1905년 독도를 시마네현 소속으로 편입조치를 취하고 그 1년 후 시마네현 관리 일행이 신영토 '죽도'를 처음으로 방문했다. 그 일행이었던 오쿠하라가 귀국 후 신영토 편입의 정당성을 주장하는 기록을 남겼다. 이때에 오쿠하라가『은주시청합기』를 왜곡하여 일본영토로서의 역사적 권원으로 제시하기 시작했던 것이다.

다섯째, 현재 일본정부는『은주시청합기』를 일본영토로서의 역사적 권원으로 제시하고 있다.『은주시청합기』는 실제로 독도가 한국영토라고 해석됨에도 불구하고 전후 오쿠하라의 해석을 무비판적으로 수용함으로써 이러한 오류가 발생되었던 것이다.

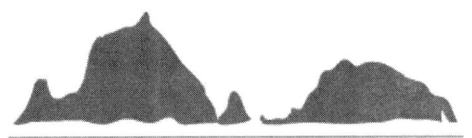

제3부
전후 일본의
사료조작

제6장 「가와카미 겐조」의 독도에 관한
　　　역사적 권원 조작에 관한 연구
제7장 「가와카미 겐조」의 국제법적 지
　　　위 조작에 관한 연구
제8장 「다무라 세이자부로」의 죽도 영
　　　유권 조작에 관한 연구
제9장 한국의 울릉도·독도개척사에
　　　대한 일본의 조작행위
제10장 일본의 사료 왜곡 해석과 독도
　　　영유권의 부정

「가와카미 겐조」의 독도에 관한 역사적 권원 조작

제6장 - 평화선선언 시기 일본정부의 '죽도=일본영토' 논리조작을 중심으로 -

1. 들어가면서

일본정부는 「죽도가 일본영토인 근거로서 10포인트」를 만들어 외무성 홈페이지를 통해 한국의 독도를 일본영토라고 대내외적으로 홍보하고 있다. 또한 10포인트를 바탕으로 초중고 학교에서 '죽도'교육을 의무화했다.[1] 그러나 분명히 일본이 주장하는 영유권 논리는 사실과 다른 조작된 것이다. 현재 시마네현이 운영하는 죽도문제연구회가 이 논리에 입각해서 논리조작[2]에 박차를 가하고 있다. 그렇다면 이런 논리

---

1) 논리적 모순에 대해 나이토가 분석하고 있다. 나이토 세이추(內藤正中)저·곽진오/김현수역(2008) 『한일간 독도·죽도논쟁의 실체』책사랑. Web竹島問題硏究所, http://www.pref.shimane.lg.jp/soumu/(검색일; 2011.3).
2) 독도가 한국영토라는 객관적 사실조차도 인정하지 않고 일방적으로 객관적인 증거가 없음에도 불구하고 죽도가 일본영토라는 것을 대전제로 두고 논리를 만드는 것은 조작이라는 용어가 가장 적합하다. 조작이라는 용어

의 기원은 어디일까? 과거로 돌아가 보면 1952년 대한민국정부가 대통령주권선언으로 평화선을 선언했을 때 일본은 이를 인정할 수 없다고 항의했다. 한국정부가 일본에 대해 독도가 한국영토인 근거를 제시했다. 그때 일본은 한국의 영유권주장에 대응하기 위해 '죽도'가 일본영토라는 논리를 조작하기 시작했다. 이를 담당한 사람이 바로 외무성관리였던 가와카미 겐조(川上健三)였다.[3] 당시 조작된 가와카미 논리는 오늘날에도 대표적인 일본영토론으로 자리잡고 있다.[4]

따라서 본 연구의 목적은 오늘날 '죽도[5]=일본영토'론의 정당성을 고찰하기 위해 그 바탕이 된 가와카미 논리의 문제점을 분석하는 것이다.

가와카미가 1953년 8월 일본외무성 조약국 소속으로 있으면서 『죽도의 영유』[6]를 집필했다. 본 연구는 이를 분석함으로써 가와카미 논리를 규명하려고 한다. 본 연구에서는 가와카미 논리 중에서도 특히 역사적 권원을 조작한 부분을 중점적으로 고찰할 것이다.[7] 선행연구에서는

는 감정이입적인 용어가 아니라 현상 표현적 용어라고 할 수 있기에 학술 용어로 적절하다고 본다.

3) 1954년 1월 浦廉一는 『竹島의 領有』가 아주 논리 정연한 훌륭한 저서라고 호평했다(浦廉一 「(書評)外務省条約局, 『竹島の領有』」, 『史学研究』제53호, 広島史学研究会). 당시 시마네현에서도 다무라 세이쟈부로(田村清三郎)가 죽도논리를 계발하는 연구를 진행했다(田村清三郎 『島根県竹島の研究』総務部総務課, 1954년 3월). 다무라는 죽도에 대한 실효적 지배에 관해 중점적으로 분석했다. 사실 가와카미 논리의 기원은 거슬러올라가면 奥原福市(『竹島及鬱陵島』, 1907. 「竹島沿革考」, 『歴史地理』第8巻 第6号)이다.

4) 대표적인 인물이 시모조 마사오(下條正男)이다. 대표저서로서, 下條正男 『「竹島」その歴史と領土問題』竹島・北方領土返還要求運動島根県民会議, 2005. 下條正男 『竹島は日韓どちらのものか』文春親書377, 2004가 있다.

5) 본 연구에서는 일본영토로서는 '죽도', 한국영토로서는 '독도'라고 표기하도록 한다.

6) 川上健三(1953) 『竹島の領有』日本外務省条約局.

7) 본고에 활용한 자료는 『독도관련연구경향(1948-현재: 역사학)』(최장근, 동북아역사재단, 2007)에서 인용했음.

「죽도문제연구회」의 활동 성과였던 「중간보고서」[8]와 「최종보고서」[9]를 분석하면서 가와카미 논리의 모순성을 지적한 바 있다.[10] 하지만 가와카미 논리를 총체적이고 본격적으로 분석한 연구는 아니었다. 본 연구의 의의는 바로 이 점에 있다고 하겠다.

2. '죽도=일본영토'의 논리 조작

가와카미는 「다음의 근거는 역사적으로나 국제법적으로 일본영토임을 명확히 해준다.」[11]라고 하여 다음과 같이 근거를 제시하고 있다.

역사적 근거에 대해서는 「죽도는 일본이 역사적 권원을 가지고 있는 고유영토이다. 에도시대에 울릉도는 일본에서 죽도, 지금의 죽도는 송도(松島)로 알려져 있었는데, 한국측 문헌에서도 분명히 나타나고 있다. 그런데 1840년 시볼트가 제작한 '일본도(日本図)'에 울릉도를 송도로 표기하였는데, 유럽에서 이를 답습하여 작은 소도(小島)가 지금의 죽도가 된 것이다. 죽도의 역사적 관계를 고찰해보면, ①울릉도가 죽도, 기죽도라고 불리어지던 막부시절에 일본인의 죽도도항을 금지한 적이 있는데, 이는 지금의 죽도와 무관하다. ②지금의 죽도는 옛날에 송도라는 이름으로 일본에 알려져서 일본영토의 일부로서 생각되었던 지역이다. ③이에 대해 한국측이 지금의 죽도를 예부터 인지하고 있었

8) 죽도문제연구회편(2006.5) 『중간보고서; 죽도문제에 관한 조사연구』죽도문제연구소.
9) 죽도문제연구회편(2007.3) 『중간보고서; 죽도문제에 관한 조사연구』죽도문제연구소.
10) 영남대학교 독도연구소엮음(2009) 『독도 영유권 확립을 위한 연구』영남대학교독도연구소 독도연구총서3, 경인문화사 참조.
11) 川上健三(1953) 『竹島の領有』日本外務省条約局, pp.7-9.

다는 증거는 없으며 특히 우산도 또는 삼봉도가 지금의 죽도라는 한국
측의 주장은 아무런 근거가 없다는 결론이 규명된다.」[12]라고 했다.

사실 이러한 일본의 주장이 모순임을 밝히는 많은 자료들이 있지만,
예를 들면 안용복사건이 계기가 된 막부의 「죽도(울릉도) 도항금지령」
만 보더라도 충분히 논증된다. 1696년 막부에서 죽도(울릉도) 도항을
금지한 것은 울릉도와 독도에 대한 도항금지였다. 당시 일본어부들이
막부로부터 울릉도의 도항을 허가받았다는 것은 울릉도를 목적으로 도
항했다는 증거이다. 당시 독도의 가치로 볼 때 실제로 독도는 사람이
살 수 없는 작은 무인 암초였기에 일부러 독도만을 위해 도항할 이유가
없었다. 그래서 기록상으로 보여지는 것처럼 막부가 울릉도 도항을 금
지한 것은 자연히 독도에 대한 도항금지도 포함되었다고 할 수 있다.
독도에 대해서는 막부가 도해면허를 하지 않았기에 일부러 도항금지령
을 내릴 필요성이 없었던 것이다.[13] 일본영토론자들은 울릉도 도항금
지에 독도가 제외되었다고 하지만, 이는 영유권을 주장하기 위한 오늘
날 조작된 일본적 논리이다. 이렇게 말할 수 있는 것은 문헌적으로나
정황상으로나 독도가 일본영토라는 논거가 전혀 없을 뿐만 아니라, 막
부가 독도도항은 허가했다는 근거도 없다. 반면 한국측에서는 후술하
는 것처럼 조선시대에 동해에 울릉도와 더불어 우산도(독도)가 있다는
식으로 독도를 조선의 영역에 포함시키고 있었고, 또한 안용복사건 때
안용복이 일본의 지방관에 대해 독도(송도)가 울릉도와 더불어 강원도
의 「자산도」임을 분명히 했을 때 이를 부인하지 않았다.[14] 따라서 당
시 일본측 막부서 돗토리번에 문의했을 때 「죽도(울릉도)와 송도(독도)

---

12) 川上健三(1953) 『竹島の領有』日本外務省条約局, pp.7-8.
13) 内藤正中・朴炳渉(2007) 『竹島＝独島論争』新幹社, p.16.
14) 權五曄・大西俊輝注釈(2009) 『獨島의 原初記錄: 元禄覺書』제이앤씨, pp.259-261.

는 일본(인슈 ; 因州, 하쿠슈 ; 伯州)의 소속이 아니다」라고 하여 울릉도
와 독도가 일본영토가 아님을 분명히 했던 것이다.[15]

국제법적 근거에 대해서는 「죽도는 국제법적으로도 일본영토로서
합당하다. 법적으로 보면, 1905년 2월 22일 시마네현에 고시40호로 정
식적으로 영토로서 편입했고, 그 후 제2차 대전 발생 직후까지 유효적
으로 경영을 했으며, 그 사이에 한 번도 일본영유에 이의를 제기한 국
가가 없었으므로 국제법상 의문의 여지가 없다. 또한 평화조약에서도
조선이 독립되었는데, 조선의 범위는 1910년 일한합병 당시의 한국영
토를 일본영토에서 분리한 것으로 그 이전에 일본영토가 되었던 죽도
가 제외되는 것은 당연하다. 게다가, 한국이 주장하는 1946년 1월의 사
령부각서의 행정권 정지와 맥아더라인 외곽에 놓여있었던 것은 최종적
인 영토조치가 아니었으므로 아무런 관계없다. 그리고 일미행정협정에
의거하여 재일미군의 해상연습장으로서 죽도가 미일합동위원회의 심의
대상이 된 것은 일본영토를 전제로 하고 있기 때문이다.」라고 했다.

사실 이러한 주장들이 모순이라는 것은 1952년 한국정부의 평화선
선언데 대해 일본이 영유권을 주장한 이후 꾸준히 독도 연구가 진행되
어 일본측의 주장이 모순이라는 것이 밝혀졌다. 첫째로 1905년의 시마
네현 고시40호의 무주지 선점론에 의한 죽도 편입조치에 대해서는 이
미 1900년 대한제국이 일본보다 먼저 울릉도에 존재했던 우산국 이래
의 역사적 권원에 바탕으로 고종황제의 칙령41호로 국제법적 조치를
취하고 있었다. 「석도(石島)」라는 이름으로 독도를 울도군의 행정관할
구역에 포함시켜 영토로서 관리했던 것이다.[16] 이런 사실은 1906년 대
한제국정부가 심흥택 군수로부터 「본군 소속 독도」를 일본이 '죽도'라

---

15) 內藤正中・朴炳涉(2007)『竹島＝独島論争』新幹社, pp.16-17.
16) 송병기편(2004)『독도영유권자료선』한림대학교아시아문화연구소, pp.237-241.

는 이름으로 영토적 조치를 취했다는 사실을 보고받고 통감부에 공식적으로 항의했던 것으로도 충분히 알 수 있다.[17] 한국은 독립과 동시에 바로 연합국의 조치에 의거하여 독도의 실효적 점유를 시작하였으며,[18] 대일평화조약에서도 한국의 실효적 점유를 부정하지 못했다.[19] 이러한 과정을 거쳐 현재 한국은 독도를 실효적으로 관리하고 있는 것이다.

요컨대 가와카미 논리의 모순성은 다음과 같다. 즉 역사적으로 에도시대에 독도가 송도라고 불렸기 때문에 일본영토이라는 주장만으로 설득력이 없고, 당시 조선이 독도를 영토로서 인식하고 있었는가에 대해서도 객관적으로 고찰해봐야 한다. 또한 일본은 국제법상으로 1905년 2월 죽도편입조치가 무주지 선점이론에 의해 합법하다고 주장하지만, 객관적으로 합법성 여부를 따져야할 것이고, SCAPIN 677호, 맥아더라인 등 모든 연합국 각서는 한국의 관할권과 통치권을 인정한 것인 반면 일본의 관할권을 부정한 것이다. 또한 대일평화조약에서 한국의 관할권을 부정하지 않았다는 것이 매우 중요하다.[20] 미일합동위원회에서 독도를 공군훈련장에서 제외한 것은 한국정부의 요청에 의한 것이다.[21] 미국은 연합국 일원의 1개 국가에 불과한 것으로 독도가 미일합동위원회에서 심의대상이 되었다고 해서 바로 국제법상으로 일본의 영유권를 인정하는 증거라고 주장하는 것은 설득력이 없다. 대일평화조

---

17) 최장근(2010) 『일본의 독도·간도침략구상』백산자료원, pp.69-92.
18) 동상.
19) 동상.
20) 나이토 세이추(內藤正中)저·곽진오/김현수역(2008) 『한일간 독도·죽도 논쟁의 실체』책사랑, pp.51-56.
21) 나이토 세이추(內藤正中)저·곽진오/김현수역(2008) 『한일간 독도·죽도 논쟁의 실체』책사랑, pp.57-59.

약에서는 독도를 일본영토로 인정하지 않았다.[22]

3. '일본의 고문헌'으로 일본영토론 조작

가와카미는 일본의 고문헌, 일본의 고지도, 유럽지도에서의 도명변천을 증거로 독도가 일본영토라고 주장한다.

일본측 고문헌을 활용하여 다음과 같은 논리를 만들고 있다. 즉「『은주시청합기(隱州視聴合紀)』(1667)는 죽도를 일본영토로 표기하고 있다. 이 기록의 송도(松島)는 지금의 죽도(竹島)이고, 오키(隱岐)어부들이 실제로 보고들은 이야기를 채록한 것이므로 가치가 높다.『은기고기집(隱岐古記集)』(1823)는 죽도를 일본영토로 표기하고 있다.『고기집(古記集)』에도 죽도와 송도가『은주시청합기』처럼 기록하고 있다.『죽도도해유래기발서공(竹島渡海由来記抜書控)』(시마네현 소장)[23]에 죽도를 일본영토로 표기하고 있다. 1681년 오야 신이치(大谷甚吉)의 3대

---

22) 김병렬(1998)「대일강화조약에서 독도가 누락된 전말」, 독도연구보전협회 편『獨島領有權과 領海와 海洋主權』독도연구보전협회, pp.165-195.

23)「大谷九右衛門竹島渡海由来記抜書控」의 39페이지 4번째 줄에「도쿠가와(大猷院)님 시절에 죽도(竹島=울릉도)로 가는 해로 도중에 송도(松島=독도)라는 섬을 발견하고 이를 보고하자 죽도(竹島=울릉도)와 마찬가지로 지배하는 걸 허락해주셨습니다. 죽도(울릉도), 마츠시마(독도), 이 두 섬을 건너갈 수 있게 허락해주신 건 무척 감사하고 행복한 일이라고 생각합니다「大猷院様御代竹島之海道ニテ、又松島と申=島を見出し御注進奉申上候得共、竹島之通支配御預ケ被為遊、右両島ヘ渡海仕来重々難有仕合奉存候)」라고 쓰여 있다(http://dokdocenter.org/dokdo_news/발췌). 그러나 후세에 기록한 것으로 증거가 없다. 池内敏는 송도(독도)면허는 당초부터 없었다고 논증했다(内藤正中・朴炳渉(2007)『竹島=独島論争』新幹社, pp.72-79, 池内敏(1999)「竹島渡海と鳥取藩」,『鳥取地域史研究』第1号, p.38).

후손인 '구에몽(九右衛門勝信)'의 청서(請書)에 죽도의 길목에 '소도(小島)가 있다'는 기록이 있는데, 이 소도는 송도이다. '기죽도각서(磯竹島覚書; 內閣文庫)'에는 1696년 마쓰다이라(松平) 호키모리(伯耆守)가 송도로 어로하는 것은 죽도도해 도중에 있어서 들리는 곳으로 송도를 목적으로 가는 경우는 없다.」라고 하여 죽도를 일본영토로 표기하고 있다. 『죽도도설(竹島図説)』(內閣文庫本; 1751-63)은 「오키국 송도의 서도(西島)에서 해상으로 40리 북방에 죽도가 있다」는 것을 해석하여 「죽도가 동서 양도로 되어 있음이 분명하다.」라고 하여 죽도를 일본영토로 표기하고 있다. 『장생죽도기(長生竹島記)』(1801)는 「전해들은 것으로 죽도마루(竹島丸)가 울릉도 도항 때 송도를 도중 기항지로 항상 활용했다」고 하는 것으로 죽도를 일본영토로 표기하고 있다. 『통항일람(通航一覧)』(권137)도 「죽도를 일본영토로 표기하고 있다.」[24]라고 했다.

사실 일본의 막부에서는 1692년 안용복과 일본어부들의 영유권논쟁에 의해 양국 간의 울릉도 영토분쟁이 발생되어 1696년 최종적으로 울릉도와 독도가 일본영토가 아니고 한국영토임을 분명히 하여 일본인들의 도항을 금지했다.[25] 그리고 메이지정부는 1869년 외무성이 조선침략을 위해 도서를 조사하여 「울릉도, 독도가 조선영토인 시말」이라는 문서를 정부에 보고했고,[26] 1877년 태정관에서는 부속지도에 독도의 위치를 명확히 그려 「울릉도와 1도(오늘날 독도)는 일본영토와 무관하

---

24) 川上健三(1953) 『竹島の領有』日本外務省条約局, pp.9-12.
25) 도해금지는 울릉도뿐이었지만, 사실 안용복에 의해 울릉도와 독도가 조선영토임을 주장하여 막부에서 돗토리번에 문의한 결과 울릉도와 더불어 독도도 일본영토가 아님을 명확히 확인했다. 그러나 독도에 대해서는 당시의 독도는 분쟁을 일으킬만한 가치가 없는 바위섬이었기에 분쟁의 대상이 될 수 없었을 뿐만 아니라 도해면허를 하지 않았기 때문에 도해금지를 내릴 이유가 없었다.
26) 신용하(1996) 「독도의 민족영토사 연구」지식산업사, pp.164-178.

다」고 하는 내용의 태정관문서를 내무성에 하달했다.[27] 또한 해군성은 「조선동해안도」(1876), 「조선수로지」(1894), 「환영수로지」(1886)와 육군성에서도 수로지를 작성하여 울릉도와 더불어 독도가 일본영토가 아님을 분명히 했다.[28]

요컨대 가와카미 논리의 모순은 다음과 같다. 즉『은주시청합기』에서는 해석상 일본의 서북경계는 오키도(隱岐島)이고, 죽도와 송도가 조선의 영토라고 기록하고 있다.『은기고기집』는『은주시청합기』를 답습하고 있으므로 영유의식이 그것과 동일하여 죽도(울릉도)와 송도(독도)가 일본영토가 아니라는 의미이다. 내용적으로 보더라도 죽도에 조선인이 거주하고 있다는 표현만 있고 송도와 죽도가 일본영토라는 표현은 없다. 게다가『은기고기집』은 전문에 의한 것이므로 영유권의 근거가 될 수 없다.『죽도도해유래기발서공』[29]은 후대에 기록한 것이고, 위치관계를 언급한 것으로 국가가 주체가 되어야 하는 영유권과 무관하다. 죽도도해가 금지되었으므로 송도에 갈 일은 없어졌다는 것을 의미하고, 송도는 죽도도해와 관련이 있는 곳으로 죽도도해가 금지되었다는 것은 송도의 도해도 금지되어 일본과 무관한 섬이라는 것으로 해석된다. '오키국 송도'라는 표현으로 송도가 일본영토로 표기되어 있으나,『죽도도설』은 후세의 전문이므로 영유권의 증거가 될 수 없다. 무엇보다 중요한 것은 일본측의 중앙정부나 지방정부에서 영유의식이 없었다는 것이다.

---

27) 동상.
28) 동상.
29) 「오오야 큐에몽 가쓰히로(大谷九右衛門勝廣) 지음. 오야 가문의 유서(由緒)와 다케시마 도해의 유래에 관한 기록이다. 마가모(間鴨) 가문 8대 마사카리(正借)가 메이지 1년(1868) 이후 필사했다고 생각되는 책이다.」(朴炳涉),「안용복 사건에 대한 검증(安龍福事件に対する検証)」해양수산개발원 연구과제, 2007. 12.

4. '일본의 지도와 조선측 고문헌'으로 일본영토론 조작

　가와카미는 일본의 지도와 조선측의 고문헌에서 독도가 일본영토로서 기록되어 있다는 논리를 펴고 있다.

　일본의 지도에 대해 「나가쿠보 세키스이(長久保赤水)의 '일본여지노정전도'(1775)는 죽도를 일본영토로 표기하고 있다. 곤도 모리시게(近藤守重)의 '금소고정분계지도(今所考定分界之図)'('辺要分界図考'所收; 1804)도 죽도를 일본영토로 표기하고 있다. 2개의 고지도는 2개의 섬을 그리고 있다. 특히, 나가쿠보 세키스이의 '일본여지노정전도'는 일설에는 기죽도에서 고려가 보이고, 또 운주가 오키에서 보인다고 한다. 이외에도 에도시대 중기 이후의 일본지도에도 죽도를 일본영토로 표기하고 있다.」[30]라고 하여 일본지도에 죽도(울릉도)와 송도(독도)가 표기되어 있다고 하여 독도가 일본영토라는 논리를 펴고 있다. 이러한 논리가 모순이라는 것은 간단히 알 수 있다. 예를 들면, 안용복사건으로 울릉도를 둘러싸고 조선측과 일본측의 중앙정부 사이에 영토분쟁이 일어났을 때 일본측의 중앙정부가 울릉도가 조선영토임을 명확히 했다.[31] 그럼에도 불구하고 그 이후에 일본지도에 울릉도와 독도가 표기되어있다고 하여 일본영토로서의 근거라고 주장하는 것은 모순이다. 이는 영유표기가 잘못된 것이거나 아니면 영유권과 무관하게 지리적 위치를 표기한 것으로 해석해야할 것이다.

　조선측의 고문헌에 대해, 『『지봉유설』(권2 지리부; 1614)에도 죽도를 일본영토로 표기하고 있다. 즉 이수광의 『지봉유설』은 '기죽도는 울

---

30) 川上健三(1953) 『竹島の領有』日本外務省条約局, pp.12-13.
31) 内藤正中・朴炳渉(2007) 『竹島＝独島論争』新幹社, pp.80-82.

릉도(조선)인데 왜놈들이 점거하고 있다」라고 하여 일본이 실효적으로
관리하고 있다고 했다. 원래의 해석은 임진왜란 이후에 조선영토인 울
릉도에 일본인들이 자주 침입한다는 것을 지적한 것이다. 이는 조선이
울릉도를 영토로서 관리하고 있는 구체적인 증거이다. 그런데 가와카
미는 이를 오히려 일본영토론을 조작하는데 활용했다.

또한 가와카미는 『통항일람』(권137)에 의하면, 쓰시마번은 1694년
조선 예조참판 이여(李畬), 1698년 조선국 예조참의 이선박(李善薄)이
울릉도가 1도2명이라고 주장하는 것을 인정했다[32]고 하여 울릉도가
일본영토라고 주장한다. 1694년의 것은 울릉도를 둘러싼 영유권논쟁
과정에 원만한 해결을 위한 해결안으로 제시한 것으로 최종적인 것이
아니었다. 최종적으로는 1696년 막부가 울릉도를 조선영토로 인정했
다. 그런데 1698년 1도2명이라고 주장했기 때문에 울릉도가 조선영토
가 아니라고 주장하는 것은 모순이다.

요컨대 가와카미 논리의 모순은 다음과 같다. 즉 안용복사건 이후의
일본측 지도에 조선과 오키섬 사이에 죽도와 송도라는 2개의 섬이 존
재한다고 표기되어있다. 그런데 영유권에 관해서는 이미 울릉도가 조
선영토로 인정된 이후에 관찬지도인 나가쿠보 세키스이의 「개정일본
여지노정전도」(1779)에 2개의 섬인 송도(독도)와 죽도(울릉도)가 표기
되었다는 것은 이 지도가 영유권을 위한 지도가 아니라는 것이 명확하
다.[33] 또한 『지봉유설』에서는 조선의 울릉도에 일본인들이 침범했다
고 고발하는 내용이다. 그런데 이들 사료를 가지고 독도가 일본영토라
는 논리를 만들기 위해 과거 일본이 울릉도를 실효적으로 점유했다고
하는 사료로서 악용하고 있다.

---

32) 川上健三(1953)『竹島の領有』日本外務省条約局, pp.13-14.
33) 호사카유지(2005)『일본의 古지도에도 독도없다』(주)자음과모음, pp.27-29.

5. '유럽의 지도'로 일본영토론 조작

　가와카미는 유럽지도에서 울릉도와 독도가 일본영토로서 표기되었다고 했다. 먼저 일본인이 독도, 울릉도의 명칭에 대해 혼란스러워했던 것은 시볼트가 제작한 '일본도(日本圖)'의 오류 때문이라고 했다.

　즉「①시볼트의 '일본도'에서는 1787년 프랑스의 유명한 항해사 해군 대좌 라·페루즈가 이끄는 군함의 동승자 다쥬레라는 사람이 5월 27일 울릉도를 발견하여 다쥬레라고 명명했다. 그리고 1797년 9월 하순 영국 해군중좌 윌리암 로봇 부로톤도 울릉도를 발견하여 아르고노트라고 명명했다. 이들 두 사람이 경위도를 잘못 측량하여 유럽지도에 이 섬(울릉도)이 다른 2개의 섬으로 등장하게 되었다. 시볼트는 이들 두 탐험가의 보고서 및 여러 지도를 믿고 2개의 섬(다쥬레/아르고노트)을 그렸고, 그리고 일본에서 제작된 지도에서도 오키도와 조선 사이에 죽도와 송도가 있어서 1840년 '일본도'를 제작하면서 조선측에 죽도(아르고노트), 송도(다쥴레)를 그렸다. 시볼트가「일본도」(1840)를 제작하면서 참고 한 일본 지도는 다음과 같다.「대일본세견지지장전도(大日本細見支指掌全図)」(1808),「개정일본여지노정전도(改正日本輿地路程全図)」,「개정일본도(改正日本図)」,「신판일본국대회도(新版日本国大絵図)」,「일본변략략도(日本辺略畧図)」등이 있다. 페리제독의 일본원정기 제1권(1856)의 삽입지도, 빌헬름 하이네(Wilhelm Heine)의 원정기(1855)인 '중국 및 일본연안도'가 여기에 속한다.」[34]라고 했다. 즉 시볼트가 잘못 측량된 유럽의 지도와 송도(독도)-죽도(울릉도)로 되어 있는 전통적인 일본의 지도를 이용하여「일본도」를 그렸는데 여기서 오류를 범하여 전통적인 일본지도의 송도(독도)-죽도(울릉도)라는 명칭의 혼란을 초래했다고

---

34) 川上健三(1953)『竹島の領有』日本外務省条約局, pp.14-16.

하는 것이 가와카미의 논리이다.

사실은 1696년 막부가 울릉도, 독도의 도해 금지령을 내린 이후 일본인들의 울릉도, 독도 도항은 이루어지지 않았다. 더불어 막부의 쇄국정책에 의해 19-20세기 초반에도 송도(독도)-죽도(울릉도)에 대한 명확한 지리적 인식을 갖고 있지 않았던 것이다. 만일 시볼트의 잘못된 지도를 활용했다면 그만큼 독도에 대한 지리적 인식과 영유의식이 없었다는 것을 의미한다. 그럼에도 불구하고 가와카미는 일본이 독도에 대한 영유의식이 결여되었다는 것은 언급하지 않고 시볼트가 그린 '일본도'(1840)의 오류만을 탓으로 돌리고 있다.

또한 유럽인에 의해 독도가 발견되어 표기된 지도에 대해, 가와카미는 「1849년 리앙쿠르호(프랑스)가 지금의 죽도를 발견하여 리앙쿠르(Liancourt)라고 명명했고, 1854년 파루라다호(러시아의 프차친 제독)가 죽도를 실측하여 남도와 여도(Manalai and Olivutsa rocks)라고 명명, 1855년 영국의 중국함대 소속 호넷트호가 실측하여 영국지도에 호넷트 락스(Hornet rocks)라고 명명했다. 그래서 유럽에서 제작된 지도에 아르고노트, 다쥬레, 호넷트라는 명칭이 표기되었다. 이들 지도는 시볼트의 일본지도를 참고로 하여 그렸고, 게다가 호넷트를 부가하여 아르고노트(현존 안함), 다쥬레(송도), 호넷트(두 개의 소도로 표기, 1855) 3섬이 되었다. 사실 1854년 파루라다호의 실측으로 브로톤의 울릉도 위치가 부정확한 것임을 알게 되어 브로톤이 명명한 아르고노트가 유럽지도에서 서서히 사라지게 되었다. 1879년의 '죽도, 송도, 리앙쿠르 록스', 1894년의 '아르고노트(죽도), 다쥬레(송도), 호넷트제도', 1880년의 빌헬름 엥겔만 출판, 릿타우가 그린 '일본지형도'에 '송도와 호넷트'가 표기되었다.」[35]라고 하여 명칭의 혼란을 초래했다. 하지만 울릉도와 독도가 일본영토로 표기되어 있어서 일본영토로서의 증거가 된다고 했다.

요컨대 가와카미의 모순성은 다음과 같다. 위에서도 언급했듯이 막부의 도해금지에 의해 울릉도는 물론이고 독도까지도 일본영토에서 제외되었다. 그런데 독도의 역사성을 알지 못하는 유럽인에 의해 잘못 그려진 지도에 일본영토와 더불어 동해지역에 울릉도와 독도가 표기되어 있다고 해서 이를 일본영토로서의 증거라고 주장했다.

또한 울릉도의 명칭에 관해 전통적으로 죽도(울릉도)라고 표기되었던 것이 송도(울릉도)로 바뀐 경위에 대해, 가와카미는 「1900년대의 유럽지도에 다쥬레/송도(울릉도), 리앙쿠르/호넷트(독도)가 보편화되어 종래 죽도, 기죽도로 불리었던 울릉도는 송도 혹은 다쥬레로 전화되었다.」[36]라고 하여 유럽에서 명칭표기가 잘못되었기 때문이라는 것이다. 만일 울릉도나 독도에 대해 영유권을 주장하려면 명칭에 대한 인식이 명확해야 영토인식도 명확했다고 할 수 있는 법이다. 그런데 유럽인들의 오류를 그대로 수용하여 일본영토인 섬들에 명칭변화를 초래했다고 한다면 이들 섬에 대한 영유의식이 없었다는 것을 의미한다. 가와카미는 이와 같이 유럽인들이 잘못 그린 지도에 죽도, 송도라는 명칭이 표기되어 있다고 해서 독도가 일본영토임을 인정하는 증거라고 논리를 펴고 있다.

연도	울릉도	죽도(현재)	근거
1614	기죽도 혹은 기죽		지봉유설
1667	죽도	송도	隠州視聴合紀
1694	죽도		조선국서契
1775	죽도	송도	長久保赤水
1787	다쥬레		라 페리우즈

35) 川上健三(1953)『竹島の領有』日本外務省条約局, pp.17-19.
36) 川上健三(1953)『竹島の領有』日本外務省条約局, pp.17-21.

1797	아르고노트		브로-톤
1811	아르고노트/다쥬레		아로 스미스
1840	아르고노트(타카도)/다쥬레(송도)		시볼트
1849		리앙쿠르	리앙쿠르호
1854	위치측정	위치측정	파루라다호
1855			호넷트호
1855	아르고노트(현존 안함)/다쥬레(송도)	호넷트	페리/하이네 지도
1880	송도	호넷트	릿타우
1900년대	다쥬레(송도)	리앙쿠르(호넷트)	일반 유럽지도

가와카미는 유럽지도의 영향으로 일본에서 명칭의 혼란을 겪고 있는 상황을 구체적으로 제시했다. 즉「시볼트의 지도의 영향으로 유럽지도가 울릉도를 송도라고 하여 일본에서도 섬 명칭의 혼란을 겪게 되었다. 1876년 무토 헤이하쿠(武藤平学)의 '송도개척지의(松島開拓之義)'가 대표적이다. 1860년의 '신간여지전도(新刊輿地全図)'는 네덜란드 지도를 이용하여 다쥬레를 '죽도'로 올바르게 표기했다. 1870년의 다카하시 교쿠란(高橋玉蘭)의 '대일본사신전도(大日本四神全図)'에는 죽도, 송도(별명, 호넷트 록크), 라앙쿠르 록스, 이외에 울릉도까지 게재했다. 이처럼 잘못된 것도 있지만, 에도시대 중기 이후의 일본도와 마찬가지로 일반적으로는 오키도 측을 송도, 조선 측을 죽도라고 했다. 1875년 육군참모국의 '조선전도', 1877년 문부성의 '일본전도'가 여기에 속한다.」라고 하여 일본에서 울릉도와 독도의 명칭에 대해 혼란을 겪게 된 것은 유럽지도와 시볼트의 잘못된 지도 때문이라고 하여 울릉도, 독도에 대한 지리적 인식이 부족했다는 언급은 없었다.

일본측 문헌상에 등장하는 울릉도의 명칭에 대해, 가와카미는 「문헌상으로도 1874년 이후 축차 간행된 츠카모토 아키히코(塚本明毅)의 『일본지지제요(日本地誌提要)』(오키부 : 권50)에 '서북방에 송도와 죽도가 있다'는 기록이 있는데, 1876년 무토 헤이하쿠(武藤平学)의 '송도개척지의(松島開拓之義)'에서 송도는 울릉도로서 일본에서 죽도명칭문제의 직접적인 동기가 되었다. '송도'의 명칭을 미국인 코베루가 가르쳐주었고, 여기서 죽도와 송도는 다 같이 울릉도를 두고 말하는데, 죽도는 조선에 가깝고, 송도는 일본에 가깝다고 기록하고 있으므로 송도는 유럽지도의 다쥬레에 대한 호칭이다. 1877년 도다 타가요시(戸田敬義)의 '죽도도해지원(竹島渡海之願)'에는 울릉도를 죽도라고 하여 전통적인 일본적 명칭을 갖고 있었다. 또 죽도라는 명칭은 1837년 하치에몽(八右衛門)사건으로 일본인의 도항이 금지되어 있어서 비교적 알려진 섬이었다. 이외에도 고다마 테이죠(児玉貞場), 사이토 시치로베(斎藤七郎兵衛) 등이 울릉도에 대해 송도개척을 건의했다.」[37]라고 하여 문헌상에도 혼란을 겪고 있다고 했다. 그러나 가와카미는 지도에서와 마찬가지로 문헌상에서 송도와 죽도의 명칭에 대한 혼란을 겪는 것은 울릉도와 독도에 대한 영유의식의 부족으로 생긴 오류라는 것을 전혀 언급하지 않고 있다. 일본이 독도에 대한 영토인식이 존재했다면 잘못된 유럽지도를 참고로 하지 않았을 것이다. 유럽보다 오히려 독도에 대한 인식이 부족하였기에 유럽식 명칭을 답습한 것이라고 하겠다.

　외무성의 독도와 울릉도에 관한 명칭인식에 대해, 가와카미는 「외무성 기록국장 와타나베 쿄키(渡辺洪基)는 고금동서의 기록과 지리서, 기타 잡서로 고증했다. ①옛날부터 불리던 죽도는 울릉도이다. ②데라세 섬(다쥬레도를 말함)을 송도라고 하는데, 원래 죽도로서 울릉도이다. ③일본에서 예로부터 송도라고 불렀던 섬은 호넷트 록스를 말한

---

37) 川上健三(1953) 『竹島の領有』日本外務省条約局, pp.21-29.

다.[38] ④유럽 사람들은 본래의 죽도(울릉도)를 송도라 했고, 게다가 '조유(鳥有)의 도(島)'(아르고노트 섬)는 죽도(울릉도)를 상기했던 것 같다. ⑤호넷 록스가 일본에 포함된다는 사실은 각국 지도 모두 일치한다. 그러나 두 섬(다쥬레/아르고노트)에 대해서는 의견의 일치를 보지 못하고 시마네현에 조회함과 동시에 선박을 파견하여 조사해야 한다.」[39]라고 했다.

즉 가와카미는 외무성이 유럽지도에서 독도를 일본영토로 표기했고, 울릉도를 표기한 2개의 섬에 대해서는 정확한 지식이 없어서 조사를 실시해야한다고 제안했다는 것이다. 또한 일본외무성이 동해에 몇 개의 섬이 존재한다는 것도 제대로 알지 못하면서 유럽지도에 독도가 일본영토로서 표기되어 있다고 하여 이를 일본영토로서의 증거라고 내세운다. 그러나 유럽인들의 잘못된 영유권 인식을 가지고 일본영토로서의 영토적 권원으로 보는 것은 모순이다. 그 때문에 국제법에서는 모든 지도를 영토적 권원으로 삼지는 않는다.[40]

군함 아마기(天城)의 파견에 대해, 가와카미는 「1880년 9월 군함 아마기를 통하여 송도가 울릉도인 것을 확인하고, 소도(小島)로서 죽도(竹嶼; Boussole Rocks)의 존재도 확인했는데, 이 섬은 지금의 죽도(리앙쿠르 록스. 호넷 섬)가 아니었다. 그래서 1882년 8월 26일 내무성 지리국 간행의 '조선전도', 1886년 9월 30일 수로부 발행의 '환영(寰瀛)수로지' 제2권 제2판에도 울릉도 일명 송도, 서양명 '다게렛트'라고 했다.」[41] 라

---

38) 北澤正誠(1877)「松島開拓請願書」,『竹島考証』下, 別紙 第20号. 北澤正誠 (1877.6)『竹島考証』下, 別紙, 公信13号. 北澤正誠(1966)「竹島版図所属考」, 日本外務省蔵版『日本外交文書』第16巻 참조.
39) 川上健三(1953)『竹島の領有』日本外務省条約局, pp.29-30.
40) 지도의 증거능력은 사료에 따라 가치가 있는 것도 있고 없는 것도 있다. 사료해석이 중요하다.

고 하여 당시 유행처럼 송도개척원이 접수되었을 때 군함 아마기를 통해 「송도」가 울릉도임을 확인했다고 했다. 여기서 가와카미는 조선전도와 환영수로지에 울릉도와 독도가 조선영역에 포함되어 있다는 사실을 은폐하고 있다.[42]

일본의 '메이지38년(1905) 죽도편입'에 대해, 가와카미는 「예로부터의 송도라고 불리던 소도의 명칭이 수로나 해도(海圖)에 리앙쿠르트암이라고 표기되고, 오키섬 사람들은 량코도라고 불렀다. 1905년 편입 시 죽도로 편입하면서 명칭이 완전히 바뀌게 되었다. 편입 시 죽도로 표기한 이유에 대해 '울릉도가 송도가 되어있는 이상 신도는 죽도로 할 수밖에 없다'라고 오키도사(隱岐島司)가 시마네현 내무부장에게 언급했다. 그래서 1905년 이전에 등장하는 죽도는 모두 울릉도가 아니면, 부리톤이 울릉도를 잘못 측정한 아르고노트도를 가리킨다.」[43]라고 하여 종래의 송도였던 독도가 「죽도」라는 명칭으로 변경된 것은 그만한 충분한 이유가 있었던 것으로 영유권에는 하등의 영향을 주지 않는다는 것이다.

사실 일본이 독도와 울릉도에 대해 지리적 지견이 없어서 명칭의 혼란을 초래했던 것이고, 또한 가와카미는 한국에서 이미 1900년 칙령41호로 「석도」라는 이름으로 대한제국의 영토로서 관리하고 있었다는 사실에 대해서도 언급하지 않았다.[44]

---

41) 川上健三(1953) 『竹島の領有』日本外務省条約局, pp.30-31.

42) 일본해군성수로부(1886) 『환영수로지』제2권 제2판, pp.397-398. 신용하 (1996) 『독도의 민족영토사 연구』지식산업사. 신용하(2003) 『한국과 일본의 영유권논쟁』한양대학교출판부 참조.

43) 川上健三(1953) 『竹島の領有』日本外務省条約局, p.32.

44) 최장근(2010.2) 「근대 한국의 독도관할과 통감부의 인식 -'석도=독도' 검증의 일환으로-」, 『일어일문학연구』제72집 2권, 한국일어일문학회 참조.

요컨대 가와카미의 논리의 모순은 다음과 같다. 먼저, 섬 명칭의 혼란에 관한 그 변천과정을 상세하게 설명하면서도 명칭 혼란이 막말(幕末)부터 메이지 초기는 물론이고, 1905년 편입 당시까지 지속되는 것은 영토의식이 없었다는 것을 의미하는 것이다. 그리고 1905년 일본이 무주지 선점이론으로 영토편입을 실행했다고 하지만, 사실은 이미 그 이전부터 대한제국정부가 「석도」라는 이름으로 울도군 관할로 정하여 울릉군수가 관할하고 있었던 것이다. 또한 대한제국정부는 비밀스럽게 취해진 일본의 죽도편입조치를 1년이 경과한 1906년 3월 울릉도를 방문한 시마네현 관리로부터 전해 듣고 통감부에 강력히 항의했다는 사실에 대해서도 전혀 언급하지 않았다. 죽도 편입조치는 러일전쟁 중에 은밀히 추진된 불법적인 것이었다.[45] 이러한 부분에 대해서도 전혀 언급하지 않고 편입자체가 아주 합법적인 것으로 기술하고 있다는 것이다.

6. '조선의 울릉도 공도정책'으로 일본영토론 조작

먼저 가와카미는 조선의 「우산국과 공도정책」에 대해서는 다음과 같이 인식하고 있다. 「1905년 이전의 죽도는 모두 울릉도이다. 따라서 죽도1건은 울릉도 문제이다. 『신증동국여지승람』(권45)에 의하면, 울릉도는 우산국이었는데, 512년 신라에 복속되어 조공을 바쳤고, 고려시대에도 부용국으로서 조공을 바쳤다. 그런데, 현종 초년 1010년대에 여진족의 침입을 받아 우산국은 멸망했다. 그 후 고려는 1159년 울릉

---

45) 堀和生(1987) 「1905年日本の竹島領土編入」, 『朝鮮史研究会論文集』24. 山辺健太郎(1966) 『日韓併合小史』岩波新書.

도에 이민을 계획하여 1차 조사를 했고, 최충헌의 건의로 2차 조사를 거쳐서 주민을 이주했다가 항로가 험난하여 철수하고 말았다. 조선시대에 들어와서 고려 말경에 많은 유민이 울릉도에 잠입하였기에 태종 (1401-18) 때에 김인우를 파견하여 주민을 본토로의 소환을 명했다. 그후 세종 20년(1438)에 수토사가 수백 명을 데리고 들어가 70여명을 쇄환하여 섬은 완전히 공도가 되었다. 『세종실록』에는 66명을 쇄환했다는 기록이 있다.」[46)라고 하여 조선이 15세기 중엽에 울릉도를 완전히 비워 영토로서 「방기」했다는 것이다.

요컨대 가와카미 논리의 모순성은 다음과 같다. 즉 조선실록에서도 보이듯이 조선조정은 외딴 섬의 백성을 보호하는 방법으로 섬을 비우는 정책을 실시했다.[47) 이는 1693년-1696년 울릉도를 둘러싼 조일 중앙정부 간의 외교분쟁에서 조선조정이 일본의 중앙정부인 막부로부터 영토주권을 확보한 것만 보더라도 조선조정이 울릉도를 영토로서 관리해왔다는 사실을 알 수 있다. 가와카미는 이러한 사실을 무시하고 조선이 공도정책을 실시하여 울릉도를 영토로서 포기했다고 자의적으로 해석했던 것이다.

7. '일본인의 죽도(울릉도) 도항'으로 일본영토론 조작

가와카미는 일본어부들이 도항하여 울릉도를 실효적으로 지배했다고 하는 논리를 펴고 있다. 「『태종실록』권34에 의하면, '왜구 우산, 무

---

46) 川上健三(1953) 『竹島の領有』日本外務省条約局, pp.33-35.
47) 김병렬외 5명편(2005) 『독도자료집1』동북아의 평화를 위한 바른역사정립 기획단.

릉 침략하다'라는 것처럼 일본인은 오래전부터 울릉도에 도항했는데, 조선정부에 의해 공도화 되어 완전히 방기되어졌을 때 일본인들의 왕래가 점차 늘어났다. 임진왜란 이후 약 100년 간은 완전히 일본인의 어로지가 되었다. 특히 1618년에는 호키국(伯耆國) 요나고(米子)사람 오야 진키치(大谷甚吉), 무라가와 이치베(村川市兵衛)가 번주 마츠다이라 신타로(松平新太郎)를 통해 막부로부터 죽도(울릉도)도해면허를 받아서 그 후 해마다 도해해서 잡은 전복을 막부에 헌상하게 되었다. 울릉도에 일본인들의 출어가 많아지면서 에도시대 초기이후 조선과 막부 사이에 영유권 교섭이 있었다. 『지봉유설』에 '최근에 왜놈이 기죽도를 점거했다. 기죽도는 울릉도이다.'라고 한 것에 의하면 1614년 이후이다. 『통항일람』권137, 『광해군일기』권82 갑인(甲寅) 9월 신해(辛亥)조를 인용하여 1614년 7월 쓰시마가 기죽도 영유권을 주장했고, 조선국 동래부사는 '기죽도는 울릉도로서 여지도에 기록되어 있어 조선영토이다'라고 했다. 이때는 이것 더 이상 진전이 없었다. 『통항일람』권137에 수록된 『호키민담(伯耆民談)』과 『죽도도설』에 의하면, 쓰시마와의 영유권 분쟁이후 약80년 간 오야가문(大谷家)과 무라카와가문(村川家)이 죽도 출어를 평온하게 해왔는데, 1692년 처음으로 다수의 조선인이 울릉도에 출어하여 조우했다. 일본어부는 불법어로를 제압하려고 했는데, 수적으로 열세하여 그해는 그냥 귀국했다. 다음해 1693년 봄 도항했더니 40여명의 조선인이 가옥을 짓고 영주하면서 어로에 종사하고 있어서 2명을 데리고 바로 인슈번청(因州藩廳)에 신고했다. 번은 막부의 지령을 받아서 조선인을 송환함과 동시에 조선인의 죽도 도해 금지를 조선측에 약속받도록 하고, 막부는 쓰시마에 이를 훈령했다. 쓰시마번 소우(宋)씨는 1693년 9월 다다 여자에몽(多田與左衛門)을 정사로 파견하여 교섭을 시작했다. 『숙종대왕실록』(권25) 숙종19년

(1693) 11월 18일 정사(丁巳)조과 『통항일람』(권137)에 의하면, 조선
은 안용복과 박어둔 두 사람을 인양하면서 일본과 분쟁의 여지를 남기
는 것은 국가의 장래를 불안스럽게 하는 것을 막기 위해 표면적으로
쓰시마도의 요구를 수용하여 일본령 죽도에 출어를 금한다는 회답을
보내기로 결정했다. 다른 한편으로 '우리의 국경 울릉도는 멀어서 임의
로 왕래하는 것을 금지하고 있다'라고 하여 고육지책으로 울릉도가 조
선령임을 암시했다. 이러한 조선의 회답을 접한 쓰시마도 소우씨는 울
릉도가 즉 죽도라는 것을 인정하도록 하기 위해 울릉도라는 자구의 제
거를 요구하는 서한을 1694년 2월 다다 여자에몽을 하여금 조선에 보
냈다. 쓰시마도의 2차 요구에 대해 당시 강경세력이 득세한 조선정부
는 오히려 애매한 해결은 영구히 화근을 남긴다고 하여 죽도와 울릉도
가 동일한 섬임을 성명하는 서계를 소우씨에게 보내어 쓰시마 영유설
을 반박하도록 했다. 『숙종실록』(권28) 숙종21년 6월 경술(庚戌)조 및
『본방조선왕복서(本邦朝鮮往復書)』(권38) 겐로쿠(元禄) 8년 을해(乙
亥) 6월조에 의하면, 다다 여자에몽은 자신의 사명을 관철시키기 위해
1695년 6월 조선정부의 주장에 대해 4개조를 열거하여 조선정부에 반
박했다. 조선정부는 첫째로, 해로가 험난하여 도민의 상주를 금했지만,
우리나라 여지승람에 여러 차례 관리를 파견하였다는 기록이 있다. 쓰
시마도의 소베(總兵衛)라는 사람은 여지승람을 보고 울릉도는 조선영
토라고 했다. 둘째로, 월범을 꾸짖지 않는 것은 조선영토가 아니라서가
아니다. 셋째로, 일본령 죽도라고 한 것은 사실관계를 잘 알지 못해서
생긴 일이다. 넷째로, 조정이 실언을 문책했다라고 하여 조선조정은 문
제를 피해갔다. 다다 여자에몽은 조선의 주장에 대해 11항목으로 반박
했다. 200년 전의 여지승람을 가지고 옳고 그름을 논하는 것은 잘못이
고, 죽도는 80년간 일본영토가 되었으며 매년 출어를 했는데, 조선의

관리와 만난 적이 없었다. 지봉유설로 1도2명이라고 하지만, 요즘 왜인이 기죽도를 점거했다고 하면서 타인이 점거한 것을 알고 허가한 것은 즉 80년간 울릉도를 방기하여 타인이 살도록 한 것이다. 이러한 상황임에도 불구하고 일본인의 죽도출어를 침범이라고 하는 것은 말이 안 된다고 하여 1차 답서의 조선측의 일본령 죽도 발언과 2차 답서의 남궁(南宮)의 잘못이라는 변명을 질타했다. 다다 여자에몽이 문제의 미해결에 불만을 품고 귀국함으로써 죽도문제가 해결되지 못했다. 조선의 내외에서는 임진왜란과 같은 변이 재현된다고 생각하고 있었다고 한다. 1695년 10월 형부대보(刑部大輔) 소우 요시자네(宗義眞)는 어린 쓰시마번주 소우 요시미치(宗義方)의 후견인으로서 노중 아베(安部豊後守)를 방문하여 죽도귀속에 관한 교섭의 전말을 보고하고 막부의 지령을 받았다. 막부는 츠나요시(綱吉)의 제가를 받아서 아베(安部) 각노(閣老)의 집에서 1696년 1월 28일부로 마쓰다이라(松平) 호키모리(伯耆守)를 통해 죽도출어금지가 통고되었다. 그해 10월 변 동지(卞同知)에게 전했고, 이듬해 1697년 2월에 아히류(阿比留)를 조선에 파견하여 막부의 명에 의해 일본인의 울릉도 출어가 금지되었다는 것을 통고했다. 조선정부는 이에 만족하여 1698년 막부의 결정에 사의를 표하면서 울릉도, 죽도가 1도2명이라는 설명을 했다. 이렇게 해서 죽도문제는 종결되었고 그것이 죽도1건이다.」[48]고 언급했다.

가와카미는 대체로 「죽도1건」에 대해 사실관게를 잘 정리하고 있다고 하겠다. 그럼에도 불구하고 가와카미는 「막부의 명에 따라 일본인의 울릉도 출어가 금지되었다는 것을 통고했지만, 울릉도, 죽도가 동일한 섬이라는 것, 조선령이라는 것을 승인한다는 말은 언급하지 않았다」

---

48) 川上健三(1953)『竹島の領有』日本外務省条約局, pp.35-39.

라고 하여 울릉도 즉 죽도가 조선령이라고는 인정하지 않았다는 논리를 펴고 있다. 도해를 금지한 것은 일본영토가 아니고 한국영토이기 때문이었다는 사실은 지극히 당연한 논리이다. 이러한 간단한 해석조차도 무리하게 막부가 울릉도를 조선영토로 인정하지 않았다고 하여 영유권을 조작하고 있다.

요컨대 가와카미 논리의 모순은 다음과 같다. 즉 가와카미는 막부가 쓰시마번주에게 죽도도항금지를 통보했지만, 죽도가 조선령이라고는 인정하지 않았다는 논리를 펴고 있다. 사실은 막부의 지령에는 '죽도가 인번(因藩)에 속한다고 하지만, 일본인이 거주한 적 없고, 대덕군 때 요나고(米子)어부가 출어를 요청하여 허가는 했지만, 인번에서 160리, 조선에서 40리, 따라서 조선의 경계임에 의심이 없다'라고 하여 울릉도가 조선영토임을 분명히 하고 출어를 금지했던 것이다.

또한 가와카미는 '죽도1건'과 독도와 관계에 대해서는 무관하다고 주장한다. 즉 「①죽도1건은 울릉도문제이고 지금의 죽도문제가 아니다. ②조선이 울릉도를 공도화하여 사실상 포기한 후, 약100년 간 죽도라는 이름으로 일본인의 전유물이 되어 일본영토라고 생각하고 있었다. ③당시 조선조정에서는 이미 포기한 섬을 가지고 일본과 분쟁을 일으키는 것은 좋지 않다는 의견이 있었다. 그러나 일본이 분명한 보증을 받기 위해 추궁했기 때문에 오히려 조선의 태도가 강경해져서 역으로 막부의 소극적인 쇄국정책으로 일본인의 울릉도 출어금지를 약속하는 결과가 되었다. ④양국 간의 교섭은 애당초부터 울릉도와 죽도가 동일한 섬임을 알고 있었으면서 각각 자국영토임을 주장하기 위한 수단으로 1도2명, 2도2명을 이용했던 것」[49]이라고 하여 조선이 울릉도를 방

---

49) 川上健三(1953) 『竹島の領有』日本外務省条約局, pp.39-44.

기하여 일본인이 100년간 일본영토로 간주하고 있었다는 것이고, 또한 조선측의 일부 관료가 포기한 영토로 생각하기도 했는데, 막부의 소극적인 정책으로 출어를 금지했다고 하는 논리를 펴고 있다. 그러나 조선실록에 의하면 조선에서는 우산국을 복속한 이래 울릉도를 한 번도 조선영토에서 포기한 적이 없었고, 쓰시마로부터 두 번에 걸쳐 울릉도 영유권 주장에 대해서도 시종일관 영유의식을 명확히 했던 것이다. 조선 내부에서 울릉도를 방기한 섬으로 생각한 관료가 있었던 것이 아니라, 양국간의 분쟁을 피하는 방법으로 '조선령 울릉도, 일본령 죽도'라는 표현을 사용했을 뿐이다. 그런데 가와카미는 조선이 실제로 울릉도를 포기해놓고 영유권을 다시 주장했다고 논리를 조작하고 있다.

8. '죽도 인지'로 일본영토론 조작

(1) 일본인이 먼저 '죽도인지'를 했다는 주장

가와카미는 한국의 논거를 전적으로 부정하고 일본이 한국보다 먼저 죽도를 인지했다고 했다. 즉, 「오늘날의 죽도는 1905년 이전의 문헌상 '송도'를 두고 하는 말로, 『죽도도설』(寶曆연간:1751-63)에는 송도가 동서 양도로 되어 있고, 『은주시청합기』(1667)와 오야 큐에몽카츠노부(大谷九右衛門勝信)의 청원(請願; 1681)에서는 울릉도와 지금의 죽도 조차도 일본령으로 간주하고 있다. 중국명나라 이언공(李言恭)의 『일본고(日本考)』, 정약회(鄭若曾)의 '일본도찬(日本圖纂)'에 오키도의 동방에 '죽도'를 표시하고 있다. 당시 일본인의 관심이 반영되어 있다. 1696년 죽도도항금지 이후에는 죽도에 대한 영유의식은 없어졌지만, 송도에 대해서는 『죽도도설』등에 '오키국 송도(隱岐国松島)'라고 하여 일본영토의 일부로 간주했다.」[50]라고 하여 울릉도와 독도를 일본영토라고 간주했다고 하고 있고, 죽도도항금지 이후에는 독도에 한정해서 일본영토로 간주했다는 논리를 펴고 있다.

사실『은주시청합기』에서는 울릉도와 독도를 한국영토로 표기한 것인데, 일본영토로 표기하고 있다고 사실을 조작하고 있다.[51] 죽도도해 금지 이후의 일본의 관찬지도였던 「개정일본여지노정전도」에서는 울릉도와 독도를 다루고 있지만, 막부가 1696년 죽도도항금지령으로 울릉도가 일본영토가 아님을 명확히 한 후이기에 아무런 경계선 없이 독도와 울릉도를 같이 표기한 것은 울릉도와 더불어 독도도 당시 조선영토였다는 것을 의미한다.[52] 또한『죽도도설』은 후대에 전문을 적은 것으로서 송도에 대한 일부 민간인의 영유의식에 해당되는 것으로 국가가 주체가 되어야하는 영유의사와는 무관하다.

요컨대 가와카미의 논리의 모순은 다음과 같다. 즉 독도가 일본영토라는 것을 대전제로 하여 내용의 본질을 분석하지 않고 독도 및 죽도관련사료를 유리하게 활용하여 일본영토로서의 근거라고 간단히 단정해버리는 경향이 있다. 본질을 분석해보면 정반대의 결론에 도달하여 가와카미의 논리가 조작된 것임을 알 수 있다.

(2) 한인은 '죽도인지'를 하지 못했다는 주장

가와카미는 한인들은 죽도(독도)를 인지한 적이 없다는 논리를 펴고

---

50) 川上健三(1953)『竹島の領有』日本外務省条約局, pp.47-48.

51) 1905년 대륙팽창주의자였던 오쿠하라 헤키운의 논리를 아무런 논증 없이 수용하고 있다. 최장근 「일본제국기의 독도/竹島 선행연구 분석-독도 영토문제의 본질규명을 위한 시도-」, 『동북아문화연구』제13집, 2007, pp. 156-159.

52) 호사카 유지(2005)『일본의 古지도에도 독도없다』(주)자음과모음, pp.27-29.

있다. 즉,「오늘날 일본의 죽도를 조선에서는 우산도, 삼봉도라고 주장
하는 설이 있으나, 그 증거는 단 한 개도 없다.」[53]라고 했다.

첫째로, '우산도'에 대해서는「신증동국여지승람에 '재현 정동 해중
에 2섬이 있다'라고 하여 흡사 '우산, 울릉' 2개의 섬이 존재하는 것처럼
표현하고 있다. 이 도서의 부속도인 '팔도총도' '강원도도'에도 2섬을 표
기하고 있다. 그러나 2섬은 다음과 같은 이유에서 동일한 섬이라는 것
을 단정할 수 있다. ①동국여지승람의 기록 중에 두개 섬을 설명하는
부분에 '재현 정동 해중 2섬'이라는 말뿐이고, 모두 문구가 애매하나,
1개의 섬을 설명하고 있다. ②여지승람 자체에 1설에 의하면 울릉 우산
은 원래 1개 섬이라고 했다. ③울릉도는 원래 우산국으로서 우산국의
섬으로 해석이 가능하다. ④지금의 죽도는 작은 암초에 불과한데, 여지
승람의 지도에는 울릉도보다 조선측에 우산도가 표기되어있다. ⑤『태
종실록』권33, 태종17년(1417) 2월 임술(壬戌)조에 김인우가 우산도에
서 토산품으로 대죽과 수우가죽 등을 갖고 와서 진상했고, 또 80수명이
거주한다고 보고하고 있다. 이를 보더라도 지금의 죽도는 아니다. ⑥『태
종실록』권33, 태종 17년(1417) 2월 을축(乙丑)조에 김인우를 우산 무
릉에 파견하였다고 하는데, 전술한 '우산도'가 '우산 무릉'으로 바뀐 것
으로 1개의 섬이라고 할 수 있다.」[54]라고 했다.

둘째로, '당빌도의 2개 섬'에 관해서는「당빌 지도에 울릉도와 천산
도를 중국 음으로 표기되어 있는데, 이는 일본에서도 흔한 것으로 대표
적인 예로 하야시 시헤이(林子平)의 '조선팔도지도(朝鮮八道之図)'가
있는데, 이것 또한 여지승람의 영향을 받은 것이다.」[55]라고 했다.

---

53) 川上健三(1953)『竹島の領有』日本外務省条約局, pp.48-53.
54) 川上健三(1953)『竹島の領有』日本外務省条約局, pp.48-51.
55) 川上健三(1953)『竹島の領有』日本外務省条約局, p.51.

셋째로, '삼봉도'에 관해서는 「『동국여지승람』, 『이조실록』의 삼봉도를 지금의 죽도라고 하는 사람이 있는데, 삼봉도는 울릉도에 지나지 않는다. 그 이유는 다음과 같다. 즉, ①독도는 2개의 섬으로 되어있는데 3개의 봉으로는 보이지 않는다. 오히려 『숙종실록』 권25, 숙종19년(1693) 11월 정사(丁巳)조에 '울릉도를 해상에서 보면 3봉우리가 하늘에 닿았다'고 해서 울릉도에 상응하는 명칭이다. ②삼봉도가 지금의 죽도라면 사람이 거주할 수 없는데, 『이조실록』 기록에는 모두 사람이 거주하는 섬으로 기록되어있다. ③『이조실록』에 삼봉도의 지형에 관한 기록은 많지 않으나, 『성종실록』 권72, 성종7년 10월 정유(丁酉)조에 김자주가 삼봉도에 도착해서 본 '3석열립(石列立)'에 해당되는 형상은 지금의 죽도에는 없다. 울릉도의 동북단에 있는 3본립(本立)의 기승(奇勝)을 두고 하는 말일 것이다. ④일본, 유럽 제작 지도는 물론이고 조선 제작 지도에도 삼봉도는 없다.」[56)]라고 했다.

넷째로, '조선 제작 지도의 죽도'에 대해서는 「조선에서 제작된 지도를 보면, 동국여지승람에 삽입되어있는 팔도총도를 비롯해서 울릉과 우산 2섬으로 제작된 지도가 많이 있다. 이들 지도의 우산도는 울릉도와 동일한 섬을 표기한 것이다. 가장 권위 있는 조선제작의 대표적인 지도로 1861년에 간행한 김정호의 대동여지도에는 지금의 죽도가 표기되어 있지 않다. 결과적으로 한인이 예로부터 지금의 죽도를 분명히 인지하고 있었다는 증거는 문헌이나 지도 어디에도 없다.」[57)]라고 했다.

이상처럼, 가와카미는 동해에는 1개의 섬밖에 없다고 하여 울릉도와 우산도가 동일한 섬이라는 논리를 펴고 있다. 가와카미는 울릉도와 우산도가 동일한 섬이라는 논리에 유리한 자료는 아무런 비판없이 수용

---

56) 川上健三(1953) 『竹島の領有』日本外務省条約局, pp.51-53.
57) 川上健三(1953) 『竹島の領有』日本外務省条約局, pp.53-54.

하고, 자신의 논리에 방해되는 모든 사료는 전적으로 무시하는 형식으로 논리를 조작하고 있다. 예를 들면 『세종실록』의 「지리지」, 『동국여지승람』 등에서 「우산 울릉 2개의 섬이 날씨가 청명한날 서로 잘 보인다」라고 하여 오늘날의 울릉도와 독도와의 거리관계를 아주 정확히 표현하고 있다. 이렇게 분명한 사실을 아무런 논증없이 부정할 수는 없다. 그리고 수많은 조선시대의 조선지도에 울릉도와 우산도 2개의 섬을 표기하고 있다. 이 2개의 섬에 대한 설명을 전적으로 무시하고 있다. 또한 「간도일건」으로 양국의 중앙정부가 울릉도를 둘러싼 영유권 분쟁이 일어났을 때 막부의 요청에 대해 돗토리번이 울릉도와 더불어 독도도 일본영토가 아니라고 명확히 하여 동해에 2개의 섬이 존재한다는 사실을 확인했다. 이에 대해서도 아무런 언급을 하지 않았다.

요컨대 가와카미의 논리의 모순은 다음과 같다. 즉 가와카미의 주장은 결국 두 개의 섬으로 표기 된 것은 모두 잘못된 여지승람의 영향을 받은 것이라는 논리를 펴고, 1개의 섬으로 표기된 것이 아니면 모두 문제가 있다는 식으로 조작했다. 일본측의 지도에도 송도와 죽도라는 2개의 섬으로 표기되었던 것처럼, 조선시대의 수많은 지도에서도 2개의 섬으로 표기하였던 것이다. 또한 「일설에 의하면 1개의 섬이라고 한다」는 1섬을 인정하면서 본문의 핵심인 두개 섬의 존재를 부정하고 있다. '두 섬 재현 정동 해중'이라는 표현은 울릉도, 독도 사이의 지리적 위치를 잘 반영한 인식이고, 이는 공도정책을 실시하기 이전의 2도 인식에서 비롯된 것이다.[58] 다만, 오늘날과 같이 우산도가 지금의 독도 위치에 정확히 그려져 있지 않는 것은 당시 항해사정에 의해 울릉도의 공도정책으로 인해 울릉도 외의 1섬에 대한 지리적 위치를 명확히 확

---

58) 최장근(2008) 『독도의 영토학』대구대학교출판부, pp.3-62.

인하지 못한 데서 오는 2도 인식이었던 것이다.

삼봉도, 요도는 당시 통용된 이름이 아니고, 단지 특정인이 이들 섬을 본 적이 있다는 주장에 불과한 것이고, 당시 조선조정은 울릉도 이외의 또 다른 섬이었던 우산도를 찾고 있었던 것이다. 결국 조선조정은 울릉도와 더불어 안용복에 의해 신라, 고려시대 이래에 2개 섬으로 인식되어 오던 지금의 독도인 우산도의 존재를 명확히 확인하게 되었던 것이다.

9. 맺으면서

이상으로 1952년 한국정부가 평화선을 선언함과 동시에 독도가 한국영토라는 증거를 제시한 것에 대응하여 가와카미가 일본정부의 입장에서 '죽도=일본영토'라는 논리를 조작한 것에 대해 고찰했다. 이를 요약정리하면 다음과 같다.

첫째, 역사적 권원으로 볼 때 '죽도(독도)'는 일본의 고유영토라고 논리를 조작했다. 즉 조선이 울릉도를 비워서 버렸기에 일본어부들이 70여 년간 조업하여 영토로서 관리했다. 그런데 막부와 조선정부간의 울릉도를 둘러싼 영유권분쟁에서 영토로서 울릉도를 포기했지만, '죽도'는 포기하지 않았다. 일본은 1905년 국제법에 의거하여 무주지 선점 이론으로 '죽도'를 일본영토에 편입했다. 종전 후 포츠담선언에 의해 침략한 지역이 일본영토에서 분리되었지만 '죽도'는 1910년 한일합방 이전에 편입되었기에 침략한 영토가 아니다고 하는 주장이다.

둘째, '일본의 고문헌'을 통해 '죽도'가 일본영토라고 조작했다. 사실 일본의 고문헌에 등장하는 '송도'(독도)는 일본영토로서 해석되는 부분이 없다. 그럼에도 불구하고 모두 일본영토로서의 증거라고 해석한다.

셋째, '일본의 지도와 조선측 고문헌'을 통해 '죽도'가 일본영토라고 논리를 조작하고 있다. 일본의 지도에 등장하는 '송도'(독도)는 사실 일본영토로서 해석되는 것이 아님에도 불구하고 일본영토로서의 근거라고 해석하고 있다. 또한 조선의 고문헌에 조선영토인 울릉도에 일본인들이 침범했다는 내용에 대해 일본인이 울릉도를 실효적으로 지배했다고 해석하고 있다.

넷째, 유럽의 항해자들이 일본과 조선 사이에 있는 섬을 발견하여 '송도'라는 이름을 지도에 남기고 있다. 그런데 '유럽의 지도'에서 전통적으로 일본식 명칭이었던 '송도'(에도시대의 독도)라는 표기를 하고 있다고 하여 일본영토로서의 증거라고 조작하고 있다.

다섯째, 조선의 공동관리정책에 대해 조선이 울릉도를 비운 것은 영토로서 포기한 것이다. 그리고 일본인들이 버려진 섬을 70여 년간 실효적으로 관리했다고 조작하고 있다.

여섯째, 막부가 역사적 권원에 의거하여 울릉도/독도의 영유권을 포기한 것임에도 불구하고, 일본인들이 '죽도'(에도시대의 울릉도)에 도항하여 울릉도를 실효적으로 관리했는데 막부가 외교적 실책으로 울릉도를 조선영토로 인정했다고 하고 또한 '송도'(에도시대의 독도)에 대해서는 조선영토로 인정하지 않았다고 조작하고 있다.

일곱째, 한국측의 자료를 전적으로 부정하고 일본인이 한국보다 먼저 '죽도'(오늘날의 독도)를 인지'했기 때문에 '죽도'는 일본영토라고 조작을 하고 있다.

「가와카미 겐조」의 국제법적 지위 조작에 관한 연구

- 평화선 선언 시기 일본정부의 '죽도=일본영토' 논리조작 -

제7장

1. 들어가면서

한국정부가 대일평화조약 발효를 앞두고 1952년 1월 18일 대통령주권선언이라는 명목으로 철폐되는 맥아더라인을 대신하는 평화선을 선언하여 일본어민들의 독도근해 출입을 엄금했다. 이에 대해 일본정부는 독도를 일본영토라고 하여 평화선 조치를 인정할 수 없다고 강력히 항의했다. 이렇게 하여 사실상 한일 간에 독도영유권문제가 발생하게 된 것이다.

한국이 평화선을 선언한 배경은 이렇다. 대일평화조약 체결과정에서 일본은 독도를 일본영토로서 처리되도록 하기 위해 일본을 자유진영에 편입하려고 하고 있던 미국에 접근하여 로비했다. 그때 미국은 초안 작성과정에 제1차-제5차 초안에서 독도를 한국영토로 인식해오던 것을 제6차 초안에서 입장을 바꾸어 일본영토로 처리하려 했다. 하지만

연합국 내에서 영국 연방국가들이 이의를 제기하여 최종적으로는 대일
평화조약에서 독도문제 처리를 회피하게 되었다. 결국 한국입장에서
볼 때 대일평화조약에서 독도가 한국영토로 처리되는 것을 일본이 방
해했던 것이다.

한국정부는 일본의 항의를 받고 독도[1]가 한국영토인 근거를 제시했
다. 이에 대응하여 일본 외무성에서는 독도가 일본영토인 논리계발을
시작했다. 이 일을 담당했던 사람이 외무성 조사원으로 있던 가와카미
겐조(川上健三)이다. 그는 1953년 8월자로 일본외무성 조약국 소속으
로『죽도의 영유』[2]를 집필했다. 1954년 1월 우라 렌이치(浦廉一)는『죽
도의 영유』가 아주 논리 정연한 훌륭한 저서라고 호평했다.[3] 당시 시
마네현에서도 다무라 세이자부로(田村清三郎)가 죽도논리를 계발하는
연구를 진행했다.[4]

본 연구의 목적은 가와카미가 얼마나 모순적인 논리로 독도문제의
본질을 조작하고 있는가를 논증하여 오늘날 조작된 일본영토론의 기원
을 고찰하는데 있다. 연구방법으로는 「독도관련연구경향(1948-현재)분
석 : 역사학」(최장근, 동북아역사재단, 2007)에서 활용한 자료를 논리
적으로 분석했다.[5]

현재 일본영토론자들은 가와카미의『죽도의 역사지리학적 연구』
(1966)[6]의 논리를 계승하고 있고, 이것이 일본정부의 죽도영유권 논리

---

1) 본고에서 명칭에 대해 한국영토로서는 '독도'를 사용하고, 일본이 주장하
   는 영토로서는 '죽도'라는 명칭을 사용하기로 한다.
2) 川上健三(1966)『竹島の領有』日本外務省条約局.
3) 浦廉一(1954) '(書評)外務省条約局, 『竹島の領有』』『史学研究』제53호, 広島
   史学研究会.
4) 田村清三郎(1954)『島根県竹島の研究』総務部総務課.
5) 최장근(2007)『독도관련연구경향(1948-현재)분석 : 역사학』, 동북아역사재단,
   pp.45-65.

가 되고 있다. 『죽도의 역사지리학적 연구』는 먼저 저술된 『죽도의 영유』를 보완한 것이다. 두 서적은 내용상으로는 대동소이하다. 따라서 본 연구에서는 『죽도의 영유』를 토대로 가와카미의 죽도인식을 고찰하려고 한다.

가와카미의 논리는 일본에서 사실상 가장 먼저 죽도가 일본영토라는 정연한 논리를 만들어냈다는 점에서 매우 중시되고 있다. 일본영토론자들은 한일 간에 독도문제가 논란이 될 때마다 대부분 가와카미의 논리를 답습하여 활용한다.[7]

2. '죽도' 영토인식의 오류

가와카미는 죽도 현황에 대해, 「섬은 식수가 부족하고, 사람이 상주할 수 없으며, 여름 수 개월간 임시 천막을 치고 강치 및 근해 전복, 미역 등을 채취 할 수 있을 정도에 불과한 시마네현(島根県) 오치군(隠地郡) 고카무라(五箇村)의 일부이다.」[8]라고 하여 기본적으로 죽도가 일본영토라는 것을 전제로 논리를 전개하고 있었다.

죽도문제가 한일 양국 사이에 발생하게 된 경위에 대해서는 「1952년 1월 18일 이승만 한국대통령이 해양주권을 선언하여 즉 '이라인'[9] 중에 죽도를 포함해서 일본이 1월 28일 이의를 제기하여 문제가 발생했다.

---

6) 川上健三(1966) 『竹島の歴史地理学的研究』古今書院.
7) 최근에 와서는 일본영토론자를 대표하는 죽도문제연구회 좌장격인 下條正男가 그 대표적인 인물이다.
8) 川上健三(1953) 『竹島の領有』日本外務省条約局, pp.1-2.
9) 일본은 이승만대통령이 대한민국의 주권선언이라는 이름으로 '평화선'을 선언한 것에 대해 이를 부정하기 위해 이승만대통령이 일방적으로 선언한 불법행위라는 의미에서 '이승만라인'이라는 명칭을 사용하고 있다.

이에 대해 한국이 2월 12일자의 구상서로 1946년 1월 29일 각서와 맥
아더라인으로 반박했다. 일본정부는 4월 25일 재차 반박했다. 이들 조
치는 행정상 정치상 권한의 제한을 명한 것에 불과하고, 국가통치권과
국제적 경계, 어업권의 최종적인 연합국 정책 표명이 아닌 것으로 한국
측의 주장은 아무런 근거가 없다고 반박했다. 그 후 한국측은 아무런
정식적인 의사표명이 없다가, 1953년 5월 28일 시마네현 수산 시험선
'시마네마루(島根丸)'가 죽도에서 한국인 30여명이 상륙하여 전복과 미
역을 채취하고 있는 것을 보고 문제가 재연되었다.」10)라고 하여 마치
독도의 주권이 일본에 있었던 것을 한국 측이 도전적으로 평화선을 선
언하여 점령했다고 사실을 조작하고 있다. 사실상 독도는 1945년 해방
과 더불어 한국어민의 조업구역이 되었고, 이는 연합국의 SCAPIN 677
호 명령에 의해 한국의 실효적 관리를 재확인했다. 그 이후 독도에 대
한 한국의 실효적 관리를 제한하는 연합국의 별다른 조치 없이 오늘날
에 이르렀다.

또한 가와카미는 연합국의 SCAPIN 677호 명령에 의한 한국의 실효
적 관리 정당성에 대해 「사실 맥아더라인은 1952년 4월 25일 전면 철
폐되었고, 게다가 3일 후 4월 28일 대일평화조약도 효력이 발생되어
일본은 재차 독립국의 지위를 확보하게 되었다. 더불어 죽도도 당연히
시마네현의 행정관할 하에 돌아왔는데, 7월 26일 죽도가 일미행정협정
에 의거하여 재일미군의 해상연습장으로서 지정되어서 실제로 이 섬을
일본이 사용할 수가 없었다. 그러나 1953년 3월 19일 일미합동위원회
분과위원회에서 죽도를 훈련연습장 구획에서 삭제결정이 되어 시마네
현은 공동어업권 면허, 강치조업 허가를 고려하고 있는 참에 한국어민

---

10) 川上健三(1953) 『竹島の領有』日本外務省条約局, pp.2-4.

들의 독도상륙을 발견하게 되었던 것이다. 일본정부는 한국어민의 죽도 불법 상륙 및 죽도부근 영해 내에서 불법어로를 행한 것에 대해 문서로 한국정부에 엄중히 항의함과 동시 해상보안청 순시선을 죽도에 파견하여 단속했다. 하지만 한국 측 어부의 죽도상륙은 멈추지 않았고, 7월 12일 일본의 4차 단속 때에는 울릉도에서 경찰관까지 파견하여 한국인 퇴거를 요구하는 일본 해상순시선에 대해 발포하는 사건이 발생했다. 이에 대해 일본정부는 엄중히 항의하면서 최대한 외교적인 방법으로 한국 측의 반성을 요구하고 있는 상황이다.」[11)라고 했다.

가와카미는 죽도가 일본의 고유영토라는 것을 전제로 하여 연합국의 SCAPIN 677호에 의해 일시적으로 일본의 행정권은 정지되었지만 영토주권은 정지되지 않았다는 것이고, 이는 대일평화조약에 의해 SCAPIN 677호가 종결되었다고 사실을 조작하고 있다.

사실상 독도는 전술한 바와 같이 한국영토로서 역사적 권원을 갖고 있었는데, 일본이 러일전쟁 중에 독도를 강탈하려고 편입조치를 취했지만, 이는 일방적인 타국영토에 대한 불법적인 편입조치였다. 한국은 독립과 더불어 1945년 8월 이후 어민들의 조업지로서 실효적으로 관리하게 되었고, 이는 연합국의 SCAPIN 677호와 맥아더라인에 의해 재확인되었다. 그리고 대일평화조약은 이러한 한국의 실효적 지배를 중지한다는 아무런 결정도 단행되지 않았기 때문에 오늘날까지 한국이 고유영토로서 실효적 관리를 계속하고 있는 것이다.[12)

요컨대 가와카미의 논리는 「죽도는 시마네현 오치군(隱地郡) 고카

---

11) 川上健三(1953)『竹島の領有』日本外務省条約局, pp.2-4.
12) 신용하(1996)『독도민족영토사연구』지식산업사, pp.319-321. 최장근(2005) 『일본의 영토분쟁』백산자료원, pp.75-85. 内藤正中・朴炳渉(2007)『竹島＝独島論争』pp.47-49. 이상의 선행연구에 의해 일반적인 인식이 되어있다.

무라(五箇村)의 소속」이라는 것을 전제로 하여 대일강화조약에서 일
본영토로서 처리되었는데, 한국이 이 라인을 선언하여 한국이 불법으
로 일본영토인 죽도를 점유했기 때문에 죽도영토분쟁이 발생했다고 논
리를 조작하고 있다. 이러한 일본의 죽도인식은 독도의 본질을 자의적
으로 해석한 것으로 조작된 논리이다.

3. 평화선선언 당시 한국의 영토적 권원에 대한 부정

한국의 평화선 선언에 대해 일본이 불법적 조치라고 하여 독도 영
유권을 인정할 수 없다고 하였을 때 한국은 한국영토로서의 근거를 제
시했다. 이에 대해 가와카미는 「한국 측의 공식적인 주장은 다음 2가지
이다. ①독도는 1946년 1월 29일 총사령부각서에 의해 명백히 일본영
유에서 배제되었다. ②독도가 맥아더라인 외부에 설정되어 있는 것도
한국의 요구를 확인할 수 있는 것이다. 그런데 죽도(竹島)에 대해 한국
이 주장하는 역사적 근거는 전혀 설득력이 없다. 신문 등의 각종 의견
을 종합해보면, 한국은 다음과 같은 근거를 내세우고 있다. 첫째, 정부
조사 결과 이조실록에 성종 3년(1483) 이래 당시 영흥인 김자주가 섬을
발견하여 '삼봉도'(필자주)라고 명명했다고 기록되어있다. 둘째, 독도
(独島)는 예로부터 우산도라고 칭해졌는데, 일본은 숙종23년(1697) 울
릉도와 우산도에 일본인의 출어를 금했다.」[13]라고 하여 한국측 주장을
부정하고 있다. 사실 세종실록지리지, 동국여지승람 등에 의하면 조선

---

13) 川上健三(1953) 『竹島の領有』日本外務省条約局, pp.4-6.

조정에서는 조선의 동쪽 한계영역으로서 동해의 2개 섬이 존재한다는
인식을 갖고 있었다. 그 하나는 울릉도이고 다른 하나는 우산도라고
했다. 이 섬들은 날씨가 청명한 날 서로 잘 보인다고 기록하고 있다.[14]
안용복사건이 계기가 되어 일본중앙정부인 막부가 1696년 일본인들의
울릉도방면의 도항을 금지했다. 이는 당연히 울릉도 도항 길목에 위치
하고 있던 독도 도항 금지도 포함된다. 왜냐하면 당시의 독도는 섬 자
체의 가치가 없는 섬이라 일본어부가 울릉도 도항 없이 일부러 독도
도항을 할 이유가 없었기 때문이다.

독도지명에 대한 한국 측의 입장에 대해 가와카미는 「죽도(竹島)에
대해 리앙크르라고 불리는 것은 동도에 있는 큰 암굴을 이조시대에 이
암굴(李暗窟)[15]이라고 부르고 있어서 생긴 이름라고 하는 한국의 주장
은 억지이다. 리앙크르는 1854년 프랑스선박 리앙쿠르선이 죽도를 발
견하여 명명된 것으로 이암굴이라고 말도 안 되는 억지주장을 하고 있
다.」[16]라고 한국 측 주장을 반박하고 있다. 분명히 이러한 한국 측 주
장은 논리적으로 설득력이 없다. 그렇다고 서양인들이 붙인 독도 명칭
에 대해 한국 측이 해석상 오류를 범했다고 해서 영유권의 본질이 변경
되는 것은 아니다. 가와카미는 한국 측의 독도명칭에 대한 해석상 오류
가 영토적 권원이 마치 일본 측에 있다는 증거처럼 해석하는 것 자체가
모순이다. 단지 독도에 대한 서양인들의 인식에 불과하다.

또한 독도의 지리적 지위에 대해 가와카미는 「독도(独島)는 지리적
으로 울릉도와 다 같이 백두화산맥계로서 식물도 울릉도와 같다」고 하
는 한국측 입장에 대해 「죽도(竹島)는 지리적으로 울릉도와 같이 백두

14) 신용하(1996) 『독도민족영토사연구』지식산업사, pp.27-29.
15) 이러한 주장은 근거 없는 것이지만, 한국정부의 공식적인 주장이 아니었다.
16) 川上健三(1953) 『竹島の領有』日本外務省条約局, pp.4-6.

화산맥계로서 식물도 울릉도와 같다고 하는 한국의 주장은 황당하다. 지리적으로 울릉도와 죽도와의 관계를 지우려고 하는 것은 흡사 일본이 하보마이(歯舞), 시코탄(色丹)이 치시마(千島)열도(쿠릴열도)가 아니라고 하는 것과 같은 동일한 수법으로 보이나, 그것과는 본질적으로 다르다. 일본은 네무로(根室)반도와 동일한 지리적 조건이라서가 아니라, 치시마 열도와 동일 지리적 단원이 아니라서 주장하는 것에 불과하다. 한국처럼 동일한 지리적 구조를 갖고 있다고 해서 영유권을 주장하는 것은 완전한 폭언이라고 밖에 볼 수 없다. 죽도의 식물은 울릉도와 다르고 울릉도는 34종의 특종이 있는데, 전반적으로 보면 한국 측보다 일본 측에 가깝다. 수목이 90종이 있는데 일본 혼슈 중부와 64종이 공통성을 갖고 있다. 한국의 이런 논리로 보면 울릉도는 일본영토라는 결론이 나온다.」[17]라고 하여 지리적 성격은 영토적 권원이 될 수 없다는 것이다. 만일 지리적 성격으로 본다면 오히려 독도는 일본영토에 더 가깝다고 주장했다.

사실 독도는 일본의 오키 섬에서는 보이지 않지만, 한국의 울릉도에서 보이는 곳이기 때문에 지리적인 접근성으로 볼 때 울릉도민이 오키 섬 사람들보다 먼저 독도를 발견할 수 있다는 조건을 갖추고 있다. 따라서 국제법으로 최초 '발견자'로서의 지위를 확보할 수 있다. 이를 부정하게 위해 지질생태는 영토적 권원과 무관하며, 오히려 식물생태를 보면 울릉도보다 일본혼슈와 더 많은 공통성을 갖고 있다고 하여 지리적으로 영토적 권원이 일본에 더 가깝다고 주장하는 것도 억지이다.[18]

해방이후 독도의 실효적 점유에 대해 가와카미는 「1948년 6월 8일 한국어민이 죽도에 출어하고 있던 중에 미 공군의 연습폭격을 맞아 14

17) 川上健三(1953) 『竹島の領有』日本外務省条約局, pp.4-6.
18) 경북대학교 울릉도독도연구소(2009) 『한국의 자연유산 독도』문화재청 참조.

명이 사망하고, 16명이 중상, 어선 4척이 완전히 파괴되었다. 당시 경상북도 지사 조재천(曺在千)이 '독도 조난 어민 위령비'를 동도의 서편에 건립했다고 하는 한국의 주장은 영유권과 아무런 관계가 없다. 어민 사상자는 영유권 주장의 아무런 근거가 될 수 없을 뿐만 아니라, 오히려 출어는 부재중의 도둑과 같은 존재가 된다.」[19]라고 하여 일본의 고유영토였던 '죽도'에 한국어민이 불법으로 점거했다고 사실을 조작하고 있다.

사실 독도는 역사적 권원으로 보면 대부분 한국영토로서의 증거만 있을 뿐, 일본영토로서 증거는 단한점도 없다. 해방이후 역사적 권원을 바탕으로 한국어민의 조업지가 되었고 SCAPIN 677호의 연합국 조치로 이를 재확인시킨 독도에 대해 미 공군의 폭격연습으로 한국어민의 사상자가 났다는 것은 이러한 사실을 입증하는 증거가 된다. 즉 일본의 패전으로 독도주변에 일본인의 출어가 금지되었을 때 한국인의 출어가 가능하여 사실상 한국이 독도를 실효적으로 지배하고 있었다는 것을 의미한다.

요컨대 가와카미의 논리의 모순은 다음과 같다. 즉 1946년 1월의 SCAPIN 677호에 의해 당시 일본영토에서의 독도가 제외되었다는 사실, 1946년 6월의 SCAPIN 1033호 맥아더라인에 의해 당시 독도주변을 한국어장으로 인정했다는 사실, 이는 법적으로 당시 연합국이 독도를 한국의 관할권 및 통치권을 인정했다는 것을 의미한다. 또한 독도에서 미 공군의 폭격연습으로 어민의 사상자가 났다는 것은 당시 한국 측이 실효적으로 독도를 지배하고 있었다는 것을 의미한다. 그럼에도 불구하고 가와키미가 '죽도(竹島)에 대해 한국이 주장하는 역사적 근거는

---

19) 川上健三(1953) 『竹島の領有』日本外務省条約局, pp.5-6.

전혀 설득력이 없다'라고 하는 것은 역사적 사료를 합당하게 해석하여
본질을 규명하겠다는 의지가 당초부터 없었던 것이다. 이것은 내셔널
리즘에 의한 일본의 '죽도' 영유권 조작행위에 해당된다.

4. '죽도' 일본영토론의 국제법상 정당성 주장

가와카미는 일본이 한국의 독도에 대해 무주지 선점으로 '죽도'라는
이름으로 일본영토에 편입하여 신영토로 취급했음에도 불구하고 일본
의 고유영토라고 영토적 권원을 조작했다. 즉, 「국제법의 통념으로 일
국의 영토권을 확립함에 있어서 그 객체가 무주지여야 하고, 영토화를
위한 국가의 명확한 의사표현이 있어야하며, 게다가 현실점유로 효과
적인 지배를 해야 한다. 우선, 죽도는 반드시 무주지라고 할 수 없다.
오히려 역사적으로 보면, 일본이 먼저 인지하여 영토인식을 갖고 있었
다. 따라서 일본영토에 정식으로 편입해도 제3국으로부터 이의제기가
있을 수 없다. 현재 일본의 영토편입조치에 대해 타국으로부터 아무런
이의가 없었다.」[20]라고 하여 일본이 한국보다 먼저 독도를 인지하여
관리해왔고, 또한 편입당시 한국으로부터 이의제기를 받은 적이 없는
합법적인 영토조치였다고 영토적 권원을 조작했다.

사실은 그렇지 않다. 위에서도 살펴봤듯이 세종실록지리지, 동국여지
승람. 숙종실록의 안용복사건 등에서 동해에 울릉도와 더불어 우산도
(독도)가 조선영역으로 인식되어왔다는 사료적 기록이 명확히 존재한
다. 또한 편입당시 제3국으로부터 이의제기가 없었다고 하지만, 실제는
편입조치 1년 후 시마네현 관리들이 울릉도를 방문하여 죽도가 일본영

---

20) 川上健三(1953) 『竹島の領有』日本外務省条約局, pp.7-8.

토가 된 경위를 듣고 바로 그 다음날, 그와 같은 사실을 중앙정부에 보고했고, 중앙정부는 다시 이를 통감부에 강력히 항의했던 것이다.[21]

죽도편입의 정당성에 대해 가와카미는 「두 번째로 국가의 의사표시나 효과적 지배도 다음과 같이 명확히 하고 있어서 일본정부의 국제법적 권원은 논쟁의 여지가 없다고 할 수 있다.」[22]라고 했다.

① '죽도의 시마네현 편입(島根県編入)'에 대해 「오쿠하라 후쿠이치(奥原福一)의『죽도 및 울릉도』에 의하면, 죽도를 시마네현에 편입하게 된 계기는 1897년경 오키 어민이 울릉도에서 난파된 어선을 수색하는 과정에 지금의 죽도에서 강치의 무리를 발견하고 5,60두를 포획하고 돌아와서 많은 이익을 얻었다고 한다. 이 소식을 오키 도민 나카이 요사부로(中井養三郎)가 전해 듣고, 1903년 나카이를 포함해서 3명의 어부가 죽도에 건너가 강치를 포획했고, 1904년 나카이를 포함에서 4명이 경쟁적으로 포획하여 그해 2,760두 이상을 포획했다. 나카이는 강치의 멸종을 우려하여 '량코도 영토편입 및 대하원'을 내무 외무 농상무성에 제출하여 일본영토의 편입과 동시에 강치 포획의 점유권 허가를 요청했다. 나카이의 출원을 받은 정부는 시마네현청(島根県庁)의 의견을 들은 후 1905년 1월 28일 각의에서 이 섬을 시마네현 소속 오키도사(隠岐島司) 소관으로 죽도라는 이름으로 각의 결정하여 시마네현지사에게 보냈다. 현지사는 각의 결정에 의거하여 1905년 2월 22일 현고지로 이 섬을 시마네현 소관으로 공시하고 오키도청(隠岐島廳)에 훈령했다. 5월 17일 오키도사(隠岐島司)의 상신으로 이 섬을 관유지로 토지대장에 게재되었다. 그 후 1940년 8월 17일 죽도는 공용을 폐지하고 마이즈루 진수부(舞鶴鎮守部)에 해군용지로 인계되었다. 그리고 종전 후 1945년 11월

---

21) 최장근(2010)『일본의 독도·간도침략구상』백산자료원, pp.69-92.
22) 川上健三(1953)『竹島の領有』日本外務省条約局, pp.7-8.

1일 국유재산법시행령 제2조에 의거하여 다시 대장성(大藏省)에 이관되어 현 상태에 이른다.」23)라고 했다.

사실은 그렇지 않다. 일본의 죽도편입조치는 일본정부 외무성이 나카이가 죽도에서의 강치독점권을 조선정부에 신청하려는 사실을 알고, 조선영토에 대한 침략행위에 해당된다고 하는 내무성의 만류에도 불구하고 농상무성과 해군수로부의 자문을 받아 강압적으로 나카이로 하여금 편입신청서를 제출하도록 하여 영토적 편입 조치를 단행한 것이다.24) 이는 국제법적으로 역사적 권원을 갖고 있는 한국영토에 대한 불법 침략행위에 해당된다.

② '죽도 경영의 실제, 강치조업의 면허'에 대해, 「죽도가 시마네현에 편입되고 시마네현이 어업을 허가하자, 8명이 출원을 했는데, 시마네현은 죽도의 면적이 협소한 관계로 오키도사에 적임자를 위임 선임하여 나카이를 비롯한 4명에게만 강치조업을 허가했고, 오키도사의 의견으로 공동경영을 허가했다. 4명의 연서로 1905년 6월 5일 면허했다. 나카이는 그해 6월 6일 재판소 등록으로 죽도어로합자회사를 설립하여 사업을 개시했다.」25)라고 했다.

사실, 강치잡이를 면허한 1905년 6월 5일은 러일전쟁이 끝나지 않은 시점인데, 러일전쟁 중의 격전지였던 동해에서 강치조업을 얼마나 충실하게 했는지 알 수 없고, 러일전쟁이라는 혼란한 틈을 타고 은밀히 조치한 영토편입과 강치조업의 허가는 국내적 조치에 불과하다.26)

23) 川上健三(1953)『竹島の領有』日本外務省条約局, pp.55-60.
24) 최장근(2010)『일본의 독도・간도침략구상』백산자료원, pp.92-130. 奥原碧雲(1906)『竹島及鬱陵島』松江：報光社. 奥原碧雲(1906)『竹島経営者中井養三郎氏立志伝』.
25) 川上健三(1953)『竹島の領有』日本外務省条約局, pp.60-67.
26) 강치조업에 관한 연구는 다무라연구(田村清三郎(1954)『島根県竹島の研究』

③ '사업의 변천'에 대해,「회사는 매년 어기인 4월-9월 사이에 평지에 가설천막과 제조실을 만들어 많은 어부들이 도항하여 포획 제조했다. 포획한 강치의 가죽은 소금에 절여서 내지에 우송하여 가죽을 만들었고, 가죽 아래의 지방은 약하게 삶아서 기름을 채취했다. 육질은 식용으로 제공했으나, 주로 비료로 사용했다. 어업실적은 1905년도 1003두, 1906년도 1385두를 포획했다. 그 후 시마네현은 1908년 6월 현령 48호로 '어업단속규제'(1902년 11월의 현령 제130호)를 개정하여 강치조업을 현지사의 인가사항으로 하고 죽도주변의 다른 어업을 금지했다. 1911년 12월에는 '어업단속규제'(현령 제54호)를 폐지하고, 새로운 '시마네현어업단속규제'를 제정 공포하여 강치조업자에게만 독점적인 어로를 보장하여 미역과 전복 채취를 허용하고, 죽도주변구역에서 수산동식물의 채취와 포획을 금지했다. 그러나 피혁가격 하락과 포획량 감소 등으로 회사운영에 실패했다. 그 결과 1925년에는 회사의 실권을 하시오카 타다시게(橋岡忠重), 야하타 쵸시로(八幡長四郎)를 비롯한 3명에게 넘어갔고, 1929년부터는 어업권이 야하타에게 명의가 넘어갔다. 1916-7년 2-300두, 1928-9년 100두 전후, 1929-1933년까지는 어업중지, 1933년부터는 매년 서커스용 20두 전후를 생포하는데 그쳤다. 1941년부터는 전쟁 발발로 부득이 중지되고 말았다. 울릉도 재주 일본인 중에서 조선인 어부를 죽도에 데리고 와서 몰래 전복과 미역을 채취했는데, 1925년 이후 죽도어업자와 계약하여 매년 4월 하순-7월 하순 사이에 잠수기를 사용하여 채취했다. 최근에는 40여명이 종사했는데 2,3명의 일본인 감독자와 나머지는 조선인을 사용했다. 이는 어디까지

総務部総務課)에서 인용한 것으로 보인다. 다무라가 독도를 실효적으로 지배했다는 근거로 강치조업에 관한 실태를 언급하고 있으나 출처를 밝히지 않아 새롭게 규명되어야 할 부분이다.

나 죽도어업자가 관유지인 죽도사용과 죽도어업을 허가한 것으로 사용료는 명의인 및 대리인이 국고에 납부했다. 따라서 1940년 8월 17일 죽도가 마이즈루 진수부에 해군재산으로서 인계될 때에도 강치조업권자에게 허가되었던 것이다.」[27]라고 했다.

사실 1905년 9월 러일전쟁이 종결된 후, 그해 11월 17일 고종황제의 반대를 협박과 무력으로 강압하여 대한제국정부의 외교권을 강탈해갔다. 이런 상황에서 이루어진 독도에 서식하는 일본의 강치약탈은 불법적인 행위이다.

독도는 1905년 일본이 '죽도'편입조치를 취하기 5년 전인 1900년 대한제국이 이미 역사적 권원에 의거하여 칙령41호로 「석도」라는 이름으로 행정조치를 단행하여 관리하고 있었다. 그런데 이러한 섬에 대해 무주지 선점조치라는 국제법적 논리를 악용하여 영토적 편입조치를 취하고 강치를 남획하여 멸종상태를 만든 것은 타국영토에 대한 영토적 경제적 침탈행위이다. 이와 같은 경제적 약탈행위를 실효적 관리를 위한 것이라고 주장하는 것은 제국주의적 발상이다.

요컨대 가와카미의 논리의 모순은 다음과 같다. 즉 실제로 동해에 2개 섬이 존재하고 있고, 조선조정은 명확하게 2개 섬을 조선의 영역이라는 인식을 갖고 있었고, 특히 17세기 안용복사건 이후에는 독도의 형상이나 위치까지도 정확히 인식하고 있었다. 근대에 들어와서는 일본의 도서침략을 막기 위해 대한제국이 1900년 「석도」라는 이름으로 독도를 행정구역에 포함시키고 관리했다. 그럼에도 불구하고, 일본은 15, 6세기 소유의식을 갖고 있었으면서도 공도정책에 의해 일시적으로 독도의 형상이나 크기, 위치 등에 대해 정확히 알 수 없었던 시기가

---

27) 川上健三(1953)『竹島の領有』日本外務省条約局, p.71.

있었는데, 이 사실을 과대하게 확장하여 독도의 존재를 부정하고 우산도와 울릉도가 동일한 섬이라고 주장하는 것은 영토적 권원을 조작하는 행위이다. 또한 일본은 영토편입 후 '죽도'를 실효적으로 지배를 계속했다고 주장하지만, 수적으로 한정되어 있는 강치를 포획하여 멸종시킨 것이 전부이다. '죽도'영토편입조치가 정당성이 없고 불법적인 것으로 타국영토에 서식하는 강치를 약탈하여 멸종시킨 것에 대해 섬을 실효적으로 관리한 것이라고 주장하는 것은 영토적 권원을 조작하는 행위이다.

5. 연합국의 '전후조치'에서 일본영토로서의 확정 주장

가와카미는 연합국의 전후조치로 독도가 일본영토로서 확정되었다고 영토적 권원을 조작하고 있다. 즉, 「전쟁 종료 후 죽도는 국유재산법 시행령 제2조에 의해서 1945년 11월 1일 해군에서 대장성에 인계되었다. 그러나 1946년 1월 29일 총사령부각서에 의해 일본정부는 죽도에 대해 정치상 행정상의 권력행사와 그 가능성을 정지하도록 지령되어졌고, 1946년 6일 22일 총사령부각서 (맥아더라인)에 의해 맥아더라인 외곽 12마일(1949년 9월 19일 3마일 외곽으로 수정)에 죽도가 위치하게 되었다. 일본 선박의 접근이 금지되었다. 그래서 시마네현(현령 제49호)도 그해 7월 26일 죽도의 강치조업을 어업규제지역에서 삭제하였다. 그 후 1952년 4월 25일 맥아더라인이 폐지되고, 3일후 4월 28일 대일평화조약의 발효에 따라 행정권 정지의 지령도 필연적으로 효력이 상실하게 되어 죽도는 종전처럼 시마네현 오키지청 관할 하에 돌아갔

다. 그러나 그해 7월 26일 일미행정협정 제2조 규정에 의거하여 재일
미군이 사용하는 해상연습장으로서 지정되어서 실제로는 사용할 수 없
었다.」[28]라고 했다.

사실 일본은 전쟁종료 후에 죽도가 해군에서 대장성으로 이관되었
다고 주장하지만 이는 일본 국내적인 조치이고 실질적으로는 포츠담선
언에 의해 한국이 실효적으로 관리하는 지역이 되었다. 이는 1946년
SCAPIN 677호와 맥아더라인의 연합국의 조치에 의해 일본의 통치 관할
지역에서 제외되었고, 한국의 관할 통치구역에 포함시켜 한국의 실효적
지배 상황을 재확인시켰다. 1951년 대일평화조약에서도 연합국 내의 미
국과 영연방국가 간의 견해 차이로 독도의 지위결정을 회피했고, 독도
에 대한 한국의 실효적 관리는 지속되었다. 한국정부는 대일평화조약의
발효와 더불어 맥아더라인이 철폐되면 일본 어선들이 침입할 것을 우려
하여 기존의 지위를 확보하기 위한 방편으로 평화선을 설치하여 독도의
실효적 지배를 계속했다. 그 이후 연합국은 이러한 한국의 관할권을 배
제하는 어떠한 조치도 취하지 않았다.[29] 가와카미는 이러한 독도의 본
질적인 부분을 전혀 언급하지 않고 영유권을 조작하고 있다.

또한 가와카미는 「1953년 3월 19일 일미합동위원회 분과위원회에서
죽도가 연습장구역에서 삭제되었다. 그래서 시마네현에서는 공동어업
권의 면허, 강치조업의 허가를 고려하고 있었다. 그러나 시마네현에서
는 1953년 6월 19일 시마네현고지 제352호로 죽도 주변해역에 공동어
업권을 오키도(隱岐島)어업협동조합(組合)연합회에 면허했다. 6월 19
일 현고지로 죽도에서 강치조업을 하시오카 타다시게(橋岡忠重)외 2

---

28) 川上健三(1953) 『竹島の領有』日本外務省条約局, pp.73-74.
29) 김병렬(1998) 「대일강화조약에서 독도가 누락된 전말」, 독도연구보전협회
편, 『獨島領有權과 領海와 海洋主權』독도연구보전협회, pp.165-195.

명에게 허가했다. 실제로는 한국어민에 의해 죽도가 불법 점거되어 출어가 이루어지지는 못했다.」30)라고 했다.

사실 1945년 8월 해방이후 독도에서 한국이 실효적 관리를 하고 있는 상황에서 미 공군의 폭격연습으로 한국인 사상자가 발생했다. 한국 정부가 이에 항의하여 폭격연습 중지를 요구하여 결국 미국은 독도를 폭격연습지에서 제외하게 되었고, 한국의 실효적 지배는 계속되었다.31) 그런데 이러한 상황에 있는 독도에 대해 시마네현이 어업권을 면허한 것은 국내적 조치에 불과하다. 국제법상의 실효적 관리와 무관하다.

(1) 평화조약에 의해 죽도가 일본에 귀속되었다고 하는 주장

가와카미는 대일평화조약에서 독도가 일본영토로 처리되었다고 영토적 권원을 조작하고 있다. 즉, 「평화조약은 1951년 9월 8일 서명, 1952년 4월 28일 효력이 발생되었다. 평화조약의 규정에 '제주도, 거문도, 울릉도를 포함하는 조선에 대한 모든 권리, 권원 및 청구권을 포기한다'고 하고 있다. 조선반도는 1910년 합병 당시의 조선영토를 말하는 것으로 1905년 일본영토가 된 죽도는 포함되지 않는다. 따라서 제주도, 거문도, 울릉도는 조선반도의 외곽에 있는 대표적인 섬으로 분리되었지만, 죽도는 포함되지 않았다. 이들 3섬은 모두 가장 외곽에서 일본에 면해있는 섬이다. 죽도가 이들의 내측에 있으면 문제가 되지 않지만, 죽도는 이들 보다 훨씬 외곽에 있는 섬이다. 따라서 죽도가 한국영토에 포함되려면, 당연히 조문 중에 이들 3섬과 같이 명기되어야 할 것이다. 평화조약에 죽도를 명기하지 않은 것은 일본영토로서 처리되었기 때문이다.」32)라고 했다.

---

30) 川上健三(1953)『竹島の領有』日本外務省条約局, p.74.
31) 최장근(2008)『독도의 영토학』대구대학교출판부, pp.83-85.

사실 독도는 대일평화조약 이전부터 한일 양국이 서로 영유권을 주장하여 연합국 측에서도 문제가 된 섬이었다. 특히 연합국의 중심적 국가였던 영국, 호주와 뉴질랜드 등의 영연방국가와 로비를 통한 일본의 입장을 적극적으로 반영하려고 했던 미국 간에 의견대립이 생겼다. 결국 연합국은 대일평화조약에서 독도문제에 대해 당사자 간의 외교적 문제로 미루어 영토적 지위를 회피했던 것이다. 가와카미는 대일평화조약에서 이렇게 처리된 독도의 지위에 대해 자의적으로 해석하여 일본영토로 처리되었다고 영토적 권원을 조작했다.

(2) 일미행정협정으로 죽도가 일본영토임이 확인되었다는 주장

가와카미는 미국이 독도를 일본영토로 인식하였고, 대일평화조약에서도 일본영토로 처리되었으며, 죽도가 일본영토라는 것은 미일행정협정에서도 확인된다고 영토적 권원을 조작했다. 즉,「평화조약에서 죽도가 일본영토로서 처리되었는데, 당연히 미국은 죽도가 일본영토라는 인식을 갖고 있었다. 1952년 2월 28일 '미일행정협정' 제2조에 의거하여 재일미군이 사용하는 해상연습장으로서 미일합동위원회는 1952년 7월 26일 죽도를 지정했다. 그 후 1953년 3월 19일 미일합동위원회 분과위원회에서 미군의 사정에 의해 죽도를 연습구획에서 삭제하기로 결정했다. 그런데 이처럼 죽도가 행정협정에 의거하여 연습장으로서 일미합동위원회의 토의대상이 되었다는 것은 죽도가 일본영토의 일부라는 사실 때문이다. '안전보장조약' 1조에는 일본은 '미국의 육군 공군, 해군을 일본 국내 및 그 부근에 배치할 권리를 허가한다.' 행정협정 제2조에 '일본은 미국에 대한 필요한 시설 및 구역의 사용을 허가한다.' 동

---

32) 川上健三(1953)『竹島の領有』日本外務省条約局, pp.76-78.

제26조에 '상호 협의가 필요할 때 미일 양국은 협의기관으로서 합동위원회를 설치하고, 일본 국내의 시설 또는 구획을 결정하는 협의기관으로서 임무를 수행한다.'라고 규정하고 있는 것처럼, 합동위원회는 일본 국내의 시설 또는 구획을 결정하는 협의기관이고, 또 구획에서 제외된다는 것은 일본국에 그것을 반환되는 것을 의미함에 분명하다.」[33]고 했다.

사실 미국이 주일미군의 공군연습장을 지정한 것은 미국의 독단적인 행위이고 연합국들이 합의한 것이 아니다. 그래서 한국정부의 항의를 받은 미국이 대일평화조약과 그 이전이 연합국의 조치에 의거하여 독도를 한국이 실효적으로 관리하는 영토로 인정하여 미국의 독단적 조치였던 폭격연습장 지정을 철회했던 것이다.[34] 따라서 미일행정협정은 미국의 독단적인 행위였기에 연합국이 대일평화조약에서 조치한 독도의 지위를 미국이 단독적으로 번복할 수 없는 것이었다.

(3) 연합국총사령부의 조치로 죽도가 일본영토에 귀속되었다는 주장

가와카미는 연합국총사령부가 종전 직후부터 죽도를 일본영토에서 배제하지 않았다라고 영토적 권원을 조작하고 있다. 즉,「한국은 일본에 대해 연합국이 1946년 1월 29일 SCAPIN 677호로 일본정부는 죽도에 대해 정치상 행정상 권력의 행사와 행사의 의도를 정지하는 지령과, 1946년 6월 22일 SCAPIN 1033호로 일본선박 및 승무원이 죽도 12해리 이내에 접근해서는 안 된다고 하는 것에 의해 죽도가 한국영토가 되었

33) 川上健三(1953)『竹島の領有』日本外務省条約局, pp.78-80.
34) 나이토 세이추 저・곽진오/김현수 역(2008)『한일간독도・죽도논쟁의 실체-죽도・독도문제입문/일본외무성'죽도'(竹島)비판-』책사랑, pp.57-59.

다라고 주장한다. 그런데 제6항에 '제소도의 최종적인 결정을 위한 정책으로 해석해서는 안 된다'라고 명기되어 있다. 실제로 이 지령에 의해 일본정부의 행정권이 정지되어 있었던 북위 30도 이남의 서남제도 중에 북위 29도 이북은 1951년 12월 5일 총사령부각서에 의해 행정관할권이 일본정부에 반환되었고, 또 근처의 아마미군도(奄美群島)에 대해서도 행정권이 반환되려고 하고 있다. 그리고 그 이남 남서제도(유구제도 및 타이토[大東]제도를 포함)에 관해서도 마찬가지로 행정권이 정지되어 있던 소후암(嬬婦岩)의 남쪽 남방제도(오가사와라군도[小笠原群島], 니시노시마[西之島] 및 카잔열도[火山列島]), 오키노도리시마(沖の鳥島), 미나미토리시마(南鳥島)와 함께 잔존주권을 인정한다는 내용이 샌프란시스코 회의에서 대일평화조약에 관한 설명 중에 덜레스 전권이 밝혔다. 그후 체결된 각국과의 항공협정 교환공문에서도 오키나와에 대해 잔존주권을 인정한다고 확인되었다. 또 동 각서로 일본정부의 행정권행사가 정지된 하보마이군도에 관해서도 덜레스 미국 전권은 일본이 평화조약에 의거해서 권리, 권원, 청구권을 포기해야하는 '치시마열도(千島列島)'에 포함되지 않는다고 하는 것이 미국의 견해이고, 이 분쟁은 국제사법재판소에 위탁할 수 있다고 했다. 이상으로 보면, 연합국의 각서에 의한 행정권 정지라는 조치는 그 귀속과는 아무런 상관관계가 없다는 것이 분명하다. 다음으로 맥아더라인의 각서에 관해서도 그 제5항에 '이 허가는 해당구역 그 외의 어떤 구역에 관해서도 국가통치권, 국경선, 어업권에 관한 최종적인 결정에 관한 연합국의 정책이 아니다'라고 분명히 하고 있다. 게다가, 대일평화조약이 발효되기 3일전인 1952년 4월 25일 총사령부가 각서를 폐지하였기에 죽도의 소속과는 아무런 관계가 없음은 두말할 나위가 없다.」35)라고 했다.

여기서 종전 직후의 연합국 조치는 영토관할권을 명확히 한 것은 분명하다. 다만 협정문에 언급된 것처럼 「최종적인 결정은 아니고」 향후에 연합국이 최종적으로 결정하겠다는 것이다. 위에서 열거한 지역들은 연합국이 최종적으로 결정했거나 행할 가능성이 있는 지역이었다. 그러나 독도에 대해서는 연합국이 독도를 한국영토로 처리하고 최종적인 결정을 포기한 것이다. 따라서 한국이 실효적으로 관리하고 있는 상황이고, 연합국이 우선적으로 독도가 한국영토라고 결정한 것에 대해서는 그 유효성이 지속되는 것이다. 위에서 열거한 지역과는 성격이 다르다는 것을 간과했다. 이렇게 볼 때 가와카미는 죽도가 일본영토라는 것을 대전제로 하여 무리하게 영토적 권원을 조작하고 있음을 알 수 있다.

요컨대 가와카미의 논리의 모순은 다음과 같다. 즉 연합국총사령부는 독도를 왜 정치상, 행정상 권리를 일본영토에서 제외하여 한국영토로 인정했을까? 그리고 왜 연합국은 독도 12마일에 일본의 접근을 금하여 어업권을 박탈하고 한국의 어업권을 인정했을까? 한국은 8월 15일 독립과 더불어 독도의 상륙과 주변어업이 자유로워졌고, 연합국의 간섭을 일절 받지 않았다. 연합국이 역사적인 권원에 의거하여 한국영토로 처리하였기 때문일 것이다. 그런데 대일평화조약으로 독도가 일본영토로 복귀되었다는 것은 논리조작에 해당한다.

행정권이 중지되었다가 일본에 반환되었던 지역은 연합국이 잔존주권을 인정하고, 미국이 신탁통치하고 있는 지역으로서, 독도처럼 영유권을 주장하는 국가가 실효적으로 지배하고 있는 지역과는 전혀 다르다. 독도는 연합국이 독도의 잔존주권을 일본에 인정한 적이 없고, 미국이 잔존주권을 행사할 권한도 없다. 따라서 하보마이군도에 대해서

---

35) 川上健三(1953) 『竹島の領有』日本外務省条約局, pp.81-82.

도 소련이라는 상대국이 존재했고, 연합국이 잔존주권을 합의한 적도 없을 뿐만 아니라 미국이 잔존주권을 행사하지 못하고 있다.[36)]

맥아더라인은 최종적인 결정이 아니라고 해도 맥아더는 점령통치상 독도를 한국영토로 인정하여 한국이 실효적으로 지배하게 되었다. 맥아더라인이 폐지되고 난 후 연합국이 별도의 조치를 취하여 한국의 실효적 지배를 방해하지 않았다. 그리고 대일강화조약에서 독도는 일본영토로 처리되었다는 것은 논리조작에 해당한다. 사실 대일평화조약에서는 연합국 내의 미국과 영연방국가 간의 이견으로 무주지로서 분쟁 가능성이 있는 지역에 대해서는 관여하지 않는다는 방침에 의거하여 독도의 지위가 결정되지 않았던 것이다.

6. 일본학계의 조작된 가와카미 논리에 대한 정당성 부여

이상으로 국제법을 중심으로 '죽도'의 일본영토론을 계발한 가와카미 논리에 대해 고찰해보았다. 가와카미의 논리는 '죽도'가 일본영토라는 것을 대전제로 하여 한국영토로서의 근원을 무조건적으로 부정하고 일본과 관련되는 독도 관련 사료를 일본영토로서의 근거라고 조작하여 형태로 논리를 전개하고 있다는 것이 특징이었다.

1954년 1월 우라 렌이치(浦廉一)는 「죽도=일본영토」라는 가와키미 조작된 논리를 확산시키기 위해 작성한 『죽도의 영유』의 「서평」을 작성했다.[37)]

---

36) 최장근(2009.11) 「'총리부령24호'와 '대장성령4호'의 의미 분석-일본의 영토 문제와 독도지위에 관한 고찰-」, 『日語日文學硏究』제71집제2권, pp.505-521.

「본서는 '제목과 목차', '한국이 영유권을 주장하는 근거 7가지'를 소개하고 있다. 그 중에 ①-④의 한국이 제시한 유력한 근거를 염두에 두고 죽도가 일본영토인 국제법적, 역사적 근거를 규명하고 있다. 이『죽도의 영유』에 대해, 우선 역사적 배경을 고찰함에 있어서 옛날에 죽도 또는 기죽도(磯竹島)라고 불리어졌던 일본식 명칭은 울릉도를 말하는 것으로 오늘날 죽도는 송도의 이름으로 불리어졌던 것이라는 사실을 입증했고, 죽도, 송도 2섬의 명칭은 1840년 간행된 시볼트(Sibolt)의 '일본도(日本図)'에 잘못 기록되어서 송도를 울릉도로 바꾼 이후 한참동안 혼란을 겪었다. 그 후 결국 송도라 불리어진 '소도(小島)'가 죽도가 된 경위를 상세하고도 정확하게 논증했다. 이러한 작업은 영유권 논리를 밝히는데 지극히 타당하다. 연구소재로 이용한 문헌은 이미 학계에서 정평이 나 있는 사료적 가치가 높은 것을 선별했고, 특히 실태조사원, 서류 등의 공적 문서를 풍부하게 사용하고 있는 것은 논리의 가치를 높이고 있다. 문제의 성질상 지도를 많이 사용하고 있는데, 편집자에 주의하여 정확성을 기하려고 노력한 점을 평가할 수 있다. 그리고 취재의 범위는 일본은 물론이고, 한국 중국 유럽에 걸쳐 매우 공평 타당한 추론을 하였으며, 이치와 노선이 정연함에 국민적 감정에 치우치지 않고 어디까지나 논리에 맞게 한국 측의 반성을 촉구하는 저자의 태도는 경의할 가치가 있다고 판단한다.

그 결과로 '7가지'의 저자의 결론을 소개하고 있다. 이상과 같이 명백 공정한 결론에 대해 너무 당연한 논리로서 전폭적으로 찬성하는 글이다.

단지 조선사학도의 입장에서 보면, 역사적 배경에 대해서도 규명할 필요가 있겠지만, 규명하면 할수록 이 결론이 유력함을 뒷받침하는 것

---

37) 浦廉一(1954.1)「(書評)外務省条約局『竹島の領有』1953년 8월」,『史学研究』広島史学研究会, 제53호.

으로 결코 이를 부정할 수 없을 것이다.

덧붙여서 본 연구에 인용하지 않은 지도로서, 스기모토 나오시로(杉本直治郞) 교수가 소장하고 있는데, 1596년 암스트르담에서 간행된 '항해기(航海記)'의 '동아도(東亜図)'(1595년)에 '죽도(竹島)'가 있고, 또 1666년 암스트르담에서 간행된 지도에도 '죽도(竹島)'가 있다. 이미 이 시대에 일본 명칭으로 기록되어 있음을 부기한다.」[38]라고 했다.

이 서평은 가와카미의 논리를 격찬하기 위한 것으로 문제점을 지적한 곳은 단 한 곳도 없다. 이런 식으로 일본학계에서는 조작된 「죽도=일본영토」의 논리가 아무런 비판 없이 계승되어왔다. 오늘날에도 가와카미의 조작된 논리는 우익계통의 일본영토론자들에 의해 철저히 계승되고 있고, 그것이 또한 일본정부의 정책으로 반영되고 있다는 점을 크게 우려하지 않을 수 없다.

요컨대 우라 렌이치(浦廉一) 서평의 모순은 다음과 같다. 즉 가와카미는 외무성의 관리로서 1951년 이승만대통령의 평화선 선언에 항의하여 한일 간에 독도/죽도 영유권을 둘러싸고 논쟁하는 과정에 일본정부 입장에서 죽도가 일본영토라는 일본적 논리를 만들어내는 역할을 했다. 가와카미는 한국영토를 입증하는 많은 자료들 중에 단 한 점도 인정하지 않았고 무조건적으로 부정했다. 역으로 한일양국의 자료를 총동원하여 독도/죽도와 관련되는 용어만 나오면 일본영토로서의 증거라고 주장했다. 그럼에도 불구하고 본 서평은 『죽도의 영토』가 공정하고 객관적으로 사료를 해석했다고 격찬을 하고 있다. 또한 한국사적 측면에서 사료를 발굴하면 모두 일본영토라는 근거만 나올 것이라고 주장했다. 실제로는 정반대로 모두 한국영토로서의 증거만 발굴되었

---

38) 여기에 나타나 있는 죽도는 모두 울릉도이고, 죽도라는 명칭이 있다고 해서 바로 영유권의식으로 이어지는 것은 아니다.

다. 이것 또한 한 치의 앞을 내다볼 줄 모르는 내셔널리즘에 입각한 영유권 주장에 불과한 서평이었다고 하겠다.

7. 맺으면서

이상으로 한국의 평화선 선언에 대응하여 영토적 권원을 조작하여 「죽도」가 일본영토라는 논리를 만들려고 집필된 가와카미의 논리에 대해 검토했다. 가와카미의 논리조작 방법은 죽도가 일본영토라는 것을 전제로 하여 한국영토로서의 근거를 전적으로 무시하고 관련 사료를 죽도가 일본영토로서의 근거라고 해석을 조작하는 방식으로 이루어졌음을 확인했다. 그 내용을 요약하면 다음과 같다.

첫째, 죽도는 작은 암초로 된 섬으로서 역사적으로나 국제법적으로 일본영토라고 하여 행정적으로 시마네현 고카무라 소속이라고 단정하고 있다. 한국측의 입장을 전적으로 부정하고 있다.

둘째, 대한민국정부가 대일평화조약이 발효되면 맥아더라인이 철폐되어 일본 어선들의 독도 근해에 침입할 것을 우려하여 평화선을 선언했다. 이때에 일본의 항의를 받고 한국정부는 독도가 한국영토인 근거를 제시했다. 이때에 일본정부는 한국이 제시한 영토적 권원을 논리적으로 반박하기 보다는 전적으로 부정하는 방법을 택했던 것이다.

셋째, 일본은 1905년 시마네현 고시40호를 통해 '죽도'를 일본영토에 편입한 것은 국제법상 합법한 정당한 조치라고 주장한다. 그러나 한국 정부가 일본보다 5년 먼저 국제법적 조치를 취하였음에도 불구하고 후발로 무주지 선점론을 적용하여 영토를 취득했다는 주장은 정당성이 없다.

넷째, 연합국의 '전후조치'에서 '죽도'가 일본영토로 확정되었다고 주장한다. 대일평화조약에서도 일본영토로 확정되었다고 주장한다. 연합국이 대일평화조약에서 독도의 지위를 유보했다는 것은 이미 학계에서 일반화되어 있다.

다섯째, 이상과 같이 '죽도=일본영토'라는 가와카미 논리는 사실과 다르게 조작된 것이라고 하겠다. 당시 일본학계에서는 서평을 통해 가와카미 논리가 아주 논리적이고 정당하다고 격찬하여 '죽도=일본영토'라는 논리를 확산시켰던 것이다.

여섯째, 오늘날 일본정부를 비롯한 일본영토론은 가와카미 논리에서 유래된 것이고, 사실과 정반대로 조작된 것임을 알 수 있다.

「다무라 세이자부로」의 '죽도' 영유권 조작에 관한 연구

제**8**장 - 평화선 선언에 대응한 일본의 논리계발 -

1. 들어가면서

　대한민국은 1952년 4월 26일 대일평화조약의 발효를 앞두고 맥아더 라인이 철폐되면 독도주변에 일본인들이 침범할 것을 우려하여 1952 년 1월 18일 대외적으로 대통령이 대한민국의 주권을 선언하여 평화선 을 설치하여 일본인들의 접근을 차단했다. 이에 대해 일본정부는 일본 영토 '죽도'가 평화선 내에 포함되었다고 하여 평화선 설정에 동의할 수 없다고 이의를 제기했다. 한국은 일본의 죽도 영유권 주장에 대해 한국영토인 근거를 일본에 제시했다. 이에 대항하여 일본은 죽도영유 권 논리를 만들어 한국의 주장에 반박했다. 이때에 일본적 논리를 만들 었던 것은 외무성관리 가와카미 겐조[1]와 시마네현 관리였던 다무라 세이쟈부로이다. 이들이 '죽도'가 일본영토라는 것을 전제로 하여 죽도의 영유권을 사실과 달리 내용을 조작하고 있다는 것이 문제이다.

다무라는 1954년 3월 시마네현 소속으로 「시마네현 죽도의 연구」를 출판했고,[2] 이를 보완하여 1965년 10월 『시마네현 죽도의 신연구』[3]를 출간하게 된다. 그는 서문에 「내용상 약간의 오인과 새로운 자료가 발굴되어 전면적으로 이를 수정하였다.」라고 하여 『시마네현 죽도의 신연구』(1965)와 『시마네현 죽도의 연구』(1954)[4]와의 차이를 밝히고 있다. 초판의 『시마네현 죽도의 신연구』는 1996년 3월과 5월, 1997년 2월, 2002년, 2005년 5번이나 추가 인쇄되었다.[5] 이처럼 본서 『시마네현 죽도의 신연구』는 평화선 선언, 한일협정, 1977년 국제해양법협약에서의 200해리 채택, 신 한일협정체결 등 한일 간의 독도/죽도를 둘러싼 논쟁이 발생할 때마다 재판이 나올 정도로 일본인들의 죽도 인식의 바탕이 되어있음을 알 수 있다. 이는 가와카미 겐조의 『죽도의 영유』[6]가 평화선 선언 때 출간되었고, 한일협정 때에는 이를 보완하여 『죽도의 역사지리학적 연구』[7]를 출간하여 일본인의 독도/죽도인식의 바탕이 된 것과 마찬가지로 일본영토론을 대표하는 논리라고 할 수 있다. 이 시기에 또 다른 연구 자가 독도/죽도연구에 가담하고 있지만,[8] 이들 두 사

---

1) 川上健三(1953) 『竹島の領有』日本外務省条約局.
2) 1963-1967년 島根県 編纂室 主幹, 1967년 島根県立図書館 차장으로 근무했다.
3) 田村清三郎(1965) 『島根県竹島の新研究』島根県総務部総務課, p.159
4) 島根県편; 田村清三郎(1954.3) 『島根県竹島の研究』.
5) 『島根県竹島の新研究』의 발행일이 있는 페이지 참조. 이 책은 1965년 국교정상화시기에 복각판이 나왔고, 200해리 유엔해양법조약이 비준되어 신한일어업협정을 논의하던 시기에도 복각판이 나왔다.
6) 川上健三(1953) 『竹島の領有』日本外務省条約局.
7) 島根県편; 田村清三郎(1954.3) 「島根県竹島の研究」.
8) 田川孝三, 速水保孝, 田村幸作, 中村拓, 高野雄一, 三上生 등이 있다. 최장근(2007) 『독도관련연구경향(1948-현재)분석: 역사학』동북아역사재단(연구

람의 연구내용을 그다지 크게 벗어나지 못하고 있다.

본 연구에서는 일본의 죽도영유권 주장의 본질을 이해하기 위해 영유권논리를 조작했던 그 기원을 규명하는 것이 목적이다. 따라서 본고에서는 다무라 세이쟈부로의 독도영유권 논리, 즉『시마네현 죽도의 연구』를 분석하여 그 모순성을 고찰하려고 한다. 선행연구에서 다무라의 죽도 영유권 인식에 대해 부분적으로 언급하여 비판한 적은 있어도,[9] 이를 총체적이고 본격적으로 분석한 연구는 없다고 하겠다.

2. 울릉도와 독도에 대한 일본영토로서의 역사적 권원 조작

다무라는「죽도와 송도의 역사적 연혁」이라는 제목으로 울릉도와 독도가 역사적으로 일본영토였다고 했다. 먼저 울릉도가 역사적으로 일본영토였다고 주장하는 내용은 다음과 같다.

즉,「모모야마(桃山)시대의 일본도(日本圖) 병풍에 오키(隱岐)와 고려 사이에 기죽도(磯竹島)가 등장하고, 임진왜란을 계기로 기죽도가 일본영토로서 등장한다. 1561년 이후의 각종 일본지도에 산음도(山陰道) 앞바다에 표기되어 나오기 때문에 일본인들이 일본영토라고 인식하였다」는 것이다. 한국의 지봉유설에는 일본이 울릉도를 지배했다는 기록이 나온다. 1614년 일본이 울릉도를 이용했다는 증거이다. 당시 조선은 '죽도일건(竹島一件)'에서 쓰시마가 기죽도를 일본영토라고 주장

용역 결과보고서 제3연구실-2007-17), pp.128-129.

9) 대표적으로 朴炳涉의「半月城通信」이 있다. http://www.han.org/a/half-moon
/index.html

했을 때 일본의 주장을 부정하지 않고, 울릉도는 조선영토라고 하여
분쟁을 피해갔다. 1618년에는 무라카와(村川)와 오야(大谷)막부로부
터 도해허가증을 취득하여 78년간 죽도(울릉도)를 배령했다.」고 주장
했다.[10]

그러나 우선 지도의 경우는 증거능력이 있는 것도 있지만 없는 것도
많다. 위에 제시한 제3국의 지도는 증거능력이 없는 것이다. 둘째로 지
봉유설에서 임진왜란 이후 일본인들이 조선영토인 울릉도에 '침입했다'
는 내용을 '지배했다'고 조작하고 있다. 셋째로 '죽도일건'에서는 최종
적으로 동국여지승람이라는 조선의 지리지를 검토한 결과 울릉도가 일
본영토가 아니라는 것을 막부가 인정했다. 넷째로 도해허가는 타국영
토에 대한 일방적인 조치로서 근대 국제법의 영토취득과 무관하다. 이
처럼 다무라는 일본과 울릉도와 관련이 있는 모든 사료를 일본영토로
서의 증거로 악용하여 영유권을 조작하고 있는 것이다.

다음으로는 독도가 역사적으로 일본영토였다고 주장하여 아래와 같
은 논리를 제시하고 있다.

즉, 「1656-7년 혹은 그 10년 이전에 송도도해면허증(연도는 명확하
지 않음)을 배령하여 도해했다. 송도는 죽도도항 때에 기항지로서 오야
가문, 무라카와가문의 독점어장으로 사용되었다.」[11] 「송도의 가장 오
래된 기록으로서 『은주시청합기』(1667)는 죽도도항의 최전성기의 기
록이므로 중요하다. 『오키고기집(隱岐古記集)』(1823)은 『은주시청합
기』를 모방한 것으로, 에도시대 전기의 나가쿠보 세키스이(長久保赤
水)의 『일본여지노정전도(日本輿地路程全図)』(1775 ; 秋岡武次郎 所
藏), 곤도 모리시게(近藤守重)의 『변요분계도고(辺要分界図考)』(1804)

---

10) 田村清三郎, 『島根県竹島の新研究』, p.6.
11) 田村清三郎, 『島根県竹島の新研究』, p.6.

에 삽입된 「금소고정분계지도(今所考定分界之図)」에 죽도와 송도가 분명히 일본해 중에 그려져 있다. 특히 1864년 대일본해륙전도에는 죽도와 송도를 그리고 큰 섬인 죽도를 오키도와 같은 노란색으로 그리고 있다.」[12]고 주장했다.

먼저 송도도해면허를 배령했다는 확실한 증거가 없다.[13] 둘째로 독도를 독점어장으로 활용했다는 기록도 없다. 셋째로 사실『은주시청합기』(1667)와 나가쿠보의『일본여지노정전도』(1775)는 내용상으로 송도, 즉 독도가 조선영토로서 표기되어 있다. 넷째로 1696년 막부가 정식으로 울릉도를 한국영토로 인정했기 때문에 그 이후에 울릉도가 일본영토로 표기된 고문헌과 고지도가 있다면 그것은 잘못된 것이다.

또한 「『장생죽도기』(1801)에 요나고(米子)의 무라카와(村川)씨가 죽도에서 오사카인 토쿠베에(德兵衛)의 석비를 발견했다고 쓰여져 있는 것을 지적하여 오야(大谷), 무라카와(村川)의 도항(1618년) 이전에 즉 임진왜란을 계기로 죽도를 기항지로 조선에 건넜다」[14]고 한다. 그러나 이는 오사카사람이 죽도에 도항했다는 증거는 되어도 조선영토였던 울릉도가 일본영토로 변경되었다는 증거는 될 수 없다.

일본의 '죽도'편입에 대해서는 「1905년 2월 22일 시마네현의 행정구역에 편입되어 여름 수개월간 오키도 어민들이 건너가 임시막사를 짓고 어업을 했다.」[15]라고 했다.

이미 독도가 1900년 대한제국의 칙령41호로 한국영토로서 행정적으로 관리되고 있는 섬이었다. 그런데 일방적으로 한국영토에 대해 국내

12) 田村淸三郎(1965)『島根県竹島の新研究』, p.8.
13) 池内敏(1999)「竹島渡海と鳥取藩」,『鳥取地域史研究』第1号, p.38, 内藤正中・朴炳渉(2007)『竹島＝独島論争一歴史から考える一』新幹社, pp.74-75.
14) 田村淸三郎(1965)『島根県竹島の新研究』, p.23.
15) 田村淸三郎(1965)『島根県竹島の新研究』, p.50.

적 편입조치를 취하여 일본인들이 일시적으로 독도의 강치를 수탈한 것을 가지고 영토취득의 요건이라고 주장하는 것은 모순이다.

또한 「쓰시마는 안용복을 송환하면서 죽도에 조선 어민의 도항을 금할 것을 요구했다. 1692년 안용복사건과 관련하여 도항금지에 대해 종씨와 조선 예조 간의 교섭 끝에 겐로쿠9년 정월 막부는 죽도를 조선에 준다고 한 것이 아니고 논쟁을 마무리하기 위해 오야(大谷), 무라카와(村川) 양씨의 죽도도해를 금했던 것이다. 안용복은 1696년 돗토리번(鳥取藩)에 다시 나타났는데, 그의 역할로 독도가 조선영토로 인정한 것처럼 말하지만, 안용복이 온 것은 6월이고 도항 금지는 정월이었다. 도항금지는 안용복의 도항과는 전혀 상관이 없다.」[16]라고 하여 막부가 울릉도 도항을 금지한 것은 조선영토로 인정한 것이 아니고, 또한 도해 금지령은 안용복의 활동과 전혀 무관하다고 하는 논리를 펴고 있다. 그러나 안용복이 「조선지팔도(朝鮮之八道)」를 지참한 것만 보더라도 무관하지 않다. 조선과 일본이 울릉도의 소속을 둘러싸고 분쟁을 하여 일본이 울릉도를 포기했다면 그것은 조선영토로 인정한 것이라는 것은 너무나 당연한 이치이다.[17] 이처럼 아주 분명한 것조차도 부정하여 사실을 조작하고 있다.

그리고 「막부는 울릉도인 죽도는 포기했지만, 송도는 포기하지 않았다. 1751-63년 사이에 편찬된 『죽도도설(竹島圖說)』에는 '오키국(隱岐国) 송도의 서도에서 해상으로 약 40리 북방에 죽도가 있다.' '요나고(米子)에서 이즈모(出雲)를 나와 오키의 송도를 거쳐서 죽도에 이른다.'[18]라고 하여 송도가 오키 소속이라고 주장하고 있다. 또한 「1801

---

16) 田村清三郎(1965) 『島根県竹島の新研究』, p.18.
17) 權五曄·大西俊輝注釈(2009) 『獨島의 原初記錄: 元禄覺書』제이앤씨, 2009. 内藤正中·朴炳涉(2007) 『竹島＝独島論争—歴史から考える—』新幹社, pp.63-68.

년『장생죽도설(長生竹島說)』에도.... 전문에 의하면 송도는 일본의 서해의 끝이라고 하여 송도가 일본영토임을 의심하지 않았다.」[19]라고 주장한다. 또한「1881년 일본과 조선의 외교교섭으로 일본인의 울릉도 도해가 금지되어졌듯이 겐로쿠년간 이후 울릉도는 조선영토, 송도는 일반적으로 일본영토로 인식되어져 있었다. 또 하치에몽(八右衛門)이 사형되었을 때에 송도를 목적으로 도항했다고 하여 송도는 일본영토로 인식되었다」고 주장했다.

하지만 18세기의『죽도도설(竹島圖說)』, 19세기의『장생죽도설』와 하치에몽에 관한 기록 등에서의 독도(당시 일본명칭 송도)인식은 전문에 의한 것과 일개인의 인식에 지나지 않는다. 이는 국가나 지방자치체 등의 공적 기관이 아니므로 영토취득요건에 해당되지 않는다. 다무라(田村淸三郎)는 영토취득의 근거가 되지 않는 사료를 '죽도'가 일본영토라는 증거라고 하여 영토주권의 근거로 삼고 있다.

이처럼 지도나 문헌에 등장하는 죽도와 송도의 성격에 대한 분석도 없이 일방적으로 고문헌과 고지도에 죽도와 송도라는 용어만 나와도 일본영토로서의 근거라고 하여 사실을 조작하고 있다. 따라서 다무라의 주장은 '죽도'의 영유권이 일본에 있다는 논리를 노골적으로 조작하고 있는 것이다.

---

18) 田村淸三郎(1965)『島根縣竹島の新硏究』, pp.22-23.
19) 田村淸三郎(1965)『島根縣竹島の新硏究』, p.23.

3. 한국의 영토적 권원에 대한 부정

다무라는 독도가 한국영토라는 한국측의 주장을 무조건적으로 부정하고 있다. 그 내용을 보면 다음과 같다.

한국측이 「울릉도와 우산도가 별개의 섬」이라는 것에 대해 「죽도영유에 관한 한국측 주장의 역사적 사실은 모두 의심스러운 것뿐이다. 죽도(竹島)가 우산도 또는 삼봉도라고 하는데, 우산도를 울릉도 이외의 섬이라고 하는 것은 곤란하다. 우산도는 울릉도의 별칭에 지나지 않고, 『삼국사기』, 『동국여지승람』, 『지봉유설』그 외 모든 문헌이 신라 지증왕 때에 우산국을 정복하고 우산국은 울릉도라고 명기하고 있다. 우산도와 울릉도를 별개의 2개 섬이라고 되어있는 것은 『동국여지승람』뿐이고, 그 『동국여지승람』 자체에 일단 우산과 울릉은 원래 1개의 섬이라고 기록하고 있다. 게다가 『동국여지승람』의 부도인 「팔도총도」와 「강원도도」에 조선 동해안에 2개의 거의 같은 크기의 섬이 그려져 있다. 조선해안에 가까운 것을 우산이라고 하고, 먼 것을 울릉이라고 한다. 만약 우산을 일본의 죽도라고 한다면, 울릉도는 죽도의 동쪽에 존재하는 것이 되어야하므로 현실과 모순된다. 『동국여지승람』은 조선이 오랫동안 울릉도를 포기하여 동해에 관해서는 가장 지식이 결여되었을 때 그려진 작품이고 1개의 울릉도를 우산, 울릉 2개의 섬으로 그릴 정도로 엉터리이다. 우산(于山), 울릉(鬱陵), 무릉(武陵), 우릉(羽陵), 내지 울릉(蔚陵), 모두 '울(鬱)', '산(山)'을 다른 한자로 쓴 것에 불과하다. '산(山)'에 산(山)과 릉(陵)으로 쓰는 용례가 일본에서도 많이 있고, 과거 마츠에고교(松江高校)가 '진신(眞山)'의 기슭에 있었다고 하여 '진릉건아(眞陵健兒)'라고 칭한 사실 등 무수히 많은 예를 들 수 있다. 조선지명의 한자역의 역사도 일본과 동일하다.」[20]라고 주장했다.

이는 사실과 다르다. 먼저 울릉도와 우산도가 별개라는 것은「우산과 울릉 이 두 섬은 날씨가 선명하고 바람이 부는 날 서로 관망할 수 있다」라고 하는『세종실록지리지』,『동국여지승람』의 기록으로 확인된다. 이는 오늘날에도 마찬가지로서 울릉도와 독도간의 거리를 명확하게 표현하고 있다. 이는 신라의 우산국, 고려시대의 울릉도에 사람이 거주했을 때의 인식이었는데, 이것은 공도정책으로 섬을 비웠던 조선시대의 조정에 계승된 인식이라고 봐야한다. 조선조정은 동해의 두 섬이 조선의 영토라는 인식을 갖고 있었던 것이다. 하지만 울릉도의 공도정책에 의해 구체적으로 확인할 수 없었던 우산도에 대해서는 울릉도의 부근에 존재하는 섬 정도로 인식하고 있었던 것이다. 물론 오늘날과 같이 독도의 형상이나 거리를 정확히 알고 있었던 것은 아니었다.[21] 따라서 다무라가 우산도와 울릉도를 동일한 섬이라고 주장하는 것은 지금의 독도를 조선시대에 영토로서 인식했다는 것을 부정하기 위한 조작된 논리라고 할 수 있다.

또한 한국측이 조선왕조실록에 등장하는 삼봉도와 우산도가 오늘날 독도의 옛 명칭이라고 하는 것을 부정하기 위해 다음과 같은 주장을 하고 있다. 즉「한국측은 성종실록에는 "양도간의 거리는 그다지 멀지 않아 날씨가 맑은 날 서로 관망할 수 있다"라고 쓰여져 있다. 우산과 울릉이 동일한 섬임을 알고 있었던 이수광은 그『지봉유설』에서 승람을 인용하면서도 다음과 같이 우산, 울릉 2도설을 그대로 인용하지 않고 있다. "임진왜란 후 왜가 기죽도(磯竹島)를 점거했다. 기죽도는 울릉도이다." "삼봉도가 정동에 있다는 소문을 듣고 박원종을 삼봉도로

---

20) 田村淸三郞(1965)『島根縣竹島の新硏究』, pp.29-30.
21) 최장근(2005)「독도영토의 역사적 권원에 관한 고찰 -동해도서의 '2도설', '1도설'에 관한 고증」,『독도의 영토학』대구대학교출판부, pp.3-65.

보내어 탐색하도록 했다. 그런데, 풍랑 때문에 정박을 못하고 울릉도로 돌아왔다." 한국은 삼봉도를 죽도(독도)라고 주장하고 있지만, 삼봉도는 울릉도의 별칭에 지나지 않는다. 삼봉도에는 많은 사람이 거주하고 있었다고 기록하고 있었고, 게다가 삼봉도라는 섬은 새가 있는 섬이라고 했다. 또 가령 그것이 죽도라고 해도 풍랑 때문에 도달할 수 없었던 섬을 조사단이 삼봉도를 유효하게 점거하여 경영했다고 말할 수 없을 것이다.」라고 했다.

이는 사실과 다르다. 먼저 이수광의 지봉유설은 조선의 울릉도에 일본인이 침입했다는 것을 비판하는 내용이다. 이는 독도와 무관하다. 둘째로 성종조 시절은 공도정책으로 민간인의 울릉도도항을 금지하고 있어서 울릉도의 존재는 명확했으나, 더 멀리 떨어진 우산도의 존재가 명확하지 않아서 착각하여 유인도로서의 우산도를 찾으려고 했던 것이다.22) 따라서 울릉도 이외의 또 하나의 섬인 우산도를 영토로서 인식하고 있었다는 것이다. 물론 우산도가 오늘날의 독도와 동일한 섬으로서 명확히 인식하고 있었던 것은 아니었다. 그것은 당시도 무인암초로서 사람이 거주할 수 없는 섬이고 울릉도에서 87km나 떨어져 있는 섬이었기에 그럴 수밖에 없었다. 그렇다고 해서 분명한 논증도 없이 울릉도와 우산도가 동일한 섬이라고 주장하여 조선시대의 우산도는 오늘날의 독도가 아니었기에 독도는 한국영토가 아니라고 하는 주장은 논리의 조작이라고 밖에 볼 수 없다.23)

또한 사실 17세기 안용복은 일본의 중앙정부였던 막부와 지방정부였던 돗토리번에 대해 「조선지팔도(朝鮮之八道)」를 지참하여 울릉도

---

22) 최장근(2005)「독도영토의 역사적 권원에 관한 고찰 -동해도서의 '2도설', '1도설'에 관한 고증」,『독도의 영토학』대구대학교출판부, pp.3-65.
23) 상동.

와 독도에 대한 역사적 권원이 조선에 있음을 확인시켰고, 일본 중앙정부가 이를 인정하여 울릉도와 독도의 영유권을 포기했던 것이다. 이에 대해 다무라는 안용복의 활동에 대해서도 다음과 같이 부정하고 있다.

즉「안용복이 울릉도와 독도에 도항하여 이들 2섬이 한국영토라고 성명하고 일본선박이 접근하지 못하도록 엄중히 경고했다고 하지만, 안용복의 사건은 울릉도에 관한 분쟁이고 쓰시마를 통한 일한 교섭에서 일본측이 포기했던 것은 울릉도인 기죽도로서 시마네현 죽도인 당시의 송도는 문제시되지 않았다. 그래서 훗날 '오키국(隱岐国) 송도(松島)'라고 했고, 하치에몽은 송도(松島) 도항을 명목으로 울릉도에 배를 보냈다고 했다.」[24]라고 주장했다.

그러나 사실 안용복사건에서 안용복이 문제시 했던 것은 울릉도와 독도였다. 이는 한국측 문헌의 숙종실록에서「관백으로부터 울릉도와 자산도(우산도)를 한국영토로 인정하는 서계를 받았다」고 했고, 일본측 사료인 원록각서[25]에서는 일본에 대해「죽도(울릉도)와 송도(독도)는 조선의 강원도에 속한다」라고 한 것으로도 확인된다. 다만 막부가 도항허가를 한 것은 울릉도뿐이었기에 울릉도 도항만을 취소한 것이다. 그래서 안용복의「자산도」영유권 주장에 대해 아무런 이의를 제기하지 않았다. 따라서 막부가 도항을 금지시킨 곳은 울릉도와 독도였던 것이다.

또한 울릉군수 심흥택보고에 대해서도 부정하고 있다. 시마네현 관리들이 1905년 2월 은밀한 편입조치를 마친 1년 후 1906년 3월 울릉도의 심흥택 군수를 방문하여 간접적인 방법으로 '죽도'영유권을 주장했다. 심 군수는 긴급히 다음날「본군 소속 독도」를 일제가 침탈하려하고

---

24) 田村清三郎(1965)『島根県竹島の新研究』, pp.1-26.
25) 權五曄・大西俊輝注釈(2009)『獨島의 原初記録: 元禄覺書』제이앤씨.

있다는 사실을 중앙정부에 보고했던 것이다.26) 이에 대해 다무라는 다
음과 같이 사실을 조작하고 있다. 즉 「울릉군수 심흥택의 보고서내용
은 잘 모르지만, 그해 1906년 3월 28일 죽도 조사를 마치고 돌아오는
길에 울릉도를 방문한 시마네현 내무부장 진자이 유타로(神西由太郎)
는 심흥택에게 "본인은 대일본제국 시마네현의 권업에 종사하는 관리
로서 울릉도와 우리가 관할하는 죽도는 서로 근접하고 있고, 또 울릉도
에 우리나라 사람들이 많이 체류하고 있는데 만일 환담이 필요할 경우
나 울릉도를 방문할 일이 있을 때에 그때 선물을 갖고 오겠다. 이번은
우연히 들러서 아무런 선물을 준비하지 못했다. 다행히 여기에 죽도에
서 잡은 강치가 있는데 드리고 싶다. 받아주세요"라고 했고, 군수는 "알
겠다. 체류 일본인들은 내가 충분히 보호해주겠다"(1906년 4월 1일 산
음신문 ; 山陰新聞). 그해는 합법적으로 죽도 영유를 선언한 1년 후의
일이었다. 일본영토인 죽도에 대해 군수가 "우리나라에 부속하고 있는
섬 독도 운운"이라고 했더라도 무의미하다.」27)라고 주장했다.

다무라는 심흥택이 일본인의 죽도관리에 대해 적극적으로 항의하지
않고 오히려 환대하여 죽도가 일본영토인 것을 인정했다는 것이다. 대
한제국정부는 심흥택으로부터 일제의 독도침탈사실을 통보받고 통감
부에 정식으로 항의했다.28) 이것만으로도 충분히 대한제국이 독도영
토를 관리하고 있었다는 증거가 된다.29)

26) 『各觀察道案』第1冊, 「報告書號外」, 梁泰鎭編(1979) 『韓國國境領土關係文獻
    集,』. 신용하(1996) 『독도의 민족영토사 연구』지식산업사, p.245.
27) 田村淸三郎(1965) 『島根縣竹島の新硏究』, p.153.
28) 최장근(2010.2) 「근대 한국의 독도관할과 통감부의 인식 -'석도=독도' 검증
    의 일환으로-」, 『일어일문학연구』제72집 2권 참조.
29) 최장근(2010.2) 「근대 한국의 독도관할과 통감부의 인식 -'석도=독도' 검증
    의 일환으로-」, 『일어일문학연구』제72집 2권 참조.

또한 한국의 독도에 대한 실효적 관리에 대해 「한국은 독도가 조선인에 의해 발견되어 점유되었고, 한국영토로서 영유의 의도를 가지고 역대 한국정부가 행정조치를 해왔다고 하는 것은 전적으로 사실무근」[30]이라고 부정하고 오히려 일본이 죽도를 경영했다고 주장한다.

① 울릉도 한인이 독도에서 조업을 했다는 것에 대해 「일본의 죽도 경영은 후술하는 것처럼, 역사적 영역에 대해 설령 논하지 않는다하더라도 근대국제법의 통념으로 봐도 완전하고도 정당한 합법적인 조치이다. 1906년 당시 울릉도 한인들이 어업에 관해서는 전혀 모르고 미역채취 이외는 아무것도 하지 않았다는 것을 기억해야할 것이다. 전복과 강치의 어장인 죽도는 울릉도의 한인에게 아무런 인연도 유서도 없는 곳이었다.」[31]라고 하여 울릉도의 한인은 미역채취밖에 하지 못했다는 주장이다.

그러나 사실은 일본군함 니이타카(新高)호가 1904년의 군함일지에 「울릉도 사람들은 이 섬을 독도(獨島)라는 한자를 쓴다」라고 기록하고 있다. 이를 보더라도 1900년 칙령 41호에 등장하는 「석도(石島)」라는 명칭은 울릉도민들에 의해 「돌섬」 혹은 「독도」로 불리던 것이 한자로 표기된 것임을 알 수 있다.[32] 따라서 이를 보더라도 울릉도 사람들에게는 이미 독도라는 이름으로 행정적으로 관리되고 있는 섬이었던 것이다.

② 지리적으로 한국에 가깝다는 것에 대해 「한인은 지리적으로 울릉도-죽도 간의 49해리가 죽도-오키(隱岐)섬 86해리에 대해 한국영토의

---

30) 田村清三郎(1965) 『島根県竹島の新研究』, p.153.
31) 田村清三郎(1965) 『島根県竹島の新研究』, p.153.
32) 전라도에서는 고인돌을 고인독이라고 부른다. 울릉도에는 전라도에서 이주한 사람들이 대부분이었는데, 전라도 방언으로 '돌'을 '독'으로 호칭하는 경향이 있다.

근거인 것처럼 주장하는데, 이것은 아무런 의미가 없다. 울릉도 자체를
공도화 하려고 했는데, 조선본토와 죽도간의 거리가 무슨 문제가 되겠
는가? 사람이 거주할 수 없는 암초를 발견하고 이용하는 사람이 농민인
지, 어민인지, 여하튼 간에 단순히 거리만을 가지고 말하는 것은 넌센스
이다.」[33]라고 하여 울릉도를 비웠기 때문에 거리가 가깝다는 것은 의
미가 없다는 주장이다.

그러나 사실은 독도는 울릉도에서 가시거리에 있기 때문에 전근대
에는 가시거리에 있지 않은 일본보다는 먼저 발견하여 더 많이 영토의
식이 생겨날 수 있다. 근대에 들어와서는 국민국가의 성립과 더불어
영역이 경계선으로 결정되면서 하찮은 섬이라 할지라도 소유의식이 생
겨났기 때문에 일본에 선점당하지 않기 위해서라도 독도에 대한 영토
의식이 생기게 되었던 것이다. 그래서 1900년 칙령 41호 울릉도 전도,
죽도(竹島 ; 죽섬)와 더불어 석도(石島 ; 독도)에 대해서도 행정조치를
단행했던 것이다.

③ 나카이가 독도를 조선영토로 인식했다는 기록에 대해「시마네 현
지의 나카이 요사부로(中井養三郎)가 이 섬을 조선영토라고 말했다고
하는데, 근거 없는 후세 사람들의 기록이고, 1904년 9월 25일 조선정부
로부터 이 섬을 빌리기 위해 허가를 내려고 농상무성에 신청한 적이
없다. 9월 29일 리양코섬이 예로부터 일본영토라고 믿고 있었음에도
불구하고 소속이 정해지지 않은 섬인 것을 깨닫고 정식으로 일본영토
임을 확인하고 섬 전체를 빌리기 위해 내무, 외무, 농상무성의 3대신에
게 '영토편입 및 대하원'을 제출한 것이다. 그 부속설명 중에도 이 섬을
예로부터 일본인이 인지하고 경영해 왔다는 사실을 언급하고 있다.」[34]

---

33) 田村清三郎(1965)『島根県竹島の新研究』, p.153.
34) 田村清三郎(1965)『島根県竹島の新研究』, p.154.

라고 하여 나카이의 한국영토 독도라는 인식은 후세사람들이 조작한 것이라는 주장이다.

그러나 사실은 나카이의 「사업경영개요」[35], 오쿠하라의 「죽도경영자 나카이 요사부로씨 입지전(竹島經營者中井養三郎氏立志傳)」[36]에서 보면 나카이 본인이 독도를 한국영토로 인식했는데 내무성에서 한국영토로 보이는 섬을 편입하는 것은 영토침략을 의심할 수 있다고 하여 편입에 반대했고, 그럼에도 불구하고 외무성에서 수로부장의 조언으로 러일전쟁이라는 시국적 상황으로 봐서 일본영토로 편입하는 것이 국익에 도움된다고 신청을 요구하여 이루어진 조치라는 사실이 아주 상세히 기록되어 있다.

④ 총독부가 「조선연안수로지(朝鮮沿岸水路誌)」에 독도를 포함시키고 있는 것에 대해 「군함 쓰시마(対馬)의 건은 '조선연안수로지(朝鮮沿岸水路誌)'(1933)에 의한 것으로 생각되는데, '조선연안 부분(部分)'에 죽도가 있는 것은 행정적으로 조선총독의 소속을 의미하는 것이 아니라, 조선동해안으로 항해하는데 관계되기 때문에 거기에 있는 것이다. '혼슈연안수로지(本州沿岸水路誌)'에서는 '오키열도(隱岐列島) 및 죽도(竹島)'라고 기록되어 있다. 그러므로 한국측의 주장은 근거가 없다.」[37]라고 하여 수로지와 영유권은 무관하다고 주장한다.

그러나 사실은 수로지에 따라 영유권도 포함하는 수로지도 존재한다는 사실을 상기했으면 한다. 조선수로지라고 한다면 대부분은 조선영토와 관련되는 내용이라는 것이다. 그렇다고 해서 전혀 무관하다고

---

35) 竹島漁獵合資會社文書綴(1905) 『行政諸官廳往復雜書類 從明治38年』에 포함되어 있는 내용.
36) 奧原碧雲(1906.5.20) 『竹島經營者中井養三郎氏立志傳』.
37) 田村淸三郎(1965) 『島根縣竹島の新硏究』, p.154.

할 수는 없다.

⑤ 울릉도주민이 독도에서 조업을 한다는 내용에 대해 「다음 기사는 고의인지 모르지만 잘못 인용한 것이다. "울릉도의 주민은 여름마다 이 섬(독도)에 상륙하여 천막을 치고 부근에서 어업에 종사했다"라는 것은 쓰시마(対馬)의 보고가 아니고, 수로지 편찬자의 기술이어서 울릉도의 조선인이라고 기록되지는 않았다. 사실상 죽도에서 어업을 한 것은 시마네현지사로부터 허가를 받은 강치 어업자들 뿐이었다. 또 1904-5년 당시 울릉도를 근거로 죽도에 도항하여 강치를 포획한 사람은 일본인이었다는 사실이다. 그들은 오키 섬에서 돈을 벌기 위해 온 어부들이었다는 사실을 기억해야할 것이다. 앞에서 언급했듯이 당시 울릉도 한인들은 미역밖에 다른 것은 채취할 줄 몰랐던 것이다. 히하타 세츠코(樋畑雪湖)가 『역사와 지리』에서 메이지이전의 죽도가 울릉도인 것을 전혀 알지 못하고 기록하고 있다. 죽도는 결코 강원도에 소속된 것이 아니고, 울릉도 자체도 경상북도에 소속되어 있었다. 이 같이 잘못 투성이인 형편없는 논저는 아무런 증거도 될 수 없다.」[38]라고 하여 편입조치 이후 일본인들만이 독도에서 강치조업을 행해겼다고 주장한다.

그러나 사실 독도가 강치잡이만 행해지는 곳은 아니었다. 앞에서 언급했듯이 니이타카호가 울릉도사람들이 이 섬을 독도라는 한자를 쓴다고 한 것으로 보아 1882년 이규원이 울릉도개척을 시작하기 이전부터 울릉도에 조선인 140명, 일본인 78명이 불법으로 거주하고 있었다.[39] 독도는 울릉도에서 1년에 50여일정도는 보이는 가시거리에 있다. 따라서 독도는 울도군수에 의해 행정적으로 관리되는 섬[40]으로 울릉도민

---

38) 田村淸三郎(1965) 『島根県竹島の新研究』, p.154.
39) 신용하(1966) 『독도의 민족영토사 연구』 지식산업사, pp.78-81.
40) 심흥택보고에서 「본군 소속 독도」에서 알 수 있고, 1900년 칙령 41호에

의 생활터전이었던 것이 분명하다.

⑥ 조선수로지에 독도가 포함되어 있음으로 한국영토라는 것에 대해 「조선수로지의 기록도 마찬가지로 아무런 문제가 될 것이 없다. 히하타 세츠코(樋畑雪湖)처럼 죽도와 울릉도를 구별하지 못하고 잘못 논하는 사람들도 분명히 적지 않았다. 문학사(文學士) 엔도 반조(遠藤万三)는 1905년 『송양신보(松陽新報)』에 "시마네현 죽도(竹島)는 구 번 시대부터 일찍이 죽도라고 칭하여 이즈모번(出雲藩)에 속해져 있던 유배지였는데, 후에 내정혼란과 함께 이 섬은 무소속과 같이 되었다"라고 잘못 발표한 적이 있다. 죽도의 명칭혼란은 따로 언급하겠지만, 목재를 벌목하고 사람이 거주하는 죽도라는 것은 울릉도를 두고 하는 말이다. 최근 메이지시대에 죽도에 거주했다고 많은 신문에 보도되었는데, 이 곳은 모두 울릉도 거주민의 기사였던 것처럼, 과히 혼동이 적지 않았다.」라고 하여 죽도가 일본영토라는 사실을 명확히 알지 못하는 사람이 조선수로지를 작성했다는 것이다.

그러나 사실 메이지정부는 1869년 '조선국 교제시말 내탐서(朝鮮國交際始末內探書)'에서도 「죽도(울릉도)와 송도(독도)가 조선부속도가 된 시말」이라고 하여 울릉도와 더불어 독도를 일본영토가 아니라고 했다.[41] 그후 1877년에도 태정관에서도 마찬가지로 「죽도(竹島 ; 울릉도)와 일도(一島 ; 독도)는 일본영토와 무관함을 명심할 것」이라고 하여 울릉도와 더불어 독도를 일본영토가 아니라고 명확히 했다. 따라서 해군성에서도 마찬가지로 독도를 한국영토로 인식했다.[42] 즉 1905년 죽도

의해 「석도」라는 이름으로 행정조치되었고, 독도, 돌섬으로서 주민들에게 호칭된 섬이었다.
41) 신용하(1996) 『독도의 민족영토사 연구』지식산업사, 156-164.
42) 신용하(1996) 『독도의 민족영토사 연구』지식산업사, 164-171.

편입조치가 단행되기 전까지 메이지정부는 독도를 한국영토로 인식하고 있었던 것이다. 그런데 외무성이 제국주의적인 방법으로 러일전쟁 때에 무리하게 「무주지선점」이론을 악용하여 불법으로 일본영토에 편입한 것이다.

⑦ SCAPIN 677호에 의해 독도가 한국영토로 인정되었다는 것에 대해 「SCAPIN 677호에 의해 죽도가 일본영역에서 제외되었다고 하는 한국측의 주장은 국제법의 초보지식에서 온 잘못이다. 점령군의 점령기간의 조치는 강화조약 후에는 당연히 무효이다. SCAPIN 677호 각서 자체에 "이 훈령 속의 모든 규정도 포츠담선언의 제8조에 언급되어진 제소도(諸小島)의 최후의 결정에 관한 연합국의 정책이라고 해석되어서는 안 된다"고 언급되어 있다. 점령기간의 점령군에 의한 행정상의 조치는 강화조약 효력 발효 후에는 아무런 효력을 가지지 않는다.」라고 하여 SCAPIN 677호는 강화조약 이후에는 무효가 된다는 주장이다.

그러나 사실은 일본의 패전으로 한국이 독립과 더불어 포츠담선언에 의거하여 독도를 실효적 점유를 하게 되었고, 연합국은 SCAPIN 677호로 한국의 실효적 점유를 확인했다. 연합국은 한국의 실효적 점유상태에서 1951년 9월 대일평화조약을 체결하여 독도의 지위를 결정하지 않고 회피했다. 한국의 실효적 지배를 제한하는 어떠한 조치도 취하지 않았다. 따라서 SCAPIN 677호는 지금도 유효하다고 하겠다. 이는 오늘날 일본정부도 인정하고 있다는 사실이 총리부령 24호와 대장성령 4호에서 확인된다.[43]

⑧ 대일강화조약(1951년 9월 8일)에서의 독도의 지위에 대해 「샌프

---

43) 최장근(2009.11) 「'총리부령24호'와 '대장성령4호'의 의미분석 -일본의 영토문제와 독도지위에 관한 고찰-」, 『일어일문학연구』제71집제2권/일본문학·일본학편, pp.505-521.

란시스코평화조약의 조문해석은 아다치(安達) 참의원에 대해 외무성
이 언급한 견해로 정당하다고 할 수 있고, 전전에 시마네현이 죽도를
시마네현의 영역으로 한 것은 부정할 수 없는 사실이다. 죽도가 울릉도
의 부속도로 간주한 사실이 없었다는 것으로 충분하다.」라고 하여 한
일합병 이전에 편입된 죽도는 포츠담선언과 무관하기 때문에 죽도는
일본영토라는 주장이다.

그러나 사실은 그렇지 않다. 대일강화조약을 체결하는 과정에서 일
본의 패전이후 한국이 실효적으로 지배하고 있는 독도에 대해 일본이
영유권을 주장했다. 미국은 공산진영과 대립되고 있는 상황에서 일본
을 자유진영에 편입하기 위해 일본의 적극적인 로비에 응하여 일본의
입장을 두둔했다. 하지만 영국 등의 영연방국가들의 입장은 달랐다. 이
러한 견해차이로 대일강화조약에서는 한국이 실효적으로 지배하고 있
는 상황을 제한하는 아무런 조치도 취하지 않았던 것이다.[44]

⑨ 한국정부의 요청에 의해 독도폭격연습장 사용을 중지한 것에 대
해 「1953년 2월 27일 미군 현지부대가 한국에 통고한 것은 그것이 사
실이라고 하더라도, 죽도의 영유와 아무런 관계가 없고, 죽도의 폭격연
습 중지를 미 극동공군사령부가 결정한 것은 1952년 12월 24일이고,
미일행정협정에 의거하여 재일 미 공군이 사용한 해상연습장으로서 지
정된 것은 1952년 7월 26일이다. 그런데 그 이전인 1952년 5월 23일
중의원 외무위원회에서 시마네현 선출 야마모토(山本)의원과 이시하
라(石原) 외무 정무차관 사이에 미묘한 질의응답이 있었던 사실을 상
기할 필요가 있다. 죽도가 일본영토이기 때문에 일미합동위원회에서
의제가 된 것이다.」라고 하여 일미합동위원회에서 재일 미공군의 해상

---

44) 최장근(2005)「대일평화조약에 있어서 영토처리의 정치성」,『일본의 영토
분쟁』백산자료원, pp.33-71.

연습장으로 지정되었기 때문에 일본영토라는 주장이다.

그러나 사실은 위에서 언급한 것처럼 대일평화조약에서 한국의 실효적 지배를 연합국이 아무런 제한을 하지 않았다. 그런데 연합국도 아닌 주일 미공군의 결정이 바로 영토주권을 결정할 수 없는 것이다. 결국 주일 미군조차도 한국의 실효적 지배상황에 있는 한국의 지위를 부정하지 못했던 것이다.

⑩ 시마네현의 죽도영토편입 조치에 대해 한국측이 항의할 수 없었다는 주장에 대해 「죽도영토편입의 절차와 효력은 완벽하다.」는 것이다. 즉 「한국은 1905년 2월 시마네현고시에 대해 항의할 수 없는 상황이었고, 1904년 2월 22일의 한일의정서, 그해 8월 22일 한일협약이 일본인 외교고문을 근무하게 했다고 하는데, 이는 사실이 아니다. 단지 "일본정부가 추천하는 외국인 1명을 외교고문으로서 외부에 고용할 것"을 규정한 것에 지나지 않는다. 현실적으로 일본정부가 추천한 외국인은 미국인이고, 일본이 한국외교권에 간섭했다고 하는 것은 사실이 아니다. 1905년 11월 17일 일한 신협약에 의해 처음으로 일본은 한국의 외교사무를 감리 지휘하게 되었다. 죽도 편입 때에 만일 정말로 한국이 죽도에 대해 역사적 행정적으로 정당한 권리를 가지고 있었더라면, 일본정부에 대해 충분히 항의할 수 있었다는 것을 지적해 두고 싶다.」라고 하여 한국이 죽도에 대한 영유권 의식이 없었기에 일본정부에 항의하지 않았다는 주장이다.

그러나 사실은 한국의 참정대신은 「전혀 근거 없는 것」, 내부(內部) 대신은 「독도를 일본 속지라고 칭하는 것은 전혀 이치에 맞지 않다.」라하여 언론에도 보도되었고 통감부에도 적극적으로 항의했던 것이다.[45]

---

45) 신용하(1996)『독도의 민족영토사 연구』지식산업사, pp.225-231.

이러한 사실을 누락하고 항의하지 않았다고 주장하는 것은 영유권을 조작하는 행위이다.

⑪ 한국측이 시마네현고시에 의한 죽도편입은 절차상 국제법에 위배된다는 주장에 대해 "(한국이) 일본의 일개 지방관청이 단지 고시만으로 이 섬에 대한 한국의 주권을 결코 해하지 않는다"고 말하지만, 영토에 관한 국가의사가 어떠한 형태로 나타나는가는 그 국가의 국내적 절차이다. 한국측이 영토편입에 관한 "통첩이 당시 정상적인 외교절차를 통해 일본정부가 직접 한국정부에 전달된 적이 없는 합법적인 절차가 아니다"고 하지만, 영토편입은 외국에 통고해야하는 국제법적 통칙이 아니다. 현고지에 의한 영토편입은 미나미토리시마(南鳥島), 오키노토리시마(沖の鳥島)의 편입이 도쿄부(東京府)고시에 의해 행해진 것처럼, 각의결정에 의해 행해진 현고지는 국가의 의사표시 방법으로 충분하고, 죽도에 관해서도 마찬가지로 절차상의 하자는 없다. 1885년 콩고의정서에서 아프리카연안의 선점에 대해 체약국간의 통고의무를 규정했고, 1886년 독일의 마샬군도 점령에서도 대외통고가 행해진 실례가 있지만, 영유의 사실을 대외적으로 통고하지 않은 선점은 문제가 된다는 국제법상의 통칙은 없다. 중요한 것은 국제법상의 선점문제이지만, 일본은 개국이전에 국제법을 적용한 경우가 없었다. 1905년 이전 일본영토인 죽도에 관해 이를 적극적으로 이용하지 않았기 때문에 그 지위가 불분명했다. 그래서 일본정부는 국제법을 적용하는 시대에 그 지위를 명확히 하기 위해 시마네현의 행정구역에 편입하여 일단 이것을 무주지 선점이라는 국제법상의 요건을 충족시켰던 것이다. 선점요건은 정신적 요건(영토권 획득을 위한 국가의사의 존재)과 실체적 요건(토지를 현실적으로 점유하는 것)이 필요하다. 전자는 각의결정에 의해 충족되고, 실체적 요건인 토지의 현실적 점유는 반드시 국가에 의한

행위가 필요한 것은 아니다. 나카이 요사부로, 그 외의 일본인이 어로를 위한 막사를 건축하고, 게다가 매년의 출어와 거주로 충족되어진다. 무주지 즉 타국이 이를 선점하지 않은 토지로서 이 섬을 이용한 것은 일본인뿐이고 개국 이전부터 일본인만이 이용하여 일본의 영역이라고 믿어왔었다는 사실로 판단되어야하는 것이다. 다음으로는 선점을 성립시키기 위한 요건은 공시인데, 시마네현고시가 고시방법으로서 충분하다는 것은 앞에서 언급한 것과 같다. 게다가 선점성립을 위한 요건으로서 국가의 실력 지배가 계속되어야한다. 국가의 지배에 관해서는 편입 직후인 1905년 8월 시마네현지사, 1906년 3월 시마네현 내무부장 등의 현지시찰, 나무심기, 1905년 어기(漁期)에는 시마네현 경관이 파견되어 단속을 했고, 해군망루 건설 및 매각, 토지측량과 국유대장에의 등재, 국유지의 매각, 어업단속규칙에 의한 강치어업 허가, 금어구의 설치 등 종전을 맞이하기까지 국가의 지배는 배타적으로 계속되었던 것이다. 국제법이 요구하는 선점의 제 조건은 완전하게 충족되어져 있고, 죽도의 주권에 관해서는 논의의 여지가 전혀 없다.」[46)]라고 하여 국제법상 무주지 선점에 아무런 하자가 없는 매우 정당한 조치였다는 주장이다.

그러나 사실 우선 국제법상 무주지 선점이론으로 영토편입이 정당하려면 영유권을 주장하는 상대국이 존재할 경우는 통첩하는 것이 의무이다. 독도는 조선시대 안용복사건 때에도 문제가 되었던 섬이고, 조선왕조실록을 보면 그 후의 조선시대에는 우산도라는 이름으로 섬을 표기하여 영토의식을 갖고 있었고, 일제의 대한제국 침략기였던 1900년에는 칙령41호에서 석도(石島)라는 이름으로 행정조치를 취하여 영

---

46) 田村清三郎(1965)『島根県竹島の新研究』, pp.143-160.

토의식을 갖고 있었던 것이다. 이러한 섬에는 반드시 통첩이 필요하다. 그런데 통첩은 의무가 아니라는 주장은 모순이다. 둘째로 선점에 의한 영토를 취득하려면 무주지여야 한다. 그러나 독도는 이미 무주지가 아니었다. 대한제국정부가 세종실록지리지, 동국여지승람 등의 역사적 권원에 의거하여 칙령41호로 행정조치를 단행하여 관리하고 있는 섬이었다. 셋째로 선점이후 일본정부가 실력으로 지속적으로 지배했다고 주장하지만, 독도에 대한 여러 가지 국내적 조치 및 강치조업은 타국영토에 대한 경제적 약탈 및 침략행위에 해당된다.

⑫ 한일 양국 간에 논란이 되어온 '죽도문제의 경과'에 대해서는「한국은 대일평화조약이 체결되고 이승만라인을 선언하여 독도의 영토주권을 명확히 하려고 했다. 일본은 평화선을 불법이라고 주장하여 강하게 반발하여 독도문제를 국제사법재판소에서 해결할 것을 주장했고 한국은 이를 거부했다. 한일협상을 진행하는 과정에서 일본은 독도문제를 반드시 해결한다는 방침을 세우고 있었다. 일본은 죽도를 일본의 고유영토라고 생각했고, 한일협정에서 독도문제를 해결하여 평화조약을 체결한다는 방침을 정했다. 그러나 한국은 시종일관 독도문제가 존재하지 않는다는 입장을 명확히 했다. 그래서 일본은 독도문제를 분쟁지역화하기 위해 국제사법재판소에서 해결하자고 한국정부에 강력하게 제안했다. 또한 일미안보조약 제5조에 의거하여 공동으로 행동을 취한다는 내용을 검토하기도 했다. 국제사법재판의 결과가 3-5년이 걸리므로 "독도는 본래 한국영토이고 일한교섭의 의제가 아니다"고 하는 한국의 입장에 변화가 없으므로 일본은 "일한 양국 간의 국교정상화에는 문제를 남기고 싶지 않다. 따라서 죽도문제라고 하지 않고 양국 간에서 현재 미해결의 현안 및 장래 일어날 수 있는 외교상의 제 문제를 처리해가는 방법으로서 서로의 해결법을 확보하고 싶다"고 하여 한국

측의 국내사정을 고려하여 죽도문제의 표현을 피하여 일반적 현안처리의 형태로 현안문제를 계속 논의한다는 안을 제안하여 체결되었던 것이다.」47)라고 하여 한국이 대일평화조약 이후 먼저 평화선을 선언하여 독도문제가 발생했고, 이에 대항하여 일본이 국제사법재판소에서 해결을 제안했으나 한국이 거부했다. 그 이후 한일협정에서는 현안문제로서 조약체결 후 분쟁해결을 위해 노력한다고 양국이 합의했다는 주장이다.

그러나 사실은 다르다. 평화조약에서 일본의 로비에 의한 방해공작으로 미영 중심의 연합국이 '한국영토 독도'의 지위결정을 회피하였기에 한국정부는 대일강화조약 이후 부득이 SCAPIN 677호에 의한 한국의 실효적 지배상태를 지속하기위해 평화선 선언으로 한국영토임을 분명히 했다. 이에 대해 일본이 국제사법재판소에서 독도문제를 해결하자고 제안했지만 한국은 이것을 수용할 이유가 없었다. 또한 한일협정에서 한국정부는 독도가 한국영토라는 입장을 관철시켰고, 일본정부는 한국정부의 입장을 부정하지 못했던 것이다.48) 즉 다시 말하면 평화조약은 원칙적으로 영토문제를 해결하는 것이다. 그럼에도 불구하고 독도문제를 양보하여 평화조약에 해당하는 한일협정에 합의한 것은 실효적 지배와 독도문제가 존재하지 않는다는 한국의 입장을 인정했다는 결과이다. 따라서 당시 일본은 영유권에 대한 국가적 의사가 없었다고 봐야한다.

요컨대 다무라는 한국영토로서의 근거를 전적으로 부정하고 일본측

---

47) 田村清三郎(1965)『島根県竹島の新研究』, pp.116-143.
48) 최장근(2010)「한일협정에 있어서 한국의 독도 주권 확립과 일본의 좌절-일본 비준국회 의회속기록을 중심으로-」, 『일어일문학연구』제74집 2권, pp.269-286.

의 자료는 모두 일본영토로의 근거로 해석하여 영토적 권원을 조작했다. 최소한 상대국의 영토 근거로서의 근거라고 하더라도 무조건 부정하지 말고 역사적 사실을 겸허히 해석하려는 자세가 필요하다. 다무라의 논리는 1905년 2월 22일 영토편입의 합법성을 주장하기 위한 것임을 쉽게 알 수 있다. 외교에서 상대방의 입장을 인정해버리면 외교의 실패가 된다. 마찬가지로 한국의 역사적 근거를 인정하게 되면 불법편입을 인정하는 결과가 되므로 부정할 수밖에 없는 사정이 있었다. 다무라의 주장은 학술적으로 논의할만한 가치가 있는 논증은 아니다.

4. '죽도'의 명칭문제에 관한 조작

(1) 죽도라는 이름의 기원

일본은 오늘날 독도를 '죽도'라고 부른다. '죽도라는 이름의 기원'에 대해 언급하면서 독도의 한국영토론을 부정하는 논지를 펴고 있다. 즉 『삼국사기』에 "6세기 울릉도에 우산국이 있었다"는 내용을 지적하여 「전설」이라고 했다.[49] 반면 일본영토론을 세우기 위해 "죽도와 기죽도는 조선시대 1403년 공도정책을 시작하여 1416년 이후 약 300년간 조선이 섬을 포기한 시기에 일본인이 들어가서 생긴 명칭이다. 죽도는 대나무가 많은 섬이라는 의미이다.」라고 했다. 죽도라는 명칭은 조선이 300년간 섬을 포기했을 때 일본이 붙인 이름이라고 하여 울릉도가 일본영토라는 논리를 펴고 있다. 여기서 말하는 죽도는 울릉도를 말한다.

또한 우산도가 지금의 독도라는 것을 부정하고 울릉도와 우산도가 같

---

49) 田村淸三郞(1965)『島根縣竹島の新硏究』, p.29.

은 섬이라는 것을 주장하기 위해 선행연구를 인용하여 「일본어로 '울(ウ ル)'을 '무(ム)'로 하여 '무(武)'자를 사용해서 무도(타케시마 ; 武島)가 되었다.」라고 하여 울릉도의 옛 명칭은 무도(武島)였다고 주장한다.[50]

　사실은 조선왕조실록을 보면, 조선조정이 울릉도를 포기한 적이 없었다. 공도정책은 자국민을 보호하기 위해 본토에서 멀리 떨어져 있는 섬을 관리하는 방법이었다. 우산도라는 명칭은 신라시대의 '우산국'이라는 명칭에서 유래되었지만, 우산국이 신라와 고려시대를 거쳐 조선 영토의 일부가 되면서 동해의 2섬에 대한 영유의식이 생겨나면서 울릉도 외의 또 다른 섬을 우산도라고 부르게 되었던 것이다.[51]

(2) '죽도'와 '송도'가 바뀐 경위

　과거에 울릉도를 지칭했던 '죽도'가 오늘날의 독도를 지칭하게 된 경위에 관해서 다음과 같이 주장한다.

　즉 「일본은 예로부터 한국의 울릉도를 죽도, 독도를 송도라고 했다. 그런데, 1789년 프랑스선박이 울릉도를 발견하여 다쥬레도라고 했고, 1797년 영국선박이 울릉도를 재차 발견하여 알고노트도라고 했다. 그후 유럽에서 그린 지도에는 이들이 발견한 2개의 명칭이 서로 경위도가 달라서 2개의 섬으로 표기되었다. 조선측의 섬을 알고노트, 일본측의 섬을 다쥬레라고 표기했다. 시볼트가 일본측의 다쥬레를 송도, 조선측의 알고노트를 죽도로 표기했다. 1849년 프랑스 선박이 독도를 발견하여 리앙쿠르암이라고 명명했다. 1854년 러시아선박이 동해안의 섬

---

50) 坪井九馬三(1921.9)「欝陵島」,『歴史地理』38-3. 中井猛之進(1919.12)「鬱陵島植物調査書」. 田村清三郎(1965)『島根県竹島の新研究』, p.30.
51) 최장근(2005)「독도영토의 역사적 권원에 관한 고찰 -동해도서의 '2도설', '1도설'에 관한 고증」,『독도의 영토학』대구대학교출판부, pp.3-65.

을 실측하여 알고노트가 실존하지 않는 섬이라는 것을 확인하고, 울릉
도를 다쥬레, 리앙쿠르암을 오리브차 열암이라고 명명했다. 1855년 영
국 함대가 리앙크루암을 실측하여 호르넷 섬이라고 명명했다. 이렇게
해서 유럽의 지도에서는 일시적으로 동해안에 3개의 섬이 존재하는 것
처럼 표기되었다. 1856년 페리의 일본원정기 제1권에서는 3개의 섬을
그리고 알고노트섬이 존재하지 않는다고 하여 점선으로 표기했다. 그
결과 시볼트의 지도에 의해 1단계로 울릉도가 송도로 고정화되었다.」[52]
라고 하는 것이다.

일본이 전통적으로 울릉도를 죽도라고 부르던 것을 오늘날 독도를
죽도라고 부르게 된 이유에 대해 시볼트의 오류라고 지적하고 있다.
만일 독도가 일본영토로 관리되어왔다면 유럽에 영향으로 명칭이 변경
되었다고 하는 것은 논리에 맞지 않다. 서양에 의해 명칭이 변경되었다
고 하는 논리는 일본이 독도를 관리하지 않았다는 것을 의미한다.

그럼에도 불구하고 일본이 관리했다는 것을 합리화하기 위해「산음
(山陰)지방의 어민들은 울릉도 죽도, 독도를 송도로서 혼란이 없었다.
1872년경의 육군참모본부에서도 '아시아동부여지도'에 의하면 정확히
인식하고 있었다. 타 지역의 사람들이 메이지유신 후 울릉도 개척원을
내면서 '죽도'와 '송도'간에 혼란을 겪고 있었다.」라고 주장했다.

특정한 일개의 지도를 거론하여 산음지방의 인식을 대표할 수는 없다.
영토의 실효적 지배는 중앙정부가 주체가 되어 관리되어야 유효하다.

또한 송도개척원에 등장하는 '송도'의 실체에 대해서는「1880년 메이
지정부는 혼란을 막기 위해 아마기(天城)호로 하여금 실측하도록 하여
죽도, 송도 모두 울릉도임을 확인했다. 그 결과 해군수로부가 '울릉도

일명 송도'라고 표기하여 공식적으로 울릉도가 송도가 되었다.」라고 했
다. 이는 일본의 중앙정부도 울릉도를 실측하기 이전에 울릉도와 독도
의 존재를 정확히 알지 못했다는 것은 영토로서 관리하지 않았다는 것
을 의미한다. 하지만 중앙정부가 독도의 명칭에 대해 혼란을 겪고 있을
때 「산음지방의 사람들은 여전히 울릉도를 죽도, 독도를 송도 또는 리
앙쿠르도라고 불렀다.」라고 하여 지방에서 독도를 일본영토로서 인식하
고 있었다는 주장이다. 그 결과 「1905년 2월 22일 영토편입 시에 울릉도
를 송도, 리앙쿠르암을 죽도라고 하여 현재의 명칭이 완성되었다.」[53]고
하여 명칭혼란의 종지부를 찍었다는 것이다.

요컨대 중앙정부가 명칭의 혼란을 겪었다는 것은 영토로서의 인식
과 관리가 제대로 이루어지지 않았다는 것을 의미한다. 그럼에도 불구
하고 이러한 점을 인정하지 않고, 죽도가 과거 울릉도의 명칭이었던
것이 오늘날 독도의 명칭이 된 것에 대해 유럽인들에 의해 명칭오류가
발생되었고, 중앙정부가 명칭의 혼란을 겪고 있었지만 산음지방 사람
들은 명칭을 명확히 인식하고 있었기 때문에 독도가 일본영토라는 논
리를 조작하고 있다.

5. 죽도의 실효적 지배에 관한 조작

(1)죽도의 영토편입과 관리

다무라는 오늘날의 독도가 일본영토가 된 경위에 대해 전통적으로
일본이 관리해오다가 영토편입조치를 거쳐 합법적으로 일본영토가 되

---

53) 田村清三郎(1965) 『島根県竹島の新研究』, pp.31-40

었다고 주장한다.

즉 「이케다가문(池田家)가 막부에 제출한 송도, 죽도의 지도를 보면, 겐로쿠(元禄) 이전에 오야(大谷), 무라카와(村川)가 울릉도를 경영할 때 죽도에서 천막을 쳐서 기항지 및 어로지로서 활용했고, 1904년 어로기가 끝난 후에 어업 독점을 위해 나카이가 오키(隠岐) 출신의 농상무성 수산국원을 통해 마키(牧) 수산국장에게 진정했으며, 마키는 해군 수로부에서 리양코도의 소속을 확인했는데, 키모츠키(肝付) 수로부장이 소속의 확증이 없고 한일 양국에서 거리를 보면 일본이 10리가 더 가깝다. 일본인이 죽도를 경영하고 있는 이상 영토편입은 당연하다고 하여 나카이가 농상무, 내무성, 외무성에 '영토편입 및 대하원(貸下願)'를 신청하여 무주지였던 것을 일본영토에 편입했다. 이렇게 하여 대내적으로는, 역사적으로 일본의 고유영토임에 분실한 소속미정의 땅을 시마네현 소속으로 편입했고, 대외적으로는, 근대법의 무주지 선점이론으로 영토권 확립을 선언했다.[54] 그리고 관유지에 등재했다.」고 하는 것이다.

그러나 독도는 일본이 편입조치를 취하기 이전에 한국측의 조선이 역사적 권원에 의거하여 1900년 칙령41호로 울도군의 일부로 행정적으로 관리하고 있던 섬이었다.[55] 무주지가 아니었음에도 불구하고 일방적으로 무주지라고 단정하여 영토조치를 취한 것은 제국주의의 영토침략행위에 해당된다.

다무라는 일본이 합법적인 편입조치를 취한 이후 실효적으로 관리

---

54) 田村清三郎(1965)『島根県竹島の新研究』, p.52.
55) 「鬱陵島를 鬱島로 改稱하고 島監을 郡守로 改正에 關한 請議書」, 『各部請議書存案』(議政府編) 第17冊, 光武4年 10月22日條. 신용하(1996)『독도의 민족영토사 연구』지식산업사, pp.92-93.

했다고 하는 근거로서 강치조업자들이 세금을 납부하였다고 주장했다.

즉 「시마네현은 1906년 이후 죽도 전도를 관유지로서 강치조업자에게 대여하고 사용료를 납부하게 했다.56) 관유지는 나카이 요사부로의 명의로 "메이지44년 7월-49년 6월, 다이쇼5년 7월-다이쇼10년 6월, 다이쇼10년 7월-15년 6월, 다이쇼15년-20년 3월" 등 4차례에 걸쳐 신청허가를 받았다.57) "쇼와4년 4월-9년 3월, 쇼와10년-16년은 야하타 쵸시로(八幡長四郎)의 명의로 허가되어졌다. 쇼와16년 죽도가 해군용지로서 마이즈루(舞鶴)진수부에 인계되었는데, 다이쇼14년에서 쇼와14년 봄까지 납부했다. 관유지 대하조건으로 식수(植樹)를 하기로 했는데, 그때 심은 소나무가 쇼와24년에 사람 키보다 2배나 큰 나무가 4, 50그루가 있었다."」58)고 했다. 그러나 이와 같은 내용은 나카이가 조업허가를 받은 것 이외의 모든 것은 1910년 일제가 대한제국을 강제로 합병한 이후 영토침략의 일환으로 이루어진 것이다. 이러한 일제의 한국영토 침략은 불법적 행위로서 단죄되어 패전과 더불어 포츠담선언에 의거하여 일본영토에서 전적으로 분리되었던 것이다.59)

또한 1905년 영토편입 직후부터 제2차 대전의 종전까지 독도를 실효적으로 관리했다는 논리를 펴고 있다. 즉 「1905년 군함 하시다치(橋立)호가 들어가 7월 22일 해군인부 38명이 상륙하여 콘크리트 기초와 목조로 된 해군 가설망루를 건설했다.60) "메이지38(1905)년만 망루원이 주둔했고, 메이지39(1906)년부터는 죽도어로회사에 매각되었으나, 고카무라(五箇村)의 하마다 세이타로(浜田正太郎) 일행이 쇼와8(1933)년

---

56) 田村清三郎(1965)『島根県竹島の新研究』, p.53.
57) 田村清三郎(1965)『島根県竹島の新研究』, p.55.
58) 田村清三郎(1965)『島根県竹島の新研究』, p.57.
59) 최장근(2008)『독도 영토학』대구대학교출판부, pp.83-84.
60) 田村清三郎(1965)『島根県竹島の新研究』, p.57.

4월 18일-5월 2일 사이에 이를 파괴했다."[61] 1905년 8월 19일 시마네현 지사 마츠나가(松永)가 3명의 수행원을 데리고 죽도를 시찰했다. 또 1906년 3월 어업, 농사, 위생, 측량 등의 전문가를 대동하는 조사단이 죽도를 시찰했다. 1907년 사이고쵸(西鄕町) 어업조합이 죽도를 사이고 쵸(町)로의 편입을 현에 청원했으나, 죽도어업회사 나카이의 반대로 이루어지지 못했다.[62] 죽도는 해군의 요구에 의해 쇼와15(1940)년 8월 17일 공용을 폐지하고 마이즈루(舞鶴)진수부에 이관되어 해군용지가 되었다.[63] 대동아전쟁의 패전으로 해군성이 소멸되었기에 쇼와20년 11월 1일부터 죽도해군용지는 대장성 소관이 되었다."[64]는 것이다. 그러나 영토편입조치는 러일전쟁이라는 혼란스러운 한국의 국내외정세를 악용하여 일방적으로 독도를 강탈하려했던 일본제국주의의 영토침략 행위이고, 1910년 한국병탄 이후의 조치는 한국침략의 일환으로 행해진 것이다. 또한 제2차대전 종전 이후 대장성소관이 되었다고 하는 것은 국내적인 조치이고, 국제법상으로는 이미 한국이 실효적으로 관리하는 한국영토였던 것이었다.

요컨대 다무라는 전근대시대에 일본이 관리해온 적이 있었던 무주지의 죽도를 1905년 근대 국제공법에 의거하여 무주지 선점이론으로 합법적으로 일본영토가 되었고, 게다가 편입조치 이후부터 제2차 대전 종전까지 일본정부 및 강치조업자가 실효적으로 관리해왔다고 논리를 조작했다.

---

61) 田村淸三郎(1965) 『島根縣竹島の新硏究』, p.58.
62) 田村淸三郎(1965) 『島根縣竹島の新硏究』, p.62.
63) 田村淸三郎(1965) 『島根縣竹島の新硏究』, p.64.
64) 田村淸三郎(1965) 『島根縣竹島の新硏究』, p.65.

(2) 죽도에 관한 어업행정

다무라는 일본이 죽도에 서식하고 있는 강치조업으로 제2차대전 이전은 물론이고 이후에도 행정적으로 관리하여 죽도를 실효적으로 지배했다고 주장한다.

즉 패전 이전, 「1905년 영토편입 후 시마네현은 종래의 강치어업의 남획을 막기 위해 허가제를 실시했다. 1905년 6월 5일 나카이를 비롯해서 4명에게 어업을 허가하고 다른 출원자 9명에게는 허가하지 않았다. 나카이는 1906년 4월 13일 죽도 전도의 장기대여, 그리고 해면전용 면허를 요청했고, 시마네현은 5개년 연한으로 전도를 장기로 대여했고, "해면전용 면허는 1908년 어업단속규제를 변경하여 허가했다.[65] 그 후의 강치어로 허가는 메이지41-44년 나카이를 포함해서 3명, 메이지44-49(다이쇼5)년 나카이를 포함해서 3명, 다이쇼5(1916)년-10년에는 나카이를 포함해서 3명, 다이쇼10년-15년 나카이를 포함해서 3명, 다이쇼15(1926)-20년(쇼와6) 나카이를 포함해서 2명, 쇼와6년 이후 야하타 쵸시로(八幡長四郎)를 포함해서 3명에게 주어졌고 종전을 맞이했다."[66]고 하여 강치조업자에게 강치잡이를 허가했다는 것이다.

또한 「종전 후 SCAPIN 677호, SCAPIN 1033호의 맥아더라인이 설치되어 죽도를 그 외곽에 두어서 시마네현은 쇼와21(1946)년 7월 26일 시마네현 어업단속규제에서 죽도와 강치어업에 관한 항목을 삭제했다.」[67] 라고 하여 종전 직후에는 연합국의 정책에 의해 죽도에서 강치조업을 할 수 없었다는 것이다.

하지만 「1952년 4월 25일 평화조약이 발효되기 직전에 연합군총사

---

65) 田村淸三郎(1965)『島根縣竹島の新硏究』, pp.66-71.
66) 田村淸三郎(1965)『島根縣竹島の新硏究』, p.73.
67) 田村淸三郎(1965)『島根縣竹島の新硏究』, p.73.

령부가 맥아더라인 철폐를 통고하여 죽도의 어업 및 포경업허가구역에 관한 모든 제재(制裁)가 소멸되었다. 4월 28일 평화조약의 효력이 발생하여 죽도에 관한 모든 영토권을 회복했다. 그러나 "죽도는 쇼와25(1950)년 7월 6일 SCAPIN 2160호에 의해 미군해상폭격연습지구로 지정되었기에 시마네현에서는 쇼와27(1952)년 1월 17일 정부에 죽도의 연습지구지정해제와 죽도 어업의 해제를 요망했고, 5월 20일 외무대신과 농림대신에게 죽도폭격연습지에서 제외할 것을 요청했다. 쇼와27(1952)년 5월 16일 시마네현 해면어업조정규칙을 개정하여 강치조업을 삽입하여 지사의 허가어업으로 규정했다."[68]라고 하여 대일강화조약 이후에는 죽도는 다시 일본영토가 되어 강치조업이 재개되었다는 것이다. 그러나 사실은 그렇지 않다. 한국이 조선독립과 더불어 독도에 대해서도 한반도의 일부로서 실효적으로 지배하고 있었고, 대일강화조약에서 연합국이 독도의 지위를 결정하지 않았기에 한국의 독도 실효적 관리에 대해서도 아무런 제한을 하지 못했다.

또한 「시마네현 출신의 야마모토(山本)의원이 강치어업을 가능하도록 해줄 것을 요청했고, 질의에 대해 차관은 "일미합동위원회에서 어민의 권익을 충분히 고려하려고 한다"고 답했다.」고 하지만, 종전 직후부터 한국이 독도를 실효적으로 점유하고 있었으므로 일본은 이미 아무런 조치도 내릴 수 없는 상황이었다.

게다가 「1953년 3월 19일 일미합동위원회 해상분과위원회에서 죽도를 폭격훈련지역에서 삭제하기로 일미 쌍방이 합의하여 "재일미군은 죽도를 폭격연습장으로 요구하지 않는다"고 규정했다. 이를 보면 폭격연습지 해제는 시마네현의 요청에 의한 것이다.[69] 시마네현은 죽도가

---

68) 田村清三郎(1965) 『島根県竹島の新研究』, p.74.
69) 田村清三郎(1965) 『島根県竹島の新研究』, pp.76-77.

폭격연습장에서 해제되어 1953년 6월 10일 강치어업을 하시오카 타다시게(橋岡忠重)를 포함해서 3인에게 허가했다. 더불어 6월 18일 강치를 제외한 미역 등의 어업에 관한 공동어업권은 오키도(隱岐島)어업협동조합에 허가했다. "기간은 쇼와28년 6월 1일-30년 12월 31일까지였다."[70]는 것이다. 그러나 사실 재일미군이 독도를 폭격연습장으로 사용하지 않게 된 것은 한국정부의 요청에 의한 것이었고,[71] 또한 한국이 실효적으로 독도를 관리하고 있는 상태였다. 그런데 일본어민에게 어업권을 허가했다는 것은 아무런 효력을 갖지 못하는 국내적 조치에 불과했던 것이다. 이처럼 사실관계를 왜곡하여 일방적인 주장으로 영유권을 조작하고 있다.

(3) 죽도경영의 실태

다무라는 일본이 전근대에도 그랬고, 근대에 들어와서도 죽도에서 강치 등의 조업으로 실효적 지배를 줄곧 해왔기 때문에 일본영토라는 논리를 펴고 있다.

즉 전근대에는 「오야, 무라카와 양 가문이 막부로부터 죽도를 배령(拜領) 받아서 울릉도를 왕복하던 도중 죽도에 들러서 강치와 전복 등을 채취했다. 오야, 무라카와는 죽도에 임시천막을 쳤다.[72] 1724년 1월 28일 죽도에 가는 길에 송도에 들러 조업을 했다. 연보(延寶)9년(1681)에 "소도(小島 ; 죽도)에서 강치기름을 채취했다." 1695년 "울릉도 기항을 조선인이 방해하여 돌아오는 길에 전복을 채취했다"라는 기록이 있

---

70) 田村淸三郎(1965) 『島根県竹島の新研究』, pp.78-79.
71) 나이토 세이추(內藤正中)저・곽진오・김현수역(2008) 『한일간 독도・죽도논쟁의 실체』책사랑, 2008.
72) 田村는 「享保9(1724)년 鳥取 池田藩에서 막부에 제출한 지도에 건물이 그려져 있다」고 한다.

다. 죽도는 주로 울릉도 기항지 내지는 부어장으로서 이용되었다.」라
는 것이다.

하지만 일본어민들의 울릉도도항은 타국영토에 대한 불법도항으로
간주하여 막부가 도항금지령을 내렸다. 이처럼 독도에 기항한 것은 울
릉도 도항 시에 행해진 것으로 독도 자체를 영토로 인식했던 것은 아니
다. 실제로 막부의 도항금지는 울릉도는 물론이고, 독도의 도항도 금지
한 것이었다.

근대에 들어와서는 「1696년 이후는 도해만을 목적으로 출어는 없었
다. 천명(天明7 ; 1787)년 8월 막부가 아이즈야(会津屋) 하치에몽의 밀
무역사건이후 울릉도 도항금지와 먼 바다 항해를 피하도록 전국적으로
포고하였기에 연안어민의 죽도출어도 자제하였다. 그래서 어민들은 메
이지유신이후 "오키(후쿠우라 ; 福浦 또는 우라사토 ; 浦郷)-송도(松島)-
울릉도"라는 항로가 가장 편리한 선택이었다. 1898년 오키도 어민이 울
릉도 근해에 난파하여 귀도 중에 죽도에 들러 강치 서식처를 발견하고
5,60두를 잡아왔다. 1903년(메이지36) 이전의 죽도기록은 명확하지 않
다. 돗토리현(鳥取県) 출신 나카이가 리앙코도에서 강치사업을 시작한
것은 메이지36년 5월부터인데, 메이지36년은 시험적인 출어였다. 메이
지37년 5월에서 9월 어기에 나카이를 비롯해서 4조로 나누어져 강치조
업을 행했다. 수컷 850두, 암컷 900두, 새끼 1000두를 포획하여 피혁
7690세(貰)를 얻었다.」[73]라고 하여 일본은 영토편입 이전부터 나카이
가 강치조업으로 독도를 관리했다는 것이다. 사실은 나카이의 강치조
업 행위는 타국영토에 대한 경제적 약탈행위에 해당된다.

영토편입 이후에는 강치조업이 활발히 진행되었다는 주장이다. 즉

73) 田村清三郎(1965)『島根県竹島の新研究』, p.84.

「1905년 나카이가 리앙코도를 편입하여 4월 14일부터 강치조업이 허가되었지만, 이미 어기(漁期)였기에 밀렵자들이 3월-6월 사이에 8조가 인부70명, 어선 10척으로 1800두를 포획했다.[74] 6월 9일부터 죽도어로회사가 경찰관을 대동하여 죽도에 도착하여 밀렵자의 어사와 어구를 매입하여 시험 조업을 실시하여 9월 8일까지 조업했는데, 수컷 535두, 암컷 339두, 새끼 130두 총 1,003두를 포획하여 소금에 절인 피혁 3,750세(貫) 고기기름 3,200세(貫), 고기 513세(貫), 뼈 250(貫), 그 대금은 2,559엔 79전 2리를 벌었다.[75] 죽도강치조업은 4명에게 허가되어 이들 4명은 죽도어로합자회사를 설립하여 나카이가 대표자가 되었다. 동업자간의 투자액은 나카이 320엔, 하시오카(橋岡) 184엔, 이구치(井口) 184엔, 카토(加藤) 112엔이다. [76] 약관상으로는 1기간에 500두 이하, 8척이상의 수컷, 하지만 선례로 수컷 500두, 암컷 50두 이내, 새끼 50두이내로 총 600두 이내로 정해져 있었다. 그러나 지켜지지 않았다. 메이지 39년도는 4월-9월까지 조업하여 오키도청의 보고에 의하면 수컷 663두, 암컷 415두, 새끼 307두가 포획되었다. 수확 금액은 5,437엔 17전 5리였다.[77] 메이지40년 동업자 이구치 류타(井口竜太)가 탈퇴하여 폐업신고를 했다. 메이지40년에는 오키도청의 기록으로는 1,680두, 5,940엔 80전으로 되어 있다.[78] 메이지41년 도청보고에서는 1,660두이고, 5,878엔 55전 5리이다.[79] 그 후의 "포획량은 대략 메이지42년 1,153두,

---

74) 田村清三郎(1965) 『島根県竹島の新研究』, p.84.
75) 田村清三郎(1965) 『島根県竹島の新研究』, pp.84-85.
76) 田村清三郎(1965) 『島根県竹島の新研究』, p.93.
77) 회사의 기록으로는 수컷 488두, 암컷 829두, 새끼 603두로 되어 있다(『島根県竹島の新研究』, p.94).
78) 회사의 기록으로는 수컷 427두, 암컷 1075두, 새끼 603두, 잉태한 새끼 88두, 총 2094두, 改(개) 총 1600두로 기록되어 있다.
79) 회사 기록상으로는 수컷 273두, 암컷 1284두, 어린새끼 123두, 젖먹이새끼

43년 679두(4,344엔 19전), 44년 796두(2,317엔 13전)이다."[80] 나카이는 "매년 수확량과 이익이 감소하여 합자회사의 명의만 남겨두고 메이지42년 치시마(千島 ; 쿠릴열도) 방면으로 강치, 랏코, 오토세이의 조업을 계획하여 주력을 죽도에서 치시마열도로 이동했다. 다이쇼3년 나카이는 치시마조업에 전념하기 위해 죽도어로합자회사 대표를 장남 나카미 요이치(中井養一)에게 그 명의를 넘겼다. 장남은 다이쇼5년부터 매년 4월상순에서 7월하순까지 죽도에서 거주하면서 20일마다 오키에서 식료와 식수를 보급 받아 강치포획에 종사했다"고 한다.[81] "다이쇼5년7월-10년 6월 관유지차용원은 나카이가 제출했고, 다이쇼9년 4월 강치어업허가원(다이쇼10년 5월-15년 6월)을 제출한 것은 나카이 요이치(中井養一)였다. 다이쇼14년 8월(15년 6월-20년 5월) 강치어업허가원을 제출한 것은 나카이 요이치(中井養一)였다. 다이쇼15년 3월 관유지차용원(다이쇼15년 3월-20년 3월)을 제출한 것은 나카이 요사부로였다. 다정5,6년 2-300두, 쇼와3,4년 연간 100두정도 포획했다. 다이쇼13년 이후는 나카이와 하시오카가 분쟁을 일으켜서 포획량이 정확하지 않다. 다이쇼7-8년경에는 나카이 요이치가 죽도에 재도 중에 울릉도 거주 일본인이 노동자를 데리고 와서 채취한 전복을 압수했다." 그 사이에 나카이 요이치는 어업권을 야하타 쵸시로(八幡長四郞) 등에게 양도금을 받고 양도하기도 했는데. "최종적으로는 쇼와4년 1월 14일 야하타에게 양도하여 죽도의 강치조업에서 손을 뗐다.""쇼와8년에서 쇼와16년까지는 매년 부정기적으로 출어하여 종래의 피혁과 유지를 목적으로 하던 것을 바꾸어 동물원, 서커스단 등에 매각하기 위해 생포로

37두, 배속의 새끼 173두 총 1889두, 개 1680두로 기록되어 있다.

80) 田村淸三郎(1965) 『島根県竹島の新研究』, p.96.
81) 田村淸三郎(1965) 『島根県竹島の新研究』, p.100.

전환했다. 쇼와8년 8두, 수입 800엔, 쇼와9년 19두, 수입 900엔, 건조한
전복 250엔, 쇼와10년 29두 4,060엔, 마른전복 800엔, 쇼와10년 20두
4,000엔, 쇼와11년-14년도 대략 전년도와 마찬가지였고, 쇼와15, 16년
은 만주사변으로 부진, 나카이 요사부로는 쇼와9년 4월 26일 사망했
다."」는 것이다.

사실 나카이를 비롯한 독도에서의 강치조업자들은 일본이 1905년
11월 한국의 외교권을 강탈한 이후 그때부터 일제강점기를 통해 결국
독도의 강치를 멸종시켰던 것이다. 이러한 행위는 독도를 실효적으로
관리했다는 증거가 될 수 없다. 오히려 일제가 한국을 불법적으로 강점
하여 독도의 강치를 전멸시킨 야만적인 약탈행위에 불과하다. 이러한
일본의 침략적인 행위는 제2차 세계대전의 패전으로 포츠담선언에 의
해 독도가 한반도의 일부로서 한국에 반환되어 종결되었던 것이다.

(4) 죽도의 광업권

다무라는 일본이 죽도광업권을 행사하여 실효적으로 관리했다고 주
장한다. 즉 「"쇼와10(1935)년 5월 요나고시(米子市)의 야스지마 타메
사부로(安島爲三郎), 돗토리현(鳥取県)의 고바야시 겐타로(小林源太
郎) 두 사람이 오사카(大阪)광산감독국에 리앙코도의 괭이갈매기에 의
한 인광시굴원을 제출했다. 이에 대해 리앙코도의 어업권 보유자이고,
섬의 동물군 보호자 고카무라 촌장(五箇村長) 야하타 쵸시로 등이 오
사카광산감독국, 시마네현청, 오키도청에 강치 보호를 위해 반대하는
탄원서를 제출했다." "쇼와11년 4월 20일 광산감독국의 죽도강치 인광
조사보고서에 의하면, 두께가 2미터 80리이고, 작은 곳이라도 1미터 30
리나 되었다. 지표면은 풀로 덮여있는데 그 넓이는 4만평, 사람은 없고
어업창고만 있었다. 광량은 1평의 중량이 4통으로 16톤이나 된다." "쇼

와14년 6월 6일 고바야시 겐타로가 출원한 죽도인광시굴이 허가되었고, 쇼와21년 10월 9일 인광시굴권이 다무라 히사시(田村寿)에게 양도되었고, 그해 12월 24일 그 외 2사람과 함께 공동시굴권을 갖게 되었다. 쇼와24년 그 중의 한 사람인 츠지 토미조(辻富蔵)가 히로시마(広島) 통상산업국에 인광채굴권원을 제출했다." "쇼와28(1953)년 12월 16일 히로시마통상산업국은 시마네현에 조회하여 죽도인광채굴을 허가했다. 채굴권자는 쇼와23(1948)년 3월부터 쇼와27(1952)년 6월 사이에 3회에 걸쳐 실지조사를 실시했다. 쇼와21(1946)년 4월에는 실지조사를 하고 표주(標柱)를 세우고 인광을 가지고 와서 비료로 사용해서 효과가 있음을 확인했다고 한다. 쇼와29년 4월 채굴준비를 위해 인부를 수명을 데리고 죽도에 들어갔는데, 이미 한국군이 불법점령하고 있어서 상륙하지 못했다고 한다."[82] "쇼와34(1959)년 10월 츠지 토미조(도쿄도 세타가야쿠 ; 東京都 世田谷区)"는 '이라인', '한국경찰 주둔'으로 실제로 광업채굴이 불가능하여 시마네현 및 일본정부에 손해배상을 요구했다. 시마네현에 "죽도 지내 및 주변해면의 광구세를 면제할 것, 이미 지불한 공구세 35,480엔(실질적으로 지불한 금액은 9,620엔)을 반환할 것"을 요구했다. 국가에 대해서는 "광업권 실시 불가능에 의한 손해금 5억 엔 중 100만 엔을 지불 할 것"을 요구했다. 이는 통치권을 행사할 수 없고, 행정권이 가능할 때까지 유예와 면세를 요구했던 것이다. 이에 대해 현은 현재 사실적으로 광업권의 실시가 불가능하다고 하더라도 장래에 이익을 기대하고 광업권을 설정하여 현재 가지고 있는 것이므로 위법이 아니다. 그러한 기대는 현재에도 유효하다고 판결하므로 배상의 책임이 없다고 법원은 판결을 내렸다.」[83]는 것이다.

---

82) 田村清三郎(1965)『島根県竹島の新研究』, pp.107-109.
83) 田村清三郎(1965)『島根県竹島の新研究』, pp.110-115.

사실 민간인이 일본정부로부터 인광채굴권을 취득하여 죽도를 실효적으로 관리했다고 하지만 이는 모두 일제의 한국침략기에 행해진 것들이다. 또한 제2차 세계대전 이후 민간인이 인광채굴권을 갖고 있었다고 하더라도 한국독립과 더불어 한국이 독도를 실효적으로 지배하고 있는 상황에 행해진 국내적 조치였다. 이처럼 민간이 국내적 조치로서 광업채굴권을 갖고 있었다고 하더라도 독도의 영토주권을 결정짓는 영토취득 요인이 될 수 없는 것이다.

요컨대 일본정부가 죽도를 합법적으로 영토로서 편입한 후 시마네현이 나카이를 비롯한 어부들에게 죽도에서 강치조업을 허가하여 이들이 포획에 종사했고, 또 시마네현은 인광채굴권을 민간인에게 허가하여 세금을 받아들였다는 것이다. 이는 일본이 죽도의 영토편입 이후 줄곧 영속적이고 실효적으로 죽도를 지배해왔기 때문에 국제법상 일본 영토임에도 불구하고 오늘날 한국이 불법으로 점령하고 있다는 주장이다. 그러나 실제로 죽도를 실효적 지배를 했다고 하는 시기는 일제의 불법적인 강점시기였다는 사실을 주지해야한다. 이 시기에 이루어진 것은 실효적 지배라고 하기 보다는 포츠담선언에 의거한 일제의 조선침략행위에 불과하다고 하겠다.

6. 맺으면서

이상으로 한국이 평화선을 선언한 시기에 「다무라 세이자부로(田村清三郎)」에 의해 계발된 일본의 대응논리를 고찰해보았다. 이를 요약정리하면 다음과 같다.

첫째로, 한국영토로서의 근거를 전적으로 부정하고 일본측의 자료를 모두 죽도 영유권의 권원으로 해석하는 방법을 취하고 있다. 진정 영토 문제를 공정하고 본질적으로 해결하려는 의지를 갖고 있다면, 최소한 상대국의 영토적 근거에 대해서는 부정하지 않고 역사적 기록을 공정하게 해석하려는 노력이 필요하다.

둘째로, 다무라가 조작한 논리는 1905년 2월 22일 영토편입을 합법적이었다는 것을 주장하기 위한 것임을 쉽게 알 수 있다. 외교에서 상대방의 입장을 인정해버리면 외교는 실패이다. 마찬가지로 한국의 역사적 권원을 인정하게 되면 불법 편입 조치를 스스로 인정하는 결과가 된다. 그래서 내셔널리즘적인 입장에서 볼 때 한국의 역사적 권원을 부정할 수밖에 없다. 다무라의 논리는 학자적인 측면에서 공정성을 기한 학문적 논의가 아닌 만큼 가치 있는 논증은 아니다.

셋째로, 일본정부는 죽도를 합법적으로 영토에 편입했고, 시마네현이 나카이를 비롯한 어부들에게 죽도에서 강치어업을 허가하여 이들이 포획에 종사했고, 또 시마네현은 민간인에게 인광채굴권을 허가하여 세금을 받아들였다고 하여 일본이 영토편입 이후 줄곧 영속적으로 죽도를 실효적으로 지배해 왔기 때문에 국제법상 일본영토이고 한국이 불법으로 점령하고 있다는 주장이다.

넷째로, 다무라는 애당초부터 독도문제를 공정하게 다루려는 생각은 전혀 없었다. 죽도가 일본영토라는 것을 전제로 한국영토로서의 중요한 사료를 누락하거나 왜곡하는 방법으로 일본영토론을 조작했던 것이다.

한국의 울릉도·독도개척사에 대한 일본의 조작행위

제9장 - 가와카미 겐조와 다무라 세이자부로를 중심으로 -

1. 들어가면서

현재 일본은 「죽도」(한국의 독도)가 역사적으로나 국제법적으로 일본영토라고 주장한다. 오늘날 일본이 이처럼 「죽도」 영유권을 주장하는 근본적인 원인은 어디에 있다고 할 수 있을까? 연구자들 중에는 영토를 침탈하기 위해, 자원을 확보하기 위해, 국제사법재판소에 갖고 가기 위해 등등 다양한 의견을 그 요인으로 제시하고 있다. 그런데 필자는 그와 다른 의견을 갖고 있다. 일본이 영유권을 주장하는 근본 요인은 독도문제의 본질에 대한 일본정부의 착오에 의한 것이라 생각한다. 일본정부가 착오를 불러 온 근본적 요인은 다음 두 권의 선행연구에 있다. 그 하나는 1966년에 집필한 가와카미 겐조(川上健三)의 『죽도의 역사지리학적 연구』[1]이고, 또 하나는 1965년에 집필한 다무라 세이자

1) 川上健三(1966)『竹島の歷史地理学的研究』古今書院.『竹島の領有』(川上健

부로(田村淸三郞)의 『시마네현 죽도의 신연구』2)이다. 가와카미는 이
책자에서 「죽도 도해금제와 그 후의 송도」라는 큰 제목과 「한인의 울
릉도 통치」, 「한인과 송도(독도)」, 「독도 명칭의 유래」, 「한국인의 송도
(독도) 도항」이라는 소제목으로 한인의 울릉도, 독도 통치를 부정하고,
「일본인과 송도」라는 소제목으로 일본인의 울릉도, 독도 통치를 강조
했다. 한편 다무라는 본 책자에서 「죽도의 영토편입과 관리」, 「죽도에
관한 어업행정」, 「죽도경영의 실태」, 「죽도의 광업권」이라는 제목으로
일본의 죽도경영을 과장 확대하는 방법으로 울릉도와 「죽도(독도)」의
영토적 권원을 조작하여 한국의 고유영토인 독도에 대해 역사적으로나
국제법적으로 일본영토라고 주장한다. 이는 필자들의 당시 직무가 중
앙정부인 외무성 관리와 지방정부인 시마네현 관리라는 사실만으로도
충분히 국익을 위해 논리를 조작했음을 알 수 있다. 또한 일본국적자로
서 역사학을 연구하는 학자이면서 독도 영유권문제에 관심을 갖고 있
는 학자들은 모두가 한결같이 「죽도영토」는 없고, 「독도영토」만 있다
는 결론을 내리고 있는 것으로도 충분히 알 수 있다. 이런 측면에서
이들 논리의 조작성과 왜곡성을 규명하는 것은 매우 중요하다. 따라서
본 연구의 목적은 이들 두 도서에 의해 조작된 일본적 논리를 분석하여
일본의 「죽도」 영유권 주장이 얼마나 모순에 찬 것인가를 밝혀내려는
데 있다.

일본의 독도 영유권 조작 계보는 평화선 조치 이후 가와카미 겐조
(외무성)/다무라 세이자부로(시마네현)에서 조작된 논리가 최근 극우
인사 시모조 마사오(下條正男 ; 타쿠쇼쿠대학 교수)가 『죽도는 일한 어

三, 1953) 죽도의 영유를 보완함.
2) 田村淸三郞(1965) 『島根県竹島の新研究』島根県総務課. 『島根県竹島の研究』
(田村淸三郞, 1954)를 보완한 것임.

느 나라의 것인가』[3]를 저술하여 그 망령이 되살아나고 있다. 시모조의 영토적 권원조작에 대해서는 별고에서 다루기로 한다.

본 연구는 1880년 이후부터 시작된 한국의「울릉도·독도 개척사」에 대한 조작된 부분을 집중적으로 조명하려고 한다. 이는 곧 일본의 '죽도' 영유권 주장의 모순성을 규명하고 한국영토로서의 독도 영유권 논리를 보강하는데 일조하리라 생각한다.

2. 근대조선의 울릉도·독도 재개척의 실체

(1) 울릉도 재개척 이전의 독도에 대한 영토주권 인식

전근대 조선의 동해에는『세종실록』과『동국여지승람』에 울릉도와 우산도 2개섬이 존재한다고 기록되어 있다. 1667년『은주시청합기』를 보면 일본의 서북경계는 오키도로서 일본쪽의 바다에 존재하지만, 조선쪽의 바다에 죽도(울릉도)와 송도(우산도, 지금의 독도)가 존재한다고 기록하고 있다. 즉 조선 동해에 2개의 섬이 존재한다는 인식은 조선에서나 일본에서나 마찬가지이다. 그런데 조선에서는『세종실록지리지』와『동국여지승람』등으로 울릉도와 우산도를 조선영토로 인식하고 있다는 기록이 있다. 또한『숙종실록』에도 안용복이 울릉도와 우산도가 조선의 영토임을 일본의 지방정부와 중앙정부에 따졌다는 기록이 있다. 안용복의 주장에 대해『숙종실록』에서 조정은 조선영토가 아니라고 기록하지 않았다. 오히려 안용복의 주장을 당연하게 받아들였던 것이다. 그러나 일본에서는 죽도와 송도가 일본영토로 인식하지 않았고,

---

3) 下條正男(2004)『竹島日韓どちらのものか』文春親書377, 文藝春秋, pp.1-188.

무라카와, 오야 두 가문의 어부가 영유권을 주장한 것에 대해 적극적으로 일본영토로 인식했다는 기록은 없다. 물론 중앙, 지방정부가 영유권 의식은 갖고 있지 않았지만 두 가문의 어부들이 「죽도(당시 조선의 울릉도)」에 내왕할 때 「송도(당시 조선의 우산도)」를 이정표로 삼았기 때문에 송도의 형상에 관해서는 상세히 알고 있었던 것이다.4) 그러나 섬에 대한 영유의식은 전혀 존재하지 않았다. 그런데 쓰시마 번에서 이 사건이 계기가 되어 죽도(울릉도)가 일본영토라고 주장했던 것이다. 결국 쓰시마의 주장은 막부에 의해 수용되지 못했고 조선영토로 인정되었던 것이다. 여기서 일본에서 말하는 송도에 대한 영유권 주장은 중앙정부의 막부, 지방정부의 돗토리현, 한일 간의 외교를 담당했던 쓰시마에서도 하지 않았다. 영유권 인식을 갖지 못했던 것이다.

독도에 대한 영유권 인식은 조선에서만 울릉도와 더불어 우산도가 조선영토로 인식되었던 것이다. 조선이 특히 우산도에 대해 영유권 인식을 갖게 된 것은 특별히 우산도에 있어서의 경제적 가치 때문은 아니었다. 일찍이 쓰시마번이 울릉도에 대한 영유권을 주장하였기 때문에 영토수호 차원에서 동해도서였던 우산도에 대한 영유의식이 생겨났던 것이다. 그러나 조선조정에서는, 울릉도를 비웠을 때는 독도에 대한 영유의식을 갖고 있었지만 울릉도에서도 쉽게 확인할 수 없었던 섬이었기에 섬의 형상에 대해 구체적으로 알지 못하고 있었던 것이다.

울릉도는 조선 개국이후 도민을 보호하기 위해 섬을 비우고 관리했

---

4) 호레키(宝曆) 연간(1751-63)의 가타조노 쓰안(北園通菴) 편저 『죽도도설』에는 송도를 가리켜 '오키국 송도'라고 하였으나, 이는 송도가 사람이 거주할 수 있는 섬도 아니고 2개의 암초로 된 섬임에도 불구하고 영유권을 주장하는 것은 죽도가 조선영토이면 송도는 일본영토라고 하는 관념적인 주장에 불과하다. 당시 일본에서 「송도」에 대해 영유권을 주장할 만한 가치가 있는 섬인가를 알지 못했다.

다. 섬을 비운 사이에 1592-98년 임진왜란 이후 일본인들이 침입하기
도 했고, 쓰시마번은 2번에 걸쳐 조선에 대해 울릉도의 영토주권을 주
장하기도 했다. 그때마다 조선조정은 조선영토임을 명확히 하여 울릉
도를 영토로서 관리하여 영토주권을 수호해왔다.

요컨대 조선조정은 울릉도와 더불어 우산도에 대해서도 영토의식을
갖고 있었다. 일본에서도 울릉도에 대한 영유권을 주장할 입장이 못
된다는 것을 확인하고 울릉도의 영유권이 조선에 있음을 인정했다. 더
불어 송도에 대한 영유권은 주장하지 않았다. 당시 일본에서는 조선
측의 동해에 죽도와 송도가 존재한다고 인식하고 있었기 때문에 두 섬
은 국적을 달리할 수 있는 별개의 섬이라는 인식은 없었고 국적을 같이
하는 부자 섬 또는 형제 섬 정도로 인식하고 있었던 것이다. 그래서
죽도(울릉도)의 영유권을 한국에 있다고 인정했을 때 송도의 영유권도
한국에 있다고 인정했던 것이다. 이러한 인식은 후술하지만 메이지정
부도 동일하게 계승했던 것이다.

(2) 울릉도 재개척을 위한 고종의 독도 영토인식

일본은 명치정부를 설립하여 국가목표였던 부국강병을 달성하기 위
해 대외진출을 본격화했다. 조선에 대해서는 강화도 조약을 강압한 이
후 일본인들의 한반도 진출이 본격화되었고 예외없이 울릉도에도 다시
침입하기 시작했다.

일본들의 울릉도 침입사실을 확인한 조선조정은 울릉도 개척을 시
작했다. 조선조정은 이규원을 관찰사로 파견하여 울릉도를 비롯한 동
해도서를 조사하도록 하였다. 이때 조선조정은 동해의 모든 도서를 조
사하여 영토로서 관리하겠다는 것이었다. 다시 말하면 동해의 도서는
조선영토라는 인식을 갖고 있었다. 이들 도서를 지금 관리하지 않으면

일본의 침입으로 영토를 수호하지 못할 수 도 있다는 인식 때문이었다. 이규원의 조사보고에 따라 울릉도에 개척민을 파견했다. 그 이후 일본인들의 울릉도 침입은 부산영사관의 지원을 받으면서 더욱 과감해졌다.

고종황제가 이규원으로 하여금 울릉도조사를 파견하였을 때 울릉도, 송죽도, 우산도의 존재를 확인할 것을 요청했다. 즉 동해에 울릉도 이외의 섬이 존재한다는 사실을 알고 있었다. 이는『세종실록지리지』, 『동국여지승람』에서 울릉도와 우산도의 존재를 알 수 있었을 것이다. 동국여지승람의 삽입지도인 「팔도총도」를 보면 울릉도와 우산도가 거의 동일한 크기의 섬으로 그려져 있다. 여기서 고종은 우산도도 울릉도와 버금가는 큰 섬으로 인식하고 있었다고 하겠다. 그리고『만기요람』군정편(1808년)에서 「우산도는 일본에서는 송도라 호칭한다. 우산도와 울릉도 모두 우산국의 영토이다.」5)『증보동국문헌비고』(1792년)6)에서 「여지지에서 이르기를 울릉과 우산은 모두 우산국 땅인데 우산은 곧 왜가 말하는 바의 송도이다」7)를 통해 울릉도와 우산도 이외에 일본사람들이 부르는 죽도 또는 송도라는 명칭이 존재한다는 것을 알고 있었다. 게다가 박석창의 「울릉도도」(1711년)와 김정호의 「청구도」를 통해 울릉도의 부속 섬이 「소위 우산도」로 표기되어 있다는 사실도 확인했을 것이다.8) 여기서 「소위 우산도」라고 하는 섬은 울릉도와 또 다른

---

5) 신용하(1996)『독도의 민족영토사 연구』, 지식산업사, p.145, p.231 참조.
6) 『증보문헌비고』(1908년 간행)는 원래 「증보동국문헌비고」(1792년)에서 인용한 것임,
7) 신용하(1996)『독도의 민족영토사 연구』, 지식산업사, p.145, p.231 참조.
8) 박석창은 삼척영장 겸 첨절제사(中樞院 소속 정3품)로서 1711년 1월부터 1712년 12월까지 삼척영장으로 재임하면서 울릉도를 답사한 적이 있었다. 김정호는 1804년경에 때어났고, 1834년에 지지 《동여도지》를 제1차 편찬하였고, 그 부도에 해당하는 〈청구도〉도 펴내었다. 그 뒤 1851년 무렵에 지지 《여도비지》를 편찬하였고, 1856년 〈동여도〉를 편찬하였다. 1861

섬이 아니고 울릉도 주변의 부속 섬에 불과한 것이었다. 그래서 여기서 고종황제는 동국여지승람의 동해의 2섬 울릉도와 우산도 이외에 「소위 우산도」로 표기되는 또 다른 작은 섬이 울릉도의 부속 섬으로 존재한다는 사실을 확인했던 것이다. 고종은 세종실록지리지와 동국여지승람에 등장하는 우산도와 박석창의 울릉도도(島図)의 「소위 우산도」가 동일한 섬이 아니라는 것을 확인했던 것이다. 즉 섬 명칭의 오류를 확인했던 것이다.

그렇다면 울릉도와 그 부속도서인 「소위 우산도」 즉 지금의 죽도, 그리고 또 다른 세종실록과 동국여지승람의 「우산도」 즉 지금의 독도의 존재를 명확히 알고 있었던 것이다. 당시 고종을 비롯한 조선조정에서는 울릉도 이외의 섬에 대한 영토의식이 존재했다. 다시 말하면 독도가 조선영토가 아니라는 인식은 없었던 것이다.

그러나 이규원은 동해도서를 조사할 때 업무태만으로 독도가 엄연히 존재함에도 불구하고 이에 대해서 고종황제에게 보고하지 않았던 것이다. 당시 메이지정부에서도 독도가 일본영토라는 인식을 갖고 있지 않았다. 오히려 울릉도와 더불어 외 1도는 일본영토가 아니라는 인식이었던 것이다.[9]

고종황제는 동해에 3개의 섬이 존재한다는 생각을 하고 있었기 때문

년 앞서 만든 〈청구도〉와 〈동여도〉를 보완하여 〈대동여지도〉를 편찬한 뒤 1866년(고종 3년)까지 《신증동국여지승람》의 착오를 정정하고 보궐(補闕)하기 위해 32권15책의 《대동지지》를 편찬했다(http://ko.wikipedia.org/wiki/).

9) 영토인식은 실제적인 상황을 두고 이야기하는 것이지 잘못된 지도를 가지고 언급하는 것은 아니다. 동해에 2개의 섬밖에 존재하지 않음에도 불구하고 3개의 섬이 존재한다고 메이지정부에서 인식했다고 하는 것은 영토인식을 갖고 있었다고 해석되지 않는다. 이러한 내용으로 송도와 죽도가 바뀐 경위를 설명하는 일본영토론자들의 주장은 설득력이 없다.

에 동해에 2개의 섬밖에 존재하지 않는다고 보고한 이규원의 주장을 전적으로 신뢰하지 않았던 것이다. 그것은 「황성신문」에서 보이듯이 1899년 동해의 도서를 조사하도록 한 것으로 확인된다.[10]

(3) 울릉도개척민의 독도영유권 인식과 칙령 41호 「석도(石島)」의 생성

중앙에서 파견된 이규원은 울릉도를 조사할 때 울릉도 주변의 바위만 조사했던 것이다. 독도에 대해서는 조사하지 않았다. 그때 조사한 바위와 섬이름은 섬의 크기순으로는 (1)큰바위(大巖) (2)무지개바위 (홍암 ; 虹巖) (3)죽도(竹島) (4)도항(島項) 순이었다. 그 외에 촉기암, 형제암, 시어머니바위(老姑巖), 종바위(鐘巖), 장군바위(將軍巖), 투구바위(주암 ; 胄巖), 꽃바위(華巖), 봉바위(鳳巖) 등을 표기했다.[11] 이들 섬들은 모두 울릉도 주변에 산재된 암초이다. 암초가 아닌 섬으로서는 죽도(竹島)와 도항(島項)이 있었는데 이들 명칭은 전래되어오던 명칭으로 판단되고 그 이외의 섬 명칭은 전래되어오던 명칭이거나 명칭이 없을 경우는 직접 형상을 보고 지은 명칭일 수도 있다.

울릉도민이 독도에 조업을 나갔다는 구체적인 기록이 남아 있지 않다고 해도 전혀 이상할 것이 없다. 기록문화가 발달되지 않은 당시로서는 어민들의 독도조업 상황을 기록할 리가 없다는 것은 너무나 당연하기 때문이다. 지금도 특별한 경우를 제외하고 조업일지를 남기는 어부는 없을 것이다. 독도를 어느 정도 영토로서 인식했느냐는 문제는 1900

---

10) 일본인들의 울릉도 침입상태를 확인하기 위해 1899년 5월 배계주가 울릉도 도감으로 재임명되었을 때 부산항 세관사를 동행했고, 그해 10월 내부관원 우용정을 울릉도시찰 위원으로 임명하여 한일 합동조사단을 파견했다. 신용하(1996)『독도의 민족영토사 연구』, 지식산업사, pp.186-187 참조.

11) 이규원 관찰사가 그린 「울릉외도」(1882)를 참고함.

년 칙령 41호에서 「석도」라는 이름으로 행정관할구역에 포함시켜 통치했다는 것이 증거이다.[12] 섬의 형상을 보고 지은 이름이 「석도」인 것이다. 독도를 가지 않았다면 어떻게 「석도(돌로 된 섬)」라는 사실을 알 수 없을 것이다. 그리고 행정관할에 포함시킬 정도라면 타국의 영토라는 인식이 전혀 없었다는 것이다. 사실 그것은 1905년 일본이 편입 조치를 취하기 이전에 독도에 대한 영토주권을 주장한 적이 없었다는 것이다.

1903년부터 나카이 요사부로가 독도에서 강치잡이를 했다고 한다.[13] 그때에 한국영토라고 생각되어 한국정부에 대여권을 제출하려고 했다고 한다.[14] 1903년 시점의 산음지방 일본인들 사이에는 일본영토는 분명히 아니라는 생각을 했고, 이 섬이 한국영토로 인식되었던 것이다. 그것은 한국인이 관리하고 있었기 때문이었을 것이다. 그렇지 않으면 사람이 살수 없는 2개의 암초로 된 무인도임에도 불구하고 나카이가 어떻게 조선영토로 생각된다고 했을까?

중앙정부 차원에서 군함 니이타카호가 울릉도를 조사하면서 독도를 조사하였는데, 「울릉도사람들은 량코도를 '독도(獨島)'라고 쓴(書)다」라고 보고했다.[15] 대한제국의 공문서상에는 칙령41호에서는 「석도」라고 기록되어 있지만, 울도군에서는 「독도」라는 호칭으로 공문서에 기

---

12) 「舊韓國官報」第1716號, 光武4年 10月 27日, 신용하(1996) 『독도의 민족영 토사 연구』, 지식산업사, pp.192-194 참조.
13) 「란코도 영토편입 및 대하원(1904년 9월 29일」, 최장근(1910) 『일본의 독 도·간도침략 구상』백산자료원, pp.65-67 참조.
14) 奧村碧雲(1907) 『竹島及鬱陵島』, 최장근(1910) 『일본의 독도·간도침략 구상』백산자료원, p.63 참조.
15) 일본군함의 보고는 매우 중요하다. 당시 울도군의 독도인식을 의미한다. 독도라는 이름으로 영토의식을 갖고 있었다는 것을 의미한다. 본군함의 보고의 신뢰성을 의심할 수는 없을 것이다.

록하여 일반적으로 통용되고 있다는 것을 의미한다.[16] 다시 말하면 울릉도사람들이 독도를 어장으로서 활용하여 생활환경이 되어있다는 것이다. 이는 이미 울릉도에서는 독도라는 명칭이 정착되었다는 것을 의미한다. 2년 후 1906년 심흥택 군수가 방문한 일본인으로부터 독도침탈소식을 접하고 중앙정부에 보고했을 때 「본군 소속 독도」라고 한 것으로 충분히 증명된다.[17] 이러한 일련의 사료들로 미루어볼 때 1900년 칙령 41호로 울도군의 행정관할 조치된 「석도(石島)」가 울릉도에서는 「독도」였음을 알 수 있다. 조선시대의 중앙관청 호칭으로는 「우산도」였다. 칙령41호에서 우산도로 사용하지 않은 이유는 박석창의 「울릉도도(鬱陵島図)」에서 우산도를 「죽도」에 비견하는 잘못을 범하여 그 후 청구도계통의 지도에서도 이를 답습하여 오류를 범하고 있었기 때문이다. 그래서 칙령 41호에서 「석도」 대신에 「우산도」라는 명칭을 사용할 수 없었을 것이다.[18] 만일 사용했더라면 청구도나 박석창의 지도에 의해 「우산도」는 지금의 「죽도(댓섬)」으로 오인할 수 있기 때문이다. 이를 명확히 하기 위해서라도 칙령에서는 「석도」라는 명칭을 사용했던 것이다. 즉 울릉도민들이 독도의 형상을 보고 지은 「석도」라는 명칭을 사용했던 것이다. 석도라는 명칭은 울릉도민들의 「돌섬」 「독섬」을 공문서형식으로 만들어 붙인 이름이다. 이에 비해 「독도」라는 명칭은 울릉도민들이 순수하게 부르던 돌섬 혹은 독섬에서 진화되어 정착된 호칭

---

16) 울도군에서 독도라고 호칭하여 영토로서 관리하고 있다는 사실을 명확히 확인하게 하는 사료이다. 이처럼 울도군에서 독도를 관리하고 있었다고 증명된다. 이를 부정한다면 타국의 영토를 침략하겠다는 행위로 간주할 수밖에 없다.

17) 최장근(1910) 『일본의 독도·간도침략 구상』백산자료원, pp.69-92 참조.

18) 최장근(1910) 「대한제국의 울릉도/독도 영유권 조치-칙령41호'석도=독도' 검증의 일환으로」, 『일본의 독도·간도침략 구상』백산자료원, pp.83-86.

이다.

심흥택 군수는 독도가 울릉도의 외향 100여리에 위치하고 있다고 했다.[19] 황성신문 1906년 7월 13일에 의하면 대한제국 내부는 독도영토를 수호하기 위해 동해의 영토범위를 동서 60리 남북 40리 합이 200리라고 하여 통감부에 항의했다.[20] 따라서 칙령41호의 석도가 독도임에 의심의 여지가 없다.

이러한 독도에 대해 일본은 강치를 남획해간 것을 가지고 실효적으로 섬을 관리한 것으로 해석하는 것 자체가 제국주의적 영토침탈 행위이라고 할 수 있다.

1882년 재 개척으로 울릉도에 일본인과 조선인이 혼재하고 있을 때 독도의 존재가 부각되기 시작했던 것이다. 이때 조선에서는 독도의 경제적 가치보다는 영역의 일부라는 영토로서의 상징적 가치가 더욱 컸기 때문에 독도에 대한 영유권 의식이 발생했던 것이다. 고종황제는 1899년 두 차례에 걸쳐 다시 울릉도 이외의 또 다른 섬 독도의 존재에 대한 조사를 보냈다.[21]

사실 울릉도민들에게 있어서는 울릉도 동남쪽에 독도가 존재한다는 사실을 명확히 이해하고 있었다. 이는 울릉도에서 독도가 보인다는 것으로도 확인할 수 있고, 또한 일본인들에 의해 울릉도 도항 도중에 그 존재가 확인되어 수탈의 대상이 되고 있었기 때문이다. 울릉도민들의 독도도항은 점차로 빈번해지기 시작했고, 일본인들의 울릉도에 대한

---

19) 「本郡所屬 獨島가 在於本部外洋百餘里許이옵드니」, 『各觀察道案』第1冊, 「報告書號外」, 양태진편(1979) 『한국국경영도관계문헌집』 참조. 울릉도에서 독도가 100여리 외향에 있다는 인식은 황현이 집필한 「梅泉野錄」, 「梧下記聞」에도 기록되어있다.
20) 『皇城新聞』1906년 7월 13일자.
21) 각주 12) 참조. 신용하(1996)『독도의 민족영토사 연구』, 지식산업사, pp.186-187.

약탈적인 행위가 독도에 대한 영토의식도 강하게 했던 요인이 되었다.

독도는 역사적 권원에 의거해서 보면 섬의 소유자는 한국임에 분명하다. 이는 부정할 수 없다. 이를 부정한다면 그 자체가 침략적 행위이다. 그런데 일본은 한국 몰래 독도에서 강치잡이를 했다고 하여 실효적으로 관리했다고 주장한다. 그렇다면 사람이 자주 왕래할 수 없는 섬인데, 주인이 없는 사이를 이용하여 몰래 그 섬에 들어가 이용했다고 해서 그 섬이 몰래 들어간 사람의 섬이 될 수 있을까?

이처럼 섬에 대한 도적행위도 오랫동안 방치하면 섬을 포기한 것이나 다름없게 된다. 그런데 일본이 독도를 몰래 편입했을 때 조선의 지방정부와 중앙정부가 항의를 한 것은 타자에게 섬의 소유를 인정하지 않겠다는 것이었다. 1905년 일본의 '죽도'편입조치는 한국이 알 수 없는 상태에서 은밀히 조치한 것이기 때문에 무효이다. 일본은 조치 후 1년 뒤 1906년 울도군수에게 간접적인 방법으로 편입조치사실을 알렸을 때 한국은 이에 대해 일본 통감부에 항의했다. 이는 영토주권에 대한 수호차원이므로 실효적으로 관리했다고 할 수 있다. 그런데 이와 같은 영토주권 수호를 위한 항의를 무시하고 강제적으로 점유를 시도했다면 이것 또한 무효가 되겠다.[22]

1904년 외무성이 나카이에 대해 영토편입원을 제출할 것을 요구하였을 때, 일본내무성은 「내무 당국자는 이 시국(러일전쟁-필자주)에 즈음하여 한국영지라는 의심이 있는 일개의 거친 불모지인 암초를 취하여」[23]라고 한 것으로 보더라도 당시 일본정부 내에서도 독도가 한국영

---

22) 청일전쟁 이후 일본이 확장한 영토는 모두 포츠담선언에 의거하여 무효이다. 그런데 대일평화조약이 정치적 협상으로 포츠담선언의 본질을 훼손한 부분도 있지만 독도는 최종적으로 SCAPIN677호에 의한 한국의 영토적 지위를 바꾸지 못했다. 최장근(2005)『일본의 영토분쟁』백산자료원, pp.33-71.
23) 竹島廣報文書科(1953)『竹島關係資料』第1卷.

토라는 인식이 팽배했던 것이다.

당시의 독도는 경제활동을 위한 지역이 아니었다. 한국에 있어서는 독도가 비록 무인도이지만, 국토의 일부라는 경계로서의 상징성에서 영유의식을 갖고 있었던 것이다. 일본은 이러한 한국의 영유의식을 알고 있으면서도 몰래 무인도였던 독도에서 강치를 남획하였던 것이다. 나카이는 불법 남획에서 한국정부로부터 정식허가를 받아서 강치잡이를 하려고 했는데, 일본외무성은 무인도라는 것을 악용하여「무주지」선점론으로 영토침탈을 시도했던 것이다.

일본은 영토편입을 정당화하기 위해서는 1905년 영토편입 이전에 한국이 영토로서 인식하거나 관리한 적이 없다고 강변하고 있다. 조선의 영유의식에 관해서는 일본 측의 여러 문건에도 등장하고 있다. 그런데 일본은 이를 부정하기 위해 실제로 독도를 관리한 증거를 제시하라고 주장한다. 독도는 경제적 활동이나 행정적 조치를 취할 수 있는 유인도(有人島)가 아니다. 무인도이기 때문에 당시로서는 그냥 한국영토의 일부라는 인식이 존재하는 것이 전부라고 하겠다. 이것만으로도 당시로서는 영토로서 관리한 것이 된다.

일본은 독도의 강치를 은밀히 남획하고 이를 영토관리의 증거라고 주장한다. 타국의 영토에서 침략적으로 강치를 남획하고 이를 영토관리의 일환이었다고 하는 것은 침략성을 상징하는 제국주의적인 발상에 불과하다.

3. 근대조선의 울릉도 재개척에 대한 일본의 조작행위

(1) 근대조선 이전의 울릉도 영유에 대한 일본의 조작

위에서 살펴본 바와 같이 일본은 2번에 걸쳐 쓰시마를 통해 울릉도에 대한 영유권을 주장했고 그때마다 조선조정은 울릉도를 영토로서 주권을 수호해왔다. 조선은 영토수호정책의 일환으로 공도정책을 행하였기 때문에 일본 측의 울릉도에 대한 영유권 주장에 대응하여 영토를 수호했던 것이다. 그런데 일본 영토론자들은 「조선조정은 울릉도 공도정책으로 영토주권을 포기했고, 일본은 조선이 포기한 울릉도를 실효적으로 관리했기 때문에 일본영토로서 권원(權原)을 갖고 있다.」[24]라는 것이다.

쓰시마가 조선의 울릉도에 대해 영유권을 주장하다가 결국 막부에 의해 1696년 울릉도의 영유권을 포기하여 한국영토로 인정되었다. 그럼에도 불구하고 일본 영토론자들은 100년간 실효적으로 지배했다고 주장하는 것은 사료조작행위이다. 또한 일본에서 제작된 지도들 중에는 일본지도의 윗부분에 울릉도 독도자리에 '죽도'와 '송도'를 그려둔 것이 있다. 이러한 지도를 가지고 울릉도와 독도가 일본영토라는 증거라고 주장한다. 이는 영유권을 조작하는 행위이다. 예를 들면 나가쿠보 세키스이가 제작한 「일본여지노정전도(日本與地路程全図)」, 하야시 시헤이가 그린 「삼국통람도설」 등이 여기에 속한다.[25]

---

24) 일본외무성홈페이지, 「パンフレット「竹島問題を理解するための10のポイント」」참조, http://www.mofa.go.jp/region/asia-paci/takeshima/pamphlet _k.pdf(검색일:2011.8.30).
25) 일본외무성홈페이지, 「パンフレット「竹島問題を理解するための10のポイント」」참조, http://www.mofa.go.jp/region/asia-paci/takeshima/pamphlet _k.pdf(검색일:2011.8.30).

독도에 대해 일본 영토론을 주장하는 자들은 과거 일본제국주의시대에도 그러했듯이 조선의 영토였던 울릉도에 불법적으로 도항하여 약탈한 것에 대한 문제의식을 전혀 갖지 않고 오히려 이를 울릉도에 대한 일본의 영토적 권원이라고 주장한다. 이러한 것을 전혀 문제시하지 않고 아주 당연한 것처럼 생각한다. 이는 일본제국주의의 영토침략행위와 전혀 다를 바가 없다.

(2) 근대조선의 울릉도개척에 대한 가와카미 겐조의 조작논리

울릉도는 조선조정이 영토로서 단 한 번도 방기한 적 없이 영토로서 관리하여 그 정통성을 이어받아 한국정부가 한국영토로서 관리하고 있는 곳이다. 가와카미는 울릉도에 대한 한국의 영토적 권원이 결여되어 있다고 사실을 조작하는 방법으로 독도에 대한 한국 측의 영토적 권원이 없다고 논리를 조작하고 있다. 다시 말하면 울릉도도 한국영토로서 권원이 부족한데 어떻게 독도를 한국영토라고 할 수 있는가라는 논리를 조작하기 위한 것이다.

가와카미는 「울릉도 통치」라는 제목으로 조선조정의 울릉도 지배에는 많은 문제점을 갖고 있다고 주장한다.

첫째로 안용복사건 이전의 울릉도 통치에 대해서는 「이조 초기 이래 울릉도에 대해 '공도정책'이 취해지고 있었던 것은 앞에 말한 대로이지만, 당시로서는 때에 따라 이 섬의 존재가 어떻게 상기되거나 또 이 섬에 도주한 본국 인민을 쇄환하거나 하는 것에 지나지 않아 실제로는 방기와 마찬가지이다. 말하자면 외지로의 도피를 단속한다는 의미가 강해 '공도정책'이라는 것 자체가 오히려 적당하지 않은 상황이었다.」[26]라

---

26) 川上健三저·권오엽역(2010)『일본의 독도논리 -竹島의 歷史地理学的研究-』 백산자료원, pp.188-191.

고 하여 울릉도를 방기한 것이라는 주장이다.

이는 올바른 지적이 아니다. 섬을 영토로서 포기한 정책이 아니라, 인민을 보호하기 위한 정책이다. 타국이 울릉도에 대해 영유권 주장할 때 그것을 인정했다면 포기한 것이라고 할 수 있다. 쓰시마 번이 1407년 3월 쓰시마 도주 소우 사다시게(宗貞茂)가 평도전(平道全)을 조선 조정에 파견하여 포로 송환과 더불어 울릉도에 쓰시마 사람을 이주하여 거주하도록 요구하였을 때 영토주권 표시를 명확히 하여 쓰시마의 요구를 수용하지 않았던 것이다.[27] 이를 보더라도 울릉도를 포기한 정책이 아니라는 것을 알 수 있다.

둘째로 안용복사건 이후에 대해서는 「그것이(섬을 방기하였다가-필자주) 이 섬을 자국의 판도로 인식하고 실질적인 의미의 '공도정책'이 취해지게 된 것은 겐로쿠 연간(1688-1703 ; 필자주)에 죽도(울릉도)영유를 둘러싼 쓰시마 번과의 교섭이 개시되면서부터이다. 즉 이 섬의 영유문제에 대한 교섭이 계속되었던 1694년(숙종20년, 겐로쿠 7년)에 조선정부는 이 섬에 관리를 파견하여 조사하게 했고, 이어서 1697년(숙종23년, 겐로쿠10년) 즉 막부가 죽도(울릉도)의 도항을 금지한 그 다음해에는 2년에 1회, 강원도 연해에 있는 각 군이 윤번으로 울릉도를 순검하게 하는 제도가 확립되었다. 이에 관해『숙종실록』은 다음과 같이 기록하고 있다. (중략) 그 후 이 제도는 언제부터 인지(숙종 말년 혹은 영조초년) 3년에 1회(영조실록 권40 을묘11년 정월 갑신,『국조보감(國朝寶鑑)』권61, 영종 을묘11년 춘정월) 혹은 5년에 1회(『문헌촬록(文獻撮錄)』권10 울릉도 시말)라고 되어 있으나, 어쨌든 공도정책은 계속되어 인민의 울릉도 입도가 금지되어 있었던 것만 아니라 이 섬에

---

27) 신용하(1996)『독도의 민족영토사 연구』지식산업사, p.71.

서의 어획도 엄히 금지되어 있었다.」[28]라고 하여 공도정책이라는 이름으로 울릉도를 영토로서 관리하였지만, 안용복 사건 당시는 2년에 1번이었으나 시간이 지나면서 5년에 1번도 제대로 관리하지 않았다. 또한 조선인들은 입도도 할 수 없었지만 어업자체도 금지되었기 때문에 제대로 영토로서 관리하지 않았다는 주장이다.

여기서 중요한 것은 쓰시마번에 울릉도의 영유권을 주장하여 조선조정이 일본의 중앙정부인 막부와 외교교섭을 통해 조선영토임을 확인받았던 것이다. 그 이후 일본이 울릉도의 영유권을 주장하지 않았고, 또한 실질적으로 울릉도에 침범한 자도 없었기 때문에 5년에 1번으로도 충분하였다면 그것으로 영토관리가 충분했던 것이다. 이러한 사실마저 문제를 삼는다면 그것은 울릉도의 영토적 권원을 조작하려는 행위라고 말할 수밖에 없다.

근대조선의 울릉도 이주정책 실행에 대해서는 「이 같은 공도정책이 바뀌어 사람들이 이 섬에 입식하려고 의도한 것은 19세기 말엽 이태왕 중기 이후의 일에 속한다. 즉 1881년(이태왕18, 메이지 14)년에 전례에 따라 수토관이 심검하기 위해 울릉도에 가본 결과 일본인 7명이 벌목에 종사하고 있는 것을 발견하고 조선국정부가 우리 외무성에 항의했는데, 그것이 계기가 되어 조선국 정부로서는 이 섬을 공광으로 버려두면 오히려 멀어지는 것을 우려하여 부호군 이규원을 울릉도 관찰사로 임명하여 다음 해 1882년(이태왕 19년) 봄에 들어가 조사를 하게 되었다.」[29]라고 하여 일본인이 먼저 울릉도에 들어가 개척하는 것을 보고

28) 川上健三저·권오엽역(2010)『일본의 독도논리 -竹島의 歷史地理学的研究-』 백산자료원, pp.188-191.
29) 川上健三저·권오엽역(2010)『일본의 독도논리 -竹島의 歷史地理学的研究-』 백산자료원, pp.188-191.

이에 자극을 받아 조선이 후발로 개척을 시작하였다고 주장한다.

울릉도는 조선영토이었음에도 불구하고 일본인들이 은밀히 잠입하여 약탈행위를 자행했던 것이다. 이러한 일본인들의 도적행위에 대한 비판도 전혀 없고 오히려 일본인의 영향으로 울릉도를 개척하기 시작했다고 한국측의 영토적 권원을 조작하고 있다.

근대 조선의 울릉도에 대한 행정조치에 대해서는 「이어서 그해 8월에는 이 섬에 관리를 설치할 필요가 대두되어 도장(島長)을 두기로 정했으나 얼마 안 있어 이를 울릉도 개척관으로 고치고 또 1884년(이태왕 21년) 3월에는 첨사로 정하고 삼척영장에게 겸임시켰다. 그 이후 1888년(이태왕 25) 2월에는 다시 도장으로 고쳐 평해군 소속의 월송만호를 겸임시켜서 때에 따라 왕래하며 검찰하게 했다. 이렇게 하여 그 명칭은 도장, 개척관, 첨사 등으로 자주 바뀌었지만 어쨌든 종래의 공도정책을 바꾸어 울릉도에 대한 인민의 입식을 실시하여 이와 같은 관리를 임명하기에 이르렀던 것이다. 그것도 조선국정부가 이를 계기로 이 섬의 개발을 적극적으로 꾀한 것이 아니라 관리도 상주시키지 않고 삼척 혹은 평해 등 연해의 각 군이 겸임하여 때때로 왕래하는 것에 지나지 않았다. 훗날에 이르러 강원도 평해군이 관리를 이 섬에 상주시키게 되었으나 관리의 폐가 심해 입식의 실적이 늘지 않아 1894년(31년) 정월에는 세금부과와 노역을 일체 면제하는 입식을 적극적으로 장려하는 정책도 취하게 되었다.」[30]라고 하여 조선조정이 울릉도 개척을 실시했지만 청일전쟁 이전까지는 사실상 관리가 항시 상주한 것이 아니라 삼척과 평해 등의 연안지역 군관이 필요시마다 왕래하는 방식으로 소극적으로 개척에 임했다는 주장이다.

---

30) 川上健三저・권오엽역(2010)『일본의 독도논리 -竹島의 歷史地理学的研究-』 백산자료원, pp.188-191.

조선조정의 울릉도 관리정책이 소극적이든 적극적이든 그것으로 영토주권이 변동되는 것은 아니다. 가와카미는 울릉도에 대한 한국측의 영토적 권원을 흠집내기 위해 울릉도 관리에 소극적이었다는 논리를 조작하고 있다.

청일전쟁 이후 조선의 울릉도 관리에 대해서는 「이래서 울릉도의 개발은 일청전쟁 이후 드디어 본격적으로 진행되게 되어 1901년(광무 5, 메이지 34)에는 종래의 도장제도를 폐지하고 처음으로 독립된 군을 설치하고 군수를 두게 되었다. 그 군청은 처음에 서면 태하동에 두었으나 1903년(광무7, 메이지 36) 이것을 남면 도동으로 옮겼다. 그 후 1908년(융희2, 메이지 41)에는 강원도에 속해 있던 이 섬을 경상남도에 편입하고 '일한합병' 후의 1914년에는 군을 바꾸어 도(島)로 하여 경상북도에 소속시켰다.」[31]라고 하여 한국 측이 울릉도를 적극적으로 관리한 것은 청일전쟁 이후라는 것이다. 그리고 한일합병 이후는 郡을 道로 바꾸어 울릉도 관리에 소홀했다는 주장이다. 한일합병 이후는 일본제국주의가 울릉도를 침탈하기 위해 행정을 개편한 것으로 한국이 영토로서 울릉도 관리를 소홀히 한 것은 아니다.

가와카미는 위와 같이 사실을 조작하여 한국 측의 울릉도개척 사실에 대해 「이것을 요약하면 막부의 죽도(울릉도) 도해금제 이후, 조선국 정부는 이 섬을 자국영토로 인식하고 공도정책을 유지하기 위해 약 200년에 걸쳐 정기적으로 순검하였다. 이태왕 중기에 이르러 (1800년 말), 그 정책을 바꾸어 이민의 입식을 장려하여 개발을 꾀하였으나 성적은 쉽게 오르지 않았다. 이 섬에 정착하는 자가 약간 증가하기에 이르렀어도 초기의 많은 도민은 농업을 주로 하여 어업에 대해서는 거의

---

31) 川上健三저·권오엽역(2010)『일본의 독도논리 -竹島의 歷史地理学的研究-』 백산자료원, pp.188-191.

어채를 채취하는데 그쳤다. 바다에 출어하는 것과 같은 일은 없었다, 그것이 1903년(광무7, 메이지36)에 일본인이 근해에서 좋은 오징어 장을 발견하고 어획을 시작하자 도민이 그것을 보고 배워 이 섬 근해에서 어업을 행하게 되었으나 그 시기는 1907년(융희 원년, 메이지 40년)의 일이었다.」[32]라고 하여 조선은 울릉도 개발에 소극적이었고, 사실상 울릉도 개발은 농업에 그쳤고, 어업행위는 1905년 일본이 시마네 현에 '죽도'를 편입한 이후 시작된 일본 어업을 배워서 1907년 이후부터 시작되었다는 주장이다.

이러한 주장은 한국 측이 일찍이 울릉도를 개척하였지만 독도에 대한 영토적 관리는 없었다는 논리를 만들기 위한 것이다.

사실 거리상으로 보면 조선본토에서 울릉도에 도항하는 거리보다 울릉도에서 독도에 도항하는 거리가 짧다. 본토에서 울릉도에 도항한 사람은 농업을 위해 도항한 것이 아니다. 섬에서 거주한다는 것은 어업을 위한 도항이다. 조선본토에서 울릉도에 도항해온 사람이 그 보다 더 가까운 독도도 도항하지 않았다는 주장은 설득력이 없다. 그리고 울릉도 사람들이 독도에 도항했다는 기록이 없다고 하여 도항하지 않았다고 단정하는 것은 사실관계를 조작하는 행위다. 그것을 현재 울릉도에서 독도가 보이지만 울릉도에서 독도가 보인다는 기록이 없기 때문에 울릉도에서 독도가 보이지 않는다고 주장하는 것과 별반 차이가 없다. 따라서 울릉도 거주민들이 어업에는 종사하지 않고 농업에만 종사했다고 주장하는 것은 독도에 대한 한국 측의 영토적 권원을 조작하는 행위이다.

---

32) 川上健三저・권오엽역(2010)『일본의 독도논리-竹島의 歷史地理学的研究-』 백산자료원, pp.188-191.

(3) 근대조선의 울릉도 개척에 대한 다무라의 조작논리

다무라는 「조선수로지에서 관계되는 부분을 발췌하면 다음과 같다.」[33] 라고 하여 조선수로지를 인용하여 울릉도에 대한 한국영토로서의 권원을 부정하고 있다.

조선의 울릉도 공도정책에 대해서는 「"○울릉도 일명 송도: 오키도에서 북서 3/4서, 약 140리, 조선동해안에서 80리 해중에 고립되어 있다. 전도가 험악한 원추산이 모여서 수목이 울창하고 번성하다. 그리고 그 중심(북서 37도 30분, 동경 130도 53분)에 높이 4000척의 봉우리가 1개 있다. ○이 섬 주위는 18리로 그 형태는 반원형이다. ○섬 해안은 험하다. 단지 날씨가 온화할 때는 해변에서 겨우 오를 수 있다. 봄, 여름 우기에는 조선인들이 이 섬에 와서 조선식의 배를 만들고 또 다량의 개충(介蟲)을 수집 건조한다. 단 조선인은 배를 제조할 때 철침을 사용하지 않고 모두 나무로 결합하여 마른 나무를 사용할 줄 모르고 반드시 생나무를 사용한다." 이상의 수로지 기록에 관해서 흥미로운 것은 울릉도에 대한 조선의 공도정책의 영향을 남기고 있고, 본토에서 봄과 여름 우기에 조선인이 울릉도에 온다는 것이다.」[34]라고 하여 조선수로지는 조선이 공도정책으로 섬을 비웠는데 조선인들은 봄과 여름 우기에만 울릉도에 왕래했다는 것이다. 즉 조선이 울릉도를 상시적으로 관리하지 않았다는 주장이다. 울릉도를 관리하지 않았다는 것은 울릉도에 가까운 독도도 관리했다고 할 수 없다는 논리를 조작하고 있다.

반면 조선이 공도정책으로 섬을 방기 했을 때 오히려 일본인이 울릉도를 관리했다는 주장이다. 그 증거로서 다음과 같은 예를 들고 있다. 즉 「오시마 기타로(大島幾太郎著)의 하마다쵸사(浜田町史)에는 천보

---

33) 田村清三郎(1965) 「島根県竹島の新研究」, p.34.
34) 田村清三郎(1965) 「島根県竹島の新研究」, p.35.

(天保)의 하치에몽(八右衛門)사건의 후일담으로서 다음과 같이 언급하고 있다. "타케지로(竹次郎)는 성장 후 오사카(大阪)에서 하마다야(浜田屋) 야스베이(安兵衛)라는 이름으로 메이지 15년경 붉은 셔츠를 입고 갑자기 집으로 돌아와 아버지가 고생한 항로를 조금이라도 체험해보고 싶어서 배와 뱃사람을 고용하여 마츠하라만(松原湾)을 출발하여 죽도에 가서 돌아오는 길 5월 18일 폭풍을 만나 동행한 우라 후지야쿠로(浦藤九郎)의 배 스미후쿠마루(住福丸)은 침몰하여 야마구치 카메노스케(山口亀之助), 다케바야시 토쿠타로(竹林徳太郎) 외 10명이 익사했다. 그러나 하마다야(浜田屋) 야스베이(安兵衛)가 탄 배는 구사일생으로 마츠하라항에 귀항했다. 야스베이는 재산을 나누어 뱃사람들의 수고를 위로했고, 이번 일로 아버지의 고생을 알게 되었다고 만족하여 오사카로 돌아갔다"라고 기술하고 있다. 하지만 사실과 상당히 다르다고 생각한다. 하마다(浜田)시 마츠하라(松原)의 심각사(心覺寺)에는 원래 하치에몽의 묘가 있고, 타케지로(竹次郎)의 묘도 현존하지만 이 절이 과거를 기록한 장부에 "메이지15년 4월 2일 야마구치 카메노스케, 타케바야시 토쿠타로, 오누마 킨고로(大沼金五郎) 외 9명 익사, 죽도 가다"라고 기록되어 있다. 옆에 "5월 15일 이치고야(市木屋) 모(某)"라고 명시해 놓았다. 시모우라(下浦)문서에 의하면 5월 17일 하기 앞바다(萩沖)조난이라고 되어 있다. 하마다쵸사(浜田町史)에는 5월 18일과도 부합하고 인원수도 동일하다. 타케지로(竹次郎)가 죽도에 갔다고 하는 것은 사실일지는 몰라도 쵸사(町史)에는 시모우라(下浦)에서 가져간 스미후쿠마루(住福丸)로 되었지만, 시모우라 후지야쿠로(下浦藤九郎)의 배가 아니라 오사카의 카타야마 츠네오(片山常雄)가 히로시마에서 빌린 배이고, 울릉도에서 목재를 오사카에 운반하는 도중 야마구치현 하기 앞바다에서 침몰한 것이다. 하마다쵸사의 하마다야 야스베이의

기록은 정확하지 않고 모두 신용할 수 없다. 시모우라 후지야스로가 오오쿠라 키하치로(大倉喜八朗)에게 보낸 편지를 보면 (중략)」라고 하여 메이지 14년경에 오오쿠라는 울릉도의 목재를 취급하는 일에 종사하여 하마다시(浜田) 마츠하라(松原)의 시모우라 후지야쿠로를 중개자로 하여 울릉도 개발에 종사했다. 메이지14,5년 울릉도 항로는 하마다(浜田)→히노미사키(日御碕)→오키(隱岐)→울릉도 루트이다.」35)라고 하여 메이지 14,5년(1881-1882)에 일본인이 목재벌목을 위해 울릉도에 도항했다는 주장이다. 이는 사실상 조선영토인 울릉도에 대한 불법적인 약탈행위였다.

또한 「메이지16년(1883) 7월 조인된 재 조선국 일본인 통어장정 및 해관세목 제 41관(款)에 "일본국 어선은 조선국 전라, 경상, 강원, 함경의 4도 해변에 왕래하여 어업을 한다는 것을 정했다." 메이지22년(1889) 11월 조인된 일본 조선 양국 통어규칙에 의해 그에 관한 상세한 내용이 규정되었다. 시마네 어민은 공연하게 조선연안 어업에 종사하게 되었다. 울릉도에 항해자도 증가했다.」36)라고 하여 1883년 이후에는 '재 조선국 일본인 통어장정 및 해관세목"을 조인하여 일본인들의 공식적인 울릉도 도항이 증가했다고 주장한다. 이는 조선영토에 대한 불법침입에 속한다. 영토적 권원과는 무관하다.

이처럼 다무라는 울릉도에 대한 불법 도항마저도 일본이 울릉도를 실효적으로 관리했다는 것으로 일본 측의 영토적 권원이라고 주장한다.

---

35) 田村清三郎(1965) 「島根県竹島の新研究」, pp.35-36.
36) 田村清三郎(1965) 「島根県竹島の新研究」, p.36.

4. 대한제국의 독도개척사에 대한 일본의 조작행위

(1) 독도개척사에 대한 가와카미 겐조의 조작논리

가와카미는 1905년 일본이 시마네 현에 '죽도'를 편입하기 이전에 한국 측이 독도를 관리하지 않았다고 하기 위해 전술한 바와 같이 한국은 울릉도 개척에도 소극적이었고, 게다가 농업에만 종사하였고 어업에는 종사하지 않았다고 논리를 조작했다.

이번에는 「한인과 송도」라는 제목으로 가와카미는 다음과 같은 논리로 한국 측이 독도를 직접 관리한 적이 없다고 주장한다. 즉 「죽도 도해금제 이후의 울릉도에 대한 조선국 정부의 통치와 경영이 상술한 대로라면 그 공도정책이 행해졌던 시기에 이 섬보다 아득한 동방의 바다에 있는 오늘의 죽도(당시의 송도)까지 한인이 항해했다고는 상식적으로 생각할 수 없다는 것은 앞에서도 지적한 대로이지만, 한인이 공도정책을 바꾸어 울릉도 개발을 행하게 된 이후에도 그들이 오늘의 죽도까지 가서 그것을 개발 경영하고 있었다는 증거는 찾아낼 수 없을 뿐만 아니라, 당시의 한인이 그것을 인지하고 있었다고 입증할 수 있는 것도 없다.」[37]라고 하여 한국 측의 독도관리 및 경영 그리고 영토인식 자체를 전적으로 부정하고 있다.

독도는 작은 2개의 암초로 되어있다. 따라서 독도를 영토로서 관리했다는 의미는 반드시 그곳에서 경제활동을 했다는 것만은 아니다. 중앙정부가 역사지리서에 포함시켜서 영토로서 인식하여 타국이 영유권을 주장할 때 영유의식을 분명히 하는 것이 독도와 같은 무인암초에 대한

---

37) 川上健三저・권오엽역(2010) 『일본의 독도논리 -竹島의 歷史地理学的研究-』 백산자료원, pp.191.

영토관리방법이다. 일본이 말하는 것처럼 독도에 서식하는 강치를 잡아 멸종시키는 행위가 영토관리방식이라는 주장은 설득력이 없다.

가와카미는 「독도」명칭의 유래에 대한 한국 측 주장에 대해 다음과 같이 반박한다.

먼저 최남선의 주장에 대해서는 「원래 조선 측에서는 한국인이 지금의 죽도를 '독도'라고 부르고 있는 것 자체가 이미 이 섬을 인지하고 있었다는 증거라며 다음과 같이 논하고 있다. (중략) 그러나 최남선씨는 전게한『울릉도와 독도』중에서 '독도'의 명칭에 대해 "근세 부근 거주민 사이에 섬의 형태가 독(甕)과 같다고 하여 보통 '독섬'이라고 부르는 것이다(울릉본도의 아주 부근에도 또 별도의 독섬이 있다). 근래 독도(獨島)라는 자(字)는 독의 음취(取音)일 뿐이요, 독(獨)의 자의(字意)에는 아무 관계가 없는 것이다."라고 설명하고 있는데, 전술한 한국정부의 견해가 반드시 정설이 아니라는 것을 나타내고 있다.」[38]라고 하여 한국의 저명한 역사학자인 최남선의 견해와 한국정부의 공식적인 견해 사이에 차이점이 있다는 것이다. 그러나 오늘날은 독도라는 명칭은 돌섬이라는 의미의 음을 취한 것이라는 설이 정착되어 있다. 학자에 따라 견해는 다를 수 있다. 정부입장에서도 역사학의 발전에 따라 종래에 입장에 잘못되었다면 올바른 인식으로 수정할 수 있는 것이다.

신석호의 주장에 대해서는 「고려대학교 신석호 교수는 그의 저서『독도의 내역』(한국잡지『사상계』1960년 8월호 게재논문)에서 "독도명칭의 유래에 대해서는 울릉도 사람 가운데 어떤 사람은 이 섬이 동해의 한복판에 외로이 있기 때문에 독도라고 하였다는 사람도 있고, 어떤 사람은 섬 전체가 바위 즉 돌로 성립되어 있고 경상남도 방언에 돌을

---

38) 川上健三저 · 권오엽역(2010)『일본의 독도논리 -竹島의 歷史地理学的研究-』 백산자료원, pp.91-92.

독이라고 하기 때문에 돌섬이라는 뜻에서 독도라고 하였다는 사람도 있어 그 어떤 것이 옳은지 알 수 없으나」라고 논하는 것과 동시에 '독도'라는 명칭이 한국문헌에 나타나기 시작한 것을 1906(광무10, 메이지 39)년으로 보고 아마도 1881(고종18년, 메이지14)년에 울릉도를 개척한 이후 울릉도의 주민이 이같이 명명한 것 같다고 기술하고 있다. 가령 신 교수의 전기논문을 전제로 한다고 해도 기록적으로는 광무 10년까지 밖에 거슬러 올라갈 수 없어 그 이전의 것은 단순한 추정으로 울릉도 개척 이후 한국인이 오늘날의 죽도를 '독도'라고 부르고 있었다고 하는 적극적인 증거가 있는 것은 아니다. 다만 신 교수가 지적하고 있는 1906(광무10, 메이지39)년이라는 해에는 우리나라의 문헌에도 오늘날 죽도에도 한국인이 '독도'라고 부르고 있었다는 기사가 있기 때문에 한국 측 문헌에 그것이 있었다고 해도 결코 불가사의한 것은 아니다. 즉 메이지 39년(1906)의 『지학잡지』(제18권 제210호)에 게재된 다나카 아카마로(田中阿歌麿)씨의 "오키국 죽도에 관한 지리학상의 지식"이라는 논문에 "한국인은 이것을 독도(獨島)라고 쓰고 우리나라의 어부들은 일반적으로 '리안코'도라고 부른다"라고 있다. 또 1907(메이지40)년에 간행된 수로부편의 『조선수로지』에도 "이를 (오늘의 죽도) 독도(獨島)라고 쓰고, 본방(일본) 어부는 리얀코도라고 말한다"라는 기사가 있다.」[39]라고 하여 신 교수의 견해에 동조하면서도 1906년에 한국측 문헌에 「독도(獨島)라고 쓴(書)다」라고 하는 것은 한국영토로서의 근거가 될 수 없다고 주장한다. 그 이유는 일본문헌에도 있기 때문이라는 것이다. 그런데 이는 사실을 조작한 것이다. 일본문헌에서 최초로 「독도(獨島)라고 쓴(書)다」라는 기록이 등장하는 곳은 1904년에 기록한 니이타

---

[39] 川上健三저・권오엽역(2010)『일본의 독도논리 -竹島의 歷史地理学的研究-』 백산자료원, pp.92-93.

카호의 군함일지이다. 1905년 일본이 시마네현에 편입하기 이전에 이미 한국에서는 「이 섬을 독도라고 쓴다」는 사실이 일본에도 알려져 있었다는 것이다. 일본이 1905년 시마네 현의 영토편입 당시 독도가 「무주지」였다고 한 것은 논리 조작행위임을 알 수 있다.

가와카미는 이처럼 일본이 시마네 현에 '죽도'라는 이름으로 편입조치를 취하기 전에 이미 한국이 영토로서 관리하고 있었던 사실을 숨기고 1905년 「무주지 선점론」에 의한 일본의 영토편입의 정당성을 주장하고 있다. 즉 「이 일(1906년경에 한국인들이 '독도(獨島)라고 쓴(書)다')에 대해서는 일본인이 울릉도를 근거로 지금의 죽도에 출어하게 된 1904년 무렵부터 울릉도에 살고 있는 한국인을 어부로 해서 여러 차례 이 섬에 동반했기 때문에 그 이후에 한국인도 이 섬을 인식하게 되고 그것을 '독도'라고 부르게 되었다고 보는 것이 가장 타당하다고 생각된다. 이렇게 보는 것으로 메이지 39년 이후의 문헌에 '독도'라는 명칭이 실려 있는 것도 충분히 이해가 된다.」[40]라고 하여 1906년경에 한국이 독도(獨島)라고 쓰게 된 것은 1904년부터 일본인이 한국인을 고용하여 독도에서 강치조업을 한 일본인의 영향에 의한 것이라는 주장이다. 이는 1905년 일본의 불법적인 편입조치에 대한 합법성을 내세우기 위해 조선이 그 이전부터 영토로서 관리해온 사실을 부정하기 위한 것이다.

실제로는 한인은 '독도(獨島)라고 쓴(書)다'라고 한 출처는 1904년의 군함 니이타카호의 일지에 기록되어 있는 것이다.[41] 이미 1904년 이전부터 독도라고 부르고 있었다는 것을 의미한다. 거슬러 가면 1882년에 울릉도에 이주한 거주민들이 독도를 알게 되어 그 이후부터 1904년 사

---

40) 川上健三저·권오엽역(2010)『일본의 독도논리 -竹島의 歷史地理學的硏究-』 백산자료원, pp.191-193.
41) 『軍艦新高戰時日誌』1904年 9月 25日條.

이에 독도라는 명칭을 사용하고 있었다는 것을 의미한다. 1905년 일본이 '죽도'라는 명칭으로 편입하기 이전에 한인들이 독도를 영토로 인식하여 활용하고 있었음을 보여주는 증거이다.

가와카미는 「한국인의 송도 도항」에 대해 아래와 같은 논리로 1907년 이후 일본인어부에 고용되어 처음으로 독도에 들어가게 되어 독도를 알게 되었다고 하여 독도에 대한 한국영토로서의 권원을 부정했다.

즉 「울릉도에 주재하고 있는 일본인이 강치잡이를 위해 한국인을 대동해 오늘날의 죽도(당시의 송도)에 갔다고 하는 사실은 나카이 요사부로(中井養三郎)의 강치잡이에 관한 오키도사에 대한 보고에 실려 있다. 이 보고에 의하면 1903(메이지36)년에는 강치잡이를 위해 오늘의 죽도에 온 것은 앞서 나온 나카이 요사부로 외에 오키에서 온 이시바시 마쓰타로(石橋松太郎) 일행뿐이었지만, 다음해 1904년에는 나카이 요사부로, 이시바시 마쓰타로 외에 오키에서 온 이구치 류타(井口竜太), 가토 시게나리(加藤重造)도 참가했다. 그 외에도 야마구치현 출신의 이와사키(岩崎) 아무개가 울릉도에서 한국인을 대동해서 죽도(竹島)에 갔다. 계속해서 1905년에는 총 8팀이 죽도에 가서 인부 70명을 사용해서 1000마리 이상의 강치를 잡았다. 그중 앞에 나온 이와사키 팀 외 2개의 팀이 총 16명의 한국인을 대동했다는 사실이 보고되었다.」[42]라고 했다.

또한 일본의 해군수로부가 간행한 『조선연안수로지』(메이지40년 간행)에 「메이지37년 11월 군함 쓰시마가 이 섬을 실사했을 때는 동쪽 섬에 어부용 작은 초가집이 있었으나 풍랑으로 심하게 파괴되어 있다고 한다. 매년 여름이 되면 '강치조업'을 위해 울릉도에서 도래하는 자가 수십 명에 이른다. 이들은 섬위에 작은 막사를 준비하여 매회 약

---

42) 川上健三저・권오엽역(2010) 『일본의 독도논리 -竹島의 歷史地理学的研究-』 백산자료원, pp.193-194.

10일간 임시로 거주한다고 한다.」43)고 하는 내용이었다.

이에 대해 다나카 아카마로씨는 메이지 39년 논문에서 「동도에 풀로 이은 조그만 한 집이 있고, 그것은 나카이 요사부로씨 등의 죽도어업회 사가 소유한 것이다. (지난 38년 8월 8일의 폭풍은 가옥 어선 등을 완전히 휩쓸어 갔다고 한다.) 이것들은 강치잡이를 위해 여름에 오는 어부용이지만 지금은 완전히 파괴되어 겨우 그 자취를 남길 뿐이다.」44) 라는 내용을 인용하여 「앞서 이야기한 나카이의 보고에도 있듯이 적어도 1903년 이후 오늘의 죽도에서의 강치잡이는 그 대부분이 오키도민에 의해 행해지고 있었다. 메이지 37, 38년에는 오키도민 외에 울릉도에서도 죽도로 강치잡이를 간 사람들이 다소 있었지만, 그것은 확실한 기록에 근거해서 지적한 대로 일본인과 일본인에게 고용된 울릉도민이지 한국 측이 말하는 것처럼 울릉도민 스스로가 죽도에서 강치잡이를 하고 있었던 것은 아니다. 따라서 군함 쓰시마호가 발견한 초가집 역시 오키도민을 주로 한 일본인이 사용한 것이었다는 것이 확실하다.」45) 또한 「즉 군함 쓰시마가 죽도를 실제로 조사한 것은 메이지37년(1904) 11월로, 38년(1905) 8월 8일의 폭풍으로 가옥이 완전히 떠내려가기 이전이었기 때문에 이 죽도 어렵회사의 작은 집을 볼 수 있었을 것이므로 『수로지』의 기사는 이것과 부합한다. 오히려 다나카씨는 전게 논문의 첫머리에서 군함 쓰시마의 조사도 참조해서 이것을 기록한 취지를 기술하고 있기 때문에 『수로지』의 기사를 한층 구체적으로 설명한 것이

43) 川上健三저·권오엽역(2010) 『일본의 독도논리 -竹島의 歷史地理学的研究-』 백산자료원, p.194.
44) 川上健三저·권오엽역(2010) 『일본의 독도논리 -竹島의 歷史地理学的研究-』 백산자료원, pp.195-196.
45) 川上健三저·권오엽역(2010) 『일본의 독도논리 -竹島의 歷史地理学的研究-』 백산자료원, p.195.

라고 말할 수 있을 것이다.」[46]라고 하여 일본인은 1903년부터 강치잡이를 위해 실질적으로 독도에 도항하였지만 한국인은 이들 일본인에 고용되어 1906년부터 도항하기 시작하여 처음으로 독도를 알게 되었다고 논리를 조작하고 있다.

일본인의 독도도항에 대해서는「신 교수는 군함 쓰시마가 조사한 1904년에는 아직 한 사람의 일본인도 울릉도에 거주하지 않았다고 기술하고 있는 것도 잘못이다. 메이지시대 이후 울릉도의 일본인 도항과 오늘날의 죽도 개발사정에 대해서는 다음 장에서 상술하기 때문에 여기서는 주요한 사실에 대해 그 개략을 지적하는 것에 그치지만, 일본인이 울릉도로 도항하게 된 것은 아직 조선정부가 이 섬에 공도정책을 취하고 있던 시대부터이다. 즉 1881(메이지14)년에 7명이 울릉도에서 벌목을 하고 있는 것이 발견되었기 때문에 조선 정부가 우리 외무성에 대해 항의하게 되었다는 것은 앞에서 기술한 대로이지만, 1883(메이지16)년에는 당시 이 섬에 재류하고 있던 일본인 전원 254명의 귀환이 실시되었다. 그 후 1889(메이지22)년 11월에 일한 통어규제가 성립되고 울릉도도 그 통어근거지가 되었으나, 1900(메이지33)년의 재부산일본영사관이 이 섬을 실지조사 하여 보고한 것에 의하면 이 섬에는 1891(메이지24)년 이후 일본인이 거주하였고, 조사 당시에는 100명 내외의 사람이 재류하고 있었다는 것이 보고되었다. 이들 울릉도 재주자 중에는 나카이 등이 메이지36년부터 강치잡이를 개시하기 이전에 울릉도에 도항하는 도중 또는 울릉도를 근거로 지금의 죽도에 출어한 자가 있었던 것은 현재의 울릉도 도항 관계자 내지는 그 자손에 대해 조사한 것으로도 알 수 있다. 이것이 대해서는 후술 하겠다. 이에 관련하여 신

---

46) 田村清三郎(1965) 「島根県竹島の新研究」, p.196.

교수는 전게논문에서 울릉도 개척 당시에 강릉에서 이주했다는 울릉도의 노인 홍재현(洪在現)의 말이라며, "울릉도 개척 당시 울릉도 사람은 곧 이 섬을 발견하고 혹은 다시마, 전복을 따기 위해 혹은 가재를 잡기 위해 많이 독도(獨島)로 출어하였다고 하여 홍씨 자신도 10수차례 왕래하였다고 말했다."라고 기술해서 마치 한국인이 일찍부터 지금의 죽도개발을 하고 있었던 것처럼 주장했다. 하지만 홍씨 한 개인의 이러한 증언으로는 아무런 객관성이 없고 한국인이 정말로 울릉도 개척 당시에 지금의 죽도에 갔었는지 어떠했는지 심히 신빙성이 부족하다. 설령 홍씨가 말한 것처럼 한국인이 이 섬에 갔다 해도 개척당시라는 것은 언제를 가리키는 것인지, 도민만으로 갔는지, 일본인에게 동반되었는지, 어떠한 수단으로 갔는지 잘 알 수 없다. 오히려 전게의 『한국수산지』를 보면 울릉도 도민은 당초에는 농업을 주로하고 어업은 겨우 김 미역의 채취 정도에 그치고 전복은 일본인의 채집에 맡겨져 도민이 이에 종사하는 자는 없었다고 하기 때문에 개척당시 도민이 먼 바다까지 출어했는지 어떠했는지는 매우 의심스럽다. 특히 홍씨가 말했듯이 전복을 채집하기 위해 지금의 죽도에 출어했다는 것은 사실에 반하는 것일 것이다. 그들이 울릉도의 먼 바다에서 어업을 하게 된 것은 일본인이 도민에게 오징어 어업을 가르친 후의 일로 그 시기는 1907년(메이지40) 이후이기 때문에 그 무렵의 죽도는 이미 시마네현에 편입되어 있었던 것이다.」[47]라고 하여 한국은 울릉도 재주 일본인들이 한국인들에게 오징어잡이를 가르친 이후 1907년 독도에 들어가게 되었지만, 일본은 1883년에 254명의 일본인들이 울릉도에 거주하고 있었기 때문에 이들 일본인들이 일본본토에서 울릉도에 도항하는 과정에 독도를 기항

47) 川上健三저·권오엽역(2010)『일본의 독도논리 -竹島의 歷史地理学的研究-』 백산자료원, p.197.

지로 활용했거나 울릉도 거주 일본인들이 독도에 왕래했다. 그러나 한국인은 독도까지 갈 이유가 없었다는 주장이다.

물론 일본인들이 1883년부터 울릉도에 도항을 하면서 독도를 확인한 것은 사실일 것이다. 그것과 영토주권과는 무관하다. 일본이 「무주지 선점이론」으로 독도를 편입한 것이 1905년이라면 그 이전에 한국이 독도에 대한 영토의식을 갖고 있었나 하는 문제가 중요하다. 1904년에 이미 한국이 '독도라고 쓴다'는 기록이 일본측 문헌에 등장하고 있고, 또한 1900년 칙령41호로 '석도'라는 이름으로 독도를 행정적으로 관리되고 있었다는 사실만으로도 한국영토로 인식하고 관리하고 있었다는 증거가 된다.

반면 가와카미는 「일본인과 송도」라는 제목으로 다음과 같은 논리로 일본인은 한국인 보다 먼저 독도를 영토로서 인식했다고 논리를 조작했다.

즉 「울릉도에 대해 공도정책을 취하던 시대는 물론 공도정책이 바뀐 후에도 지금의 죽도(당시의 송도)를 한국인이 경영하고 있었다는 어떠한 명백한 증거도 찾아낼 수 없다는 것은 상술한 대로이지만, 한편 1696년(겐로쿠9) 막부의 죽도도해금제 이후 메이지 초기에 이르기까지 지금의 죽도를 일본인이 계속 경영하고 있었다는 것을 적극적으로 입증하는 것도 곤란하다. 단 죽도도해가 금지된 후에도 송도(지금의 죽도)에 도해가 금지된 것이 아니었다는 것은 겐로쿠 9년 정월 28일자의 죽도 도해금지에 관한 봉서에 "향후 죽도의 도해를 금제한다는 내용의 명이 있었습니다. 운운"이라고 하여 송도에 대해서는 아무런 언급도 없었다는 것으로도 알 수 있다. 이것을 더욱 뒷받침하고 있는 것이 아이즈야(会津屋) 하치에몽(八右衛門)의 죽도 밀무역사건이다. 하치에몬은 해상운송 중개업자의 아들로 금제를 범하고 죽도(울릉도)에 건너가 밀무역을 했다는 죄로 1836년(天保7) 6월에 오사카쵸 부교(大阪町 奉行)의 손에 잡혀 12월 23일에 사형을 선고받은 사건이 있었으나 이 사건의 판결문 중에 하마다번의 가로(家老)였던 오카다 라이보(岡田賴母)의 부하 하시모토 산베이(橋本三兵衛)가 하치에몬에 대해 "가장 가까운 송도에 항해한다는 명목으로 죽도에 건너가 이익을 보는 자가 있는 이상 더욱더 늘어날 것으로 이를 계획하는 자도 있다"라고 말한 취지가 기록되어 있다. 이 사건이 당시에도 송도도항은 아무런 문제가 없었다는 것을 나타내는 증거라 할 수 있을 것이다. 이 경우 '송도'가 지금의 죽도에 해당한다는 것은 하치에몬을 심문할 때 그의 공술에 근거하여 그린『죽도방각도』를 보아도 확실하다.」[48]라고 하여 일본인의 독도에 대한 도항은 조선이 울릉도 공도정책을 실시했을 때부터 시작되었다고 주장한다. 그 증거로 하치에몬사건 때 송도도해를 명목으로 울릉도에 도해했다고 주장하였는데 그때 송도는 일본영토였기에 문제가 되지 않았다는 주장이다.

이는 사실이 아니다. 하치에몬사건 당시의『죽도방각도』에는 송도(독도)와 죽도(울릉도)가 그려져 있는데 울릉도와 독도를 같은 색으로 채색하여 일본영토가 아니고 한국영토임을 분명히 했다. 도항금지령은 중앙정부의 정책에 의한 것이므로 당시 중앙정부의 영토인식이었다고 할 수 있다. 또한 이번 도항사건에서 막부가 송도도항에 대해 아무런 말을 하지 않은 것은 1696년 울릉도 도해금제를 내릴 때 송도도해를 금지하지 않았기 때문이다. 그 이유는 당시의 송도는 2개의 암초로 되어 있었기 때문에 도해면허를 할 만한 가치 있는 섬이 아니었기 때문이다.

또한 가와카미는 안용복사건 이후 독도가 일본영토였다는 증거로

---

48) 川上健三저·권오엽역(2010)『일본의 독도논리 -竹島의 歷史地理学的研究-』
백산자료원, p.198.

다음과 같이 일본의 고문헌을 제시하고 있다. 즉「앞에서 지적했듯이 죽도도해금제 후의 저작인 호레키(宝歷) 연간(1751-63)의 키타조노 쓰안(北園通菴) 편저『죽도도설』에는 송도를 가리켜 '오키국 송도'나 '오키의 송도' 등으로 기록되어 있고, 또 1901년(쿄와 ; 亨和원년) 야다 타카마사(矢田高当)의『장생죽도기』에도 송도를 "혼슈(本州)의 서해 끝이다"라고 기록하고 있는 것은 당시 송도가 일반적으로 오키국의 일부로 간주되고 있었던 증거로 여겨지고, 또 1828년 (분세이 ; 文政11)에 돗코리번사 에이시 료(江石梁; 岡島正義)가 편술한『죽도고』에서는 지금의 죽도에 관한 묘사가 그때까지의 문헌에 비해 한층 상세하게 기술되어 있는 것도 이 시대에 이 섬에 대한 지식의 계승과 발전을 나타내고 있다고도 생각할 수 있다.」[49]고 했다.

그러나 일부 민간인이 저술한 책자에서 중앙정부의 인식과 달리 송도를 일본영토로 표기하였다고 하여 그것으로 인해 일본측의 영토적 권원이 발생되는 것은 아니다.

가와카미는 다음과 같은 논리로 전근대에 독도에 한해서는 일본에서 영토의식을 갖고 있었기 때문에 이를 바탕으로 일본은 국민국가가 성립된 근대초기까지도 독도를 일본영토로 인식했다고 주장한다.

즉「이처럼 죽도도해금제로부터 메이지 초년에 걸쳐서 송도(지금의 죽도)로의 우리 국민의 도항은 아무런 문제가 없었을 뿐만 아니라 죽도에 대한 지리적 식견도 계승되고 있었던 것이지만, 죽도 개발의 사실에 관해서는 적극적인 증거를 내세우기가 곤란하다. 그것은 죽도 도해금제에 관해 오야, 무라카와 등 당시로서는 실로 이례적이라고 말할만한 행사도 없었고 단지 바위 하나의 무인도에 지나지 않는 송도에 때때로 강치잡이를 나간 일 밖에 없었다. 따라서 특히 송도(지금의 죽도)경영에 관해서는 기록이나 문헌에 남겨질 만한 것이 없었기 때문이라 생각된다. 그러나 송도의 소재를 알고, 또한 울릉도 정도는 아니더라도 그곳이 전복이나 강치의 어장으로서 가치가 있음을 알고 있었던 오키 도민 등이 때에 따라 이곳을 이용 개발하고 있었다는 것은 결코 무리한 추측은 아니라고 생각한다.」50)라고 하여 작은 암초에 단지 전복이나 강치잡이 정도로 이용되었기 때문에 기록으로 남겨진 증거는 없지만 오키 도민이 이용했다고 추측된다는 것이다.

여기서 일본 측 고문헌에 등장하는 '일본의 송도'라는 기록은 일부 민간인들의 영토인식이고 중앙정부나 지방정부의 인식은 아니다. 일부 어부들의 인식에 불과하다. 그런데 이를 일본영토로서 관리한 적극적인 증거라고 주장한다. 반면 한국 측의 관찬문헌에서 동해에 2개의 섬인 울릉도와 우산도(독도)가 존재한다는 기록이 있어서 중앙정부가 독도를 영토로서 인식했다는 사실을 부정하고 있다.

(2) 독도개척사에 대한 다무라 세이자부로의 조작논리

다무라는 메이지정부의 '죽도' 영유권인식에 대해 「메이지유신 후 다시 해외도항의 기운이 일어나 죽도, 송도에 대한 관심이 높아지는 한편, 오키도 사람들을 비롯해서 울릉도에 어민이 진출하기에 이르렀고, 1881년(메이지14) 일선(日鮮 ; 일본과 조선) 양국정부의 외교교섭에 의해 일본어선의 울릉도 도항이 금지되고 울릉도가 조선영토임을 확인했던 것이다.」51)라고 하여 울릉도는 1881년 양국의 교섭으로 한국영토로

---

50) 川上健三저·권오엽역(2010)『일본의 독도논리 -竹島의 歷史地理学的研究-』
　　백산자료원, pp. 197-199.
51) 田村清三郎(1965)「島根県竹島の新研究」, p.28.

인정되었지만, 송도는 한국영토로 인정하지 않았다는 주장이다. 그러나 사실 1869년의 「조선국교제시말내탐서」에서 「죽도와 송도가 조선영토가 된 시말」[52], 1877년 태정관문서의 「죽도외 1도가 일본영토와 무관함을 숙지할 것」[53]등에 의하면 메이지시대의 일본정부는 독도는 울릉도와 더불어 일본영토가 아니라는 인식을 갖고 있었다.

다무라는 「조선수로지에서 관계되는 부분을 발췌하면 다음과 같다.」[54] 라고 하여 조선수로지를 인용하여 독도에 대한 한국영토로서의 권원을 부정하고 있다.

독도에 대해 「리앙쿠르트 열암 : 이 열암은 서기 1849년 프랑스선박 '리앙쿠르트'가 처음 발견해서 선박명을 취했다. 그 후 1854년 러시아의 '프레캇트'형 함대 '파라스'가 이 열암을 '메나라이' 및 '오리브츠아'열암이라고 명명했다. 1855년 영국함대 '호르넷'은 이 열암을 탐험해서 '호르넷'열암이라고 명명했다. 이 선장 '호루시이스'의 말에 의하면 이 열암은 북위 37도 14분, 동경 131도 54분에 위치하는 2개의 불모 암초로서 항상 물새의 분뇨가 섬 위에 쌓여 섬의 색이 흰색이다. 그리고 '북서에서 남동'까지의 거리는 약 1리, 2섬 사이의 거리는 '약2연(鏈) 반'[55]이다. (중략) 리앙쿠르트암의 측정은 미국수로부의 고지 제43호 (1902년; 메이지 35년 10월)에 의하면 미국군함 '뉴욕'호는 일본해를 항해했을 때 경도와 위도를 측정하여 리앙쿠르 열암의 위치를 확정했다. 그 결과 이 열암의 위치는 북위 37도 9분 30초, 동경 131도 55분 0초였

---

52) 日本外務省調査部編(1980.4)『日本外交文書』第3卷, 事項6, 文書番號87, 1870年4月25日字.
53) 『公文錄』1877年3月20日條, 太政官指令文書.
54) 田村淸三郎(1965)「島根縣竹島の新硏究」, p.34.
55) '鏈'는 쇠사슬이라는 의미로서 쇠사슬 2개반의 거리라는 의미. 그러나 쇠사슬 하나의 길이에 대해서는 어느 정도 거리인지는 확인되지 않음.

다.」56)라고 하여 19세기 중반에 프랑스, 영국, 러시아, 미국 함대가 독도를 발견하여 도명을 정했다. 이처럼 한국이 독도를 발견하여 관리하기 이전에 유럽인에 의해 먼저 발견되었다는 것이다. 이는 독도에 대한 한국측의 영토적 권원을 부정하기 위한 논리조작이다.

또한「메이지 27년(1894) 1월 14일 산음신문에서는 "오키국 4국 공유하는 어선 카이료마루(改良丸)"를 "치부군(地夫郡) 우가무라(宇賀村) 마노 테츠타로(眞野鉄太郎)가 객세(客歳)로 빌렸다(借受)" "조선국 울릉도(또는 죽도라고도 함)에 항해하려고 어부 2명이 승선"하여 도항한 사실을 전했다. 그해 2월 18일 이 신문은 "마츠에(松江) 사토 쿄스이(佐藤狂水) 생몰(生投)"의 "조선 죽도 탐험기"를 연재했다. 그 내용 중에 "죽도는 오키에서 서북 80여리 바다 가운데 외로이 위치하고 배를 타고 50여리에 도달했을 즈음에 한 개의 외로운 섬이 있었다. 일명 '리양코도'라고 한다. 그 둘레는 약 1리정도이다. 2개의 섬으로 되어 있다. 이 섬에 강치가 서식하여 그 수는 수백 마리에 달한다. 그 우는 소리는 짐승이 싸우는 것처럼 울부짖었고, 그 근해는 고래 떼가 노는 곳으로 고래잡이 장소이다. 고래의 종류는 충분히 조사하지는 않았지만 아마 장수좌두(長須坐頭)가 될 것이다. 이를 잡으려면 원양어업 방식으로 기선 또는 바람을 이용하는 범선을 활용하지 않으면 불가능할 것이다. 여기에서 30여리 떨어져서 죽도(竹島)가 있다. 해류는 리랑코도가 한랭해류의 경계선이다." "이 섬은 8道 중의 하나인 강원도에 속하는 도서로서 본명은 울릉도라고 한다. 일본인은 죽도라고 부른다."라고 하여 울릉도를 죽도라고 부르고 있다.」57)라고 하여 다무라는 1894년의 산인신문이 울릉도를 조선영토로서 인정하면서도 울릉도 도항 도중에 발견

---

56) 田村清三郎(1965)「島根県竹島の新研究」, p.34.
57) 田村清三郎(1965)「島根県竹島の新研究」, p.37.

한 리랑코도에 대해서는 조선영토가 아닌 무주지라고 게재했다고 주장한다. 이것 또한 영토적 권원을 결정하는 중앙정부의 인식이 아니고 지방신문의 인식에 불과하다. 이러한 근거없는 신문사설을 영토적 권원으로 활용하고 있다.

또한「고이즈미 노리사다(小泉憲貞)가 저술한『오키지후편(隱岐誌後編)』제49철 (메이지36년 9월 25일 간행)에 "죽도(지금의 한국령 울릉도를 말함)에 도해하는 출발지는 오키국(隱岐国) 오치군(穩地郡) 키타카타무라(北方村) 후쿠우라(福浦)항(메이지의 울릉도 출발점은 치부군(地夫郡) 우가무라(宇賀村) 우물정(宇物井)항으로 이미 칸에이(寬永 ; 1624-1643)연중에 죽도도해업자가 도항한 적이 있었는데, 그곳에서 가져온 좋은 재목으로 후쿠우라만(福浦湾)의 작은 한 섬에 건립된 신사가 지금도 현존한다. (중략) 죽도는 조선국 강원도에 속하는 한 개의 작은 섬으로 송도 서쪽에 있다. 한바퀴 10리 정도로 조선본토에서 약 40리, 우리 오키국에서 1백여 리 떨어진 곳에 위치한다(옛날의 측량). 그리고 죽도는 송도까지 40여리정도의 거리에 위치하는데, 이는 순전히 조선영토로서 우리와 관련이 없는 영역에 속한다."라고 인용하여 울릉도는 옛 명칭이 죽도이지만 이는 전적으로 조선영토가 되었지만, 리양코도인 송도는 일본영토에 속한다는 것은 의심의 여지가 없다.」[58]라고 했다. 고이즈미 노리사다(小泉憲貞)라는 사람처럼 당시 일본 측의 민간인들 중에는 죽도가 일본영토라는 영토의식을 갖고 있는 사람도 있었다. 그러나 중앙정부 차원에서 본다면 한국정부도 독도를 한국영토로 인식하고 있었지만, 일본정부에서는 일본영토로서 인식하지 않았던 것이다. 그럼에도 불구하고 다무라는 한국 측의 영토인식을 전

---

58) 田村清三郎(1965)「島根県竹島の新研究」, pp.35-37.

적으로 무시하고 민간인 일개인의 영토인식을 가지고 일본 측의 영토
적 권원이라고 조작하고 있다. 당시 일본에서는 신영토를 비롯한 영토
확장의 붐이 조성되어 동해안을 왕래하던 일본인들 중에는 조선영토였
던 울릉도조차 영토개척을 주장하는 자가 속출할 정도였다.[59]

이처럼 다무라는 독도와 관련되는 기사라면 무조건적으로 일본영토
로서의 권원이라고 해석하는 방법으로 독도의 영토적 권원을 조작하고
있다는 사실을 알 수 있다.

다음으로는 한국의 독도영유권 주장에 대해 반박하여 다음과 같은
논리를 조작하고 있다.

독도의 역사적 권원에 대해서는「한국은 죽도가 조선인에 의해 발견
되어 점유되었으며 한국영토로서 영유할 의도를 가지고 역대 한국정부
가 행정조치를 취했다고 하는 것은 전적으로 사실무근이다. 이에 대해
일본의 죽도경영은 후술하는 것처럼 그 역사적 연혁을 가령 논하지 않
는다고 하더라도 근대국제법의 통념으로 보더라도 완전하고 정당하며
합법적으로 행해진 것이다. 메이지 39년(1906) 당시 울릉도의 한인은
전혀 어업을 모르고 미역 채취밖에 하지 않았다는 사실도 기억해야할
것이다. 전복과 강치의 어장인 죽도는 울릉도의 한인에게는 전혀 인연
이나 관계가 없는 섬이었던 것이다.」[60]라고 하여 역사적 권원은 물론
이고 1905년「무주지 선점」에 의한 일본의 국제법적 영토조치가 지극
히 합당하다는 것으로 1905년 이전에 한국이 독도를 관리했다는 증거
가 없다고 논리를 조작하고 있다. 이는 일본의「무주지 선점론」에 의한

---

59) 武藤平学가 1876년에 일본외무성에「송도개척안(松島開拓え議)」을 제출했
   는데 그 후에도 몇몇 사람이 울릉도개척안을 제출했다. 신용하(1996)『독도
   의 민족영토사 연구』지식산업사, p.174.
60) 田村清三郎(1965)「島根県竹島の新研究」, p.153.

영토편입을 정당화하려는 것으로 사실과 전혀 다르다. 독도의 역사적 권원에 대해서는 실제로는 일본영토에 관한 증거는 전혀 없고, 한국영 토에 관한 증거만 존재한다.[61]

독도가 일본보다 한국이 더 가깝다는 지리적 근접성에 대해서는 「한 국은 지리적으로 울릉도-죽도 사이의 거리가 49해리인데, 이에 비해 일 본은 죽도-오키 사이는 86리라고 하여 마치 한국영토인 것처럼 주장하 지만 그것은 무의미하다. 울릉도 자체를 공도화하려고만 했는데 조선 영토와 죽도사이의 거리가 무슨 문제가 될 수 있겠는가? 사람이 거주할 수 없는 암초를 발견하여 이용한 자가 농민인가, 어민인가가 아니고 단순히 거리만으로 문제를 삼는 것은 넌센스이다.」[62]라고 하여 울릉도 와 독도가 서로 바라볼 수 있어서 울릉도사람들이 영토적 관념을 갖고 있었다는 사실은 언급하지 않고 단순히 거리만으로 영토적 권원을 논 할 수 없다는 것이다. 오히려 일본은 거리상으로는 한국측보다 멀지만 강치조업으로 독도를 실제로 관리했다고 강조하고 있다. 1903년 이후 일본이 독도에서 강치조업을 했다고 주장하지만 그것이 사실이라면 타 국영토에 대한 약탈에 해당된다. 영토관리와는 전혀 무관하다.

당시 독도가 한국영토라고 말한 나카이 요사부로(中井養三郎)의 영 토인식에 대해서는 「시마네 현지(縣誌)의 나카이가 이 섬을 조선영토 라고 말했다고 하는데, 근거 없는 후세 사람들의 기록이고, 1904년 9월 25일 조선정부로부터 이 섬을 빌리기 위해 허가를 내려고 농상무성에 신청한 적이 없다. 9월 29일 리양코섬이 예로부터 일본영토라고 믿고 있었음에도 불구하고 소속이 정해지지 않은 섬인 것을 깨닫고 정식으

---

61) 최장근(2010.8) 「일본의 사료왜곡해석과 독도 영유권의 부정-최신 발굴사 료를 중심으로」, 『일본문화학보』제46집, 한국일본문화학회, pp.113-138.
62) 田村清三郎(1965) 「島根県竹島の新研究」, p.153.

로 일본영토임을 확인하고 섬 전체를 빌리기 위해 내무, 외무, 농상무성의 3대신에게 '영토편입 및 대하원'을 제출한 것이다. 그 부속설명 중에도 이 섬을 예로부터 일본인이 인지하고 경영해 왔다는 사실을 언급하고 있다.」[63]라고 하여 실제로 존재하는 나카이관련사료를 아무런 논증 없이 후세가 임의로 조작한 것이라고 단정하는 것은 독도의 영토적 권원을 조작하고 있다.

일본정부측이 간행한『조선연안수로지(朝鮮沿岸水路誌)』에 독도가 포함되어 있는 것에 대해서는「군함 쓰미사(対馬)의 건은『조선연안수로지』(1933)에 의한 것으로 생각되는데, '조선연안 부분(部分)'에 죽도가 있는 것은 행정적으로 조선총독의 소속을 의미하는 것이 아니라, 조선동해안으로 항해하는데 관계되기 때문에 거기에 있는 것이다.『혼슈연안수로지(本州沿岸水路誌)』에서는 '오키열도(隱岐列島) 및 죽도(竹島)'라고 기록되어 있다. 그러므로 한국측의 주장은 근거가 없다. 다음 기사는 고의인지 모르지만 잘못 인용한 것이다. "울릉도의 주민은 여름마다 이 섬(독도)에 상륙하여 천막을 치고 부근에서 어업에 종사했다"라는 것은 쓰시마(対馬)호의 보고가 아니고, 수로지 편찬자의 기술이어서 울릉도의 조선인이라고 기록되지는 않았다. 사실상 죽도에서 어업을 한 것은 시마네현지사로부터 허가를 받은 강치조업자들뿐이었다.」[64]라고 하여 일본영토론에 불리한 내용은 수로지편찬자의 오류에 의한 것이라는 방식으로 한국측의 영토적 권원을 부정하고 있다. 먼저『조선연안수로지』와『혼슈연안수로지』모두는 일본제국시대에 출간된 것으로 1905년 '죽도편입'을 의식한다면 조선연안에 포함되어서는 안 됨에도 불구하고 조선연안에 포함되어 있다면 1905년 이전의 영유권 인식

---

63) 田村清三郎(1965)「島根県竹島の新研究」, p.154.
64) 田村清三郎(1965)「島根県竹島の新研究」, p.154

을 그대로 반영한 것이라고 해석된다. 그리고 「울릉도주민」을 임의로 「강치조업자들(일본인에 고용된 울릉도 조선인)」로 해석하는 것은 독도의 영토적 권원을 조작하는 행위이다.

조선이 1905년 이전에 독도를 영토로서 관리했다는 것에 대해 「1904-5년 당시 울릉도를 근거로 죽도에 도항하여 강치를 포획한 사람은 일본인뿐이었다는 사실이다. 그들은 오키섬에서 돈을 벌기 위해 온 어부들이었다는 사실을 기억해야할 것이다. 앞에서 언급했듯이 당시 울릉도 한인들은 미역밖에 다른 것은 채취할 줄 몰랐던 것이다.」[65]라고 하여 독도에 도항하는 목적이 강치조업만을 위한 것이고, 강치조업은 일본인만 한 것으로 조선인은 미역밖에 채취할 줄 몰랐다는 것이다. 그 때문에 조선인은 독도에 대해서 알지 못했다고 하는 조작된 논리로 조선인의 독도도항을 부정하고 있다.

일본제국시대에 일본인 학자가 독도를 한국지리지에 포함시킨 것에 대해 「히하타 세츠코(樋畑雪湖)씨의 『역사와 지리』 기술은 메이지 이전의 죽도가 울릉도를 지칭했다는 사실도 전혀 모르고 기술하고 있는 것이다. 히하타씨 개인의 무지를 나타내는 것에 지나지 않고, 그 논문이 발표된 1930년에 '죽도'는 시마네현에 속해 있고 결코 강원도에 속하지 않았으며 울릉도 자체도 경상북도에 속해 있어서 강원도에 속하지 않았다. 이 같은 잘못된 엉터리 논문은 아무런 논거가 될 수 없다. 조선수산지의 기록도 마찬가지로 문제가 없다. 히하타씨처럼 죽도와 울릉도를 혼동한 잘못된 논리도 많이 있다. 문학사 엔도 반조(遠藤万三)는 1905년(메이지38)의 송음신보(松陽新報)에 "시마네현 죽도는 일찍 구 번 시대부터 죽도라고 불렀고, 이즈모(出雲)번에 속하게 되어 죄

---

65) 田村清三郎(1965) 「島根県竹島の新研究」, p.154.

인들을 보내었지만 후에 내정이 혼란하면서 이 섬은 무주지처럼 되었다."라고 근거 없는 이야기를 하는 것도 있다. 죽도의 명칭의 혼란은 별도로 언급하지만 목재를 생산하고 사람이 거주하는 '죽도'라는 것은 모두 울릉도를 말하는 것이다. 최근 메이지 시대에 죽도에 거주하였다고 보도된 것은 모두 울릉도 거주자의 기사인 것처럼 이와 같은 혼동이 적지 않다.」[66]라고 하여 '죽도' 명칭에 대한 혼란을 겪고 있는 일본학자들을 비판했다. 이는 일본의 저명한 지리학자가 울릉도와 독도의 명칭에 대해 혼란을 초래했다는 것은 일본영토로서의 인식이 없었기 때문이라고 할 수 있다.

5. 맺으면서

이상으로 살펴볼 때 1966년에 집필한 가와카미 겐조의『죽도의 역사지리학적 연구』와 다무라 세이자부로의『시마네현 죽도의 신연구』가 한국의 고유영토인 독도 영유권을 왜곡하여 역사적으로나 국제법적으로 일본영토라는 논리로 사실을 조작하였다는 것이 규명되었다. 이들의 조작된 논리는 전후 일본정부, 우익 단체나 우익 정치가들에게 있어서 '죽도' 영유권을 주장하는 데 이용되고 있다. 본연구의 요지를 정리하면 다음과 같다.

첫째로, 독도의 본질적인 면을 보면, 조선은 개국 이래 동해에 2개 섬 우산도와 울릉도를 영토로서 관리해왔다. 여기서 울릉도는 사람이 거주하는 섬이라서 관리했었고, 우산도는 실제로 사람이 거주할 수 없고 울릉도에서도 날씨가 청명하고 바람이 불지 않는 날이면 보이지 않

---

66) 田村淸三郎(1965)「島根県竹島の新研究」, pp.153-155.

기 때문에 조선조정이 울릉도에 대해 공도정책을 실시하는 기간에는 우산도를 실제로 관리하는 일은 없었다. 그 이유는 지금의 독도인 우산도는 당시로서 경제적 가치도 없었을 뿐만 아니라, 영유권을 주장하는 상대국도 없었기 때문에 관념적인 영토로서 관리했다고 할 수 있다.

둘째로, 일본은 많은 사료에서 확인되는 것처럼 울릉도가 역사적으로 한국영토임에 분명하지만, 이러한 지위를 흠집내기 위해 한국이 울릉도를 실효적으로 관리하였다는 사실에 대해 부정하거나 소극적이었다고 조작했고, 또한 일본이 오히려 울릉도를 실효적으로 관리하였다고 조작했다. 그 이유는 일본의 오키 섬에서는 독도가 보이지 않지만, 한국의 울릉도에서는 독도가 보인다. 보인다는 것은 보이지 않는다는 것보다 영토로서 관리할 개연성이 크다는 것은 의심할 수 없다. 그래서 한국이 울릉도를 실효적으로 관리하지 않았다고 부정함으로써 독도의 관리도 하지 않았다는 논리를 조작하기 위한 것이다.

셋째로, 일본은 시마네현고시40호의 「무주지 선점론」에 의한 「죽도 영토편입조치」를 정당화하기 위해 수많은 사료에서 확인되는 것처럼 한국 측이 관리해온 독도에 대해 영토적 권원을 부정하고 오히려 사료 해석을 왜곡하는 방법으로 독도의 영토적 권원이 일본 측에 존재했다고 사실을 조작했다.

마지막으로 본 연구를 통해 일본이 독도에 대한 한국 측의 영토적 권원을 왜곡하여 일본영토라는 논리를 조작하는 행태를 볼 때 지금이라도 영토주권이라는 것은 실효적인 관리를 소홀히 한다면 얼마든지 타국에게 침탈당할 수 있다는 사실을 재차 확인할 수 있었다.

일본의
사료 왜곡 해석과
독도 영유권의 부정

10 - 최신 발굴 사료를 중심으로 -

1. 들어가면서

일본은 '죽도'의 영유권을 주장하기 위해 독도영토의 역사적 권원을 부정하고 있다. 일본이 내세우는 '죽도' 영유권의 유일무이한 근거로서 1905년 2월 22일 국제법의 「무주지 선점」 이론에 의한 영토편입을 들고 있다. 그렇다면 1905년 2월 22일 이전의 독도가 무주지이었어야만 일본의 주장이 설득력이 있어지고, 이러한 논리를 만들기 위해 1905년 이전에 나타나는 한국영토로서의 역사적 권원을 부정해야만 가능하다. 그러나 사실상 이미 1905년 이전의 많은 사료에 의해 독도가 한국영토였다고 확인되었다. 과거 독도는 2개의 작은 암초로 되어있는 무인도로서 사람이 살 수 없는 섬이었음에도 불구하고 지금도 매년 평균 한두 건의 독도관련 사료가 발굴되고 있다. 이는 모두 독도가 한국영토임을 입증하는 사료들이다. 일본영토였다는 사료는 전혀 존재하지 않는

다. 이를 보더라도 독도는 역사적으로나 국제법적으로 한국영토임에
분명하다.

본 연구에서는 독도가 한국영토라는 사료들이 이미 많이 발굴되어
한국영토임에 분명해지고 있음에도 불구하고 일본이 영유권을 주장하
고 있어서 최근 발굴된 몇몇 사료를 검토하여 일본의 사료 왜곡 해석과
'죽도' 영유권 주장의 모순성을 검토하려고 한다.

연구방법으로서는 최근 2005년부터 2010년까지 한일 양국에서 발굴된
사료를 분석의 대상으로 삼아서 일본의 사료조작 해석을 비판할 것이다.

2. 「겐로쿠9 병자년 조선주 착안 일권지 각서」

(1) 사료의 발굴 경위와 원문 소개

'겐로쿠9 병자년 조선주 착안 일권지 각서(元祿九丙子年朝鮮舟着岸
一券之覺書)'는 2005년 5월에 시마네현 오키군의 한 고가(古家)에서
발견되어 일본 시마네현의 산음 중앙신보(山陰中央新報)가 처음으로
보도했다.[1]

이 사료는 1696년(숙종 22년) 5월 안용복이 2차 일본 도해에 관한
내용을 담고 있다. 그 내용 중에 '조선지팔도(朝鮮之八道)'라는 제목으
로 조선 8도의 강원도 내에 송도(松島)와 죽도(竹島) 즉 울릉도와 독도
가 조선영토라는 도표를 포함하고 있다. 이것은 1696년 5월 오키섬(隱

---

1) 「17세기 日문서 "독도는 조선 땅"」, 『조선일보』 2006년 2월 27일. 강원대학
   교 孫承喆 교수가 2006년 2월 26일 村上가문으로부터 '원록9 병자년 조선
   주 착안 일권지 각서(元祿九丙子年朝鮮舟着岸一卷之覺書)'의 원본 사진을
   입수하여 한국에 처음 공개함. 「원록구병자년조선주착안일권지각서」, 동
   북아역사재단 독도연구소, http://www.dokdohistory.com/.

岐島)을 거쳐 호키주(白耆州)에 도착한 안용복을 일본 지방 관리가 취조하여 진술한 내용을 막부의 직할령인 이와미(石見) 주에 보고되었다.

「元祿九丙子年朝鮮舟着岸一卷之覺書 (표지)」

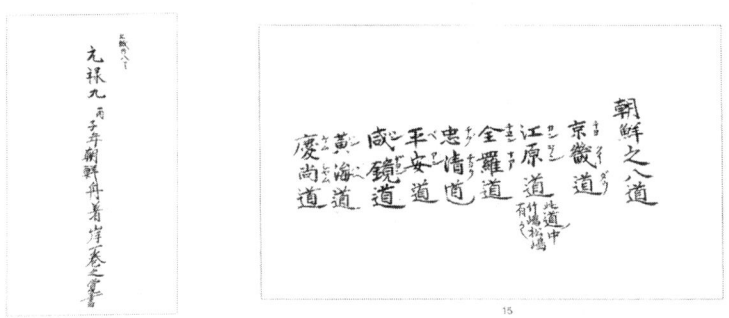

이 사료 안에는 「조선시팔도(朝鮮之八道)」라는 제목으로 「경기도, 강원도(이 道 내에 竹嶋[울릉도] 松嶋[독도] 있음), 전라도, 충청도, 평안도, 함경도, 황해도, 경상도」라는 내용이 포함되어 있다.

(2) 사료의 본질적 해석

안용복의 1차 도일(渡日)은 울릉도에서 일본 어부들과 조우했는데 그것이 영유권 분쟁으로 확대되어 결국 안용복 일행은 일본 어부들에게 납치되어 도일하게 되었다. 안용복은 그때 비변사 심문에서 일본 체재 중에 막부로부터 울릉도와 독도가 조선영토임을 확인 받았다고 증언했다.[2] 그 후 일본 막부가 1696년 일본인들의 울릉도(독도포함) 도해를 금지한 것으로도 미루어 보아 안용복 진술의 신빙성을 확인할 수 있다. 이를 볼 때, 안용복의 2차 도일은 그의 주장처럼 1차 도일에서 막부가 영유권을 조선영토임을 인정하였음에도 불구하고 쓰시마가 울

---

2) 『肅宗實錄』(卷30), 肅宗22年9月戊寅條.

릉도의 영유권을 주장하였기에 그것을 따지기 위해 「조선지팔도」를 소
지하고 도일한 것이었다. 특히 '겐로쿠9 병자년 조선주 착안 일권지 각
서'에서 「안용복이 말하기를 죽도(竹嶋)를 대나무섬이라고 하며, 조선
국 강원도 동래부 내의 울릉도라는 섬이 있는데, 이것을 대나무섬이라
고 한다고 합니다. '팔도의 지도'에 그렇게 쓰여 있는 것을 소지하고 있
습니다.」「죽도(竹嶋)와 조선 사이는 30리, 죽도(竹嶋)와 송도(松嶋) 사
이는 50리라고 합니다.」「송도(松嶋)는 같은 강원도 내의 子山이라는
섬입니다. 이것을 송도(松嶋)라고 한다는데 이것도 '팔도의 지도'에 쓰
여 있습니다.」라는 구절이 있다. 따라서 이 사료에는 「동내부 내의 울
릉도」라는 오류도 있지만, 일본에서 안용복을 취조한 기록이므로 안용
복 일행의 도일 성격을 알 수 있는 매우 소중한 사료임을 알 수 있다.

(3) 사료의 왜곡 해석

이 사료에 대해 독도를 연구하는 한국학자는 물론이고,[3] 일본학자[4]
중에서도 특히 나이토 세이츄(內藤正中)는 안용복이 「조선지팔도」를
지참한 이유는 울릉도와 독도의 영유권을 주장하기 위한 것이라고 했
다.[5] 안용복의 도일목적이 영유권 주장을 위한 것임이 확인된다.

그런데 「죽도문제연구회」의 시모조 마사오(下條正男)는 제2차 도일
이 울릉도와 독도의 영유권을 주장하기 위해 도일한 것에 대해서는 인
정하면서도 「중간보고서의 별항에서 가와카미가문(川上家) 문서에 기
록된 울릉도~죽도/독도까지의 거리(일수)에 관해 안용복의 설명이 『은
주시청합기』의 지리적 인식과 다르다」고 하여 안용복 활동의 신빙성을

---

3) 신용하, 송병기, 김병렬, 최장근, 김호동 등 대부분의 한국인 독도연구가.
4) 內藤正中・金柄烈(2007) 『歷史的檢証独島・竹島』岩波書店, pp.46-61.
5) 상동.

부정했다.6) 또한 시모조는 「숙종실록」7)의 안용복 증언이 과장된 것이라고 단정하여 안용복에 관한 모든 사료를 부정한다.

이케우치의 주장은 색다른 논리로서 안용복의 활동을 부정하고 있다. 그는 안용복의 제2차 도일은 무역을 위한 것으로 영유권과 무관하다는 결론을 내리고 있다.

즉, 「가와카미가문 문서의 내용을 전체적으로 분석하여 다른 사료와 비교하여 검토해보면 안용복의 소송 목적은 '죽도와 송도를 조선영토라고 주장했다'고 할 수 없다고 분명히 알 수 있다.8) 선행연구는 사료의 일부만을 확대 해석하여 관련 사료 주변의 대국적인 사실을 무시하고 상상력을 동원한 착오에 지나지 않는다.9) 그렇다면 왜 안용복은 죽도, 송도가 기록된 「조선지팔도」를 지참하고, 또한 대담을 할 때 먼저 이를 제시하였을까가 문제가 된다. 답은 간단하다. '원록 6년'에 '죽도'에서 포박되어 오키도를 경유하여 돗토리번에 연행된 안용복은 돗토리번에서는 필요한 다양한 물건을 지급받고 대우를 받았다. 그런데 쓰시마번에 인계된 이후에 냉대를 받게 되었다. 그 냉대를 받은 사실을 돗토리번에 소송하기 위한 것이고, 자신이 이와 같은 경험을 한 당사자라는 것을 돗토리번측에 증거로서 제시할 필요가 있었다. '죽도'에서 포박되고 나서 송도와 오키도를 경유하여 돗토리번 요나고(米子)에 연행되었다고 한다. 말하자면 '당사자만이 알 수 있는 비밀을 당시에 있어서 어떻게 이를 알릴까, 산음지방에서 사용되고 있던 섬 명칭=송도나 실

6) 池内敏(2008.2) 「安竜副と鳥取藩」『鳥取地域史研究』第10号, pp.17-29. 池内敏(2007) 「隠岐川上家文書と安竜副」『鳥取地域史研究』第9号. 池内敏(2009.3) 「安竜副英雄傳說の形成ノート」, 『名古屋大學文學部研究論集, 史學55, pp.125-142.
7) 『肅宗實錄』卷30, 肅宗 22년 9월 戊寅條.
8) 池内敏(2007) 「隠岐川上家文書と安竜副」『鳥取地域史研究』第9号 참조.
9) 池内敏(2007) 「隠岐川上家文書と安竜副」『鳥取地域史研究』第9号 참조.

제로 자신이 포박된 섬=죽도가 기록된 「조선지팔도」를 지참한 것은 바로 그러한 사실을 증명할 수 있는 유일한 길이였을 것이다.」[10]라고 하여 강원도에 죽도와 송도가 있다고 한 것은 제1차 도일의 당사자라는 사실을 알리기 위한 증거라고 주장한다. 그렇다면 안용복이 송도, 죽도에 다녀왔다는 내용만 전달하면 될 것이지, 구태여 조선8도와 강원도 내에 포함되어 있다는 사실을 강조할 필요가 있었을까? 이를 어떻게 설명할 것인가? 당시 안용복은 「조울양도감세장(朝鬱兩島監稅將)」이라고 하는 깃발을 달고 도일했다. 조선 울릉도의 2개 섬(일본명칭 松島, 竹島)을 관리하는 감세장이라는 것을 직위를 사칭했다. 1차 도일의 목적은 일본인을 상대로 하는 잠상(潛商)[11]이었을 것이고, 2차 도일은 울릉도와 독도의 영유권을 주장하는 일본에 대해 일본어부들의 불법행위를 문책함과 동시에 울릉도와 독도의 영유권 주장하기 위한 것이였다고 생각할 수 있다.

---

10) 池内敏(2007) 「隠岐川上家文書と安竜副」『鳥取地域史研究』第9号 참조.
11) 김호동(2007) 『독도·울릉도의 역사』경인문화사, pp.96-101.

3. 「대장성령 제4호」 / 「총리부령 제24호」

(1) 사료의 발굴 경위와 원문 소개

대장성령 제4호와 총리부령 제24호는 「한일회담 문서공개를 위한 모임」의 사무부국장 재일교포 이양수씨가 총리부령 제24호를 발견했고, 이 자료가 최봉태 변호사에게 소개되었고, 최봉태 변호사는 이를 해양수산개발원 유미림 박사에게 제공했고, 유미림 박사가 이를 토대로 인터넷에서 추가로 대장성령 제4호를 확인했던 것이다. 조선일보는 2009년 1월 3일자로 「독도, 일본 섬 아니다. 일본의 법령 발견」이라는 제목으로 대장성령 제4호와 총리부령 제24호를 공개했다.

총리부령 제24호와 대장성령 제4호 중에 독도 영유권과 관련되는 사료를 발췌하면 다음과 같다.[12]

① 「총리부령 제24호」[13]에는 「조선총독부 교통국 공제조합의 우리나라(일본국) 내에 있는 재산 정리에 관한 정령의 시행에 관한 총리부

---

12) 최재원(2010) 「유미지재권 법률사무소 선임연구원, 보스턴 유니버시티 로스쿨 LL.M, 경희대 법학과 동 국제법무대학원」의 자료를 활용하였음. http://www .iprlaw.org/dokdo.html(2010년 5월 28일 검색).

13) 「총리부령 제24호」, http://law.e-gov.go.jp/htmldata/S26/S26F03101000024.html(2010년 5월 27일 검색). 「朝鮮総督府交通局共済組合の本邦内にある財産の整理に関する政令の施行に関する総理府令 / 昭和 26年 6月 6日 総理府令 第24号 / 昭和 35年 7月 8日 現在 / 第二条 令第十四条の規定に基き、政令第二百九十一号第二条第一項第二号の規定を準用する場合においては、附属の島しよとは、左に掲げる島しよ以外の島しよをいう。 / 一 千島列島、歯舞群島(水晶、勇留、秋勇留、志発及び多楽島を含む。)及び色丹島 / 二 小笠原諸島及び硫黄列島 / 鬱陵島、竹の島及び済州島 / 四 北緯三十度以南の南西諸島(琉球列島を除く。)/ 五 大東諸島、沖の鳥島、南鳥島及び中の鳥島 / 附 則：この府令は、公布の日から施行し、昭和二十六年三月六日から適用する。 / 附 則(昭和三五・七・八大令四三)：この省令は、公布の日から施行する。」

령」라는 제목이 붙어 있고, 「1951년 6월 6일 총리부령 제24호 / 1960년 7월 8일(날) 시행」라고 시행일시가 명시되어 있다. 구체적인 지역에 대해서는 「제2조 정령 제14조의 규정에 기초하고, 정령 제291호 제2조 제1항 제2호의 규정을 유추하여 적용하는 경우에 있어서 부속 섬은 아래에 열거하는 섬 이외의 섬을 말한다. / 1. 치시마 열도, 하보마이 군도(수정, 용도메, 추용류, 지발도 및 다악도를 포함함) 및 시코탄도 / 2. 오가사와라 제도 및 유황 열도 / 3. 울릉도, 독도(竹の島) 및 제주도 / 4. 북위 30도 이남의 난세이제도(류큐 열도를 제외) / 5. 대동제도, 앞바다의 조섬, 남조도 및 중의 조섬」라고 명시하고 있다. 또한 「부칙」으로서 「이 부령은 공포일부터 시행하고, 1951년 3월 6일로부터 적용」한다고 시행시기를 명기하고 있다.

②「대장성령 제4호」[14]에는 「법령 데이터 시스템」이라고 하여 현재 국내법으로 적용되고 있다는 것을 명시하고 있고, 「구 명령에 의하는 공제조합 등으로부터의 연금 수급자를 위한 특별조치법 제4조 제3항의 규정으로 부속 섬을 정하는 성령」이라는 제목이 붙어있고, 「1951년 2월 13일 대장성령 제4호」라는 작성연도가 있다. 이를 「1968년 6월 28일(대장성령 제37호) 최종적으로 개정되었다고 한다.[15] 그리고 「구 명

---

14) 「大蔵省令 第4号」, http://law.e-gov.go.jp/htmldata/S26/S26F03401000004.html(2010년 5월 28일 검색). 「旧令による共済組合等からの年金受給者のための特別措置法第四条第三項の規定に基く附属の島を定める省令 / 昭和26年 2月 13日 大蔵省令 第4号 / 旧令による共済組合等からの年金受給者のための特別措置法(昭和二十五年法律第二百五十六号)第四条第三項に規定する附属の島は、左に掲げる島以外の島をいう。 / 一 千島列島、歯舞列島(水晶島、勇留島、秋勇留島、志発島及び多樂島を含む。)及び色丹島 / 二 鬱陵島、竹の島及び済州島

15) 최장근(2009.11)「'총리부령24호'와 '대장성령4호'의 의미 분석-일본의 영토 문제와 독도지위에 관한 고찰-」, 『일어일문학연구』제71집 2권, p.517.

령에 의하는 공제조합 등으로부터의 연금 수급자를 위한 특별조치법 (1950년 법률 제256호) 제4조 제3항에 규정하는 부속 섬은 아래에 열거한 섬 이외의 섬을 말한다.」라고 하는 작성목적에 관해서도 언급하고 있다. 관련 지역에 관해서는 「1. 치시마 열도, 하보마이 열도(수정도, 용유섬, 추용 유섬, 지발도 및 다악도를 포함) 및 시코탄도 / 2. 울릉도, 독도(竹の島) 및 제주도」라고 시행범위를 명시하고 있다.

(2) 사료의 본질적 해석

대장성령 제4호 / 총리부령 제24호 중에 독도관련 사료는 1946년 1월에 작성된 SCAPIN 677호를 바탕으로 1951년에 제정되었다. 그 후 총리부령 제24호는 1960년 7월 8일에 개정되었고, 대장성령 제4호는 1968년 6월 26일에 개정되었다. SCAPIN 677호에는 「통치상 행정상」의 조치로서 연합국의 「최종적인 영토조치는 아니다」라는 단서를 달고 있다. 여기서 「통치상」이라고 하는 점은 「영토권」적 조치를 의미하고, 「행정상」이라는 점은 「관할권」적 조치에 대한 규정이다. 이들 법령은 「조선총독부 교통국 공제조합의 우리나라(일본) 내에 있는 재산의 정리」라는 작성 목적을 갖고 있어서 일본정부가 재산 「공제」를 위해 국내법으로서 만들어진 것이고, 또한 대일평화조약이 체결되기 이전이라서 적용지역에 관해서는 SCAPIN 677호를 따르고 있다.[16]

사실 독도 영토문제는 1951년 대일평화조약에서 미국을 비롯한 연합국이 소속을 명확히 하지 않아서 한일 양국 간에 영유권 문제로 남게 된 것이다. 결국 독도 영토문제는 향후 SCAPIN 677호가 문제 해결의 중요한 단서가 될 수 밖에 없다. 일본정부가 국내법으로 SCAPIN 677호

---

16) 최장근(2009.11) 「'총리부령24호'와 '대장성령4호'의 의미 분석-일본의 영토문제와 독도지위에 관한 고찰-」, 『일어일문학연구』제71집 2권, 505-521.

를 적용하고 있다는 사실은 향후 독도 영토문제 해결에 있어서 SCAPIN
677호의 중요성을 스스로 인정한 것이라 하겠다.

이 법령이 1968년에 개정된 이유는 오가사와라 제도가 최종적으로
해결되었고, 유구제도는 본토(일본)에 반환된다고 하는 영토문제 해결
의 실마리가 확보됨으로써 영토문제가 해결된 곳을 삭제하는 차원에서
이루어진 것이다. 이런 측면에서 본다면 향후에도 독도문제와 북방영
토 문제가 최종적으로 해결된다면 또 다시 법령이 개정될 것이다. 그러
나 현재 독도와 북방영토는 당사국 간에 합의되지 않은 영토이므로
SCAPIN 677호를 적용하여 일본 국내법으로 일본영토에서 제외되어 있
다. 그러나 대외적으로는 한국과 러시아에 대해 영유권을 주장하여 분
쟁지역으로서 최종적인 영토처리를 기다리고 있다. 따라서 일본은 공
제를 피하기 위해 국내법으로는 일본영토에서 제외하고 있고, 다른 한
편으로 대외적으로는 영유권을 주장하여 분쟁지역화를 유도하고 있는
것이다. 즉 다시 말하면 일본은 국내법상으로는 독도의 영유권을 포기
하고 있다고 할 수 있겠다.[17]

사실 독도의 영유권은 연합국이 1946년 SCAPIN 677호를 통해 대일
강화조약 이전의 잠정적 조치로서 독도를 한국영토로 인정했다. 그런
데 일본이 한국영토로서의 독도의 지위를 변동하기 위해 미국을 움직
여서 결국 연합국은 1951년 9월 대일평화조약(연합국의 최종적인 영토
처리)에서 독도가 최종적으로 한국영토로서 조치하지 않고 당사자 간
의 문제로서의 지위를 남겼다.[18] 이러한 규정에 의거하여 일본은 1946

---

17) 최장근(2009.11) 「'총리부령24호'와 '대장성령4호'의 의미 분석-일본의 영
　　 토문제와 독도지위에 관한 고찰-」, 상동.
18) 최장근(2009.11) 「'총리부령24호'와 '대장성령4호'의 의미 분석-일본의 영
　　 토문제와 독도지위에 관한 고찰-」, 505-521, 상동.

년 시점에서의 독도의 지위에 대해서는 한국영토로 인정했고, 대일평화조약에서는 독도의 지위 결정이 유보됨으로써 독도가 분쟁지역이라는 인식을 갖게 되었다. 지금까지 독도의 소속이 잠정적이긴 하지만 국제법적으로 완전하게 그 지위가 결정된 것은 SCAPIN 677호뿐이다. 일본이 사실상 이를 인정하고 있기 때문에 1968년의 법령 개정시에도 독도를 한국영토로 인정했던 것이다. 그러나 일본은 잠정적으로는 한국영토라고 인식하면서 영유권을 주장하여 분쟁지역이라는 인식을 버리지 못하고 있는 것이다.[19]

(3) 사료의 왜곡 해석

대장성령 제4호와 총리부령 제24호에 대해 그 의의를 한마디로 정리하면, 일본정부가 SCAPIN 677호에 의거하여 독도는 잠정적으로는 한국영토로 결정된 바가 있었지만, 최종적인 영토문제가 결정되지 않은 분쟁지역이라는 인식을 갖고 있다고 하겠다.

그런데 요미우리(讀賣)신문은 2010년 1월 7일자로 사설을 통해 일본 외무성(북동아시아과)의 견해라는 단서를 달고 「문제의 법령(대장성령 제4호와 총리부령 제24호)은 점령 당시 일본정부의 행정권이 미치는 범위를 나타내고 있는 것으로 일본영토의 범위를 나타내는 것이 아니다.」라고 하여 SCAPIN 677호에 의한 영유권과 무관한 행정적 조치에 불과하다고 주장했다.

또한 「죽도문제연구회」의 좌장격인 시모조 마사오는 「이 두 법령은 일본정부가 죽도를 일본영토에서 제외한 증거라고는 할 수 없다.」라고 하여 조선일보가 「일부분을 확대 해석하여 독도는 일본 섬이 아니라고

---

19) 최장근(2009.11) 「'총리부령24호'와 '대장성령4호'의 의미 분석-일본의 영토문제와 독도지위에 관한 고찰-」, 505-521, 상동.

보도했다」고 비난했다.

2010년 1월 6일『세계일보』는 경희대학교 **명예교수** 김찬규의 글을 올렸다. 즉『일본은 1952년 4월 28일 **발효한** 샌프란시스코 평화조약에 의해 **주권**이 회복되었다. 이들 법령이 최종적으로 개정된 것은 총리부령 **제24호가** 1961년 7월 8일이었고, 대장성령 제4호는 1968년 6월 26일이었다. 이들 법령의 개정은 일본이 주권을 회복하고 한참 뒤에 성립되었다. 상기의 연합군최고사령부 훈령 제667호의 경우와 달리 군정의 영향을 받지 않고 일본정부가 독자적으로 선택하여 행한 것. 이들 법령의 발굴이야말로 독도문제에 대해 우리들(한국)의 입장을 유리하게 하는 것」이라고 했는데,[20] 이에 대해서도 시모조는 논리의 비약이라고 비판했다. 시모조는「김찬규씨의 논리는 연합국최고사령부 지령 제677호를 근거로 이 지령에 의해 죽도가 일본영토에서 제외되었다고 하는 한국측 해석의 잘못을 지적한 것이기도 하다. 즉 다시 말하면 김찬규는 제677호의 명령은 영토조치가 아니고, 행정적 조치였다고 했다.」는 것이다. 그때 당시 제외된 도서는「① 치시마열도(千島列島), 하보마이군도(歯舞群島; 水晶, 勇留, 秋勇留, 志発 및 多楽島을 포함)그리고 시코탄(色丹島)」,「② 오가사와라제도(小笠原諸島) 및 이오열도(硫黄列島)」,「③ 울릉도(欝陵島), 죽도(竹の島) 및 제주도(済州島)」등이다. 그런데 1968년 6월 26일 개정된 대장성령에서는「오가사와라제도(小笠原諸島) 및 이오열도(硫黄列島)」가 없어졌다. 그 이유는 대장성령 4호가 개정된 1968년 6월 26일은 미국이 시정권을 행사하고 있던 오가사와라제도 및 이오열도를 일본에 반환한 날이었기 때문이다. 이 사실은 '연합국최고사령부 지령 제677호' 제3항에 의해 행정상 '일본의 범위에서

---

20)「세계일보」, 2010년 1월 6일.

제외된 지역'으로 결정된 섬들은 일본영토에서 제외되지 않았다는 증거이다. 현재 '연합국최고사령부 지령 제677호'의 제3항에서 '일본의 범위에서 제외된 지역'인 '북위30도 이남의 유구(琉球[南西]열도; 口之島 포함), 이즈(伊豆), 난포(南方), 오가사와라(小笠原), 이오군도(硫黃群島) 및 다이토 군도(大東群島), 오키노토리시마(沖ノ鳥島), 미나미토리시마(南鳥島), 나카노토리시마(中の鳥島)를 포함하는 외곽의 태평양 전제도(諸島)」는 일부를 제외하고 일본 시정 하에 복귀되었다. 그렇다면 영토문제는 현재 러시아와의 분쟁지역인 북방영토문제와 치시마열도(千島列島), 죽도(竹島)가 된다.」21)라고 하여 시모조는 오히려 「이번 한국측이 총리부령 제24호와 대장성령 제4호의 죽도를 문제시한 것은 1946년의 SCAPIN 제677호'의 제3항의 죽도가 일본영토에서 제외되지 않았다는 사실을 확인한 것이다. 한국측이 죽도의 영유권을 주장하는 근거가 또 하나 사라졌다.」라고 하여 김찬규의 주장을 일본의 논리에 악용하여 이들 법령은 오히려 한국영토가 아니라는 증거라고 강변했다.

시모조는 「오가사와라제도 및 이오열도가 1946년의 SCAPIN 제677호에서 일본영토 범위에서 제외되었다가, 1968년 법령개정 때에 일본영토에 귀속된 것을 보더라도 SCAPIN 제677호가 최종적인 영토조치가 아니라는 방증이다. 따라서 독도와 북방영토의 경우도 제677호에 의해 일본영토에서 제외되었지만 최종적인 영토조치가 아니므로 일본영토라는 증거이다.」라고 강변했다.

1968년에 개정된 법령에서 오가사와라제도 및 이오열도가 사라진 것은 연합국이 최종적으로 일본영토로서 처리하여 영토문제가 해결되

---

21) 「実事求是17: 昭和26年の'総理府令24号'と'大蔵省令4号'について」, http://www.pref.shimane.lg.jp/soumu/web-takeshima/takeshima04/takeshima04-2/takeshima04-x.html.

었기 때문이다. 특히 독도는 연합국이 대일강화조약에서 영토조치를
회피하여 한일 간에 해결해야하는 문제가 되었다. 그런데 한국이 독도
를 실효적 점유와 더불어 분쟁지역을 인정하지 않는 상황에서 일본이
스스로 1951년에 제정한 국내법을 1968년에 재개정하여 지금까지 이
를 활용하고 있는 것은 일본 스스로 독도의 영유권을 포기한 것으로
봐야한다. 그럼에도 불구하고 이같은 태도를 취하고 있는 시모조는 사
료의 본질적인 해석을 무시하고 아무런 논증 없이 일본영토라는 결론
만 내리고 있다.

4. 「일로청한명세신도」

(1) 사료의 발굴 경위와 원문 소개

「일로청한명세신도(日露淸韓明細新圖)」는 자료수집가 유성철[22]씨
가 2010년 말 일본에서 입수한 것으로 영남대학교 독도연구소에 감정
을 의뢰하였다. 영남대학교 독도연구소는 2010년 4월 1일 각 언론사에
지도를 공개했다.[23]

이 지도의 특징은 한국과 일본의 경계를 명확히 하고 있고, 오키(隱
岐)섬을 일본경계에 포함시키고 죽도(竹島; 울릉도)와 송도(松島; 독
도)를 조선계(朝鮮界)에 포함시켜서 울릉도와 독도가 한국영토임을 명
확히 표기했다는 점이 특기할 사안이다.

---

22) 자료수집가, 대구광역시 동구 거주.
23) 「영남대 '일로청한명세신도' 공개…"국가기관 지도로는 처음"」, 『한겨레신
    문』 2010년 4월 1일.

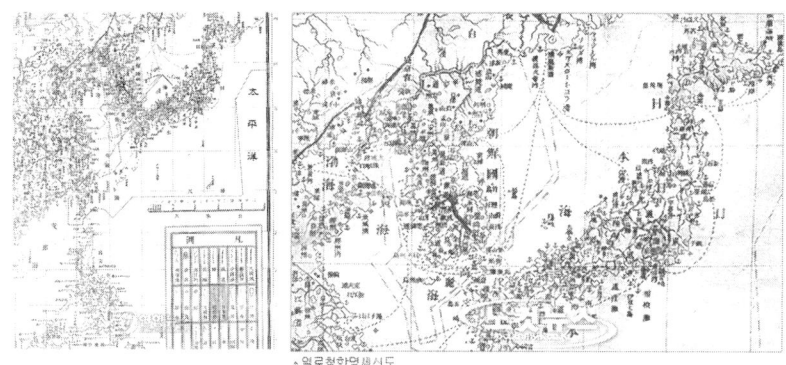

▲일로청한명세신도

(2) 사료의 본질적 해석

'일로청한명세신도'[24]는 1903년 일본 제국육해측량부가 편찬하여 「쿠리모토 쵸시츠(栗本長質)」가 발행한 것으로 되어 있다. '제국육해측량부'가 존재했다는 것은 분명하지만, 공신력이 있는 기구인가에 대해서는 현재로서는 알 수 없다. 추측건대, '제국육해측량부'는 러일전쟁을 눈앞에 두고 군부의 위탁을 받아 조직된 임시기관으로 판단되고, '일로청한명세신도'[25]는 '제국육해측량부'가 육군측량부와 해군수로부의 지도를 참고로 하여 그린 것으로 판단된다.[26] 1903년경의 일본정부는 울

---

24) 영남대학교 독도연구소는 "이 지도를 제작한 제국육해측량부는 일본이 러일전쟁에 대비하기 위해 기존의 육군측량부와 해군수로부를 합친 기구로 추정된다"라고 주장함. 김호동(2010) 「日露淸韓明細新圖」의 사료적 가치-일본해 명칭과 관련하여-」라는 영남대학교 독도연구소 학술세미나(2010년 4월 5일 중앙도서관 17층 세미나실) 발표자료. 일본육군참모본부 육지측량부의 「지도구역일람도」(1936)와 같은 성격의 지도임. 신용하(1996) 「독도의 민족영토사 연구」 지식산업사, pp. 251-253.

25) 상동

26) 2008년 2월 22일 호사카 유지 교수가 세종대학교 집현관 10층 소회의실에서 공개한 일본 고지도 「신찬 조선국전도(新撰 朝鮮國全圖)」(1894) 와 「일청한삼국대조 조선변란상세지도(日淸韓三國對照 朝鮮變亂詳細地圖)」(1984)는 독도를 한반도와 같은 색으로 채색하여 한국영토로 표기하고 있다. 이

릉도와 독도를 분명히 일본제국 영토에서 제외된다는 인식을 갖고 있었다는 것은 명확하다. 하지만 러일전쟁을 통해 일본제국의 영토 확장의 대상으로 분류하고 있었다는 것이다. 특히 독도와 울릉도는 동해상에 위치하여 러일전쟁 중 군사 전략상으로 매우 중요한 곳이었으므로 독도가 사람이 살지 않는 무인도이었음에도 불구하고 그 소속을 명확히 했던 것이다.

(3) 사료의 왜곡 해석

죽도문제연구회의 시모조 마사오는 「일로청한명세신도」에 표기된 죽도와 송도에 대해 경위도의 정확성을 문제삼아 「죽도」는 환영(幻影)의 섬인 「알고노트」를 의미하고, 「송도」는 「울릉도」에 해당된다고 주장했다. 그 이유로서 「일본에서는 1883년을 전후하여 울릉도를 송도라고 인식하고 있었는데, 이러한 현상이 생긴 것은 시볼트가 서양에 전한 '일본도(日本図)' 때문이다. 시볼트의 '일본도'(1840년)에서는 소재불명의 '알고노트'(동경 129도 50분)를 죽도라고 표기하고 동경 130도 56분의 울릉도(다줄레)를 송도라고 하여 전해졌던 것이다. 그 때문에 시볼트의 '일본도' 이후 서양의 해도와 지도에는 울릉도로서, 소재불명의 죽도(알고노트)와 송도(다줄레)가 그려졌다. 일본에서도 이것을 답습하였기 때문이다. 현재 한국에 불법 점거된 죽도는 동경 131도 55분에 위치한다. 시볼트의 '일본도'가 전한 동경 129도 50분의 죽도와 동경 130도 56분의 울릉도(송도)와 전혀 관계 없다. 따라서 1903년 제국육해측량부(帝国陸海測量部)가 편찬한 '일로청한명세신도'의 죽도와 송도는 위도나 경도에서 볼 때 아르고노트와 다줄레이다. 에도시대에 송

지도는 시기적으로 청일전쟁과 관련이 있는 전쟁지도로서 러일전쟁지도를 제작하는데도 이용되었을 가능성이 큼.

도라고 불렸던 현재의 죽도(리앙코르트 암초)는 시볼트 지도에서의 울릉도가 송도가 되었기 때문에 1905년 일본영토에 편입될 때 호칭을 바꾸어서 울릉도를 의미한 죽도라고 명명되었던 것이다.」[27]라고 하여 경위도가 정확하지 않다고 하여 전혀 관계없는 시볼트의 지도를 접합하여 사료적 가치를 폄하했다. 이 지도는 경위도를 그다지 정확히 그리지 않던 시대에 그려진 지도이다. 그런데 사료적 가치가 없는 이유가 단지 경위도가 정확하지 않다는 것이라면 사료의 왜곡 해석이라고 밖에 볼 수 없다.[28] 한국과 일본에서는 과거부터 한국측의 동해에 울릉도와 독도 2개의 섬이 존재한다는 인식을 갖고 있었다. 시모조의 논리라면 현재의 독도가 지도 어디엔가 있어야 할텐데 왜 없을까? 따라서 1880년대 한 시기 일본 민간인들이 울릉도를 송도로 잘못 오인한 적이 있었지만 메이지정부의 태정관, 내무성, 외무성, 육군성, 해군성 등에서는 에도시대와 마찬가지로 죽도(울릉도)와 송도(독도) 2섬이 존재한다는 명확한 인식을 갖고 있었던 것이다.[29] 이 지도는 일본에서 제작된 것이고, 지금까지 1905년 이전에 독도가 일본영토로 표기된 지도나 기록된 문헌이 없는 것으로 봐서도 당시 일본정부가 독도를 한국영토로 인식하고 있었음을 알 수 있는 사료이다.

---

27) 「第26回 : 東北アジア歴史財団 主催の ‘東海独島古地図展’ について」, http://www.pref.shimane.lg.jp/soumu/web-takeshima/takeshima04/takeshima04-2/takeshima04-x.html (2010년 6월 2일 검색).
28) 상동
29) 신용하(1996) 『독도의 민족영토사 연구』, pp.156-181.

5. 박세당의 「울릉도」

(1) 사료의 발굴 경위와 원문 소개

조선일보는 2007년 12월 4일자로 한국해양수산개발원 독도연구센터 유미림 책임연구원이 조선 후기 박세당(朴世堂 · 1629~1703)이 쓴 「울릉도」를 분석하여 '해양수산동향' 1250호에 게재한 "박세당이 독도를 우산도라고 인식하고 있었다"는 것을 「울릉도에서 정상 안 오르면 우산도가 보이지 않아」라는 제목으로 보도했다.[30]

이 사료는 박세당의 11대 후손이 2001년 한국학중앙연구원에 기탁한 '서계 종택 고문서' 중 '서계잡록'에 실려 있는 필사본이다. 지금까지 사료의 존재가 일반에게는 알려지지 않았다. 이 글은 박세당이 배를 타고 울릉도에 갔다 돌아온 승려로부터 전해들은 얘기를 기록하고 있다.

(2) 사료의 본질적 해석

조선시대에는 「우산도」라는 명칭으로서 독도가 조선영토의 일부로

---

[30] 「'우산도'는 역시 독도였다」, 『조선일보』, 2007년 12월 4일.

인식되어 있었다. '세종실록' 지리지에는 "우산(于山)과 무릉(武陵) 두 섬이 울진현의 동쪽 바다 가운데 있다. 두 섬은 서로 거리가 멀지 않아 날씨가 맑으면 볼 수 있다"라는 기록이 있다. 그런데 독도가 사람이 살지 않은 무인도였기 때문에 과연 우산도가 오늘날의 독도인가? 라고 일본영토론자들은 의문시하고 있다. 박세당의 「울릉도」에는 "대개 두 섬(울릉도와 우산도)이 그다지 멀지 않아 한번 큰 바람이 불면 닿을 수 있을 정도이다. 우산도는 지세가 낮아, 날씨가 매우 맑지 않거나 최고 정상에 오르지 않으면 (울릉도에서) 보이지 않는다(不因海氣極淸朗, 不登最高頂, 則不可見)."[31]라는 기록이 등장한다. 세종실록 지리지와 같은 인식으로 우산도가 묘사되어 있다. 지금까지 발굴된 사료 중에 우산도의 위치를 명확히 표현한 것이 많지 않기 때문에 이 사료는 사료적 가치가 매우 높다고 할 수 있겠다. 이 사료는 울릉도와 독도 사이의 거리관계를 명확히 한 것으로 우산도가 독도임을 입증하는 사료이다.

(3) 사료의 왜곡 해석

지금까지 일본영토론자들은 '죽도'가 일본영토인 유일한 근거로서 국제법의 무주지 선점이론에 의해 1905년 2월 22일 행해진 '죽도의 영토편입'이 정당하다고 주장하고 있다. 이를 정당화하기 위해서라도 독도의 영토적 권원을 부정해야했다. 이들은 「신증동국여지승람」의 주석에 "우산도와 울릉도가 본래 한 섬이었다는 설도 있다"는 내용만을 취하여 우산도는 독도가 아니라 ①울릉도이거나 ②울릉도에서 동쪽으로 2㎞ 남짓 떨어진 죽도(竹島)를 말하는 것이라고 주장해 왔다.」[32] 분명

---

31) 「울릉도에서 정상 안 오르면 우산도가 보이지 않아」, 『조선일보』, 2007년 12월 4일.
32) 「울릉도에서 정상 안 오르면 우산도가 보이지 않아」, 『조선일보』, 2007년

히 박세당의 「울릉도」에는 울릉도와 우산도가 별개의 섬이라고 명확히 하고 있음에도 불구하고 이를 왜곡해석하고 있다.

시모조 마사오는 「박세당의 '울릉도'에서는 『동국여지승람』기사에 임진왜란 때 포로였던 승려의 목격담을 가필한 것이고, 우산도를 죽도(독도)라고 한 사실이 없다. 승려는 병오년(1606) 일본선박으로 조선에 송환되어 울릉도를 경유하여 12시간 정도(半日)로 경상도 영해에 도착했다. 박세당이 주목한 것은 울릉도에서 영해까지의 소요시간이다. 당시 조선에서는 조선반도에서 울릉도까지 2일 걸린다는 항로 인식을 갖고 있었다. 그것을 승려가 '해뜰 무렵에 울릉도를 출발하여 해가 지기 조금 직전에 영해에 도착했다'라고 하여 12시간(半日)걸린다고 언급했기 때문이다.」라고 지적하고 있다.

여기서 시모조는 원래 조선반도에서 울릉도까지 2일이 걸리는데, 승려가 12시간(반일) 걸린다고한 말을 박세당이 함부로 울릉도와 우산도가 서로 보인다고 했다고 주장한다.

또한 시모조는 다음과 같이 주장하고 있다. 즉 「박세당이 『동국여지승람』의 기사를 바탕으로 과거 승려로부터 들은 이야기를 가필하여 800자정도의 '울릉도'를 작문한 것이다. 그 '울릉도'에서 중요한 것은 박세당이 『세종실록 지리지』가 '울릉도와 우산도 2섬이 서로 멀리 떨어져 있지 않다.'고 하는 부분을 '두 섬은 여기(영해)에서 멀지 않다.'라고 수정하여 사실상 우산도와 울릉도의 두 섬은 영해에서 그다지 멀지 않는 거리에 있다고 했다.'[33] 박세당의 「울릉도」에서는 '우산도와 울릉도

12월 4일.

33) 「実事求是:〜日韓のトゲ、竹島問題を考える〜第1回 朴世堂の『鬱陵島』」, http://www.pref.shimane.lg.jp/soumu/web-takeshima/takeshima04/takeshima04-2/takeshima04-x.html(2010년 6월 2일 검색).

두 섬은 영해에서 그다지 말지 않다.'라고 하는 것으로 영해에서 우산 도와 울릉도를 볼 수 있다고 해석했다.」고 사료를 왜곡 해석하고 있다.

여기서 시모조는 자신의 고정관념인 조선반도에서 울릉도가 보인다 고 하는 논리에 박세당의 「울릉도」에 끼워 맞추기 식으로 왜곡하여 박 세당이 조선반도에서 울릉도와 우산도는 그다지 멀지 않다고 기록했다 고 사실을 왜곡하고 있다. 여기서 시모조는 우산도와 울릉도 두 섬의 존재를 인정하고 있다. 이는 종래 시모조가 울릉도와 우산도는 1도2명 혹은 동일 섬이라는 주장과 모순된다.[34]

그런데 시모조는 「유미림씨가 박세당이 '생각건대 울릉도와 우산도 두 섬이 서로 멀리 떨어져 있지 않다.'고 오독을 한 것이다. 이것은 고 의라기보다는 한문해석을 제대로 하지 못했기 때문이다.」라고 하여 인 식공격적인 감정적 비판도 서슴없이 자행하고 있다.

또한 시모조는 박세당이 영해에서 울릉도와 우산도를 바라보았다는 것을 뒷받침하기 위해 다음과 같은 논리를 조작하고 있다. 「박세당의 울릉도에 대한 묘사는 '풍랑이 잠잠하면 항상 보인다'라고 하여 울릉도 에서 죽변관(울진현)에 황작(黃雀)이 무리를 지어 난다고 할 정도로 상 세하게 묘사하고 있다. 이러한 지식은 박세당이 20세 때 중형(仲兄) 박 세견(朴世堅)이 흡곡현령으로 부임하였을 때 같이 흡곡에 살았기 때문 이다. 흡곡현(歙谷県)은 울릉도를 관할하는 울진현과는 함께 강원도에 속하여 바다를 접하고 있었기 때문이다.」라고 주장한다. 이는 박세당 의 「울릉도」에서 독도의 존재를 논증하는 자료와는 전혀 관계가 없다.

그리고 시모조는 신용하 교수가 조선일보에서 '독도가 한국영토라는 것을 명확히 하는 중요한 자료'라고 언급한 것에 대해, 「박세당의 '울릉

---

34) 죽도문제연구회편(2007.3)『竹島問題に関する調査研究―最終報告書―』竹 島問題研究会 참조.

도'는 죽도가 한국영토가 아니라는 것을 실증하는 지극히 중요한 문헌이다.」라고 하여 학문적인 반론이 아니라 인신공격적인 발언을 서슴지 않았다. 또한 죽도문제가 해결되지 않는 이유에 대해서는 「한국측이 함부로 영유권을 주장하는 것에 일본측이 침묵했기 때문이다. 게다가 한국측은 문헌을 제대로 읽지도 못하면서 지금까지 일본의 침략만을 강조하고 있지만 그 주장은 조잡하기 그지없다. 일본은 지금 이러한 한국의 태도를 분명히 따짐으로써 당연한 권리를 주장할 수 있다. 지금 이 바로 그 때이다.」라고 했다. 즉 죽도문제를 발생시키는 요인은 한국 측이 한자도 제대로 해석을 하지 못하면서 함부로 영유권을 주장하기 때문이라고 하여 시모조는 학문적인 비판을 넘어 한국영토론자들에 대한 인신공격성의 감정적 발언을 숨지지 않고 자행했다.

6. 에도시대 팻말의 「조선국 독도 도항 금지」

(1) 사료의 발굴 경위와 원문 소개

　일본의 산케이(産経)신문은 2010년 2월 27일, 3월경에 일본 교토의 한 경매에서 "독도가 한국의 영토임으로 일본인들의 도항을 금지한다."

라고 하는 내용의 에도시대 팻말이 출품될 것이라고 보도했다. 『조선일보』가 2010년 3월 6일 경매 내용을 팻말 소개와 더불어 보도했다.[35)

조선일보가 보도한 경매내용은 다음과 같다. 이 팻말은 폭 73센티, 길이 33센티의 크기로 윗부분에 2개의 고리가 달려 있고, 다카노 사무소(高田役所)라는 이름이 적혀있다. 동일본 주재의 소유자가 출품했다.[36) 「이 팻말은 작년 3월 15일 일본 경매회사인 코기레카이(古裂會)에서 가격 120만엔으로 공개 경매에 부쳤다. 일본인 3명이 138만엔과 145만엔, 150만엔(2000만원)으로 응찰했다. 5만엔 차이로 낙찰 받은 것을 한국인 사업가가 인수했다.」「이 사업가는 사태가 잠잠해지길 기다려 10개월 뒤인 올 1월에야 국내로 들여왔다. 팻말은 국내에 들어온 뒤 좀벌레가 먹은 구멍에서 나무가루가 계속 흘러나와 국내 문화유산보존연구소에서 보존처리 작업을 거쳐 공개됐다. 팻말은 살균살충 기능을 가질 수 있도록 훈증처리하고, 부스러진 표면은 전통아교로 처리했다. 나무 재질은 소나무였고 흐릿한 글자는 적외선 촬영으로 판독했다.」라는 것이었다.[37)

(2) 사료의 본질적 해석

일본 에도 막부(幕府)가 1836년 이와미국(岩見国) 하마다(浜田)번 상인 아이즈야(会津屋) 하치에몽(八右衛門)을 밀무역으로 체포했다. 이들은 독도와 울릉도 주변으로 항해하여 해금령(海禁令) 위반으로 처형당했다.[38) 「이 팻말은 1837년 2월 에도 막부의 명령을 받아 다카다

---

35) 「[Why] 일본이 필사적으로 반출 막으려한 '독도팻말'의 비밀」, 『조선일보』 2010년 3월 6일.
36) 「[Why] 일본이 필사적으로 반출 막으려한 '독도팻말'의 비밀」, 상동
37) 「[Why] 일본이 필사적으로 반출 막으려한 '독도팻말'의 비밀」, 상동.
38) 大西輝男・권오엽/권정옮김(2004)『獨島』제이앤씨, pp.263-264.

(高田)번이 니가타현 지역 해안에 게시한 에도막부시대의 '독도 도해
(渡海) 금지' 팻말이다.」「팻말에는 "죽도(울릉도의 일본 이름)는 겐로
쿠[39] 시대부터 도해 금지(1696년)를 명령한 곳이므로 다른 나라 땅에
항해하는 것을 엄중히 금지한다."며 "죽도에 항해해선 안 된다."」로 기
록되어 있다. 또한 「해상에서 다른 나라 배와 만나지 않도록 하고 될
수 있는 한 먼 바다에 나오지 않도록 분부한다.」[40]라고 기록되어 있다.
또한 「당시 일본 기록을 보면 "에도 막부의 도해 금지 통지는 팻말로
해서 게시판에 걸어두고 고다이칸(치안담당자)은 방방곡곡에 이를 알
려야 한다"고 되어 있다. 이에 따라 이런 울릉도·독도 도해금지령 팻
말은 일본 해안 곳곳에 세워졌을 것으로 추정된다.」[41] 「도해금지령 팻
말은 일본의 돗토리현 하마다시 향토사료관에도 한 개가 남아있다. 가로
1m, 세로 50㎝ 크기로 이번 발견된 팻말보다 2년 뒤인 1839년에 만들어
진 것이다.」[42] 요컨데 이는 돗토리현에서 발견되었다는 것은 돗토리현
앞바다를 제외하고는 더 먼 바다에는 항해하지 말 것을 경고한 것이다.
울릉도는 물론이고, 무인도인 독도에 대한 항해도 금지된 것이었다.

(3) 사료의 왜곡 해석

「일본 산케이신문은 "당시 일본에선 죽도를 울릉도로 불러 지금의
죽도(독도)와 다른 곳인데 한국측이 이를 이용해 자국의 영토로 주장
하는 잘못된 주장을 한다"며 "이 팻말이 한국측에 넘어가면 안 된다"는

---

39) 元禄(1688~1704년).
40) 「팻말은 주로 일본 에도시대에 법도와 禁令이나 죄인의 죄상을 기록해 일반
   인에게 고지하기 위해 광장 등 눈에 잘 띄는 곳에 세워둔 나무판을 말함」,
   「[Why] 일본이 필사적으로 반출 막으려한 '독도팻말'의 비밀」, 상동.
41) 「[Why] 일본이 필사적으로 반출 막으려한 '독도팻말'의 비밀」, 상동.
42) 「[Why] 일본이 필사적으로 반출 막으려한 '독도팻말'의 비밀」, 상동.

식으로 보도했다.」[43] 또한「시마네 현의 독도문제연구 고문인 스기하라(杉原)씨(70세)는 "한국 측이 죽도로 기술한 죽도(울릉도)의 자료를 사들이고 있다는 것을 아는데, 이 팻말이 한국 측에 넘어가면 큰일이다."라고 해 논란을 불러일으키고 있다고 한다.」라고 하여 산케이신문과 '죽도문제연구회'는 사료를 숨기거나 왜곡하는 형식으로 독도 영유권의 본질을 왜곡하고 있다.

7.「울도군의 배치전말」[44]

(1) 사료의 발굴 경위와 원문 소개

산음중앙신보(山陰中央新報)가 2009년 2월 22일 제5회「죽도의 날」에 즈음하여「스기노 요메이(杉野洋明; Sugino Yomei)」가 독도의 역사를 왜곡한 내용을 소개하여「석도=독도를 부정하는 기술」[45]이라는 제목으로「황성신문(皇城新聞)」(1906년 7월 13일)의「울릉도의 배치전말」을 공개적으로 비판했다.[46]

---

43)「[Why] 일본이 필사적으로 반출 막으려한 '독도팻말'의 비밀」, 상동.

44)「皇城新聞」, 1906년 7월 13일.

45)「'石島=獨島' 否定の記述」,『山陰中央新報』2009년 2월 22일.

46) 杉野洋明(Sugino Yomei):「1974년생, 甲南大学卒業後、韓国外国語大学 외국어연수평가원 유학. 그후 한국에서 취직한 후 한국기업의 일본인직원으로서 5년간 근무.퇴직후 캐나다 MTI Community College에 유학을 거쳐 졸업후 일본에 귀국. 일본계기업세 재취업하여 현재 근무중, 2005년에 竹島問題、慰安婦問題、日本海 名称問題를 중심으로 연구성과를 발표하는 블로그「杉野洋明 極東亜細亜研究所」를 만들었음, 서울올림픽을 전후하여 한국, 북한에 관심을 갖기 시작했음. 한류경력 20년이 됨.」, http://ameblo.jp/nidanosuke/entry-10059918345.html.

　　황성신문에는 1906년 7년 13일자에 「울도군의 배치전말」이라는 제목으로 「통감부에서 내부에 알리되, 강원도 삼척군 관하 소재의 울릉도에 부속하는 도서(島嶼)와 군청이 처음 설치된 연월을 자세히 알리라 하였다. 이에 회답하되, 광무2년(1898) 5월 20일에 울릉도감으로 설립하였다가 광무 4년(1900) 10월 25일에 정부 회의를 거쳐 군수를 배치하였으니, 군청은 태하동에 두고 이 군이 관할하는 섬은 죽도와 석도요, 동서가 60리요 남북이 40리니 합 200여리라고 하였다더라.」[47)]라는 내용을 게재하고 있다. 이에 대해 신용하교수와 유미림박사가 반론을 하면서 사료가 세간에 알려지기 시작했다.

---

47) 「鬱島郡의 配置顚末」: 「統監府에서 內部에 公函하되 江原道 三陟郡 管下에 所在 鬱陵島에 所屬島嶼와 郡廳設始 年月을 示明하라는 故로 答函하되、光武二年五月二十日에 鬱陵島監으로 設始 하였다가 光武四年十月二十五日에 政府會議를 經由하야 郡守를 配置하니 郡廳은 台霞洞에 在하고 該郡所管島는 竹島石島오, 東西가 六十里오 南北이 四十里니, 合 二百餘里라고 하였다더라.」, 「皇城新聞」1906년 7월 13일.

(2) 사료의 본질적 해석

본 사료는 1905년 2월 22일 시마네현이 죽도 편입 조치를 하고 난 후, 시마네현 관리가 1906년 3월 28일 울릉도를 방문하여 심흥택 군수에게 「죽도편입」사실을 알렸다. 심흥택 군수는 1906년 3월 29일 강원도 관찰사를 통해 「바깥 바다 100여리 거리에 있는 본군 소속 독도」가 일본이 영토편입조치를 하여 침탈하려고 한다는 사실을 중앙정부에 보고했다. 참정(총리)대신은 「전혀 근거가 없는 일」48), 내부대신은 「전혀 이치가 맞지 않는 일, 아연실색할 일」49)이라고 경악했다.50) 외부에서는 「칙령41호에 의해 한국영토가 되었다」51)고 통감부에도 항의했다. 통감부는 독도가 한국영토가 된 전말을 보고하도록 했고, 한국 외부(현재의 외무부)에서 내부(현재의 내무부)의 공문서를 통해 독도가 한국영토로 편입된 경위를 증명하기 위해 「칙령41호」를 가지고 통감부 요구에 대해 독도가 한국영토로서의 정당성을 주장했다. 이 문건은 그때에 작성된 것이다. 한국정부는 칙령41호를 증거로 「석도=독도」라는 것

---

48) 參政大臣(박제순)의 指令文3호(1906): 「올라온 보고는 다 읽었고, 독도 영지 운운하는 설은 전혀 그 근거가 없으니, 그 섬의 형편과 일본인의 동향을 다시 조사해 보고하라.」: 「來報는 閱悉이고 獨島領地之說은 全屬無根하나, 該島 形便과 日人 如何行動을 更爲査報 할 사」. 신용하(1996) 『독도의 민족영토사 연구』지식산업사, p.246.

49) 內部大臣의 指令文(1906): 「도를 유람하러 온 차에 토지의 경계와 호구를 적어가는 것은 이상한 점이 없다고 말할 수 있을지 모르지만, 독도가 일본 속지가 되었다는 것은 필히 그 이유가 없으니, 이번 보고가 심히 아연할 따름이다.」: 「遊覽道次에 地界戶口之錄去는 容或無怪어니와 獨島之稱云日本屬地는 必無其理니 今此所報가 甚沙訝然이라」. 신용하(1996) 『독도의 민족영토사 연구』, p.245.

50) 신용하(1996) 「일제의 독도 침탈에 대한 대한제국정부와 한국인의 항의」, 『독도의 민족영토사 연구』, pp.225-231.

51) 「울도군의 배치 전말」은 외부의 항의를 받고 통감부의 요청에 의해 제출된 공문서.

을 분명히 했다. 이에 대해 통감부는 아무런 반론을 펴지 않았던 것이
다. 칙령에는 울도군의 관할구역을 「울릉전도, 죽도, 석도」라고 명시하
고 있다. 이렇게 볼 때, 일본 시마네현의 「죽도」, 울릉군수 심흥택의
「독도」였고, 칙령41호의 「석도」는 동일한 섬임에 분명하다.[52]

(3) 사료의 왜곡 해석

산음중앙신보는 「울도군 관할 범위는 동서 60리, 남북 40리, 도합
200여리(한국 1리는 0.4km)」라고 게재된 『황성신문』(1906년 7월 13일
자)기사를 근거로 「석도=독도설 부정하는 기록 발견하다」라고 제목
으로 울릉도에서 92km나 떨어져 있는 독도가 「칙령 제41호」의 「석도」
일 리가 없다고 보도했다.[53]

또한 죽도문제연구회의 부소장 스기하라 류(杉原隆)는 「황성신문은
죽도가 시마네현 소관이 되었다는 사실을 듣고 울도군수가 중앙정부에
보고한 기사(「울졸보고내부(鬱倅報告內部)」1906년 5월 9일)는 잘 알
려져 있지만, 이번에 발견된 것은 울릉도가 1900년 대한제국 칙령에
의해 울도군으로 승격된 경위가 기록되어 있는 기사이다. 한국측은 이
칙령에 기록된 「석도」가 독도(죽도)라고 주장하지만, 기사에 게재된
수치가 울도군의 범위를 나타내는 것이라면 죽도가 포함되지 않는다.
이렇게 되면 한국측의 주장은 성립될 수 없다. 이번 사료의 발견은 산
음중앙신보에서도 크게 보도하고 있는데 'Web죽도문제연구소'에서도
주목하고 있다. 이와 관련되는 자료가 발견되는 것을 기대한다.」[54]라

---

52) 이에 대해서는 유미림 박사와 신용하 교수가 비판하고 있음, 유미림(2008.4)
「석도는 독도이다. 일본의 '석도=독도'설 부인에 대한 반박」『해양수산동향』
Vol. 1256, 한국해양수산개발원, 2008년 4월 3일. http://www.kmi.re.kr/
data/linksoft/00000007/23-01-06.pdf,
53) 『山陰中央新報』, 2009년 2월 22일.

고 황성신문에서 독도가 한국영토가 아님을 인정하였다고 주장했다.

또한 시모조 마사오는 「『황성신문』이 울도군의 관할 범위를 '동서 60리, 남북 40리, 합 200여리'라고 한 것은 중요하다. '석도=독도'라고 주장하는 유미림씨 논리의 부적절성을 지적해주고 있다.」「1900년 6월 울릉도를 시찰하고 울릉도 군 승격을 제언하고 '칙령 제41호'를 발령을 도운 내부 시찰관 우용정의 울도군 인식을 명확히 할 필요가 있다.」「우용정은 시찰한 범위에 대해 울릉도 1도의 '둘레가 140-150리'라고 했다. '칙령 제41호'가 재가되기 전날 내부대신 이건하가 제출한 청원서에는 '이 섬들(該島地方)은 가로 80리, 세로 50리이다.'라고 하여 죽도(竹島; 竹嶼)와 석도도 포함하고 있었다고 할 수 있다.」라고 하여 이건하의 청원서에서는 「석도」가 포함되었다고 주장한다. 또한 「우용정이 울릉도를 '둘레가 140-150리'이라고 한 것은 1882년 고종의 명을 받아 울릉도를 답사한 이규원이 울릉도 '둘레가 140-150리'(『계본초 ; 啓本草』)라고 한 것을 답습한 것 같다. 울릉도의 지리적 인식은 고종으로부터 울릉도 도형을 상세하게 그리도록 명을 받은 이규원의 『울릉도외도』에 반영되어 있다. 『울릉도외도』에는 죽도(竹島; 竹嶼)와 도항(島項; 観音島) 2섬이 그려져 있고, '둘레 140-150리'라고 하여 울릉도 범위를 명확히 했다.」라고 하여 '칙령 제41호'의 발령을 도운 내부 시찰관 우용정이 울릉도 1도의 '둘레가 140-150리'라고 한 것은 이규원의 『울릉도외도』에 나타나 있는 죽도(竹島; 竹嶼)와 도항(島項; 観音島) 2섬을 반영 것이므로 '칙령 제41호'에는 독도가 포함되어 있지 않다는 주장이다. 시모조는 항상 관련이 없는 자료를 모자이크방식으로 조합하는 방식으로 사실을 조작하고 있다. 이는 시모조의 「모자이크 조작이론」[55]으로서 전혀 설득력이 없다.

---

54)「Web죽도문제연구소」, http://www.pref.shimane.lg.jp/soumu/web-takeshima/takeshima04/takeshima04-2/takeshima04-x.html(2010년 6월 2일 검색).

또한 시모조는 한국인과 독도와의 관계에 대해 다음과 같이 주장한다. 즉「울릉도의 한인들이 독도에 건너가게 된 것은 1904년 일본인들이 강치 조업을 위해 고용한 것이 계기이다. 울릉도의 어부가 독도에서 어로활동을 하고 독도를 석도라고 했다고 하는 한국측 주장은 추측에 불과하다.」라고 비판했다. 하지만, 일본군함 니이타카호는 한인들이 리앙코를「독도」라고 기록하고 있다고 일지에 기록하고 있다.[56] 이를 보면 이미 1904년 이전에 울릉도 한인들이 독도라고 불렀던 것이다. 이는 1904년에 이미 울릉도 한인들이「독도」라는 명칭을 일반적으로 사용하고 있다는 의미로 오래전부터 독도를 생활공간으로 활용했다는 것을 의미하므로 시모조의 주장은 옳지 않다. 그리고 시모조는「석도와 독도와의 관계를 전라도방언에서 찾는 주장도 근거가 없다. 이들 모두 견강부회(牽强付會)의 설」이라고 비판하지만, 실제로 울릉도 주민의 80%가 전라도출신이라는 점에서 석도를「독도」라고 불렀다고 하는 점을 부정할 수 없다.[57] 또한 시모조는「한국해양수산개발원의『해양수산동향』은 또 다른 일본측에 유리한 죽도문제 해결의 실마리를 제공하고 스스로 무덤을 파고 말았다.」[58]고 비판하지만, 이러한 주장도 단지 감정적인 언행에 지나지 않는다.

요컨대 사료에 등장하는 여러 지리적인 개념을 해석하여 영유권의 진위를 밝히는 방법도 있을 수 있지만, 사실상 명확히 진위규명이 어려

운 점이 있다. 이번 황성신문의 「울도군의 배치전말」은 통감부가 「칙령41
호」의 존재를 확인하고 이를 묵인했다는 점에서 독도가 「석도」임을 인정
했다고 해석된다.[59] 이러한 사실관계를 외면한 채 '죽도' 영유권론자들은
아전인수격의 논리를 조작하여 독도 영유권의 본질을 왜곡하고 있다.

8. 「아세아소동양도」

(1) 사료의 발굴 경위와 원문 소개

「아세아소동양도(亜細亜小東洋図)」는 1835년(텐보; 天保 6 年) 나가
쿠보 세키스이(長久保赤水)가 제작한 『당토역대주군연혁지도(唐土歴
代州郡沿革地図)』에 수록되어 있는 것으로 현재 이즈모시(出雲市) 우
마니와(馬庭)씨가 소장하고 있다. 「web죽도문제연구소」는 이를 최근
발굴하였다고 하여 홈페이지에 게시해 두고 '죽도'가 일본영토라고 할
수 있는 입증자료라고 주장하고 있다.

[지도1] 〈亜細亜小東洋図〉 (1835년; 出雲市 馬庭씨 소장)[60]

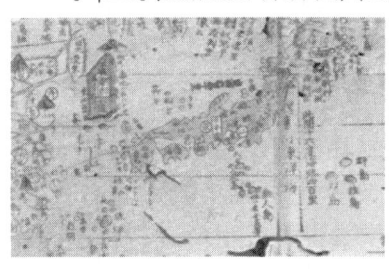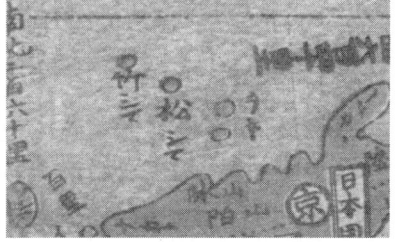

59) 최장근, 「근대 한국의 독도관할과 통감부의 인식 -'석도=독도' 검증의 일환
   으로-」, 『일어일문학연구』제72집 2권, 한국일어일문학회, 2010년 2월.
   pp.297-314
60) 「Web죽도문제연구소」, http://www.pref.shimane.lg.jp/soumu/web-takeshima
   /takeshima04/takeshima04-2/takeshima04-x.html(2010년 6월 2일 검색).

[지도2] 〈亜細亜小東洋図〉 (1857년; 邑南町 개인 소장)[62]

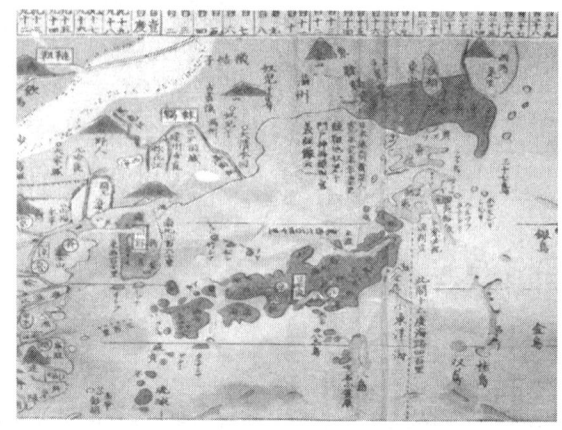

[지도3] 〈改正日本輿地路程全図〉 (1846년; 江津市 개인 소장)[63]

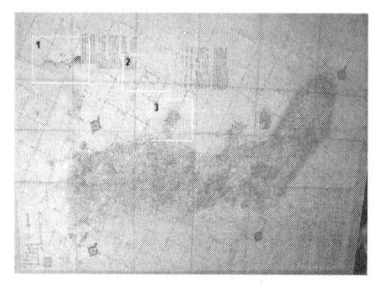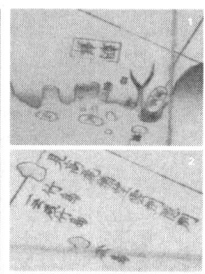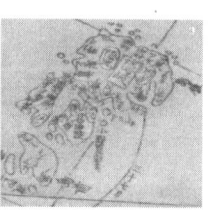

(2) 사료의 본질적 해석

나가쿠보 세키스이[63]는 1717년에 태어나 1801년까지 살았던 인물이

61) 상동.
62) 상동.
63) 長久保赤水는「本名：玄珠、俗名：源五兵衛、1717년 12월 8일 - 1801년 8월 31일, 에도시대 중기의 지리학자, 한학자였다. 常陸国 多賀郡 赤浜村 (現在의 茨城県 高萩市)出身, 農民出身이지만, 遠祖는 大友親頼의 三男 長久保親政이다. 学問을 좋아했는데 地理学에 전념했다. 現在 静岡県 駿東郡 長泉町를 다스리는 長久保 城主가 되고 長久保氏를 칭했다고 전해진다.」

다. 그는 1774년에『일본여지노정전도(日本輿地路程全図)』를 제작했고, 이를 수정하여 1779년에『개정일본여지노정전도(改正日本輿地路程全図)』를 오사카(大坂)에서 제작하여 널리 보급하려고 노력했다.

그런데 1846년에 제작된 고츠시(江津市) 개인소장 [지도3]「개정일본여지노정전도」는『병가가문(兵家紀聞)』의 저자인 쿠리하라 노부미츠(栗原信充)가 나가쿠보의『개정일본여지노정전도』를 개정하였다고 머리말에 부기하여 간행한 것이다. 나가쿠보가 1779년에 제작한 초판『개정일본여지노정전도』에는 송도(松島)와 죽도(竹島)가 아무런 채색 없이 그려져 있다. 실제로 초판지도에는 조선국과 동일하게 위도 표시 없이 갈색으로 채색하여 독도와 울릉도를 조선영토로 인식하고 있었다.[64] 그러나 1846년에 쿠리하라가 나가쿠보의『개정여지노정전도』를 개정한 지도에는 송도(松島)와 죽도(竹島)를 오키와 같은 황색으로 채색되어 있다(조선반도는 갈색).」고 주장한다.[65] 만일 이것이 오키도와 같은 색으로 채색되어 있다면 나카스이의 영토인식과 무관하다. 1779년판의 초판지도에 없었던 것을 나카스이가 죽은 이후 후세에서 울릉도와 독도를 일본열도와 같은 색상으로 채색하였다면 후세들의 영토인식이라고 할 수 있다. 그리고 이미 한일 양국간의「죽도문제1건」에 의해 1696년 일본 막부가 공식적으로 울릉도(독도 포함)를 한국영토로 인정하고 도해금지령이 내려진 상태였는데, 1846년에 울릉도를 일본열도와 같은 색상으로 채색했다는 것은 영유권 지도로서는 전혀 가치가 없다. 따라서 이 지도는 영유권 소속과 무관한 나카스이의 위작이라

http://ja.wikipedia.org/wiki/.

64)「Web죽도문제연구소」, http://www.pref.shimane.lg.jp/soumu/web-takeshima
   /takeshima04/takeshima04-2/takeshima04-x.html(2010년 6월 2일 검색).
65) 죽도문제연구회에서는 화상으로는 알기는 어렵지만 일본열도와 같은 색
   으로 채색되어 있다고 주장함.

고 할 수 있다.

(3) 사료의 왜곡 해석

죽도문제연구회는 [지도1]의 「아세아소동양도」에 대해 1835년에 나가쿠보가 제작한 『당토역대주군연혁지도』에 수록되어 있고, [지도2]의 「아세아소동양도」는 1857년에 나가쿠보가 제작한 『당토역대주군연혁지도』에 수록되어 있는데, 이들은 나가쿠보가 직접 제작한 지도를 바탕으로 추가한 지도라고 한다. 이 지도는 오키제도(隱岐諸島) 텐포판(天保版)에서는 「오키(オキ)」, 안세이판(安政版)에는 「오키(ヲキ)」)의 서북에 송도(松島)텐포판에서는 '마쓰시마(松シマ)', 안세이판에서는 '마쓰시(松シ)'라고 표기, 현재의 죽도(竹島)와 죽도(竹島; 지도에는 '다케시마(竹シマ)', 현재의 울릉도)를 일본열도와 같은 색으로 채색되어 있고, 또한 [지도3]의 「개정일본여지노정전도」(1846년; 에즈(江津)시 개인소장)는 조선반도가 갈색(茶色)인 반면, 화상이 분명하지는 않지만 송도(松島)와 죽도(竹島)가 오키와 같은 황색으로 채색되어있다고 하여 이들 자료들은 죽도가 일본영토임을 입증하는 자료라고 주장한다.

그러나 위에서 지적하였듯이 1696년에 막부가 울릉도를 조선영토로서 인정한 이후에 개인신분에서 이미 일본영토가 아닌 울릉도에 대해 일본영토와 같은 색상으로 표기했다고 하여 일본영토로서의 증거자료라고 주장한다면 이는 사료의 왜곡 해석을 통한 독도의 영유권을 조작하는 행위이다.

9. 맺으면서

본 연구에서는 최근 수년간 발굴된 새로운 사료들을 통해 독도의 영토적 권원이 한국과 일본 중에 어느 쪽에 있는가를 검토한 것이다. 일본의 '죽도' 영유권 주장에 대한 본 연구에서 도출된 결론은 다음과 같다.

첫째, 최근에 발굴된 사료는 「겐로쿠9 병자년 조선주 착안 일권지 각서」, 「대장성령 제4호」와 「총리부령 제24호」, 「일로청한명세신도」, 박세당의 「울릉도」, 「조선국 '독도 도항금지' 에도시대 팻말」, 「울도군의 배치 전말」, 「아세아소동양도」 등이다.

둘째, 최근 2005년에서 2010년까지 발굴된 새로운 사료는 일본측 사료도 있고, 한국측 사료도 있다. 그런데 대부분이 일본측 사료임에도 불구하고 분석 결과 모든 사료에서 영토적 권원이 한국영토에 있다는 것을 입증하는 사료들이다. 그런데 일본은 이를 왜곡 해석하여 오히려 일본영토로서 영토적 권원이 있다고 주장한다.

셋째, 일본측에서 주로 사료를 왜곡하는 주체는 죽도가 일본영토라는 논리를 만들고 있는 모임인 「죽도문제연구회」 좌장 시모조 마사오, 부좌장 스기하라 류이다. 그리고 그 외에도 독도문제를 연구하고 있는 학자들 중에서는 일본인으로서의 내셔널리즘을 극복하지 못하여 한국영토라는 본질적인 사료조차도 인정하지 않으려는 고정관념에 차 있는 '죽도'의 일본영토론자들이다.

넷째, 일본국민들 특히 외무성관료나 매스컴관계자들, 그리고 정치가들이 이처럼 내셔널리즘을 극복하지 못한 '죽도'의 일본영토론자들이 왜곡한 논리를 아무런 비판 없이 수용하여 일본 국민들에게 '죽도' 영유권 교육을 강요하는 구조를 갖고 있다.

다섯째, 본 연구에서 분석한 사료들처럼 독도 관련 사료가 매년처럼

발굴되고 있다. 따라서 일부 '죽도'의 일본영토론자들이 아무리 사료를
왜곡한다고 하더라도 날로 성숙해가는 일본국민의 의식수준으로 볼 때
이런 왜곡행위들이 더 이상 무의미하게 될 날이 곧 올 것으로 확신한
다. 또한 시간의 경과와 더불어 발굴되는 많은 사료 중에는 한국영토로
서의 권원이 축척되어 한국영토로서 해결될 것임에 의심하지 않는다.
따라서 한국은 일본의 다급한 재촉에 휘둘림 없이 독도문제가 본질적
으로 해결되도록 유유하게 시간을 기다리면서 노력해야할 것이다.

에필로그

　본서는 「일본의 독도 사료 조작의 계보 -독도영토 부정과 죽도 신영 토론 조작-」라는 제목을 붙였다. 이는 일본정부가 과거 일본제국주의가 침략했던 역사적 잔재를 청산하지 못하고 오늘날까지 독도에 대해 영유 권을 주장하는 것은 신제국주의적 정체성을 갖고 있다고 할 수 있다. 또한 한국정부가 대일평화조약 발효를 앞두고 연합국의 우선적 조치에 의거하여 독도에 대한 실효적 관리를 바탕으로 평화선을 선언할 때 제 시했던 한국영토로서의 증거를 제시했다. 일본정부가 이에 대항하기 위 해 '죽도'의 영유권 논리를 조작하였는데, 이는 오늘날까지 내셔널리즘 에 입각한 독도영토론자들에 의해 계승되고 있다는 것을 의미한다.

　그렇다면 본서의 연구성과를 부분별로 정리하면 다음과 같다.

　제1장에서는 일본정부는 사실상 「총리부령 24호」와 「대장성령 4호」 에서 SCAPIN 677호에 의거하여 독도가 한국영토로 분류되었다는 사실 을 확인할 수 있었다. 그러나 SCAPIN 677호는 최종적인 영토문제 종결 을 의미하는 것이 아니라고 하여 지금도 독도영유권을 주장하여 분쟁 지역으로 다루었다. 실질적으로 연합국이 SCAPIN 677호에서 한국영토

로 분류한 후 대일강화조약에서 독도문제를 최종적으로 결론을 내리지 않은 채 해체되고 말았다. 결국 최종적인 조치는 이제 당사국간에 합의해서 해결할 문제가 되었다. 한국은 역사적 권원에 의거하여 연합국의 선조치에 의거하여 실효적으로 관리하고 있는 상황이므로 더 이상 양보는 없을 것이다. 일본은 연합국이 역사적 권원에 의거하여 한국영토로 선조치한 것, 한국이 실효적으로 관리하고 있는 것 등을 볼 때 일본영토로서 정당성이 사라졌다. 따라서 한국영토로 인정해야 마땅하다. 이를 위해서는 일본정부의 강력한 외교적 리드십이 필요하다.

제2장에서는 1905년 일본제국주의가 독도를 침탈할 목적으로 시마네현에 편입조치를 단행했지만, 1910년 이후에는 이미 독도를 포함한 한반도 전체가 일본영토의 일부가 되었기 때문에 내셔널리즘의 작용없이 독도의 지리적 위치를 다루었다. 그 결과 학자들은 독도가 일본열도에 속하지 않고 한반도에 속한다고 하는 결론을 내리고 있음을 확인했다. 그럼에도 불구하고 일본의 패전으로 한국이 독립되고 이승만대통령은 평화선을 선언하여 역사적 권원에 입각한 연합국의 조치에 따라 독도가 한국영토임을 대내외에 명확히 했다. 일본국내에서는 이러한 상황을 인정해야한다는 탈내셔널리즘계와 영토권 확보를 위해 논리 계발을 해야한다는 내셔널리즘계가 평화선 선언 이후 오늘날까지 줄곧 대립되고 있다.

제3장에서는 2005년 일본 시마네현이 '죽도의 날' 조례를 제정한 것에 항의하여 시마네현과 자매를 맺고 있는 경상북도가 결연파기를 선언했다. 결연파기가 경상북도에 미치는 불이익이 어느 정도인가에 대한 손익계산서를 분석했다. 양 지자체간에는 실질적으로 교류가 그다지 활발하지 않았기 때문에 경상북도가 받는 피해는 아주 미미하고 향후 지자체간의 교류가 굳이 필요하다면 다른 지자체와 교류를 추진하

면 된다는 결론을 내렸다.

제4장에서는 1905년 일제가 무주지선점이론으로 '죽도'편입조치를 단행했는데 여기서 일제의 침략성을 논증하기 위해 1910년 한국병합 이후 일제가 독도를 지리적으로 한반도와 일본열도 어느 쪽의 소속으로 다루었는가를 규명했다. 역시 일제가 독도를 지리적으로 한반도의 일부로서 취급했다는 것으로도 알 수 있듯이 1905년의 '죽도'편입조치가 한국영토에 대한 침략행위였음을 확인할 수 있었다.

제5장에서는 오늘날 일본이 「은주시청합기(隱州視聽合紀)」를 죽도가 일본영토라고 주장하는 근거로 삼고 있다. 사실 〈은주시청합기〉는 해석상으로 독도를 한국영토로 취급하고 있다. 그렇다면 일본이 언제부터 무엇을 근거로 「은주시청합기」에서 독도를 일본영토라고 해석하게 되었는가를 분석한 결과, 오쿠무라 헤키운(奧村碧雲)이 아무런 논증없이 1905년 신영토 '죽도' 편입조치를 단행할 때 내셔널리즘에 입각하여 사실을 조작했다는 것을 확인할 수 있었다.

제6장에서는 한국정부가 1952년 역사적 권원에 의거하여 평화선을 선언하여 독도가 대내외적으로 한국영토라는 것을 명확히 하자, 일본정부는 한국의 주장에 동의할 수 없다고 하여 가와카미가 외무성관리로 하여금 '죽도'가 일본영토라는 논리를 계발하도록 했다. 가와카미는 한국측의 역사적 권원을 전적으로 부정하고 오히려 일본영토로서의 역사적 권원을 조작했던 것이다.

제7장에서는 가와카미는 외무성 관료로서 1952년 평화선 선언 당시 한국정부가 내세운 영토적 권원에 대응하여 한국영토로서의 국제법적 지위를 부정하고 오히려 죽도가 일본영토라는 국제법적 지위에 관한 논리를 조작했다는 사실을 확인했다.

제8장에서는 다무라 세이자부로가 시마네현 공무원으로서 1952년

한국의 평화선 선언에 대응하여 1905년 일본의 영토편입을 정당화하기 위해 시마네현이 '죽도'를 실효적으로 관리했다는 논리를 조작했다. 한국은 1905년 이전에도 이후에도 독도를 실효적으로 관리한 적이 없지만, 일본은 1905년 독도편입 이후 적극적으로 실효적으로 관리했다는 논리를 조작했다. 다무라가 주장하는 실효적 지배에 관한 내용은 대부분 일제가 한일합병이후 독도에서 강치를 남획하여 멸종시킨 역사에 지나지 않았다.

제9장에서는 일본은 1882년 대한제국이 울릉도 개척을 시작하여 울릉도에서 보이는 독도를 울릉도민이 영토로서 관리했다고 하는 한국의 주장을 부정하고 있다. 사실은 대한제국은 1900년 칙령41호로 독도를 관리했다. 이러한 사실은 1904년 일본군함 니이타카(新高)호의 군함일지에 「한인이 독도(獨島)라고 쓴(書)다」라고 하고 있는 것으로도 한국이 영토로서 관리했다는 사실을 확인했다. 그런데 오히려 당시 한인들은 미역채취밖에 할 수 없었기 때문에 울릉도에서 조업을 하고 있던 일본인들에 의해 고용되면서 처음으로 독도의 존재를 알게 되었다고 논리를 조작하고 있다.

제10장에서는 최근에 발굴된 독도관련사료에 대한 해석에 있어서도 한국영토라는 본질을 왜곡하여 오히려 일본영토로서의 근거라고 영토적 권원을 조작하고 있다. 이처럼 일본은 죽도가 일본영토라고 주장하기 위해 예나 지금이나 변함없이 논리조작을 계속하고 있다는 것이다.

이상이 본서에서 논증된 연구성과이다. 본서에 수록된 내용은 모두 관련학회에서 발표하고 이를 다시 학회논문집에 게재하여 학문적 객관성을 검증받은 것들이다. 각 장에 실린 내용들의 초출(初出)은 다음과 같다.

○ 제1장 : "「총리부령24호」와 「대장성령4호」의 의미 분석", 한국일어일
　　　　문학회, 『일어일문학연구』제71집, p.505, 2009.11.30

○ 제2장 : "일본의 죽도/독도 역사연구 현황과 쟁점-1905년 죽도영토
　　　　편입-2005년 죽도의 날 제정-", 동북아역사재단, 『동북아역
　　　　사논총』, p.7, 2007.12.30

○ 제3장 : "경상북도와 시마네현 교류 중단과 전망 -교류중단 2년 간의
　　　　양 지자체의 손익계산서-", 한국일본문화학회, 『일본문화학
　　　　보』제35집, p.213, 2007.11.30

○ 제4장 : "일본제국기의 독도/죽도 선행연구 분석-독도 영토문제 본
　　　　질규명을 위한 시도-", 동북아시아문화학회, 『동북아문화연
　　　　구』제13집, p.509, 2007.10.30

○ 제5장 : 「인슈시초고키」"왜곡 해석의 기원-근대 일본의 독도 영유권
　　　　인식과 침략 경위-", 동아시아일본학회, 『일본문화연구』, 제
　　　　29집, p.377, 2009.01.15

○ 제6장 : "가와카미 겐조의 독도에 관한 역사적 권원 조작에 관한 연구",
　　　　동아시아일본학회, 『일본문화연구』,제39집, p.569, 2011.07.30

○ 제7장 : "가와카미 겐조의 국제법적 지위 조작에 관한 연구-평화선
　　　　선언시기 일본정부의 '죽도=일본영토'논리조작-", 한일민족
　　　　문제학회, 『한일민족문제연구』, p.129, 2011.06.30

○ 제8장 : "「다무라 세이자부로(田村淸三郞)」의 죽도 영유권 조작에 관
　　　　한 연구", 대한일어일문학회, 『일어일문학』, 제51집, p.327, 2011.
　　　　08.31

○ 제9장 : "한국의 울릉도·독도개척사에 대한 일본의 조작행위 -가와
　　　　카미 겐조(川上健三)와 다무라 세이자부로(田村淸三郞)를
　　　　중심으로-", 한국일본문화학회, 『일본문화학보』, 제51집, 2011.

12.31

○ 제10장 : "일본의 사료 왜곡 해석과 독도 영유권의 부정 -최신 발굴 사료를 중심으로-", 한국일본문화학회,『일본문화학보』, 제 46집, p.113, 2010.08.31

　지금까지는 독도연구가 역사적 권원과 국제법적 지위를 단순히 비교하는 형식으로 한일 양국은 각각 영유권을 주장해왔다. 본서는 이러한 방법론을 탈피하여 일본이 주장하는 논리가 영토적 권원의 본질 조작에 의한 것임을 조명했다. 따라서 본서를 통해 독도문제의 본질을 이해함으로써 영토문제 해결에 도움이 되기를 기대해본다.

참고문헌

제1장 일본법령에서의 독도 한국영토 확인

  -「총리부령 제24호」와「대장성령 제4호」분석-

김병렬(1998)「대일강화조약에서 독도가 누락된 전말」, 독도보전협회, 『독도
　　　　　영유권과 영해와 해양주권』독도연구보전협회, pp.165-195.

_____(1998)『독도』다다미디어, pp.414-417.

송병기편(2004)『독도영유권자료선집』자료총서34, 한림대학교아시아문화선
　　　　　집, pp.1-278.

신용하(1996)『독도, 보배로운 한국영토 -일본의 영유권 주장에 대한 총비판』
　　　　　지식산업사, p.188.

_____(1996)『독도의 민족영토사 연구』지식산업사, p.260.

이한기(1969)『한국의 영토』서울대학교출판부, p.299.

최장근(1998)『일본영토의 분쟁』백산자료원, pp.33-71.

_____(2008)『독도문제의 본질과 일본의 영토분쟁 정치학』제이앤씨, pp.
　　　　　123-128.

「세계일보」, 2009년 1월 7일.

「조선일보」, 2009년 1월 3일.

V.V.アラージン(2005)『ロシアと日本：平和条約への見失われた道標　一ロシア
　　　　　人から88の質問への回答一』, モスクワ：(Sotsium Publ.

www. sotsium. ruinfo@sotsium.ru), pp.125-129.

外務省編(1976)『日本外交年表並主要文書 上』明治百年史叢書1, 原書房, p.536.

高野雄一(1962)『日本の領土』東京大学出版会, pp.347-349.

毎日新聞社編(1952)『対日平和条約』毎日新聞社, pp.3-21.

水津満(1987)『北方領土の鍵』謙光社, p.179.

○ 総務省(검색일: 2009.5.10)「法令データ提供システム」,

　　http://law.e-gov.go.jp/htmldata/S26/S26F03401000004.html.

○ 「竹島問題」일본외무성(검색일: 2009.5.10),

　　http://www.mofa.go.jp/mofaj/area/takeshima/.

○ 「読売新聞」(검색일: 2009.1.7).

○ 「実事求是17」(검색일:2009.8.20) web竹島問題研究所,

　　http://www.pref.shimane.lg.jp/soumu/web-takeshima/.

제2장 일본국내에서의 탈내셔널리즘과 내셔널리즘의 대립
-일본의 죽도/독도 역사 연구와 영토인식-

김병렬(2001), 『독도에 대한 일본사람들의 주장』다다미어, pp.173-173.

박병섭(2006)『半月城通信』, http://www.han.org/a/haif-moon/.

최장근(2007)「독도관련연구경향(1948-현재)분석 : 역사학」, 동북아역사재단
　　　　　　(과제번호: 제3연구실-2007-17), pp.128-148.

_____(2007)「일부 일본학자들의 독도사료조작으로 인한 영유권 본질 훼손」,
　　　　　　『일본문화학보』제32집. pp.401-428.

한국북방학회편(2004)『한국북방학회논집』제8권, pp.302-303.

한철호(2006)『명치시기 일본의 독도정책과 인식에 대한 연구 쟁점과 향후
　　　　　　전망』, 한국해양수산개발원(과제번호: 독도연구 2006-06).

奥原碧雲(1906.5)『竹島及び欝陵島』松江県立図書館所蔵.

＿＿＿＿＿(1906.6)「竹島沿革考」,『歴史地理』第8巻 第6号, pp.461-478.

池内敏(2006)『大君外交と「武威」』, 名古屋大学出版会, pp.258-261.

＿＿＿＿(1999)「竹島渡海と鳥取藩」,『鳥取地域史研究』第1号, p.38.

栢原昌三(1919)「太平洋問題としての竹島回顧(承前)」,『歴史と地理』第4巻 第
　　　　　　1号, pp.36-44.

＿＿＿＿＿(1919)「日明鮮の国交通商と柳川一件の真相」.

川上健三(1966)『竹島の歴史地理学的研究』古今書院, pp.281-282.

下條正男(2004)『竹島は日韓どちらのものか』, 文芸春秋, p.61.

＿＿＿＿(1999.5)「竹島問題、金炳烈氏に 再反論する」,『現代コリア』第391号,
　　　　　　pp.50-63.

太寿堂鼎(1966)「竹島紛争」,『国際法外交雑誌』第64巻 4-5合併号, p.130.

田中阿歌麻呂(1905.8)「隠岐国竹島に関する旧記」,『地学雑誌』第17年 第200号,
　　　　　　pp.594-598.

「잡보」(1905.4)「帝國新領土竹島」,『地学雑誌』第17年 第196号, p.282.

田中阿歌麻呂(1905)「隠岐国竹島に関する旧記」,『地学雑誌』第210号, p.415.

田保橋潔(1931.2)「欝陵島その発見と領有」,『青丘学叢』第3号, pp.1-26.

＿＿＿＿＿(1931.5)「欝陵島の名称について(補)一坪井博士の示教に答ふ」, 青丘
　　　　　　学会編.『青丘学叢』第4号, p.106.

田村清三郎(1954)『島根県竹島の研究』島根県総務部総務課.

＿＿＿＿＿＿(1965)『島根県竹島の新研究』島根県総務部総務課.

竹島問題研究會(2007)「最終報告書」, p.153. 竹島問題研究會.

塚本学(1996)「竹島領有権問題の経緯」,『調査と情報』第289号, p.3.

＿＿＿＿(2002.6)「竹島領有権をめぐる日韓両政府の見解」,『レフアレンス』2002
　　　　　　年6月号, p.53.

＿＿＿＿＿(1996)「竹島領有権問題の経緯」, p.2.

_____(2006)「냉전종언의 북방영토문제」,『国際法外交雑誌』제105권 제1호, p.98.

_____(1985)「竹島関係 旧鳥取藩文書および絵図(上)」,『レフアレンス』411 号, p.75.

坪井九馬三(1921)「欝陵島」,『歴史地理』제38권 제3호, pp.4-5.

_____(1930.7)「竹島について」,『歴史地理』제56권 제1호, pp.33-34.

内藤正中(2007)「日本の史料から見た独島の帰属問題」,『근대 질서와 영토, 그리고 현재의 독도문제』, 2007년도 독도관련 국제학술대회(영남대학교) 발표문, 2007년 10월 25일.

内藤正中·박병섭(2006)『竹島＝独島論争』新幹社, pp. 18-19.

樋畑雪湖(1930)「日本海における竹島の日鮮関係に就いて」,『歴史地理』제55권 제6호, pp.62-63.

外務省條約局編(川上健三)(1953)『竹島の領有』, 外務省條約局.

堀和生(1986.12)「1905年の竹嶋領土編入」,『朝鮮史研究会論文集』No.24, pp.101.

山辺健太郎(1964)「竹島問題の歴史的考察」, 民族問題研究所,『コリア評論』, pp.4-14.

梶村秀樹(1978)「独島問題＝日本国家」,『朝鮮研究』第182号, pp.32-35.

堀和生(1987. 3)「1905年日本の竹島領土編入」, 朝鮮史研究會編,『朝鮮史研究會論文集』제24호, 綠蔭書房. pp.97-125.

제3장 '죽도의 날'제정,내셔널리즘강화에 의한 한일 갈등 증폭
　　　-경상북도와 시마네현 교류 중단 2년간의 손익계산서-

竹島問題研究會편(2006.6)「竹島問題研究會의 중간보고서」, pp.23-72.

_____(2007.3)「竹島問題研究會의 최종보고서」, pp.13-25.

島根県・竹島北方領土返還要求運動島根県民会議編(2006.2),『竹島』, pp.1-3.

山陰中央新報社編(2006.7)『発信 竹島(下條正男・拓殖大学教授に聞く)』山陰
中央新報社, pp.2-54.

島根県総務部総務課編(2006.2)『ホオト しまね 一特集 竹島一』第161号, pp.2-22.

시마네현/죽도・북방영토반환요구운동 시마네현민회의편(2006),『죽도 -돌
아오라! 죽도-』, pp.1-3.

경상북도편(2007)『독도・동해 현안 대응능력 제고 방안 모색』, 동북아역사
재단, 경상북도 주체, 학술심포지움 보고서(경주현대호텔),
2007년 6월 26일자. pp.1-15.

경상북도(2006)「시마네현환경생활부 문화 국제과장 나카시마 사토시가 경상
북도 국제통상과장 이병환에게 보낸 문서」, 2006년 2월 1일자.

_____(2006)「2007年度島根県立大学交流県留学生候補者の選考について」, 島
根県総務部総務課大学改革スタッフ主任金築豊和가 大韓民国
慶尚北道에 보낸 문서」, 2006년 7월 12일자.

_____(2007)「시마네현 직원방문에 관하여」,「일본 시마네현 환경생활부
문화과장 히노테루오가 경상북도 통상외교팀장에게 보낸 문
서」, 2007년 5월 2일자.

_____(2006)「차년도 협의에 대하여」,「시마네현 환경생활부 문화국제과
장이 동북아시아지역자치단체연합사무국 사무국장에게 보
낸 문서」, 2006년 11월 8일자.

_____(2006)「NEAR総会期間中の副知事会議について」,「島根県環境生活部
文化国際課가 경상북도 국제통상과에 보낸 문서」, 2006년 9
월 6일자.

_____(2006)「시마네현 교류관련 취재 요청」,「일본 山陰中央TV보도제작
국이 경상북도 국제통상과에 보낸 문서」, 2006년 4월 12일
취재요청.

_____(2006 「독도관련취재요청」, 「시마네현 산음방송 시마네 보도부가
경상북도 국제통상과에 요청한 문서」, 2006년 2월 16일 취
재요청.

_____(2006) 「金寬溶知事へのインタビュー取材の願い」, 「山陰中央新報社
가 慶尙北道通商外交チーム長에게 보낸 문서」, 2006年 12월
22일자.

『山陰中央新報』, 2006년 4월 5일.

『朝日新聞』, 2006년 3월 11일 사설.

제4장 대일본제국시기의 독도영토에 대한 역사인식
　　　-대일본제국의 독도/죽도 선행연구 분석-

신용하(1996)『독도의 민족영토사연구』지식사업사, pp.39-54.

이한기(1969)『한국의 영토』서울대학교출판부, pp.227-304.

崔長根(2005)『일본의 영토분쟁』백산자료원, pp.25-78.

한국북방학회편(2004)『한국북방학회논집』제8권, pp.302-303.

秋岡武次郎(1950) 「日本西南海の松島と竹島」, 『社会地理』27, pp.1-20.

奧原碧雲(1906.6) 「竹島沿革考」, 『歷史地理』제8권제6호, pp.461-462.

栢原昌三(1919) 「太平洋問題としての竹島回顧(承前)」, 『歷史と地理』第4巻第1
号, p.44.

川上健三(1966)『竹島の歷史地理学的研究』古今書院, pp.143-189.

外務省条約局(1953.8)『竹島の領有』外務省条約局, pp.8-58.

田中阿歌麻呂(1905) 「隱岐国竹島に関する旧記」, 『地学雑誌』, pp.200-202.

_____(1906) 「隱岐国竹島に関する地理学上の知識」, 『地学雑誌』, p.210.

田保橋潔(1931.2) 「欝陵島その発見と領有」, 『青丘学叢』제3호, pp.1-26.

_____(1931.5)「欝陵島の名称について(補)―坪井博士の示教に答ふ」,青丘学会編,『青丘学叢』第四号, p.106.

田村清三郎(1965)『島根県竹島の新研究』島根県総務部総務課, pp.40-66.

『地学雑誌』編(1905.4)「雑報:帝國新領土竹島」,『地学雑誌』제17년 제196호, p.282.

坪井九馬三(1921.9)「欝陵島」,『歴史地理』제38권제3호, pp.1-2.

_____(1930.7)「竹島について」,『歴史地理』제56권제1호, pp.33-34.

内藤正中(2000)『竹島(欝陵島)をめぐる日朝関係史』多賀出版, pp.68-134.

内藤正中・朴炳渉(2007)『竹島=独島論争, 歴史資料から考える』新幹社, pp.29-50.

中村栄孝(1932)「欝陵島の名称について」,『青丘学叢』12.

樋畑雪湖(1930)「日本海における竹島の日鮮関係に就いて」,『歴史地理』第55巻第6号, pp.62-63.

제5장 신영토「죽도」편입조치를 위한 사료조작
-「죽도」영토적 권원 확보를 위한『은주시청합기』해석 조작

최장근(2007)『독도관련연구경향(1948-현재 : 역사학』동북아역사재단.

신용하(2003)『한국과 일본의 영유권논쟁』한양대학교출판부.

신용하(1996)『독도의 민족영토사 연구』지식산업사.

한국북방학회편(1985)『한국북방학회 논집』.

竹島問題研究會편(2007)「竹島問題に関する調査」最終報告書.

琴秉洞(1993.6.7)『朝鮮時報』.

高柳光寿・竹内理三編(1991)『日本史辞典』角川書店.

堀和生(1987)「1905年日本の竹島領土編入」『朝鮮史研究会論文集』24.

梁泰鎮편(1979)『韓國國境領土關係文獻集』.

川上健三(1966)『竹島の歴史地理学的研究』古今書院.

北澤正誠(1966)「竹島版図所属考」日本外務省蔵版『日本外交文書』第16巻.

_____(1877) 「松島開拓請願書」『竹島考証』下, 別紙 第20号.

_____(1877.6) 『竹島考証』下, 別紙, 公信13号.

日本外交省調査部編(1966) 『日本外交文書』第3巻.

山辺健太郎(1966) 『日韓併合小史』岩波新書.

日本太政官編(1965) 『公文録』内務省之部 1, 日本国立公文書館所蔵.

_____(1965) 『極秘 明治三十七八年海戦史』第 4 部第 4 巻.

奥原福市(1907) 『竹島及鬱陵島』.

_____ 「竹島沿革考」『歴史地理』第8巻 第6号.

田中阿歌痲(1905) 「隠岐国竹島に関する舊記」『地學雜誌』.

日本海軍省 『軍艦新高戦時日誌』1904年9月24日條, 9月25日條.

日本海軍省水路部(1899) 『朝鮮水路誌』.

_____(1886) 『寰瀛水路誌』제2권 제2판.

제6장 「가와카미 겐조」의 독도에 관한 역사적 권원 조작에 관한 연구
-평화선선언 시기 일본정부의 '죽도=일본영토' 논리조작을 중심으로-

權五曄·大西俊輝注釈(2009) 『獨島의 原初記錄: 元禄覺書』제이앤씨.

김병렬외 5명편(2005) 『독도자료집1』동북아의 평화를 위한 바른역사정립기
                                            획단.

김병준편(2005) 『독도논문번역선1』동북아평화를 위한 바른 역사 기획단.

나이토 세이추(内藤正中)저·곽진오·김현수역(2008) 『한일간 독도·죽도논
                                            쟁의 실체』책사랑.

나이토우 세이쮸우저·권오엽·권정역(2005) 『獨島와 竹島』제이앤씨.

독도연구보전협회편(1998) 『獨島領有權과 領海와 海洋主權』독도연구보전협회.

송병기편(2004) 『독도영유권자료선』한림대학교아시아문화연구소.

신용하(1996) 『독도의 민족영토사 연구』지식산업사.

최장근(2010) 『일본의 독도·간도침략구상』백산자료원.

____(2010.2) 「근대 한국의 독도관할과 통감부의 인식 -'석도=독도' 검증의 일환으로-」, 『일어일문학연구』제72집 2권, 한국일어일문학회.

_____(2007) 『독도관련연구경향(1948-현재: 역사학』, 동북아역사재단.

호사카 유지(2005) 『일본의 古지도에도 독도없다』(주)자음과모음.

池内敏(2008.2) 「安竜副と鳥取藩」『鳥取地域史研究』第10号.

奥原福市(1907) 『竹島及鬱陵島』.

_____ 「竹島沿革考」, 『歴史地理』第8巻 第6号.

川上健三(1966) 『竹島の歴史地理学的研究』古今書院.

下條正男(2005) 『「竹島」その歴史と領土問題』竹島·北方領土返還要求運動島根県民会議.

_____(2004) 『竹島は日韓どちらのものか』文春親書377.

田村清三郎(1965.10) 『島根県竹島の新研究』島根県総務部総務課.

竹島問題研究會編(2007) 「竹島問題に関する調査」最終報告書.

_____(2007) 『竹島問題に関する調査研究―最終報告書―』竹島問題研究会 参照.

内藤正中·金柄烈(2007) 『歴史的検証独島·竹島』岩波書店.

_____·朴炳渉(2007) 『竹島=独島論争』新幹社.

堀和生(1987) 「1905年日本の竹島領土編入」, 『朝鮮史研究会論文集』24.

山辺健太郎(1966) 『日韓併合小史』岩波新書.

동북아역사재단 독도연구소 http://www.dokdohistory.com/(검색일; 2011.3).

Web竹島問題研究所 http://www.pref.shimane.lg.jp/soumu/(검색일; 2011.3).

제7장 「가와카미 겐조」의 국제법적 지위 조작에 관한 연구
-평화선 선언 시기 일본정부의 '죽도=일본영토' 논리조작-

경북대학교 울릉도독도연구소(2009)『한국의 자연유산 독도』문화재청 참조.

김병렬(1998)「대일강화조약에서 독도가 누락된 전말」, 독도연구보전협회 편, 『獨島領有權과 領海와 海洋主權』독도연구보전협회, pp. 165-195.

나이토 세이추 저·곽진오/김현수 역(2008)『한일간독도·죽도논쟁의 실체-죽도·독도문제입문/일본외무성 '죽도'(竹島)비판-』책사랑, pp.57-59.

신용하(1996)『독도민족영토사연구』지식산업사, pp.319-321.

최장근(2008)『독도의 영토학』대구대학교출판부, pp.83-85.

최장근(2009.11)「'총리부령24호'와 '대장성령4호'의 의미 분석-일본의 영토 문제와 독도지위에 관한 고찰-」, 『日語日文學研究』제71집 제 2권, pp.505-521.

최장근(2010)『일본의 독도·간도침략구상』백산자료원, pp.69-92.

최장근(2010)『일본의 독도·간도침략구상』백산자료원, pp.92-130.

최장근(2005)『일본의 영토분쟁』백산자료원, pp.75-85.

최장근(2007)『독도관련연구경향(1948-현재)분석 : 역사학』, 동북아역사재단, pp.45-65.

浦廉一(1954.1)「(書評)外務省条約局, 『竹島の領有』」『史学研究』제53호, 広島 史学研究会.

奧原碧雲(1906)『竹島及鬱陵島』松江：報光社, 奥原碧雲, 『竹島経営者中井養 三郎氏立志伝』.

川上健三(1953)『竹島の領有』日本外務省条約局.

川上健三(1966)『竹島の歴史地理学的研究』古今書院.

田村清三郎(1954)『島根県竹島の研究』総務部総務課.

内藤正中·朴炳渉(2007)『竹島＝独島論争』, pp.47-49.

제8장「다무라 세이자부로」의 죽도 영유권 조작에 관한 연구
　　-평화선 선언에 대응한 일본의 논리계발-

權五曄・大西俊輝注釈(2009)『獨島의 原初記錄: 元禄覺書』제이앤씨, pp.44-45.
나이토 세이추(內藤正中)저・곽진오・김현수역(2008)『한일간 독도・죽도
　　　　　논쟁의 실체』책사랑.
나이토우 세이쮸우저・권오엽・권정역(2005)『獨島와 竹島』제이앤씨.
독도연구보전협회편(1998)『獨島領有權과 領海와 海洋主權』독도연구보전협회.
송병기편(2004)『독도영유권자료선』한림대학교아시아문화연구소.
신용하(1996)『독도의 민족영토사 연구』지식산업사.
최장근(2008)『독도영토학』대구대학교 출판부.
＿＿＿＿(2005)『일본의 영토분쟁』백산자료원.
＿＿＿＿(2010.2)「근대 한국의 독도관할과 통감부의 인식 -'석도=독도' 검증의
　　　　　일환으로-」,『일어일문학연구』제72집 2권, 한국일어일문학회.
＿＿＿＿(2007)『독도관련연구경향(1948-현재: 역사학』, 동북아역사재단.
池內敏(1999)「安竜副と鳥取藩」『鳥取地域史研究』第1号, p.38.
奧原福市(1907)『竹島及鬱陵島』.
＿＿＿＿＿(1907)「竹島沿革考」,『歷史地理』第8巻 第6号.
川上健三(1966)『竹島の歴史地理学的研究』古今書院, pp.1-291.
＿＿＿＿＿(1953)『竹島の領有』日本外務省条約局.
島根県편(田村清三郎)(1954)『島根県竹島の 研究』, pp.1-83.
田村清三郎(1965)『島根県竹島の新研究』島根県総務部総務課, pp.1-159
內藤正中・朴炳渉(2007)『竹島=独島論争—歴史から考える—』新幹社, pp.74-75.
堀和生(1987)「1905年日本の竹島領土編入」,『朝鮮史研究会論文集』24.

제9장 한국의 울릉도・독도개척사에 대한 일본의 조작행위
-가와카미 겐조와 다무라 세이자부로를 중심으로-

가와카미 겐조저・권오엽역(2010)『일본의 독도논리 -竹島의 歷史地理学的 研究-』백산자료원, pp.13-333.

신용하(1996)『독도의 민족영토사 연구』, 지식산업사.

양태진편(1979)『한국국경영도관계문헌집』.

최장근(1910)『일본의 독도・간도침략 구상』백산자료원, p.63.

최장근(2010.8)「일본의 사료왜곡해석과 독도 영유권의 부정-최신 발굴사료를 중심으로」,『일본문화학보』제46집, 한국일본문화학회, pp.113-138.

「舊韓國官報」第1716號, 光武4年 10月 27日.

『皇城新聞』, 1906년 7월 13일자.

奥村碧雲(1907)『竹島及鬱陵島』.

川上健三(1966)『竹島の歴史地理学的研究』古今書院.

＿＿＿＿＿(1953)『竹島の領有』日本外務省.

下條正男(2004)『竹島日韓どちらのものか』文春親書377, 文藝春秋, pp.1-188.

竹島廣報文書課(1953)『竹島關係資料』第1卷.

田村清三郎(1965)『島根県竹島の新研究』島根県総務課.

＿＿＿＿＿＿(1954)『島根県竹島の研究』島根県総務課.

日本外務省調査部編(1870)『日本外交文書』第3卷, 事項6, 文書番號87.

『各觀察道案』第1冊,「報告書號外」.

『公文錄』, 1877年3月20日條, 太政官指令文書.

『軍艦新高戰時日誌』, 1904年9月25日條.

「김정호」,「박석창」, http://ko.wikipedia.org/wiki/

日本外務省ホームページ,「パンフレット「竹島問題を理解するための10のポイント」」, http://www.mofa.go.jp/region/asia-paci/takeshima/pamphlet_k.pdf(검색일:2011.8.30).

제10장 일본의 사료 왜곡 해석과 독도 영유권의 부정
 -최신 발굴 사료를 중심으로-

김호동(2010) 「『日露淸韓明細新圖』의 사료적 가치-일본해 명칭과 관련하여-」
　　　　　라는 영남대학교 독도연구소 학술세미나, 2010년 4월 5일, 중
　　　　　앙도서관 17층 세미나실, 발표자료.

＿＿＿(2007)『독도·울릉도의 역사』경인문화사, pp.96-101.

유미림(2008.4)「석도는독도이다. 일본의 '석도＝독도'설 부인에 대한 반박」,
　　　　　『해양수산동향』Vol.1256, 한국해양수산개발원.

최장근(2010.2)「근대 한국의 독도관할과 통감부의 인식 -'석도＝독도' 검증의
　　　　　일환으로-」,『일어일문학연구』제72집 2권, 한국일어일문학회,
　　　　　pp.297-314.

＿＿＿(2009.11)「'총리부령24호'와 '대장성령4호'의 의미 분석-일본의 영토문
　　　　　제와 독도지위에 관한 고찰-」,『일어일문학연구』제71집 2권,
　　　　　p.517.

최재원(2010)「유미지재권 법률사무소 선임연구원, 보스턴 유니버시티 로스
　　　　　쿨 LL.M, 경희대 법학과 동 국제법무대학원」의 자료를 활용
　　　　　하였음.

http://www.iprlaw.org/dokdo.html(2010년 5월 28일 검색).

『肅宗實錄』(卷30), 肅宗 22年 9月 戊寅條.

「皇城新聞」, 1906년 7월 13일.

동북아역사재단 독도연구소, http://www.dokdohistory.com/.

「세계일보」 2010년 1월 6일.

『조선일보』 2006년 2월 27일.

『한겨레신문』 2010년 4월 1일.

大西輝男·권오엽/권정옮김(2004)『獨島』제이앤씨, pp.263-264.

池內敏(2008.2)「安竜副と鳥取藩」『鳥取地域史硏究』第10号, pp.17-29.

_____(2007) 「隠岐川上家文書と安竜副」『鳥取地域史研究』第9号.

_____(2009.3) 「安竜副英雄傳說の形成ノート」,『名古屋大學文學部研究論集』
　　　　　史學55, pp.125-142.

竹島問題研究会編(2007) 『竹島問題に関する調査研究一最終報告書一』竹島問
　　　　　題研究会　참조.

内藤正中・金柄烈(2007) 『歴史的検証独島・竹島』岩波書店, pp.46-61.

Web竹島問題研究所(2010.3), http://www.pref.shimane.lg.jp/soumu/.

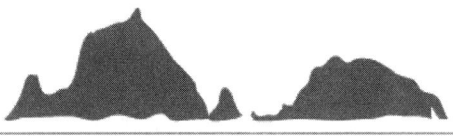

부록

1. 일본논문
2. 한국논문
3. 학위논문
4. 필자의 독도·영토연구

〈1. 일본논문〉

저자	논문명	게재잡지명 및 출판사	발행년	페이지	권	호
田中阿歌麻呂	隠岐国竹島に関する旧記	地学雑誌,東京地学協会	1905	p.594-598	第17巻	第200号
田中阿歌麻呂	隠岐国竹島に関する旧記(承前)	地学雑誌,東京地学協会	1905	p.660-663	第17巻	第201号
田中阿歌麻呂	隠岐国竹島に関する旧記(完結)	地学雑誌,東京地学協会	1905	p.741-743	第17巻	第202号
田中阿歌麻呂	隠岐国竹島に関する地理学上の知識	地学雑誌,東京地学協会	1906	p.415-419	第18巻	第210号
奥原碧雲	竹島沿革考	歴史地理,日本歴史地理研究会	1906		第8巻	第6号
栢原昌三	太平洋問題における竹島回顧	歴史と地理,史学地理学同攷会	1919		第3巻	第6号
栢原昌三	太平洋問題における竹島回顧(承前)	歴史と地理,史学地理学同攷会	1919		第4巻	第1号
坪井九馬三	欝陵島	歴史地理,日本歴史地理研究会	1921	p.165-169	第38巻	第3号
樋畑雪湖	日本海における竹島の日鮮関係に就いて	歴史地理,日本歴史地理研究会	1930		第55巻	第6号
坪井九馬三	竹島に就いて	歴史地理,日本歴史地理研究会	1930	p.33-34	第56巻	第1号
田保橋潔	鬱陵島 その發見と領有	青丘学叢	1931	p.1-30		第3号

田保橋潔	鬱陵島の名稱に就いて(補)-平井博士の示教に答ふー	青丘学叢	1931	p.103-109		第4号
中村栄孝	欝陵島の名称について	青丘学叢	1932	p.12		
横田喜三郎訳	無主地先占に国際判決ークリッパトン島の主権に関する仲裁判決ー	国際法外交雑誌,国際法学会	1933		第32巻	第7号
立作太郎	無主の島嶼の先占の法理と先例	国際法外交雑誌,国際法学会	1933		第32巻	第8号
岡山俊信	浜田藩の竹島事件	島根評論,島根評論社	1941		第18巻	第2号
秋岡武次郎	日本西南海の松島と竹島	社会地理,日本社会地理協会	1950			第27号
高野雄一	平和条約と日本の領土	国際法外交雑誌,国際法学会	1950		第49巻	第4号
高野雄一	波紋をなげる孤島ー竹島	経済往来,済往来社	1953		第5巻	第10号
三上生	竹島問題の推移	親和,日韓親和会	1953			第1号
中村拓	地図に顕われた竹島について	外務省調書	1953			
外務省條約局(川上健三)	竹島の領有	外務省	1953			
島根県(田村清三郎 執筆)	竹島の研究		1953			
崔南善	鬱陵島と獨島ー韓日交渉史の一側面	親和, 日韓親和会	1953			第1号
崔南善	竹島領有権問題 国際司法裁判所へ	親和, 日韓親和会	1954			第12号
田村清三郎	島根県竹島の研究	島根県刊	1954			

外務省アジア局第五課(田川孝三)	三峰島について	竹島問題研究資料(歴一)	1954			
外務省アジア局第五課(田川孝三)	于山島と鬱陵島名について	竹島問題研究資料(歴二)	1954			
田川孝三	竹島の歴史旳背景の素措	親和	1954	p.9-12		第7号
速水保孝	竹島 (1)	地方自治,地方自治制度研究会	1954			第74号
速水保孝	竹島 (2)	地方自治,地方自治制度研究会	1954			第75号
速水保孝	竹島 (3)	地方自治,地方自治制度研究会	1954			第78号
情報文化局(日本外務部)	竹島領有に関する1953年9月9日付韓国政府の見解に対する日本政府の反駁		1954			
情報文化局(日本外務部)	竹島の領有權問題の國際司法裁判所への付託につき韓國政府に申込みについて	海外調査月報	1954			
田村幸作	竹島問題の回顧と法理ー元禄と昭和との比較ー	政治経済,政治経済研究会	1954			第12号
浦廉一	(書評) 外務省条約局 竹島の領有 昭和28年8月	史学研究,広島史学研究会	1954			第53号
島根県	竹島問題の研究 (演習資料)		1955			
太寿堂鼎	国際法上の先占についてーその史的研究	法学論叢,京都大学法学会	1955		第61巻	第2号

田村洋幸	竹島問題に関する一考察	商学論叢	1963			第5号
水上公男	竹島紛争の要點 - 日韓問題の焦點竹島領有の歴史と侵犯の現象	日本及び日本人	1963			
編集部	10年未解決の竹島	時の法令,法令普及会	1963		第62巻	第1号
水上公男,(日韓問題の焦点)	竹島論争の要点ー竹島領有の歴史と審判の現状	日本及日本人,政教社	1963			春季号
吉岡吉典	再び竹島問題について	朝鮮研究月報	1963			第16号
皆川洸	竹島紛争と国際判例	国際法学の諸問題(前原光雄教授還暦記念),慶應通信	1963			
石本康雄	国際法ーその物神崇拝	思想, 岩波書店	1965			第496号
田畑茂二郎	アジア、アフリカ新興諸國と國際法	思想, 岩波書店	1965			第496号
小村高壽	竹島の歸屬をめぐって(1)	歴史教育,歴史教育研究会	1965	p.69-77	第13巻	第10号
小村高壽	竹島の歸屬をめぐって(2)	歴史教育,歴史教育研究会	1965	p.73-81	第13巻	第11号
小村高壽	竹島の歸屬をめぐって(3)	歴史教育,歴史教育研究会	1965	p.58-64	第13巻	第12号
白井嵩二	徳川時代の竹島紛争一三百前に發見された宝庫竹島	文芸春秋	1965	p.178-184		
皆川洸	日韓条約の批判的検討ー竹島紛争とその解決手続き	法律時報通, 日本評論社	1965		第37巻	第10号
山辺建太郎	竹島問題の歴史的考察	コリア評論	1965	p.4-14	第7巻	第2号

大平善梧	李ラインと竹島の問題点	日本及び日本人	1958	p.20-27		
大平善梧	竹島の帰属問題	日本及び日本人	1958			
入江啓四郎	三一書房	領土、基地	1959			
申吉万	日韓両民族の親善をはばむもの一独島に関する歴史的法的事実	コリア評論、コリア評論社	1960		第4巻	第1号
川本秀一	『独島の歴史的法的研究ー独島の領有権ー』	愛知大学朝鮮文化研究会	1960			
森田芳夫	竹島領有をめぐる日韓両国の歴史上の見解	外務省調査月報	1961	p.23-35	第2巻	第5号
中村榮孝	礒竹島(鬱陵島)についての覺書 - 日韓兩國間の竹島問題に關聯して	日本歴史	1961	p.11-19		第158号
太田異舜	竹島について	地理	1961	p.249-250	第6巻	第2号
国際法先例研究会(太寿堂鼎)	国際法先例研究,先占に関するわが国の先例	法学論叢,京都大学法学会	1961		第70巻	第1号
中村榮孝	礒竹島(鬱陵島)についての覺書 - 日韓兩國間の竹島問題に關聯して	日本歴史	1961			第158号
森田芳未	竹島領有日韓兩國歴史上の見解	外務調査月報	1961	P.23-25		
森田芳未	竹島領有をめぐる日韓兩國の歴史上の見解	日本外務省調査月報	1961			第2号
高野雄一	『日本の領土』	東京大学出版部	1962			
松隅清	国際法より観た李ライン問題と竹島の帰属	八幡大学論文集,八幡大学法経学会	1962		第12巻	第2号
吉岡吉典	竹島問題とは何か	朝鮮研究月報,日本朝鮮研究所	1962			第11号

山辺健太郎	竹島問題の歴史的考察	コリア評論	1965	p.43 -53	第7巻	第2号
寺尾五郎、吉岡吉典、桑谷森男、旗田魏等	竹島問題	アジア、アフリカ講座Ⅲ：日本と朝鮮, 勁草書房	1965			
稲葉誠一	韓国国会における日韓条約論議	法律時報, 日本評論社	1965		第37巻	第10号
田村清三郎	『島根県竹島の新研究』	島根県総務部総務課	1965			
白井喬二	徳川時代の[竹島]紛争-二百年前に發見すれた寶庫竹島	文芸春秋	1965	p.178 -184		
大熊良一	竹島史稿ー竹島（独島）と欝陵島の文献史的考察	維新堂	1965			
植田捷雄	竹島の歸屬をめぐる日韓紛争	一橋論叢東京商科大学——橋論叢編集所	1965		第54巻	第1号
川上健三	今の竹島・昔の竹島	文芸春秋	1965	p.374 -377		
大韓民國政府	韓日會談白書(1)	世界週報	1965	p.36 -42		巻号不明
小村高壽	竹島の歸屬おめぐって	歴史教育	1966	p.13 -10		
山邊建太郎	日韓併合小史	岩波書店	1966			
太寿堂鼎	竹島紛争	国際法外交雑誌64	1966			第4・5号合併号
中村榮孝	日本と朝鮮（日本歴史新書）	知文堂	1966			
小村亮寿	竹島の帰属をめぐって	歴史教育	1966	p.12 -10		

祖川 武夫	竹島紛争	国際法外 交雑誌	1966			
川上 健三	竹島の歴史地理学的研究	古今書院	1966			
浦田 正雄	竹島問題(1)	対馬風土 記	1966			第 2 号
浦田正 雄	竹島問題(2)	対馬風土 記	1967			第 3 号
自由民 主党	竹島史旳研究	自由民主 党政第月 報	1967			第 141 号
大熊 良一	竹島史	自由民主 党政第月 報	1967			第 141 号
島根県	新修　島根県史	通史編2 近代	1967			
日本自 民黨	竹島史的研究	日本自民 黨政策月 報	1967		第 141 卷	
小村 高壽	古今二つの竹島問題(1) ―離島の地理への一つの試み―	月刊高校 教育	1968	p.28 -32		
小村 高壽	古今二つの竹島問題(2) ―離島の地理への一つの試み―	月刊高校 教育	1968	p.22 -26		
小村 高壽	古今二つの竹島問題(3) ―離島の地理への一つの試み―	月刊高校 教育	1968	p.29 -32		
大熊 良一	竹島史稿-竹島(獨島)と 欝陵島の文献史的考察	原書房	1968			
秋岡武 次郎編 著	日本古地圖集成	島研究所 出版會	1971			昭和 46 年
大雄 良一	獨島史論の一斷面	アジア公 論	1974	p.98 -105	第 3 卷	第 12 号
中村 榮孝	'竹島'(鬱陵島)についての覺書―日韓 兩國間の'竹島'問題に開連して	日本歴史	1977	p.130 -138		
後宮 処郎	竹島領有権問題を考える	世界週	1978	p.59 -38		
梶村 秀樹	竹島=獨島問題とはなにか	朝鮮研究	1978			
梶村 秀樹	竹島=獨島問題と日本國家	朝鮮研究	1978	p.1-37		182 号

上地 竜典	尖閣諸島と竹島： 中国、韓国との領土問題	教育社	1978		
田中 豊治	『隠岐島の歴史地理学的研究』	古今書院	1979		
日本外 務省情 報文化 局	竹島領有權問題の 國際司法裁判所への付託に つき韓國政府に 申込れについて	海外調査 月報	1979		
大雄 良一	竹島物語	三田評論	1979		
安岡 昭男	『明治維新と領土問題』	出版社未 詳	1980		
桑原一	浜田藩と竹島事件の背景	歴史手帖	1980	P.40 -44	第 84 号
大口 里子	竹島（独島）関連資料目録	アジア,ア フリカ資 料通報(国 会図書館)	1980	p.1 5-28	17 巻 11 号
塚本孝	サンフランシスコ造約と竹島 ―米外交文書集より―	レファレ ンス (国 立国会図 書館調査 立法考査 局)	1983	p.51 -63	第 389 号
森須 知男	竹道一件について ―甲子夜話を主題にして―	龜山	1984	p.27 -36	第 14 号
塚本孝, (外務課 所属)	竹島関係旧鳥取藩文書および絵図 (上,下)	レファレ ンス (国 立国会図 書館調査 立法考査 局)	1985	p.75 -90 p.95 -105	第 411- 2 号
兒島 俊平	石見漁民の竹島(欝陵島)行	郷土石見	1985	p.32 -38	第 17 号
堀知生	1905年日本の竹島領土編入	朝鮮歴史 研究 論文集	1987	p.97 -125	第 24 号
兒島 俊平	隠岐漁民の竹島(欝陵島)行代資料 竹島出漁船の装備	郷土石見	1989	p.41 -51	第 21 号

田川孝三	竹島領有に関する歴史的考察	東洋文庫書報	1989	p.6-52		第20号
內藤正中	山陰における日韓關係史(1)	經濟料論集	1990	p.95-120		第16号
內藤正中	山陰における日韓關係史(2)	經濟料論集	1991	p.1-31		第17号
內藤正中	島根縣人の鬱陵島進出	山陰地域研究	1991	p.13-27		第7号
森須知男	竹島一件考一八右衛門申口を中心として	龜山	1991	p.23-32		第18号
森須知男	竹島一件考一竹島一件の前段階	龜山	1992	p.27-35		第19号
內藤正中	明治期島根漁民の朝鮮海進出	山陰地域研究	1992	p.1-20		第18号
塚本孝	(短報)韓国の対日平和造約署名問題一日朝交渉,戰後償問題に關連し	レファレンス	1992	p.95-100		第494号
森須知男	松平周防守家の大坂藏屋敷	龜山	1993	p.92-99		第20号
森須知男	濱田藩における廻船船宿·問屋及び浦についての考察	龜山	1993	p.52-59		第21号
藤田明良	十五世紀の鬱陵島と日本海西域の交流	神戸大學史學年報	1993	p.23-48		第8号
塚本孝	平和造約と竹島(再論)	レファレンス(国立国会図書館調査立法考査局)	1994	p.3-4, p.31-56		巻号不明
森須知男	濱田藩領における廻船の動向一主として他國における	龜山	1994	p.70-77		第22号
塚本孝	竹島領有權問題の経緯	調査と情報(ISSUE BRIEF)	1994			第244号

內藤 正中	明治期島根漁民の朝鮮海進出	北京アジア 文化研究 (鳥取女子 短大)	1995	p.95 -120		
內藤 正中	鬱陵島と因伯一島取縣の 日朝開關係史①	北京アジア 文化研究 (鳥取女子 短大)	1995	p.23 -32		第 2 号
內藤 正中	文政2年異船着考一島根縣の 日朝係史(2)	北京アジア 文化研究 (鳥取女子 短大)	1996	p.1-9		第 3 号
內藤 正中	元綠9年安龍福事件一島取縣の 日朝係史(3)	北京アジア 文化研究 (鳥取女子 短大)	1996	p.1-22		第 4 号
內藤 正中	竹島問題考	海外事情	1996	p.2-22	第 44 卷	第 12 号
塚本孝	竹島領有權問題の経緯(第二版)	調査と情 報 (ISSUE BRIEF)	1996			第 289 号
山辺 健太	竹島問題に對する歷史的考察	韓國論壇	1996	p.136 -153		
下条 正男	'竹島'が 韓國領という根據は 歪曲されている	韓國論壇	1996			
下条 正男	증거를 들어 실증하라	韓國論壇	1996	p.226 -235		第 84 号
下条 正男	竹島問題考	現代 コリア	1996	p.54 -73		5 月号
森須 知男	竹道一件考'今津屋八右鄕門 '	龜山	1996	p.66 -77		第 23 号
森須 知男	主として'近世石見国における朝鮮 国漂着民について '	龜山	1997	p.47 -56		第 24 号
下條 正男	續竹島問題考(上)	現代 コリア	1997	p.62 -78		第 371 号
下條 正男	續竹島問題考(下)	現代 コリア	1997	p.38 -57		第 372 号

内藤正中	19世紀末の朝鮮海業進出―島取縣の日朝係史(4)	北京ｱｼﾞｱ文化研究(鳥取女子短大)	1997	p.1-22		第5号
内藤正中	島根縣人の朝鮮海漁業進出―島取縣の日朝關係史(5)	北京ｱｼﾞｱ文化研究(鳥取女子短大)	1997	p.1-14		第6号
内藤正中	元知4年竹島渡海免許をめぐる諸問題―島取縣の日朝關係史(6)	北京ｱｼﾞｱ文化研究(鳥取女子短大)	1998	p.1-16		第7号
森須知男	幕末の外野浦―雲津屋文書を中心として	龜山	1998	p.37-46		第25号
下条正男	다케시마, 문제의 문제	한국논단	1998			第108輯
下条正男	竹島論爭の問題点	現代コリア	1998	p.22-39		第388号
池内敏	竹島渡海と鳥取藩―元逯祿竹島一件考・序說	鳥取地域史通信	1998	p.1-3		
池内敏	'竹島考'ﾉｰﾄ	江戸の思想	1998	p.96-106		第9号
内藤正中	地域に根ざす歷史認識	ｱﾘﾗﾝ通信	1999	p.1-5		No.20
池内敏	竹島渡海と鳥取藩	鳥取地域史研究	1999	p.31-47		第1号
下條正男	竹島問題,金炳烈氏に再反論する	現代コリア	1999	p.50-63		第391号
下條正男	竹島問題,金炳烈氏に再反論する	海外事情	1999	p.50-63		
宋炳基(内藤浩之譯)	朝鮮後期の欝陵島経営	北東ｱｼﾞｱ文化研究	1999	p.71-91		第10号
塚本孝	日本の領有權確定における近代国際法の適用事例先占法理と竹島の領土編入を中心に	東アジア近代史3,ゆまに書房	2000			

宋炳基 (內藤浩 之譯)	高宗朝の欝陵島経営―檢察使の 派遣と開拓	北東ｱｼﾞｱ 文化研究	2000	p.53 -73		
內藤 正中	竹島(鬱陵島)をめぐる日朝関係史	多賀出版	2000			
內藤 正中	竹島(獨島)問題の問題点	北京ｱｼﾞｱ 文化研究 (鳥取女子 短大)	2000	p.1-19		
池内敏	竹島一件の 再検討―元祿六～九年の韓交渉	研究論集 (名大・ 文・史学)	2001	p.61 -84		
池内敏	17~19世欝陵島海域の生業と交流	歴史学研 究	2001	p.1-22		756 号
塚本孝	独島領有権を めぐる日韓両国政府の見解	レファレ ンス(国立 国会図書 館調査立 法考査局)	2002			
臼杵 英一	研究資料:竹島/讀獨島問題	紀要(大東 文化大)	2002	p.1-35		第 40 号
芹田健 太郎	日本の領土	中央公 論社	2002			
池内敏	解体期冊對体制下の日韓交渉―十 七~十九世紀の欝陵島海域を0材に―	朝鮮史研 究會 論文集	2003	p.5-26		No. 41
大西 俊輝	日本海と竹島（日韓領土問題）	東洋出版	2003			
下條 正男	竹島·東海·そして歴史認識問題	海外事情	2003	p.46 -61	第 51 券	第 6 号
大西 俊輝	독도	제이앤씨	2004			
下条 正男	竹島は日韓どちらのものか	文芸春秋	2004	p.377		
下条 正男	竹島はどちらのものか	文芸春秋	2004			
內藤 正中	竹島(獨島)問題の問題点	北東ｱｼﾞｱ 文化研究 (鳥取女子 短大)	2004	p.1-19		第 20 号
塚本孝	竹島領有権紛争が問う日本の姿勢	中央公論	2004			

內藤正中著,洪潤基翻譯	幕府が1696年'竹島渡航禁止'を決定した以後日本は獨島領有權を樣々な順で放棄した	月刊朝鮮	2005	p.474-480	第26巻	第6号通巻303号
內藤正中	竹島は日本固有領土か	世界	2005	p.53-63		
內藤正中	竹島固有領土論の問題点	郷土石見	2005	p.2-20		第69号
內藤正中	獨島와竹島	제이앤씨	2005			
內藤正中	隠岐の安龍福	北東ｱｼﾞｱ文化研究(鳥取女子短大)	2005	p.1-15		第22号
下条正男	日本の領土問題について	領土問題講演会報告書(竹島島根県告示100周年記念事業実行委員会)	2005			
別冊 宝島編集部(田端広英 執筆)	竹島の歴史的背景	ニッポン人なら読んでおきたい竹島尖閣諸島の本,宝島社	2005			
池内敏	前近代竹島の歴史学旳研究序說一隠州視聴合期の解釋をめぐって一	靑丘学論集	2005	p.145-184	第25集	
下條正男	竹島問題研究の課題一內藤正中竹島研究問題点一	現代コリア	2005	p.40-46		第452号
下條正男	續竹島問題研究の課題一內藤正中竹島研究問題点一	現代コリア	2005	p.10-21		第453号
下條正男	竹島問題と日本の課題	しゃりばり	2005	p.50-54		No.283

宋炳基 (內藤浩 之譯)	日本のリャンコ島(獨島)領土編入	北東アジア 文化研究	2005	p.71 -87		
島根県	ホオト しまね：特集 竹島		2006			
內藤 正中	竹島の領土編入をめぐる諸問題	北東アジア 文化研究 24	2006	p.1-19		
池内敏	大君外交と「武威」	名古屋大 学出版会	2006			
荒井 信一	歴史和解は可能か―東アジアでの 対話を求めて	岩波書店	2006			
荒井 信一	역사화해는 가능한가	미래 M앤B	2006			

〈2. 한국논문〉

편,저자	논문명	게재잡지명 및 출판사	발행 연도	페이지	권	호
金建中	新編大韓地理 (鬱陵島東南 約 二百里 一島有 俗稱 량고島 云云)	서울 普成館	1907			
玄采	大韓新地誌 下 (鬱陵島와 獨島는 江原道의 一部分이라함)	서울 廣學書鋪	1907			
小川琢治;笹倉正夫 共著	地質學史 第1冊	岩波書店 昭和6-9	1931-34추정			
李允宰	快傑 安龍福(結束): 鬱陵島의 外交紛爭	東光 : 2	1926	p.18-20		
洪九杓	無人獨島踏査를 마치고	建國公論 3,5	1947			
申奭鎬	獨島所屬에 대하여	史海	1948			제1호
韓奎浩	慘劇의 獨島 : 獨島事件 現地報告	신천지 3,6	1948	p.97-101		
趙春汀	獨島爆擊事件의 眞相	民聲 4,7·8	1948	p.32-34		
申奭鎬	獨島所屬について	史海 第	1948			제1호
劉元東	對日外交의 史的 考察 - 獨島 및 鬱陵島 問題를 中心으로	新生公論	1953			제1호
李崇寧	내가 본 獨島 - 現地踏査記	希望	1953			
崔南善	鬱陵島와 獨島—韓日交涉史의 一側面	新知	1953	p.25		제1호
黃相基	獨島問題研究	勤勞學生社	1954			
黃相基	獨島問題研究	서울대학교	1954			
島根縣	독도관련사료. 6 : (島根縣)竹島の 研究	島根縣廣報文書課	1954			
外務部	獨島問題槪論	外務部政務局	1955			
黃相基	獨島問題研究	서울대碩士學位論文	1955			

申基碩	獨島歸屬問題	中央大論文集	1955			
吳駿泳	李朝末葉의 韓國地圖 - 地圖에 나타난 日本의 韓國侵略	思潮	1958		제1권	제2호
申奭鎬	獨島의 來歷	思想界	1960	p.126 -137		제8호
韓日評論社	獨島問題에 관한 歷史的 考察	韓日評論	1960	p.51-56	제1권	
朱孝敏	地政學的으로 본 獨島	思想界	1960			
柳洪烈	獨島는 鬱陵島의 屬島	思想界	1960			제85호
朱孝敏	地政學的으로 본 獨島 - 獨島는 韓國의 最東端	思想界	1960			제85호
川本秀吉	獨島の歷史的法的地位	朝鮮文化研究會	1960			
韓日評論社	獨島問題에 關하여 : 歷史的인 고찰	韓日評論	1960	p.51-56	제1권	
申奭鎬	獨島の史的由來と沿革	時事	1962	p.72-77		제1호
柳洪烈	獨島는 鬱陵島의 屬島―領有權을 中心으로	最高會議報	1962			
韓贄羲	獨島秘史, 東亞日報	東亞日報	1962			
고철환	國立博物館古墳調査報告書 第4冊	鬱陵島	1962	p.59~62		
朴庚來	獨島領有權의 私·法的研究	最高會議報	1962			
申奭鎬	獨島의 史的 由來와 沿革	時事	1962	p.72-77		제1호
柳洪烈	獨島는 鬱陵島의 屬島 - 領有權을 中心으로	最高會議報	1962			
柳洪烈	白頭山과 獨島	最高會議報 5	1962			
李瑄根	近世 鬱陵島問題와 觀察使 李奎遠의 探險性과 그의 探險日記를 中心한 若干의 考察	大東文化研究 1	1962			
李弘稙	鬱陵島搜討官關係碑(二)	考古美術	1962			3(7)

김해인	독도지도(讀圖指導)에 관한 일 연구	소보 (경북교육) 2	1962	p.56-81		
李瑄根	獨島問題와 韓日交涉	新思潮	1962	p.138-1 49	제 1 권	제 3 호
李瑄根	近世鬱陵島問題와 觀察使李奎遠의 探險成果	大東文化 研究	1963	p.1-36		創 刊 号
李瑄根	鬱陵島 및 獨島探險 小考	大東文化 研究	1963			
李丙燾	獨島의 名稱에 대한 史的 考察 - 于山・竹島名稱考察	佛敎史學 論叢	1963			
李瑄根	鬱陵島,獨島探險小考 - 近世史를 中心으로 - 大東文化研究 第1集	大東文化 研究創刊 号	1963	p.1-36		
金基洙	獨島領有權問題	瑞光	1964			
朴庚來	獨島, 歷史上, 國際法上의 研究	國會報	1964	p.113 -124		제 35 호
思想界 社	獨島의 歸屬問題: 韓・日會談의 係爭點<讓步以前의 問題들	編1964思 想界 12,4	1964	p.115 -117		
朴庚來	獨島, 歷史上・國際法上의 研究	國會報	1964	p.35-3		
金元湜	日本外務省 [獨島報告書]를 批判한다	思想界	1964			
朴庚夾	獨島, 歷史上・國際法上의 研究	國會報 35-3	1964			
金元龍	鬱陵島	乙酉文化 社	1964			
朴庚夾	獨島의 史・法的 研究	日曜新聞 社	1965			
崔圭莊	獨島守備隊 秘史	週刊韓國	1965			
崔南善	鬱陵島와 獨島(六堂崔南善全集)2	高麗大學 校附設亞 細亞問題 研究所	1965			
黃相基	獨島領有權解說	勤勞學生 社	1965			
朴庚來	獨島의 史法的인 研究	日曜新聞 社	1965			
申東旭	獨島領有考: 主로 그 名稱을 中心으로	法政 21-2	1966	p.13-17		
金有河	다시금 獨島問題에 대하여 - 島根縣 編入의 史的背景을 中心으로	漢陽, 5-5	1966	p.5-5		

李憲溶	내가 본 鬱陵島	敎育硏究	1967		제66권	제7호
김원식	일본의주장을 反證한 독도논문집	일심사	1967			
劉元東	獨島 및 鬱陵島의 領有에 關한 史的考察	淑大史論	1968	p.9-32		제3호
李漢基	韓國의 領土	서울大學校出版部	1969			
朴大鍊	獨島守備隊,더큐먼트: 獨島의 苦難과 秘話	世代 8,4	1970	p.140-153		
宋炳基·朴容玉·徐柄漢·朴漢局	勅令第41号鬱陵島を鬱島に改稱し島監を郡守に改正する件	大韓民國國會圖書館,韓末近代法令資料集3	1971	p.227-228		
李喆雨	獨島領有權에 관한 政治史的 考察	東亞大學校修士論文	1971			
韓祐劤	開港後 日本 漁民의 侵鬪	東洋學 1	1971			
李一東	이럴수가 있을까! : 獨島守備隊 위문鬱陵島 聖人峰등반	月刊 山25	1971	p.43-49		
李泳熙	獨島·鬱陵島·踏査記	月刊 山25	1971			
李宗郁	鬱陵島	新東亞	1971			
李宗郁	19世紀末 韓·日間의 漁業에 適用된 領海 3海里原則에 대하여	韓日硏究 1	1972			
任德淳	獨島의 政治的地理學的 考察	釜山敎育大學硏究報告 8-1	1972			
李瑄根	獨島の領有權問題一林子平をはじめとする日本側の自認の基づく史的考察	アジア公論	1973	p.30-40	제2권	제5호
黃相基	獨島論	アジア公論	1974	p.42-55	제3권	제8호
盧禎植	外國地圖에 나타난 韓半島의 表現上 變化에 관한 硏究	大邱敎大論文集 12	1976			
外務部	獨島關係資料集. 2	學術論文	1977			
河寶熙	獨島領有權에 關한 法·史的 考察	東亞大碩士學位論文	1977			
李鉉淙	歷史的으로 본 우리獨島 - 우리의 막내 그 問題性	月刊大學入試	1977			
河寶熙	獨島領有權에 관한 法,史的 考察	東亞大學校	1977			

崔明在	史實から見た獨島韓日關係	정훈	1977	p.120 -125	제 42 호
鬱陵島 獨島踏査紀要 編輯委員會	編鬱陵島.獨島踏査紀要	경북 대학교	1977		
朴鍾聲	獨島의 史的考察 과 國際法的問題	司法行政	1978	p.66-71	제 212 호
신해순	獨島의 歷史的考察	首都師大 10	1978	p.108 -117	
鄭茂植	歷史흐름 속의 干山國, 울릉도와 獨島를 생각한다	國會報 167	1978	p.16-20	
李 燦	韓國古地圖에서의 본 獨島·鬱陵島	學術調査 硏究	1978		
金晉根	獨島領有에 關하는 考察	アジア公論 65	1978	p.191 -204	
梁泰鎭 編著	獨島關係文獻目錄	발행자불명	1978		
崔書勉	獨島의 領有權, 얼말글	民族文化 協會	1978		
鄭茂植	歷史흐름 속의 干山國,鬱陵島와 獨島를 생각한다	國會報 167	1978		
李丙燾	獨島의 名稱에 대한 史的 考察 - 于山·竹島名稱考察	佛敎史論	1978		
韓國史 學會	鬱陵島·獨島 學術調査硏究	韓國史學會	1978		
韓英鳩	獨島의 先占理論의 不當性	國際問題 79	1979		
韓相復	海洋地理史에 나타난 鬱陵島와 獨島	現代海洋	1980	p.61-64	제 127 호
李炫熙	獨島의 史的考察	정우	1981	p.35-37	제 3 호
이영준	獨島問題에 관한 小考	國際問題	1981		
愼鏞廈	白忠鉉,宋秉基 (對談) : 獨島問題 再照明	韓國學報	1981		제 24 호
韓國自然保存協會	鬱陵島 및 獨島 綜合學術調査報告書	韓國自然保存協會	1981		

김정균	중정양삼랑의 소위 독도편입 및 대하청원」에 관한연구	國際法學會 論叢	1982	p.5-22		제52호
韓相復	鬱陵島의 작은 섬 죽도(竹島)	현대해양	1982			
李鍾俊	獨島의 領有權에 關한 硏究	慶熙大學校	1982			
崔書勉	地圖로 본 獨島	領土問題硏究	1983			創刊号
전영률	독도는 우리나라의 신성한 령토	(북한)력사과학	1983			제107호
전영률	독도는 신성불가침의 우리나라 령토	(북한)남조선문제	1983			
朴仁鎬@李盛根	島嶼地域開發方案 에 關한 硏究 ; 울릉도·독도를 事例 로 하여	새마을·地域開發硏究 4	1983	p.111-132		
韓相復	하야시(林子平)의 구로세가와(黑瀨川)와 竹島(獨島)	현대해양	1984			
梁泰鎭	獨島關係文獻의 書誌的 考察,-朝鮮産業地를 中心으로	國會圖書館報 173	1984			
韓國近代史資料硏究協議會	獨島硏究	韓國近代史資料硏究協議會	1985			
林英正	朝鮮初期 鬱陵島와 獨島의 經營	申國柱博士華甲論義	1985			
김명기	독도의 영유권과 제2차대전의 종료	國際法學會論叢 57	1985	p.55-77		
朴庚來	獨島 : 歷史上·國際法上의 硏究	韓國學 32	1985	p.뒤30-41		
金根洙	獨島問題 三官記	韓國學 32	1985	p.9-26		
金明基	獨島 의 領有權 과 第2次大戰 의 終了	大韓國際法學會論叢57	1985	p.55-77		
申奭鎬	獨島의 來歷	韓國學 32	1985	p.뒤3-14		
李仲範	獨島 의 領有權問題에 관한 諸考證	國際問題 182	1985	p.37-43		
宋炳基	朝鮮後期 高宗朝의 鬱陵島 搜討와 開拓	崔泳熹回甲紀念 韓國史學論文	1987			

韓相復	水路誌속에 기술된 獨島	현대해양	1987	p.118 -122	제 212 호
박로순	독도의 영토확인에 관한 연구	民族統一 論集 2	1987	p.47-64	
申芝鉉	獨島領有에 關한 韓日研究 - 新羅로부터 朝鮮初期까지를 中心으로	仁川教大 論文集 22	1988		
韓相復	獨島地形圖와 面積決定의 歷史	현대해양	1988	p.116 -120	
韓相復	獨島位置 決定의 歷史	현대해양	1988	p.112 -115	
申芝鉉	獨島 領有에 대한 一研究; 新羅로부터 朝鮮初期까지를 中心으로	論文集: 22	1988	p.95 -126	
田川孝三	竹島領有에 關する 歷史的考察	東洋文庫 書報20	1988		
愼鏞廈	朝鮮王朝의 獨島領有와 日本帝國主義의 獨島侵略 獨島領有에 對한 實證的研究	韓國獨立 運動史研 究	1989		제 3 호
崔明玉	獨島地名의 言語學的 研究	外交事例 研究會 研 究報告書	1989		
韓相復	獨島의 옛 名稱은 于山島	현대해양	1989	p.120 -123	
愼鏞廈	朝鮮王朝의 獨島領有와 日本帝國主義의 獨島侵略 - 獨島領有에 對한 實證的研究	한국독립 운동사 연구	1989	p.43 -117	제 3 집
外交安 保研究 院編	韓國의 領土 : 獨島	外交安保 研究院	1990		
宋炳基	日本의 량고도 領土編入과 鬱陵郡守 沈興澤報告書	尹炳奭回 甲紀念論 義,지식산 업사	1990		
宋炳基	韓末利權侵奪에 關する研究―獨島問 題의一考察:鬱陵島의 地方官制論入과 石島	國史館論 檀	1991	p.1-26	제 23 집
愼鏞廈	韓國固有領土로서의 獨島領有에 對 한 歷史的研究	韓國社會 史研究會 論文集	1992		제 27 호
愼鏞廈	日帝下의 獨島와 解放直後 獨島의 韓國返還過程研究	韓國社會 史研究會 論文集	1992		제 34 호
金柄烈	獨島分爭에 관한 小考	군사평론 301	1992	p.83-94	

정성화	戰後 韓國과 日本의 領土紛爭의 起源	明知大學校人文科學研究論義, 第1	1993			
朴魯舜	獨島領有權의 再確認에 관한 硏究	法學硏究	1993	p.451 -459		
鄭用泰	獨島의 領有權 問題	法學論集	1993	p.57-73		
愼鏞廈	日帝下의 獨島와 解放直後 獨島의 韓國에의 返還過程硏究	殉國	1993	p.82 -101		제25호
愼鏞廈	獨島問題와獨島領有權帰属	日本評論	1993	p.350 -434		제7호
宋炳基	韓末利權侵奪에 관한 硏究 : 獨島問題의 一考察 :鬱陵島의 地方官制 編入과 石島	國史館論叢	1993	p.1-26		제23집
崔長根	明治政府の朝鮮東海における土領政策	大學院硏究年報(中央大學法學硏究科)	1994	p.209 -221		제23호
林英正	獨島의 呼稱에 관한 諸說의 檢討	오홍석博士回甲紀念論文集	1995			
윤길주	한일회담비사; 일본 "독도폭파" 주장했다	뉴스메이커	1995	p.62-64		
崔鳳起	獨島의 領土權에 관한 硏究	慶尙大學校	1996			
姜萬吉	獨島の歴史的來歷	國會報	1996	p.45-47		제353호
金柄烈	日本古地圖にも獨島は韓國の島と明示	韓國論壇	1996	p.160 -171		제82호
김영섭	獨島の歴史的考察	合參	1996	p.242 -254		제8호
曺永珍	獨島 領有權問題에 관한 硏究	國防大學院	1996			
신용하	독도(獨島), 보배로운 한국영토	지식산업사	1996			
신용하	독도의 민족영토사 연구	지식산업사	1996			
김학준	독도는 우리땅	한줄기	1996			
愼鏞廈	獨島 領有의 歷史的 고찰	外交	1996	p.37-53		제38호

愼鏞廈	韓國의 獨島領有와 日帝의 獨島侵略	韓國獨立運動史研究	1996	p.407-430		제10호
愼鏞廈	獨島 보배로운 韓國領土	知識産業社	1996			
愼鏞廈	獨島主權死活に關わる民族問題だ	新東亞		p.590-609		
한국정신문화연구원역사연구실	獨島研究	한국정신문화연구원	1996			
가지무라히데키저 ; 해외공보관 편	독도문제와 일본	해외공보관	1996			
宋炳基	史料를 通해 본 獨島領有權 : 國內資料를 中心으로	韓國獨立運動史研究	1996	p.431-448		제10호
李仲範	獨島 領有權問題의 爭點	國際問題309	1996	p.30-42		
李鍾學	獨島 關係 古文獻 및 地圖	古書研究	1996	p.161-174		
林英正	日本의 獨島·釣魚諸島에 대한 領有權 주장 검토	東國歷史教育	1996	p.113-124		
塚本孝	「샌프란시스코」 평화조약시 독도 누락과정 전말	한국군사	1996	p.39-67		제3호
김병렬	증거를 외면하지 마라 : 獨島論爭 5	한국논단87	1996	p.188-201		
田村淸三郎	우리 외무부 공식주장에 대한 일본의 반박논리	한국군사	1996	p.23-38		제3호
崔炳文	韓國産 개미의 分布에 관한 研究 15; 鬱陵島 및 獨島의 개미相	論文集 33	1996	p.201-219		
金炳烈	日本古地圖에도 독도는 한국땅이라 명시	한국논단82	1996	p.160-171		제82호
임영정	일본인의 독도에 대한 호칭의 변화와 그 성격	殉國 70	1996	p.63-75		
홍종필	역사적 시각에서 본 독도	社會科學論叢	1996	p.311-322	제11권	
梁泰鎭	文獻的 側面에서 본 獨島關係資料分析	獨島問題學術會義	1996			

梁泰鎭	韓·日 獨島領有權 紛爭의 歷史	역사비평	1996			1996 여름 호(李 刊33 號)
李熏	朝鮮後期 獨島의 領屬是非 - 韓·日 兩國間 領土認識의 歷史的 再檢討一	韓日關係 史研究會 學術發表 要旨	1996			
李熏	朝鮮後期 獨島를 守った 漁夫安龍福	歷史評論	1996	p.148 -156		제 33 호
愼鏞廈	韓國의 獨島領有와 日帝의 獨島侵略	韓國獨立 運動史研 究	1996			제 10 집
金學俊	獨島는 우리 땅	한줄기	1996			
愼鏞廈	獨島의 民族領土史 研究	知識産業 社	1996			
韓國精 神文化 研究院	獨島問題學術會議論文集		1996			
韓日關 係史研 究會	獨島와 對馬島	知性의 샘	1996			
下條正 男	竹島가 韓國領이라는 根據는 歪曲돼 있다	韓國論壇	1996			
下條正 男	證據를 들어 實證하라	韓國論壇	1996			
현명철	開港期 日本의 獨島意識, 韓日兩國間 領土認識의 歷史的 再檢討	韓日關係 研究會	1996			
山邊健 太郎	竹島問題에 대한 歷史的 考察	韓國論壇	1996	p.136 -153		
宋炳基	史料를 通해 본 獨島領有權 - 國內資 料를 中心으로	韓國獨立 運動史研	1996			제 10 집
申東旭	獨島에 關係된 古文獻 및 古地圖 圖版	國際法學 論議	1996		제 11 권	제 1 호
林英正	日本의 領有權 主張의 檢討 - 獨島, 釣漁島를 中心으로	東國史學	1996			제 30 호
下條正 男	竹島가 韓國領이라는 根據는 歪曲돼 있다	韓國論壇	1996	p.144 -159		
山邊健 太郎 ;金 德煥	竹島問題에 대한 歷史的 考察	韓國論壇	1996	p.136 -153		

郭昌權	시모조씨 주장 부실·불안정 가득	한국논단 82	1996	p.174 -183		
유영옥	한일 양국의 독도영유권 주장과 역사적 검증	군사논단 7	1996	p.55-74		
梶村樹 秀	일본땅 주장은 팽창·식민주의 소산	新東亞	1996	p.610 -630		
해외공 보관 [편] 호 리 가즈 오	1905년 일본의 독도 영토 편입	해외 공보관	1996 추정			
鄭夕朝	平和線과 獨島	尙書	1997			제 14 호
林英正	日本의 獨島呼稱의 變化와 그 性格	竹堂 李炫 熙敎授華 甲紀念韓 國史學論 叢 同委員 會刊	1997			
外務部	獨島問題現況	外務部	1997			
申永吉	獨島의 歷史	尙書	1997			제 14 호
獨島硏 究保全 協會	獨島領有의歷史와國際關係-	獨島硏究 叢書,同會 刊	1997		제 1 권	
金炳烈	對日本講和條約에서 獨島가 漏落된 顚末		1997			
金柄吾	獨島의 名稱에 대한 歷史的 考察	漢陽大學 校修士論 文	1997			
한상복	독도는 울릉도의 부속도서	한수당자 연환경연 구원	1997			
홍순칠	이 땅이 뉘 땅인데!	음혜안	1997			
趙載福	獨島의 歷史的 考察과 現代史的 意味	論文集 31	1997	p.153 -172		
노계현	독도영유권에 관한 몇 가지 새로운 논거	統一 188	1997	p.40-46		
愼鏞廈	일제의 1904-05년 獨島 침탈시도와 그 批判	한국 독 립운동사 연구	1997	p.329 -348		제 11 집

신용하	일본정부의 독도영유권 주장에 대한 비판	殉國	1997	p.22-40	제83호
김병열	독도의 명칭에 관한 연구	敎授論叢	1997	p.333-362	제9호
金大鳳	韓國領土로서의 獨島 領有權 問題와 開發方向에 관한 硏究	漢陽大學校	1998		
愼鏞廈	獨島・鬱陵島의 名稱變化 연구 : 명칭 변화를 통해 본 獨島의 韓國固有領土 증명	韓國學報	1998	p.2-60	제91・92合輯
愼鏞廈	社會科學から見た新韓日漁業協定と獨島領有權一問題の中間水域に孕む過ち一	現代海洋	1998	p.48-51	제344호
愼鏞廈	新韓.日漁業協定を通じてみた獨島問題	4月會	1998	p.24-27	제30호
安泰玉	獨島의 領有權論爭에 關한 硏究	高麗大學校	1998		
趙洸衍	獨島의 領有權에 관한 史.法的 硏究	明知大學校修士論文	1998		
이즈미마사히꼬 글 양도전 번역	獨島秘史	한국방송인동우회	1998		
이진명	독도, 지리상의 재발견	삼인	1998		
梁泰鎭	獨島硏究文獻輯	경인문화사	1998		
海軍第一艦可隊令部	獨島歷史と海上警備史	海軍第一艦可隊令部	1998		
김병렬	독도(獨島資料總覽)	다다미디어	1998		
김병렬	日학자에의해「억지주장」입증되었다	한국논단109	1998	p.156-171	
李富均	韓.日 獨島 嶺有權 紛爭과 美國의 立場	檀國大學校	1999		
李允行	獨島領有權에 관한 硏究	仁川大學校	1999		
宋炳基	鬱陵島와 獨島	단국대학교출판부	1999		

金顯洙	韓·日,韓·中 漁業協定의 法的 考察	海洋戰略 102	1999	p.1-38		
이진명	서양 자료에 나타난 독도	人文科學 研究	1999	p.127 -147		
李鍾學	日本의 獨島政策 資料集	史芸研究 所	2000			
李鐘學 編著	日本의 獨島政策 資料集(譯)	海洋水産 部	2000			
羅洪柱	獨島의 領有權에 關한 研究	明知 大學校	2000			
姜武熙	東海 獨島周邊 海山의 地質學的 및 地球物理學的 特性과 그 地史學的 意義	忠南 大學校	2000			
김병렬	독도 논쟁	다다 미디어	2001			
김병렬	독도에 대한 일본사람들의 주장	다다 미디어	2001			
鄭恩雨	朝鮮의 獨島에 대한 歷史的 開拓과 實效的 支配에 關한 研究	明知大學 校修士 論文	2001			
朴培根	『竹島の歷史地理學的硏究』에 대한 비판적 검토	法學研究	2001	p.121 -141	제 42 권	제 1 호 통권 50 호
안익대	獨島 領有權 紛爭에 관한 研究	全南 大學校	2001			
신각수	한·일어업협정과 독도 영유권	한·일어 업협정과 독도 영유권	2002 한·일어 업협정과 독도 영유권	p.26-29		통권 227 호
愼鏞廈	獨島問題と我々の對應	漢民族共 同體	2002	P.103 -113		제 10 호
李相喆	獨島 領有權 問題에 관한 研究	東國 大學校	2002			
金芝英	開港期 地圖에 표현된 鬱陵島,獨島 研究	誠信女子 大學校修 士論文	2002			

金汶柱	獨島 領有權에 관한 硏究	朝鮮大學校	2002			
金佐旭	獨島 領有權 問題에 관한 硏究	水原大學校	2003			
김학준	독도는 우리땅	해맞이	2003			
이수광	독도는 일본땅	중앙M&B출판	2003			
신용하	한국과 일본의 독도영유권 논쟁	한양대학교출판부	2003			
朴英正	獨島영유권의 日本側 주장을 반박한 일본인 논문집	경인문화사	2003			
민족문화연구소 편	울릉도, 독도, 동해안 주민의 생활구조와 그 변천·발전	영남대학교출판부	2003			
許英蘭	明治期 일본의 영토 경계 확정과 독도 :島嶼 편입 사례와 '竹島 편입'의 비교	서울국제법연구	2003	p.1-32	제10권	제1호 통권18호
金晧東	李奎遠의 '鬱陵島 檢察' 활동의 허와 실	大丘史學	2003			제71집
塚本孝	'竹島 영유권'에 대한 일본의 역사적 權原	시대의논리	2004	p.16-24		제6호
金晧東	개항기 울릉도 개척정책과 이주실태	大丘史學	2004	p.71-97		제77집
송병기	독도영유권자료선 편	한림대학교출판부	2004			
해양수산부	독도자료실 자료해제집	해양수산부	2004			
金學俊 著; Hosaka Yuji 譯	獨島/竹島 韓國"論理	論創社	2004			
下條正男	竹島"日韓"どちらのものか?	文藝春秋	2004			
이진명	독도, 지리상의 재발견	삼인	2005			
趙俊來	獨島 問題의 懸案 爭點과 對應 戰略	慶尙大學校	2005			

南基勳	17世紀 朝·日 양국의 鬱陵島·獨島인식	韓國敎員 大學校修 士論文	2005			
독도 자료집편 찬위원 회독도 수호대	독도-다케시마 : 독도문제의 현실과 우리의 대응	독도-다 케시마 : 독도문제 의 현실 과 우리 의 대응	2005 독도- 다케 시마 : 독도 문제 의 현 실과 우리의 대응			
호사카 유지	일본 古지도에도 독도 없다	자음과 모음	2005			
송병기	(고쳐 쓴) 울릉도와 독도	단국대학 교출판부	2005			
민족문 화연구 소 편	울릉도 독도의 종합적 연구	영남대학 교출판부	2005			
한국해 양수산 개발원	1951년 샌프란시스코조약과 독도영유권에 관한 연구	1951년 샌프란시 스코조약 과 독도영 유권에 관 한 연구	2005 1951년 샌프란 시스코 조약과 독도영 유권에 관한 연구			
윤병석	獨島領有の歷史的意義	統一蛤	2005	p.126 -131		통권 198 호
윤병석	獨島領有の歷史的意義	2000年	2005	p.10-13		통권 264 호
박상규	독도의 영유권 문제에 대한 한·일 양국의 시각과 해결방안 모색 : 역사적 인식을 중심으로	시민문화 연구	2005	p.151 -171		제 5 호
신용하	역사적으로 본 독도 영유권과 신 한일어업협정의 관계	人權과正 義 : 大韓 辯護士協 會誌	2005	p.23-52		통권 350 호

민족문화연구소 편	울릉도 독도의 종합적 연구	영남대학교출판부	2005			
金柄烈	독도영유권과 관련된 일본학자들의 몇 가지 주장에 대한 비판 : 元祿 9년 조사 기록을 중심으로	國際法學會論叢	2005	p.77-98	제 50 권	제 3 호 통권 제 103 호
호사카 유지	일본의 지도와 기록을 통해 본 일본정부의 독도영유권 주장 비판	북방사 논총	2005	p.75 -105		제 7 호
호사카 유지	일본의 관인 고지도와 '울릉도 외도(外圖)'가 증명하는 한국의 독도영유권	日語日文學硏究 - 일본문학·일본학	2005	p.433 -454	제 2 권	제 55 집
배성준	한말 울릉도·독도 영토문제의 대두와 울도군(鬱島郡) 설치	북방사 논총	2005	p.47-73		제 7 호
전영권	독도의 지형지(地形誌)	한국지역지리학회지	2005		제 11 권	제 1 호 통권 29 호
양보경	鬱陵島, 獨島의 역사지리학적 고찰 : 韓國 古地圖로 본 鬱陵島와 獨島	북방사 논총	2005	p.7-46		제7 호
이준구	17세기 말, 號牌·戶籍이 말하는 울릉도·독도 파수꾼 安龍福과 朴於屯	朝鮮史硏究	2005	p.61-77		통권 제 14 집
정민정	인도네시아와 말레이시아간의 도서분쟁사안 연구 : 한일간 독도영유권 사안에의 적용	서울국제법연구	2005	p.157-1	제 12 권	제 1 호 통권 22 호
장청욱	독도는 역사적으로 우리나라의 고유한 령토	국제고려학회 서울지회 논문집	2005	p.57-63		제 6 호
崔書勉	한·일간의 역사문제: 독도문제를 중심으로	일본학	2005	p.1-25		제 24 집

나이토 세이츄 [저] 洪潤基 번역	幕府가 1696년 「다케시마 도항 금지」를 결정한 이후 日本은 독도 영유권을 여러 차례 포기했다	月刊朝鮮	2005	p.474 -480	제26권	제6호 통권 303호
박진희	戰後 韓日관계와 샌프란시스코平和條約	한국사 연구 131	2005			
崔文衡	露日戰爭과 日本의 獨島占取	歷史學報	2005	p.249 -267		제188집
정병준	영국 외무성의 對日평화조약 草案·부속지도의 성립(1951. 3)과 한국독도 영유권의 재확인	한국독립 운동사 연구	2005	p.131 -167		
동북아의 평화를 위한 바른역사정립 기획단	독도자료집. 1 -2	다다 미디어	2005 -2006			
리성덕	독도 지킴이 안룡복	자음과 모음	2006			
宋炳基	安龍福의 活動과 鬱陵島爭界	歷史學報	2006	p.143 -181		제192집
鮮于榮俊	獨島 領土權原의 硏究 : 獨島 領土主權 制度化 過程의 分析	成均館 大學校	2006			
김병렬	(일본군부의) 독도침탈사	동북아의 평화를 위한 바른 역사 정립 기획단	2006			
신용하	한국의 독도영유권 연구	경인 문화사	2006			
김병렬, 나이토 세이츄 ; 옮긴이: 김관원, 김현철, 연민수, 조국현	한일전문가 본 독도	다다 미디어	2006			
이상태	(사료가 증명하는) 독도는 한국땅	경세원	2007			

〈3. 학위논문〉

편,저자명	논문명	학교	연도
黃相基	獨島問題 研究	서울대	1955
劉哲鍾	獨島의 領有權論	전북대	1967
李喆雨	獨島領有權에 관한 政治史的 考察	동아대 대학원	1971
孫相潤	獨島의 領有權 問題에 대한 小考	전남대 대학원	1975
河寶熙	獨島領有權에 관한 法·史的 考察	동아대 교육대 학원	1977
李鐘俊	독도의 영유권에 관한 연구	慶熙大 行政大 學院	1983
劉哲鍾	韓·日 및 日·蘇 領土紛爭에 關한 研究: 獨島와 北方四島 問題를 중심으로	전남대 대학원	1987
曺永珍	독도 영유권 문제에 관한 연구 : 역사적·법적 측면을 중심으로	國防大 學院	1996
崔鳳起	獨島의 嶺土權에 관한 研究	慶尙大 敎育大 學院	1996
金柄吾	獨島의 名稱에 대한 歷史的 考察	漢陽大 敎育大 學院	1997
愼東錦	독도 영유권에 관한 고찰	慶星大 敎育大 學院	1998
安泰玉	독도의 영유권논쟁에 관한 연구	高麗大 政策大 學院	1998
趙洸衍	독도의 영유권에 관한 史,法的 연구	明知大 敎育大 學院	1998
李允行仁 川大	獨島領有權에 관한 研究	敎育大 學院	1999
이부균	한·일 독도영유권 분쟁과 미국의 입장	檀國大 大學院	1999

최방식	독도 영유권 확보를 위한 전략적 대응방안 : 역사적·국제법적 측면을 중심으로	慶南大 行政大 學院	1999
강도영	독도 영유권 문제 고찰 : 일본 사료를 중심으로	부산외 대국제 경영지 역 학대 학원	1999
서아담	독도 영유권 문제에 관한 역사적 고찰	전북대 교육대 학원	2000
송세풍	한일외교관계에 관한 고찰 : 독도를 중심으로	가톨릭 대국제 대학원	2000
이근택	조선 숙종대 울릉도분쟁과 수토제의 확립	국민대 대학원	2000
안익대	독도 영유권 분쟁에 관한 연구	전남대 행정대 학원	2001
정은우	조선의 독도에 대한 역사적 개척과 실효적 지배에 관한 연구	명지대 교육대 학원	2001
박천신	동아시아 도서영유권 분쟁과 독도문제에 관한 연구	한남대 행정정 책 대학 원	2001
이상철	독도 영유권 문제에 관한 연구 : 역사적·법적 분석을 중심으로	동국대 사회과 학대학 원	2002
조규운	동북아시아에서의 도서 분쟁에 관한 연구 : 독도 영유권 분쟁을 중심으로	한국해 양대 대 학원	2002
김문주	독도 영유권에 관한 연구	조선대 정책대 학원	2002
김형수	한국의 독도영유권에 관한 연구: 한·일 양국의 기본입장을 중심으로	경상대 행정대 학원	2003

이시영	독도 영유권 분쟁에 관한 연구	한남대 지역개 발대학 원	2003
김오중	독도 영유권 분쟁에 관한 연구	조선대 정책대 학원	2004
김인철	일본의 독도영토정책 연구와 비판	동의대 대학원	2004
최우섭	일본의 독도영유권 주장의 논리분석과 한국의 대응전략	충남대 평화안 보대학 원	2006
선우영준	독도 영토권원의 연구 : 독도 영토주권 제도화 과정의분석	성균관대 대학원	2006

〈4. 필자의 독도·영토연구〉

논문명	거제잡지명 및 출판사	페이지	발행
〈다무라 세이자부로〉의 죽도 영유권 조작에 관한 연구	대한일어일문학회, 『일어일문학』, 51	p.327	2011. 08.31
가와카미 겐죠의 독도에 관한 역사적 권원 조작에 관한 연구	동아시아일본학회, 『일본문화연구』, 39	p.569	2011. 07.30
가와카미 겐죠의 국제법적 지위 조작에 관한 연구 -평화선 선언시기 일본정부의 '죽도=일본영토'논리조작-	한일민족문제학회, 『한일민족문제연구』	p.129	2011. 06.30
독도의 지위와 영토 내셔널리즘과의 관계	대한일어일문학회, 『일어일문학』, 50	p.387	2011. 05.31
일본정부의 대일평화조약 시기의 '죽도' 영유권 인식 -일본의 국회의사록을 중심으로-	한국일본문화학회, 『일본문화학보』, 48	p.353	2011. 02.28
일본정부의 '이승만라인 철폐'의 본질규명 -일본의 한일협정 비준국회의사록 분석-	한국일어일문학회, 『일어일문학연구』, 76	p.331	2011. 02.28
안중근 사상의 진화과정에 관한 연구 -유고집과 어록을 중심으로-	대한일어일문학회, 『일어일문학』, 49	p.449	2011. 02.28
[Book Reviews]]the Dokdo/Takeshima Controversy between Korea and Japan	동북아역사재단, 『The Journal of Northeast Asian History』, 7	p.137	2010. 12.01
현 일본정부의 '죽도문제' 본질에 대한 오해	한국일본문화학회, 『일본문화학보』, 47	p.279	2010. 11.30
동아시아의 헤게모니 이동에 따른 국가영역의 변동	한국일어일문학회, 『일어일문학연구』, 제75집2권	p.435	2010. 11.30
일본의 사료 왜곡 해석과 독도 영유권의 부정 -최신 발굴 사료를 중심으로-	한국일본문화학회, 『일본문화학보』, 46	p.113	2010. 08.31
한일협정에서 확인된 일본의 독도 영유권 주장의 한계성	대한일어일문학회, 『일어일문학』,47	p.429	2010. 08.31
한일협정에 있어서 한국의 독도 주권 확립과 일본의 좌절 -일본 비준국회의 의회속기록을 중심으로-	한국일어일문학회, 『일어일문학연구』, 74	p.269	2010. 08.31
일본 국내의 '죽도' 영유권을 둘러싼 갈등 구조	한국일본문화학회, 『일본문화학보』, 45	p.330	2010. 05.31

일본 민주당정부의 영토정책에 관한 연구	한국일본문화학회, 『일본문화학보』, 44	p.457	2010. 02.28
근대한국의 독도관할과 통감부의 인식 -〈석도=독도〉 검증의 일환으로	한국일어일문학회, 『일어일문학연구』, 72	p.297	2010. 02.28
이승만, 장면, 박정희정부의 간도정책 분석	백산학회, 『백산학보』	p.269	2009. 12.31
〈총리부령24호〉와 〈대장성령4호〉의 의미 분석	한국일어일문학회, 『일어일문학연구』, 71	p.505	2009. 11.30
통일한국에 있어서 〈조중변계조약〉의 위상	동북아시아문화학회, 『동북아문화연구』, 20	p.211	2009. 09.30
일제의 간도정책에 관한 성격 규명 -〈조선 간도 경영안〉을 중심으로-	대한일어일문학회, 『일어일문학』, 43	p.353	2009. 08.31
동아시아의 전근대〈속국〉과 근대 〈영토〉 및 현대 〈주권국가〉와의 관계성	한국일어일문학회, 『일어일문학연구』, 70	p.405	2009. 08.31
일제 통감부의 간도 지견과 간도정책 본질의 고찰 -〈조선간도경영안〉(1906년4월)을 중심으로-	백산학회, 『백산학보』, 84	p.247	2009. 08.31
북방영토와 독도 문제의 성격 비교	한국일본문화학회, 『일본문화학보』, 40	p.445	2009. 02.28
현대 일본의 독도 영토화를 위한 정치적 행위	한국일어일문학회, 『일어일문학연구』, 68	p.346	2009. 02.28
죽도문제연구회의 〈죽도문제에 관한 조사연구 -최종보고서-〉 비판적 검토-명치시대-	대한일어일문학회, 『일어일문학』, 41	p.373	2009. 02.28
〈인슈시초고키〉 왜곡 해석의 기원 -근대 일본의 독도 영유권 인식과 침략 경위-	동아시아일본학회, 『일본문화연구』, 29	p.377	2009. 01.15
〈죽도경영자 나카이요사부로씨 입지전〉의 해석 오류에 대한 고찰	대한일어일문학회, 『일어일문학』, 40	p.275	2008. 11.30
일본의 이혼 구조 특성에 관한 연구 -한국의 이혼구조와 비교의 관점에서-	한국일어일문학회, 『일어일문학연구』, 66	p.329	2008. 08.31
한일 양국의 영토인식 형성과 교과서 연구	동북아시아문화학회, 『동북아문화연구』, 15	p.99	2008. 06.30

간도와 독도 영토문제의 비교분석 -공통점과 차이점 분석으로 상호 시사점 고찰	대한일어일문학회, 『일어일문학』, 38	p.247	2008. 05.31
한중영토문제의 정치적 이해 -동북아 헤게모니와 간도영토문제의 해결의 취약점	백산학회, 『백산학보』	p.427	2008. 04.30
일본의 죽도,독도 역사연구 현황과 쟁점 -1905년 죽도영토편입 -2005년 죽도의 날 제정-	동북아역사재단, 『동북아역사논총』	p.7	2007. 12.30
경상북도와 시마네현 교류 중단과 전망 -교류중단 2년 간의 양 지자체의 손익계산서-	한국일본문화학회, 『일본문화학보』, 35	p.213	2007. 11.30
독도 영유권의 일본적 논리 계발의 유형 - 〈죽도문제연구회〉를 사례로	대한일어일문학회, 『일어일문학』, 36	p.409	2007. 11.30
국제사법재판의 특성과 독도 해결의 정치적 요인 분석	한국일본근대학회, 『일본근대학연구』, 18	p.153	2007. 11.30
일본제국기의 독도/죽도 선행연구 분석 -독도 영토문제 본질규명을 위한 시도-	동북아시아문화학회, 『동북아문화연구』, 13	p.509	2007. 10.30
일본의 주변 3국과의 영토분쟁의 특성	대한일어일문학회, 『일어일문학』, 35	p.383	2007. 08.31
전후 일본의 독도에 대한 영토전략	일본어문학회, 『일본어문학』, 36	p.443	2007. 02.28
일부 일본학자들의 독도 사료조작으로 인한 영유권 본질의 훼손	한국일본문화학회, 『일본문화학보』, 32	p.401	2007. 02.28
근대일본의 국제공법 수용과 인식에 관한 연구	한국일본근대학회, 『일본근대학연구』, 15	p.239	2007. 02.28
일본의 중앙-지방정부의 독도 사료 조작	대한일어일문학회, 『일어일문학』, 33	p.353	2007. 02.28
영토정책의 관점에서 본 '일한병합'의 재고찰	일본어문학회, 『일본어문학』, 35	p.617	2006. 11.30
일본의 독도 영유권 주장에 대한 '북한'의 대응양상	대한일어일문학회, 『일어일문학』, 32	p.210	2006. 11.30
전후 일본의 〈센카쿠제도〉에 대한 영토전략	동북아시아문화학회, 『동북아문화연구』, 11	p.245	2006. 10.30
전후일본의 독도 역사성 왜곡에 관한 고찰	동아시아일본학회, 『일본문화연구』, 20	p.243	2006. 10.30

한국의 독도영토문제 해결을 위한 소고 -과제와 전망에 관해서-	일본어문학회, 『일본어문학』, 34	p.545	2006. 08.30
전후 일본의 북방4도에 대한 영토전략	대한일어일문학회, 『일어일문학』, 31	p.301	2006. 08.30
전후일본의 독도인식의 오해에 관한 검토 -다나카 타카키씨의 〈죽도문제〉에 대한 비판(2)	한국일본근대학회, 『일본근대학연구』, 제13집	p.95	2006. 08.30
독도영토의 역사적권원에 관한 연구	대한일어일문학회, 『일어일문학』, 30	p.260	2006. 05.30
일본영토의 변천과정과 영토분쟁의 현황	일본어문학회, 『일본어문학』, 30	pp.417 -442	2005. 08.30
영토분쟁의 현황과 전망	한국일본문화학회, 『일본문화학보』, 24	pp.321 -341	2005. 02.28
초기일러국경의 결정요인 -아이누,러시아,일본,그외의 국제관계의 정치역학적 측면에서 고찰-	일본 쥬오대학 사 회과학연구소, 『중앙대학사회과 학연구소연보』, 8	pp.293 -329	2004. 06.30
러일국경분쟁과 아이누민족의 지위소멸과정에 관해서	일본어문학회, 『일본어문학』, 25	pp.561 -588	2004. 05.30
전후 일본영토처리의 특수성과 영토분쟁요인 -로컬리즘, 내셔널리즘, 리저널리즘의 카테고리에서 분석-	대한일어일문학회, 『일어일문학』, 11	p.11	2004. 05.30
전후 일본영토처리의 특수성과 국경분쟁의 발생요인	대한일어일문학회, 『일어일문학』, 22	pp.285 -306	2004. 05.30
일본 대륙낭인의 간도문제 개입과정	백산학회, 『백산학보』, 71	pp.437 -472	2004. 04.30
샌프란시스코조약의 영토조항에 관한 고찰 -정치성에 관해서-	대한일어일문학회, 『일어일문학』, 21	pp.245 -270	2004. 02
19C 러일 제국주의국가의 아이누모시리 분할 -아이누모시리를 둘러싼 국제정치를 중심으로-	일본어문학회, 『일본어문학』, 23	pp.539 -576	2003. 10.30
근대 러일 양제국의 사할린, 아이누지역의 분할	대구대학교 인문 사회과학연구소, 『인문과학연구』, 26	pp.235 -248	2003. 08.30
한중일3국의 간도영유권에 대한 인식 -일본의 간도문제 개입기(1905년 전후기)-	대한일어일문학회, 『일어일문학』, 19	pp.215 -244	2003. 05.30

일본의 독도에 대한 영유권 주장의 논리	서울대학교 국제대학원,『국제, 지역연구』, 12-2	pp.99 -111	2003. 03.30
현대일본정치의 아이덴티티 모색과 그 방향성 -일본내셔널리즘의 전개과정을 중심으로-	한국일본학회,『일본학보』, 54	pp.499 -520	2003. 03.30
일본정치와 동북아 정세의 변동 -일제의 항일운동 근거지 탄압-	대한일어일문학회,『일어일문학』, 18	pp.367 -397	2002. 11.30
어업협정과 독도 및 EEZ와의 관련성	한국일본학회,『일본학보』, 50	pp.439 -465	2002. 03.30
근세일본의 조선침략과 영토정책 -항왜일본인 사야카의 실체에 관해서-	조선사연구회,『조선사연구』, 10	pp.369 -399	2001. 10.30
한일국경의 형성과정과 인식의 변화	한국일본근대학회,『일본근대학연구』, 1	pp.123 -146	2000. 10.30
일한어업협정과 일본외교	일본쥬오대학,『법학신보』, 107-3/4	pp.311 -331	2000. 09.10
일본외교의 양면성에 관한 고찰	한국일본학회,『일본학보』, 44	pp.645 -662	2000. 06.30
한국통감부의 간도침입에 관한 고찰	조선사연구회,『조선사연구』, 6	pp.159 -186	1999. 12.30
일본의 한국황실 말살과 동화정책 -대한제국 최후의 황태자 이은의 정략결혼을 중심으로	조선사연구회,『조선사연구』, 8	pp.177 -200	1999. 10.30
일본정치의 외교적 특질에 괸한 연구 -대정정부와 군부와의 관계를 중심으로	일봉어문학회,『일본어문학』, 7	pp.433 -479	1999. 08.30
일본의 만한정책에 있어서 간도협약의 일고찰	일본 중앙대학 사회과학연구소,『일본 중앙대학사회과학연구소연보』, 3	pp.27 -48	1999. 06.30
일본의 한청국경문제연구와 소속론에 관한 인식	일본어문학회,『일본어문학』, 10	pp.323 -347	1998. 08.30
일제의 간도에 관한 일청협약 체결의 제요인	일본어문학회,『일본어문학』, 5	pp.409 -442	1998. 08.20
일본문화수용을 요구하는 일본의 의도와 우리의 자세	안보문제연구소,『통일로』, 120	pp.66 -71	1998. 08.01
일본의 간도분쟁개입과 청일간도문제 교섭과정	해외한민족연구소,『한민족공동체』,6	pp.199 -212	1998. 05.30

일제의 간도 통감부파출소 설치경위	한일관계사학회, 『한일관계사연구』, 7	pp.86 -115	1997. 12.30
한국통감부의 간도침입에 관한 연구	조선사연구회, 『조선사연구』, 6	pp.159 -186	1997. 12.30
일제의 한국보호국화 과정 -국제관계적 측면에서 간도정책과 관련하여-	한국학보, 『한국학보』, 89	pp.103 -137	1997. 12.10
한국통감 이등박문의 간도영토정책의 구상의 배경	백산학회, 『백산학보』, 48	pp.259 -281	1997. 06.30
근대일본의 영토정책사연구 -만한국경획정문제를 중심으로-	일본쥬오대학 대 학원 법학연구과, 『법학박사(정치학)』	p.587	1997. 03.18
간도에 관한 일청협약 체결과 간도지위의 변화	일본중앙대학 대 학원 법학연구과, 『대학원연보』, 26	pp.207 -219	1997. 02.28
독도영토의 해결방안은 무엇인가	안보문제연구원, 『통일호』, 92	pp.50 -59	1996. 04.01
한국통감이등박문의 간도영토정책(2)	일본중앙대학법학회, 『법학신보』, 102-9	pp.171 -187	1996. 03.25
한국통감부의 간도침입	일본중앙대학대학 원 법학연구과, 『대학원연보』, 25	pp.123 -136	1996. 02.28
한국통감이등박문의 간도영토정책(1) -통감부파출소의 설치결정경위-	일본중앙 대학 법학회, 『법학신보』, 102-7/8	pp.175 -202	1996. 02.15
을사보호조약의 재조명	안보문제연구원, 『통일로』, 90	pp.73 -85	1996. 02.01
간도협약에 숨겨진 일본의 음모	북한연구소, 『북한』, 285	pp.96 -105	1995. 09.01
통감이등의 만한영토정책 구상과 간도	일본중앙 대학 법학연구과, 『대학원연보』, 24	pp.189 -201	1995. 02.20
메이지 정부의 영토확장정책 -독도의 시마네현편입을 중심으로-	일본 쥬오 대학 법학연구과, 『법학석사(정치학)』	p.135	1994. 03.18
메이지정부의 조선동해에 있어서의 영토정책	일본 중앙 대학 법학연구과, 『대학원연보』, 23	pp.209 -221	1994. 02.20
일제의 간도정책에 대한 한국의 입장에 관한 고찰	조선사연구회, 『조선사연구』, 7	pp.205 -244	1990. 08.30

찾아가기

(S)

SCAPIN 1033호 ·····233, 243, 282

SCAPIN 2160호 ······················283

SCAPIN 677호 ·········19, 21, 228,

229, 233, 240,

243, 268, 274, 282, 345

(W)

Web죽도문제연구소 ·······364, 367

(ㄱ)

가설천막 ·····························237

가와카미 겐조(川上健三)

··················85, 226, 251, 293

가타조노 쓰안(北園通菴) ········326

가토 시게나리(加藤重造) ········320

각의결정 ·····························271

강원도 ······························339

강원도도(江原道図) ·········63, 219

강치잡이 ·····················236, 304

강치조업 ···············236, 240, 283

강치조업권자 ·························238

강치조업자 ·····················280, 288

개정일본도(改正日本図) ··········204

개정일본여지노정전도

(改正日本輿地路程全図)

··················203, 204, 218, 369

겐로쿠 연간 ·························308

겐로쿠(元禄) ·························214

겐로쿠9 병자년 조선주 착안 일권지

각서(元禄九丙子年朝鮮舟着岸一券

之覺書) ·······················338

경기도 ·······················339

경상북도 ···················89, 98

경세당(經世棠) ···············142

고기집 ···················140, 184

고다마 데이죠(児玉貞場) ·······208

고다마 사다야스(児玉貞易)

·······················154, 167

고바야시 겐타로(小林源太郎)

·······················288, 289

고이즈미 노리사다(小泉憲貞) 330

고카무라 촌장(五箇村長) ·······288

고카무라(五箇村) ···227, 229, 280

곤도 모리시게(近藤守重) ·······254

공도정책 ···········211, 275, 307,

308, 309, 310, 313

공산진영 ······················37

관유지 ·······················280

광업권 ·······················294

광해군일기 ···················213

괭이갈매기 ···················288

교류단절 ·····················111

교류목적 ······················91

교류중단 ······················90

국유재산법시행령 ·············236

국제법 ·······················271

국제법상 ·····················271

국제사법재판소 ···············274

국제해양법협약 ···········51, 252

국조보감(國朝寶鑑) ···········308

군함일지 ·····················263

금소고정분계지도

(今所考定分界之図) ·······202, 255

기죽도(磯竹島) ·······152, 247, 259

김자주(金自周) ···············58, 59

김정호 ···················220, 298

김찬규 ·······················348

(ㄴ)

나가쿠보 세키스이(長久保赤水)

·······················202, 254, 367

나이토 세이츄(內藤正中) ·79, 340

나카노도리시마(中の鳥島) ·····349

나카이 요사부로(中井養三郎)

·················55, 79, 176, 235,

264, 301, 320, 332

나카이 요사부로씨 입지전

(中井養三郎氏立志伝) ·············54

남방제도 ·····················244

남서제도 ·····················244

내무성 ·······················236

내부(內部)대신 ···········270, 363

네무로(根室)반도 ·············232

농상무성 ···················236

니시노시마(西之島) ···········244

니이타카호(新高號) 182, 263, 318

(ㄷ)

다가와 코조(田川孝三) ···········86

다게렛트 ···················209

다기심마잡지(多氣甚麼雜誌) ··125

다나카 아카마로(田中阿歌麻呂)

···················53, 125, 186, 321

다다 여자에몽(多田與左衛門) 213

다무라 세이자부로(田村淸三郎)

···················85, 226, 290

다무라 히사시(田村寿) ···········289

다베 타이치(田辺太一) ···········74

다보하시 키요시(田保橋潔) ······57

다이토 군도(大東群島) ···········349

다쥬레도 ···················276

다카하시 교쿠란(高橋玉蘭) ······207

다케바야시 토쿠타로(竹林德太郎)

···················314

당토역대주군연혁지도

(唐土歷代州郡沿革地図) ·········367

대동여지도 ···················220

대마도 ···················256

대마번(対馬藩) ···············150

대응조치 ···················104

대일강화조약 ······268, 274, 283

대일본사신전도(大日本四神全図)

···················207

대일본세견지지장전도

(大日本細見支指掌全図) ·········204

대일평화조약 ······18, 38, 44, 62,

74, 228, 239, 242, 243, 251, 346

대장성(大藏省) ···············236

대장성령 제37호 ···············46

대장성령 제4호 ···········19, 343

대한제국 내부 ···············303

도다 케이기(戶田敬義) ···········167

도다 타가요시(戶田敬義) ·········208

도사번(土佐藩) ···············162

도쿄부(東京府)고시 ·········67, 271

도해금지령 팻말 ···············360

독도(獨島) ···········20, 39, 301,

317, 318, 319

돗토리번(鳥取藩) ······82, 83, 256

돗토리현(鳥取県) ···············285

동국여지승람(東國輿地勝覽)

···········58, 143, 219, 220,

230, 254, 258, 259, 295, 298

동북아시아지역자치단체연합회

(NEAR) ······················107
동습고정분계도(同習考定分界図)
　··54, 132
동아도(東亜図) ····················248

(ㄹ)

란도(卵島) ························56
량코도 ·····················210, 301
러일전쟁 ······177, 236, 238, 351
리앙쿠르암 ······················278
리앙쿠르트 열암 ················328

(ㅁ)

마노 테츠타로(真野鉄太郎) ····329
마샬군도 ·························271
마이즈루 진수부(舞鶴鎮守部)
　····················235, 238, 280, 281
마츠다히라 신타로(松平新太郎)
　································60, 213
마츠에고교(松江高校) ············258
마츠오 히데타카(松尾秀孝) ····107
마츠하라(松原) ···················314
마츠하라만(松原湾) ·············314
마키 보쿠신(牧朴真) ·············177
마키(牧) ·························279
만기요람 ·························298

맥아더라인 ············58, 225, 228,
　　　　　233, 239, 240, 282
메나라이 ························328
메이지유신 ·····················327
무도(武島) ·······················276
무라가와 이치베(村川市兵衛)
　································60, 213
무라오카 료히츠(村岡良弼) ····139
무라카와가문(村川家) ············213
무릉(武陵) ············64, 258, 355
무쓰국(陸奥国) ·················167
무주지 선점 ·····················337
무주지 선점론 ····················336
무토 헤이하쿠(武藤平学) 207, 208
문헌촬록(文獻撮錄) ·············308
미나미토리시마(南鳥島) ·244, 271
미역 ·····················237, 263
미우라 시게사토(三浦重郷) ····170
미일안보조약 ·····················75
미일행정협정 ····················242

(ㅂ)

박석창 ·························298
박세당(朴世堂) ·············354, 357
백기민담(伯耆民談) ·············213
변요분계도고(辺要分界図考)

·············54, 132, 134, 140, 254
병가가문(兵家紀聞) ···············369
본방조선왕복서(本邦朝鮮往復書)

　　···················214
부토 헤이가쿠(武藤平学) 154, 167
블라디보스톡 ·····················167
비변사 ·······················339

(ㅅ)

사쓰마번(薩摩藩) ···············162
사업경영개요 ·····················265
사이고쵸(西郷町) ···············281
사이토 시치로베이(斎藤七郎兵衛)

　　··············154, 208
사이토 호센(斎藤豊仙) ·····82, 184
사토 노부히로(佐藤信淵) ········160
사토 쿄스이(佐藤狂水) ···········329
산음(山陰)지방 ·····137, 152, 277
산음신문(山陰新聞) ········186, 262
산음중앙신보(山陰中央新報) ··361
산케이(産経)신문 ··················358
삼국사기 ·······················258
삼국통람도설 ·····················306
샌프란시스코 평화조약 ···········21
석도(石島) ············83, 84, 197,
　　　　263, 264, 272, 302

선점문제 ·······················271
성호사설 ·······················82
세계일보 ·······················348
세와키 히사토(瀬脇寿人) ········168
세종실록 ·················212, 295
세종실록지리지 ·····230, 259, 298
소우 사다시게(宗貞茂) ···········308
소우 요시나리(宗義成) ···········144
소우 요시마사(宗義眞) ···········144
소우(宗)씨 ··················143, 144
소위 우산도 ·····················298
소후암(媼婦岩) ·····················244
송도(松島) ·····261, 277, 278, 316
송도(松嶋) ·······················340
송도개척원 ·······················277
송도개척지의(松島開拓之義)

　　···················207, 208
송도도해면허 ·····················255
송도도해면허증 ·····················254
송양신보(松陽新報) ········139, 267
숙종대왕실록 ·····················213
숙종실록 ··················214, 295
스기노 요메이(杉野洋明 ········361
스기모토 나오시로(杉本直治郎)

　　···················248
스기하라 류(杉原隆) ···············364

스미다 노부요시(澄田信義) ····107

스미후쿠마루(住福丸) ··········314

시마네 현지 ····················264

시마네마루(島根丸) ············228

시마네현 ··················89, 98

시마네현 죽도의 신연구

(島根県竹島の新研究)

··········86, 62, 252, 335

시마네현 죽도의 연구

(島根県竹島の研究) ·········86, 252

시마네현 편입(島根県編入) ····235

시마네현(島根県)고시

··················66, 270, 271

시마네현고시40호 ··············336

시마네현죽도연구 ··············62

시마네현지(島根県誌) ·········79

시마네현청(島根県庁) ··········235

시모우라 후지야쿠로(下浦藤九郎)

··························314

시모우라(下浦) ················314

시모우라(下浦)문서 ···········314

시모조 마사오(下條正男)

··········79, 294, 340, 347

시볼트(Sibolt) ············204, 247

시코탄(色丹) ··················232

신간여지전도(新刊輿地全図) ··207

신석호 ························317

신증동국여지승람 ··········211, 219

신탁통치 ·······················37

신판일본국대회도

(新版日本国大絵図) ·················204

심흥택 ························261

심흥택 군수 ··············303, 363

쓰보이 쿠메죠(坪井九馬三) ····56

쓰시마 ························308

쓰시마번(対馬藩) ·····83, 161, 296

(ㅇ)

아르고노트도 ··················210

아마기호(天城號) ···154, 170, 277

아마미군도(奄美群島) ···········244

아마미제도 ·····················36

아미기(天城) ··················209

아베 시로고로(阿部四郎五郎)

··························60, 81

아베(安部豊後守) ·············215

아사히(朝日)신문 ·············96

아세아소동양도(亜細亜小東洋図)

··························367

아이즈야 하치에몽

(会津屋八右衛門) ·············359

아이즈야(会津屋) ·············285

아타치(安達) ·······················269

안용복 ·······················338, 339

안용복사건 ····256, 272, 307, 308

알고노트도 ·······················276

알렌(H. W. Allen) ·················25

암스트르담 ·······················248

야나기 유에츠(柳猶悦) ···········171

야다 타카마사(矢田高当) ·······326

야마구치 카메노스케(山口亀之助)
·······················314

야마구치현 ·······················314

야마모토(山本)의원 ·······269, 283

야마베 겐타로(山辺健太郎) 68, 86

야스베이(安兵衛) ·················314

야스지마 타메사부로(安島為三郎)
·······················288

야하타 쵸시로(八幡長四郎)
·················237, 280, 287, 282

양 지자체 ·························93

어기(漁期) ···········137, 272, 286

어업단속규제 ·····················237

어업단속규칙 ·····················272

어업협동조합(組合)연합회 ·····240

에세키료(江石梁) ·················326

엔도 반조(遠藤万三) ·····267, 334

연금수급자 ·························46

연합국 ·························242

연합국총사령부 ·················245

연합국최고사령부지령 677호 ··23

영토편입 및 대하원(貸下願) ··279

오가사와라(小笠原) ·············349

오가사와라군도(小笠原群島) ··244

오가사와라제도 ·····37, 46, 349

오누마 킨고로(大沼金五郎) ···314

오니시 쿄호(大西教保) ····54, 133

오리브츠아 ·························328

오사카(大阪)광산감독국 ·········288

오시마 기타로(大島幾太郎著) 313

오야 진키치(大谷甚吉) ····60, 213

오야 쿠에몽카츠노부
(大谷九右衛門勝信) ·················217

오야가문(大谷家) ·················213

오치군(隠地郡) ·············227, 229

오카다 라이보(岡田頼母) ·······325

오쿠보 도시미치(大久保利通) 165

오쿠하라 헤키운(奥原碧雲)
·················54, 85, 136, 141

오쿠하라 후쿠이치(奥原福一) 235

오키고기집(隠岐古記集) ·········254

오키국 송도(隠岐国松島)
·····················70, 73, 217

오키국(隠岐国) 82, 138, 256, 261

오키나와가 ·····················37

오키나와제도 ·····················33

오키노토리시마(沖の鳥島)

·····················244, 271, 349

오키도(隠岐島) ·····················240

오키도사(隠岐島司) 125, 210, 235

오키도청(隠岐島廳) ·······138, 235

오키민담 ·····················140

오키제도(隠岐諸島) ·····················370

오키지후편(隠岐誌後編) ·······330

와타나베 교키(渡辺洪基) ·····74

요나고(米子) ·····················60, 213

요나고시(米子市) ·····················288

요미우리(讀賣)신문 ·····················347

요시다 쇼인(吉田松陰) ·······160

요시다 토고(吉田東伍) ·······139

우가무라(宇賀村) ·····················329

우라 렌이치(浦廉一) 226, 246, 248

우라 후지야쿠로(浦藤九郎) ···314

우릉(羽陵) ·····················64, 258

우릉도(芋陵島) ·····················152

우산(于山) ···········64, 258, 355

우산국 ·····················211

우산도(于山島) ·····················152

우용정 ·····················365

운주(雲州) ·····················133

울도군의 배치전말 ·······362, 367

울릉(蔚陵) ·····················64, 258

울릉(鬱陵) ·····················64, 258

울릉도 ·····················20, 42

울릉도개척 ·····················266

울릉도도(鬱陵島図) ·······298, 302

울릉도외도 ·····················365

울졸보고내부(鬱倅報告内部) ··364

원록각서 ·····················261

유구번제개혁(琉球藩制改革) ··154

유구제도 ·····················36

은주(隠州) ·····················133

은주시청합기(隠州視聴合記)

·····················54, 69, 73, 77, 133, 140,
159, 217, 218, 255, 295, 199

이 주(この州) ·····················136

이구치 류타(井口竜太) ··········320

이규원 ·····················297, 365

이노우에 카오루(井上馨) ·······171

이라인 ·····················227

200해리 배타적경제수역 ·········51

이선박(李善薄) ·····················203

이승만 ·····················227

이시바시 마쓰타로(石橋松太郎)

·····················320

이시하라(石原) ·····················269

이암굴(李暗窟) ····················231

이언공(李言恭) ····················217

이오군도(硫黄群島) ···········349

이오열도(硫黄列島) ·······46, 349

이와미(石見) ·······················339

이와미국(岩見国) ···············359

이와쿠라 도모미(岩倉具視) ····165

이조실록 ······························220

이즈모(出雲) ···············138, 256

이즈모번(出雲藩) ··········139, 267

이케다가문(池田家) ·············279

이케우치 히로시(池内宏) ·······79

인광채굴권 ···························290

인번(因藩) ···························216

인슈번청(因州藩廳) ·············213

일로청한명세신도

(日露淸韓明細新圖) ·················350

일미합동위원회 ······68, 228, 269

일미행정협정 ···············228, 240

일본고(日本考) ····················217

일본도(日本図) ······195, 204, 247

일본도찬(日本圖纂) ·············217

일본로정여지도(日本路程輿地図)77

일본변략략도(日本辺略畧図) ·204

일본서북해안도(日本西北海岸圖)

··166

일본수로지 ····························78

일본여지노정전도

(日本輿地路程全図) 254, 255, 306

일본제국 ·····························352

일본지리자료(日本地理資料) ··139

일본지명사전(大日本地名辞典) 139

일본지지제요(日本地誌提要) ··207

(ㅈ)

자매결연 ·························89, 93

자유진영 ·····························37

장생죽도기 ··················255, 326

장생죽도설(長生竹島說) ·········257

재일미군 ·····························284

전복 ···························237, 284

정약회(鄭若曾) ····················217

제국육해측량부(帝国陸海測量部)

··351, 352

제주도 ···························20, 42

조례제정 ·····························105

조선국 교제시말 내탐서

(朝鮮國交際始末內探書) ·267, 328

조선동해안도(朝鮮東海岸圖) ··166

조선수로지 ··················313, 318

조선시팔도(朝鮮之八道) ·········339

조선연안수로지(朝鮮沿岸水路誌)

·············65, 265, 320, 333

조선전도 ·····························209

조선지팔도(朝鮮之八道)

·············256, 260, 338, 340

조선통교대기(朝鮮通交大記)

····························152, 155

조선팔도지도(朝鮮八道之図) ··219

조울양도감세장(朝鬱兩島監稅將)

·································342

조재천(曹在千) ·····················233

종방의(宗方義) ·····················215

종진의(宗眞義) ·····················215

죽도 및 울릉도(竹島及鬱陵島)

··················183, 187, 235

죽도(竹島) ···············183, 264

죽도(竹島;울릉도)도해면허

···························60, 213

죽도(竹島;죽섬) ·····················84

죽도(竹嶋) ··························340

죽도 (댓섬) ··························302

죽도개척론(竹島開拓論) ·········154

죽도경영 ·····························294

죽도경영자 나카이 요사부로씨 입지

전(竹島經營者中井養三郎氏立志傳)

···························183, 265

죽도고(竹島考) ··54, 55, 125, 140

죽도고증(竹島考証) ··············86

죽도도설(竹島圖説) ···54, 55, 70,

73, 125, 140, 200, 213,

217, 218, 256, 257, 326

죽도도해원(竹島渡海願) ·········167

죽도도해유래기발서공

(竹島渡海由来記抜書控)

·····················80, 199, 201

죽도도해지원(竹島渡海之願) ··208

죽도문제연구회 ·············347, 364

죽도연혁고(竹島沿革考) ·131, 183

죽도의 날 ··················89, 361

죽도의 역사지리학적 연구

(竹島の歴史地理學的研究)

·············68, 226, 227, 293, 335

죽도의 영유(竹島の領有) ···58, 85

죽도의 영토 ·····················248

죽도일건(竹島一件)

·············65, 77, 82, 215

죽도판도소속고(竹島版図所属考)

·································171

증보동국문헌비고 ·················298

지봉유설 ·······155, 202, 254, 258

지지개요(地誌概要) ·················54

지학잡지(地學雜誌) 123, 124, 186

진릉건아(眞陵健兒) ·················258

진자이 유타로(神西由太郎) 79, 262

(ㅊ)

참정(총리)대신 ·············363, 270

청구도 ······························298

청일전쟁 ·························311

총리부령 24호 ··········19, 343

총사령부각서 ··················239

최남선 ···························317

쵸슈번(長州藩) ·········161, 162

츠지 토미조(辻富蔵) ···········289

츠카모토 아키히코(塚本明毅) 207

치부군(地夫郡) ····················329

치시마열도(千島列島) ····232, 244

칙령41호 ·83, 272, 273, 279, 363

(ㅋ)

카시와하라 쇼조(栢原昌三) ······56

카잔열도(火山列島) ··············244

카지무라 히데키(梶村秀樹) 71, 86

카타야마 츠네오(片山常雄) ····314

콩고의정서 ·······················271

쿠리모토 쵸시츠(栗本長質) ···351

쿠리하라 노부미츠(栗原信充) 369

쿠릴열도 ···············19, 37, 39

쿠와다(桑田) ······················137

키모츠키(肝付) ···············137, 279

(ㅌ)

타카오 겐조(高雄謙三) ············78

태종실록 ························219

통감부 ····························235

통고의무 ·······················271

통항일람(通航一覧)

·················149, 203, 213, 214

(ㅍ)

파루라다호 ························205

팔도총도 ···················219, 298

평도전(平道全) ··················308

평화선 ···············230, 274, 290

포츠담선언 ········19, 36, 222, 288

포토 시네마 ·······················106

(ㅎ)

하마다 세이타로(浜田正太郎) 280

하마다(浜田)번 ····················359

하마다야(浜田屋) ·················314

하마다쵸사(浜田町史) ····313, 314

하바타 세츠코(樋畑雪湖) ·········56

하보마이(歯舞) ····················232

하시다치(橋立)호 ··············280

하시모토 산베이(橋本三兵衛) 325

하시오카 타다시게(橋岡忠重)

..................68, 237, 240, 284

하야시 시헤이(林子平) 219

하치에몽(八右衛門) 65, 257

하치우에몽(八右衛門)사건 208

하코다테(函館) 124

한국수산지 323

한국해양수산개발원 354

한인 316

한일의정서 71

한일협약 270

한일협정 75, 252, 274

항해기(航海記) 248

해군수로부 236

해군용지 280, 281

해군재산 238

해도(海圖) 55, 134, 135, 138, 156

해방제설(海防諸說) 142

해상연습장 240

해양수산동향 366

현고지 271

형부대보(刑部大輔) 215

형제 섬 297

호넷트호 205

호리 카즈오(堀和生) 75, 86

호키고기집(伯耆古記集)

..................54, 133, 140

호키국(伯耆國) 60, 213

호키민담(伯耆民談) 55

호키주(白耆州) 339

혼슈연안수로지(本州沿岸水路誌)

..................65, 265, 333

홍재현(洪在現) 323

환영(寰瀛)수로지 209, 210

황성신문(皇城新聞) 300, 361, 364

후지타 칸타로(藤田勘太郎)

..................137, 187

히노미사키(日御碕) 315

히로시마(広島)통상산업국 289

히하타 세츠코(樋畑雪湖)

..................66, 266, 267, 334

▌저자약력▌

최장근(崔長根)

대구대학교 일본어일본학과 졸업
일본 大東文化大學 국제관계학과 수학
일본 東京外國語大學 연구생과정 수료
일본 中央大學 법학연구과 정치학전공 석사과정졸업(법학석사)
일본 中央大學 법학연구과 정치학전공 박사과정졸업(법학박사)
서울대학교 국제대학원 연수연구원 역임
서울대학교 국제대학원 책임연구원 역임
동명대학교 교양학부 교수 역임
현재 일본 中央大學 사회과학연구소 객원연구원
현재 대구대학교 일본어일본학과 교수
현재 대구대학교 독도영토학연구소 소장

주요학회활동
· 간도학회   · 독도학회
· (사)한국영토학회   · 한국일어일문학회
· 한국일본문화학회   · 대한일어일문학회
· 동아시아일본학회   · 한일민족문제학회
· 동북아시아문화학회   · 일본지역연구회
· 조선사연구회

주요저서
· 『한중국경문제연구』 백산자료원, 1998
· 『왜곡의 역사와 한일관계』 학사원, 2001
· 『일본의 영토분쟁』 백산자료원, 2005
· 『간도 영토의 운명』 백산자료원, 2005
· 『독도의 영토학』 대구대학교출판부, 2008
· 『독도문제의 본질과 일본의 영토분쟁 정치학』 제이앤씨, 2009
· 『일본문화와 정치』(개정판) 학사원, 2010
· 『일본의 독도·간도침략 구상』 백산자료원, 2010
· 『동아시아 영토분쟁의 패러다임』 제이앤씨, 2011
   그 외 다수의 공저와 연구논문이 있음.

대구대학교 독도영토학연구소총서 ⑤

일본의 독도 영유권 조작의 계보
- 독도영토 부정과 '죽도'신영토론 조작 -

초판인쇄 2011년 12월 1일
초판발행 2011년 12월 10일

저　　자 최장근
발 행 인 윤석현
발 행 처 제이앤씨
책임편집 이신
마 케 팅 김형열
등록번호 제7-220호

주소 서울시 도봉구 창동 624-1 북한산 현대홈시티 102-1206
전화 (02)992-3253(대)
전송 (02)991-1285
전자우편 jncbook@hanmail.net
홈페이지 http://www.jncbms.co.kr

ⓒ 최장근 2011 All rights reserved. Printed in KOREA

ISBN 978-89-5668-881-7　93340　　　　　**정가** 31,500원

본 저서는 경상북도 독도연구기관 통합협의체의 지원금으로 일부 인쇄되었음.